“十二五”普通高等教育本科国家级规划教材
全国水利行业“十三五”规划教材
“十四五”时期水利类专业重点建设教材

农村供水工程（第3版）

主编　魏清顺　段喜明

中国水利水电出版社
www.waterpub.com.cn
·北京·

内 容 提 要

本书是“十四五”时期水利类专业重点建设教材，是按照国家对高等院校水利类专业人才培养的要求及本科教学特点编写而成。全书主要围绕农村地区给水工程系统，从供水工程的总体规划设计和运行管理方面详细介绍了农村供水工程总体规划、供水工程中取水构筑物与调节构筑物、输配水管网与泵站、水厂与水处理和供水工程运行管理等内容。

本书可作为高等院校农业水利工程专业的通用教材，也可作为从事水利水电工程、水务工程、给水工程等相关专业技术人员和研究人员的学习用书。

图书在版编目（CIP）数据

农村供水工程 / 魏清顺，段喜明主编. -- 3 版.
北京 ： 中国水利水电出版社，2024. 6. --（“十二五”普通高等教育本科国家级规划教材）（全国水利行业“十三五”规划教材）（“十四五”时期水利类专业重点建设教材）. -- ISBN 978-7-5226-2553-9

Ⅰ. S277.7

中国国家版本馆CIP数据核字第2024MH1916号

书　　名	“十二五”普通高等教育本科国家级规划教材 全国水利行业“十三五”规划教材 “十四五”时期水利类专业重点建设教材 **农村供水工程（第3版）** NONGCUN GONGSHUI GONGCHENG
作　　者	主编　魏清顺　段喜明
出版发行	中国水利水电出版社 （北京市海淀区玉渊潭南路1号D座　100038） 网址：www.waterpub.com.cn E-mail：sales@mwr.gov.cn 电话：（010）68545888（营销中心）
经　　售	北京科水图书销售有限公司 电话：（010）68545874、63202643 全国各地新华书店和相关出版物销售网点
排　　版	中国水利水电出版社微机排版中心
印　　刷	北京市密东印刷有限公司
规　　格	184mm×260mm　16开本　17印张　414千字
版　　次	2011年2月第1版第1次印刷 2024年6月第3版　2024年6月第1次印刷
印　　数	0001—2000册
定　　价	**48.00**元

第3版前言

本书是“十四五”时期水利类专业重点建设教材，是以培养满足适应学科和行业发展需要的高素质人才为背景，立足于高等院校农业水利工程专业人才培养特色，以及水利行业教材建设的具体要求组织编写的。

针对信息化时代学习的特点，本书突出知识的系统性、完整性、实用性和先进性，根据学科、行业的发展，与时俱进，及时补充反映最新知识、技术和成果的内容，以此作为对传统知识的拓展延伸。本书嵌入部分数字资源，这些资源包括图片、拓展资料等。这些资源的嵌入，不仅方便读者进行阅读，通过感性认知来加强对知识内容的理解，同时，还可根据自身实际需要进行选择性阅读，提高学习效率。全书主要围绕农村地区给水工程系统，从供水工程的总体规划设计和运行管理等方面进行详细介绍，具体包括农村供水工程总体规划、供水工程中取水构筑物与调节构筑物、输配水管网与泵站、水厂与水处理和供水工程运行管理等内容。

本书由山西农业大学魏清顺、段喜明主编。沈阳农业大学刘丹，河北工程大学武海霞，华北水利水电大学柴红敏，湖南农业大学黄理军，以及山西农业大学毛海涛、郭晓宇参加了编写。具体编写分工如下：魏清顺编写第一章，第四章第三、第四节；段喜明编写第二章第三、第四节，第四章第一、第二节；刘丹编写第二章第五、第六节；毛海涛编写第二章第一、第二节，第三章第三节；武海霞编写第三章第一、第二节；柴红敏编写第五章第一节，第六章第一、第二节；黄理军编写第六章第四、第五节；郭晓宇编写第五章第二节，第六章第三节；书中数字资源由郭晓宇、魏清顺编辑整理。全书由魏清顺、段喜明统编定稿。

本书在编写过程中，得到了福建省永川水利水电勘测设计院有限公司武汉分院谢玲丽副总工程师的技术支持和热忱帮助。本书的出版得到山西省高等学校一流本科专业建设和山西省高等学校教学改革创新项目（编号：J20220265）的支持，在此致以诚挚的谢意。

由于编者水平有限，书中难免存在不当和遗漏，恳请广大读者批评指正，以期不断完善。

编　者

2023 年 9 月

第 1 版前言

本书根据教育部普通高等教育“十二五”规划教材任务编写，主要围绕农村地区给水工程系统，从供水工程的总体规划设计、施工管理等方面详细介绍了农村供水工程总体规划、供水工程中取水构筑物与调节构筑物设计、输配水规划及泵站设计、水厂与水处理、其他供水工程（雨水集蓄供水工程和引蓄供水工程）和农村供水工程施工及管理等方面的内容。

全书共分 8 章。第 1 章为绪论，主要内容为农村供水工程的内容、特点和基本任务，农村供水系统的分类、组成与布置，农村供水工程的意义、现状和前景；第 2 章为农村供水工程的总体规划，主要内容为农村供水工程规划的主要任务、原则、方法和基本程序，供水现状调查分析，用水量预测，供水水源和供水工程规划；第 3 章为取水构筑物与调节构筑物设计，主要内容为地下水取水构筑物、地表水取水构筑物、调节构筑物；第 4 章为输配水规划及泵站设计，主要内容为输水管网规划、配水管网规划、输配水管网的水力平衡计算及其优化设计方法、泵站设计；第 5 章为水厂与水处理，主要内容为水厂总体设计、水质净化；第 6 章为其他供水工程，主要内容为雨水集蓄供水工程及其施工技术、引蓄供水工程；第 7 章为农村供水工程施工，主要内容为供水工程构筑物施工、输配水管道工程施工、水厂施工；第 8 章为农村供水工程管理，主要内容为供水系统水源管理、取水系统运行与管理、供水水处理构筑物的运行与管理、供水管网运行与管理等。

在编写过程中，根据我国农村供水工程的现状和实际，总结了编者多年来的教学实践经验，结合当前农村供水的实际发展，按照与时俱进和创新的理念进行补充和完善，并配以丰富的工程案例，既有系统性和完整性，又强调针对性、实用性。

本书可作为高等学校农村水利工程、农业水土工程、水土保持等相关专业教师和学生的教学参考书，也可作为从事村镇给水工程规划、设计、施工、管理和研究人员的参考书。

本书由山西农业大学魏清顺主编，参加编写的有全国五所院校的教师。具体编写分工如下：魏清顺编写第1章、第4章；刘丹编写第2章；武海霞编写第3章、第8章；柴红敏编写第5章；黄理军编写第6章、第7章；书中插图由刘艳红绘制整理。全书由魏清顺统编定稿。

本书在编写过程中得到了中国水利水电出版社的领导和编辑们的热忱帮助和鼎力支持，在此致以诚挚的谢意。

由于编者水平有限，本书难免存在不当和遗漏，恳请广大读者批评指正，以期不断完善。

编 者

2010年11月

第2版前言

《农村供水工程》自2011年出版以来，经全国有关高等院校和设计院所使用，效果良好，受到了广大读者的欢迎，并于2014年10月被列为教育部“十二五”普通高等教育本科国家级规划教材。

本书是在第一版的基础上，根据学科、行业的发展，与时俱进，及时补充反映最新知识、技术和成果的内容，参照“十二五”国家级规划教材的编审要求进行修订的，是高等院校“农业水利工程”专业的专业必修课教材。

在修订中严格按照教学大纲要求，着重加强基本理论、基本概念和案例分析等方面的阐述，尽量做到由浅入深、循序渐进。在第二章至第五章供水工程有关内容中，着重加强了应用方面的内容，如增加了集中式和分散式供水工程规划实例的详细分析等；在第五章着重加强了理论分析与水厂内各部分内在联系方面的阐述；同时注意了水体净化与水处理工艺之间的紧密联系和前呼后应。由于教材的特点，将那些浅显易懂和涉及其他课程范围内容较多的部分，一并删削。

本书由山西农业大学魏清顺主编，参加编写的有全国6所院校的教师。具体编写分工如下：魏清顺编写第一章，第四章，第八章第四、第五节；刘丹编写第六章、第七章第一节；刘艳红编写第二章；武海霞编写第三章；柴红敏编写第五章；黄理军编写第七章第二、第三节；江煜编写第八章第一至第三节；书中插图由刘艳红绘制整理。全书由魏清顺统编定稿。

本书在编写过程中，得到了许多兄弟院校及设计院所的热忱帮助和鼎力支持，在此致以诚挚的谢意。

由于编者水平有限，本书难免存在不当和遗漏，恳请广大读者批评指正，以期不断完善。

编　者

2016年3月

数字资源清单

序号	资 源 名 称	资源类型	页码
资源1-1	发展现状	图片组	11
资源2-1	地表水固定式取水构筑物	拓展资源	53
资源2-2	地表水活动式取水构筑物	拓展资源	54
资源2-3	山区浅水河流取水构筑物	拓展资源	54
资源2-4	湖泊、水库取水构筑物	拓展资源	55
资源2-5	地下水取水构筑物	拓展资源	55
资源2-6	分散式供水井	拓展资源	76
资源2-7	雨水集蓄供水工程	拓展资源	76
资源2-8	引蓄供水工程	拓展资源	76
资源2-9	甘肃省定西市安定区青岚山乡大坪村集雨水窖工程	拓展资源	76
资源2-10	河南省林州市姚村镇水河村饮水工程	拓展资源	76
资源2-11	湖北省丹江口市农村饮水截潜流集水工程	拓展资源	76
资源3-1	清水池	图片组	117
资源4-1	水力计算表	拓展资源	152
资源4-2	水泵与水泵站	拓展资源	186
资源5-1	厂址选择综合评价	拓展资源	187
资源5-2	综合利用及环境保护	拓展资源	190
资源5-3	水头损失	拓展资源	195
资源5-4	水质化验设备	图片组	196
资源5-5	水厂规划设计程序	拓展资源	197
资源5-6	净水构筑物设计选用	拓展资源	198
资源5-7	混凝	拓展资源	198
资源5-8	聚丙烯酰胺	拓展资源	200
资源5-9	投加量试验	拓展资源	202
资源5-10	投药设备	图片组	203
资源5-11	水射器	拓展资源	204
资源5-12	絮凝池	拓展资源	205
资源5-13	旋流式絮凝池	拓展资源	205

续表

序号	资 源 名 称	资源类型	页码
资源 5 - 14	穿孔旋流絮凝池设计数据指标及示例	拓展资源	205
资源 5 - 15	网格絮凝池设计数据指标及示例	拓展资源	206
资源 5 - 16	折板絮凝池各段水头损失计算公式	拓展资源	206
资源 5 - 17	涡流式絮凝池	拓展资源	207
资源 5 - 18	自然沉淀和混凝沉淀	拓展资源	208
资源 5 - 19	液面负荷率	拓展资源	208
资源 5 - 20	平流式沉淀池	图片组	209
资源 5 - 21	穿孔花墙设计要点及计算公式	拓展资源	209
资源 5 - 22	进水穿孔槽	拓展资源	209
资源 5 - 23	沉淀区设计要点及计算公式	拓展资源	210
资源 5 - 24	平流式沉淀池设计示例	拓展资源	210
资源 5 - 25	竖流式沉淀池	拓展资源	211
资源 5 - 26	斜板（管）沉淀池的基本工作原理	拓展资源	211
资源 5 - 27	上向流斜板（管）沉淀池的构造及设计示例	拓展资源	211
资源 5 - 28	斜板（管）沉淀池参考图集	拓展资源	212
资源 5 - 29	水力循环澄清池	拓展资源	213
资源 5 - 30	快滤池	图片组	217
资源 5 - 31	普通快滤池、接触滤池、无阀滤池、虹吸滤池和移动罩滤池	拓展资源	217
资源 5 - 32	液氯消毒、漂白粉消毒、次氯酸钠消毒及其他消毒剂	拓展资源	221
资源 5 - 33	除铁工艺、除锰工艺、除氟工艺、微污染水源水净化工艺及活性炭吸附技术	拓展资源	221

注 书中对资源名称下加下划线突出显示。

目 录

第一章 绪 论

第一节 农村供水工程的内容、特点和基本任务

一、农村供水工程的内容

农村供水工程主要是指建制镇和乡集镇镇区、村庄及分散的居民点的供水设施。它是以设计用水量为依据从水源取水，按照水源水质和用户对水质的要求，选择合理的净水工艺流程对水进行净化处理，然后按用户对水压的要求将足量的水输送到用水区，并通过管网向用户配水。供水类型为村镇居民的生活用水、禽畜饲养用水、乡镇工业用水、消防用水以及少量的庭院灌溉用水。

然而，天然水与用户对水的要求之间，往往存在着各种各样的矛盾。例如水在河里或水库里，用户在岸上；天然水不是洁净的，而用户要求洁净的水等。为了使这些矛盾得到解决，必须采取以下一系列工程措施：取水工程——把足够数量的水从水源取上来；净水工程——把取上来的天然水经过适当的净化处理，使它在水质上符合用户的要求；输配水工程——把洁净的水，以一定的压力，不间断地（或者定时地）用管道输送出厂，分配到各用户。

取水工程、净水工程和输配水工程三者组成了整个供水工程，这一工程亦称为供水系统。农村供水工程是为农民生活、生产服务的，是农村现代化的重要指标之一。供水系统的三个组成部分正是供水工程所要研究的主要内容。

二、农村供水工程的特点及要求

1. 特点

农村供水的类型为村镇群众生活用水和乡镇企业的生产和生活用水。我国农村地域广阔，特别是山丘区，居住分布零散，各地的自然环境、生活习惯、经济发展状况、水资源条件等差异很大，所以农村供水工程不尽相同，具有下列主要特点。

（1）农村供水用水点多且分散。特别是山区或丘陵地区的居民村更为分散，甚至采用一家一户的供水方式。乡镇所在地的居民较为集中，但超过万人居住的集镇并不多。总之，居住和用水点多而分散的特点仍未改变。

（2）在经济不发达地区，农村供水以提供生活饮用水为主，其中包括居民生活用水和农家饲养用水及必要的庭院作物、农田作物需水。即使是乡镇企业较发达地区，其企业的生产用水量所占比例仍较少。乡镇企业用水并不属于农村供水工作的范围，但结合我国国情和水资源条件，在进行农村供水工程的规划、设计时必须同时考虑这一部分用水量要求，必要时还要留有适当发展余地，以利于生产的长期发展，这是与城市供水不同的。

（3）供水性质单一，用水时间比城市集中，时变化系数大。农村供水对象主要是

农民，人们集居在一起，基本上从事同一性质的工作，其生活和生产活动都有相同规律。据调查，农村供水的时变化系数可达3.0～5.0，而城市供水时变化系数一般只有1.3～2.0。

（4）以提供生活饮用水为主的小型供水工程，对不间断供水的安全程度要求较低。由于农村供水工程规模不大，供水范围小，又是以生活用水为主，即使发生短时间停水，所造成的经济损失及对生活的影响都较小。供水设施建成后，一般采取间歇运行，较多采用二班制运行。水厂停止供水时由水塔等调节构筑物供水，甚至夜间停止供水。在设计农村供水工程时，应充分考虑间歇运行的条件。

（5）农村经济相对还不发达，供水设计时限于经济等条件，一般可不单独考虑消防用水。一旦发生火灾，可采取临时增加供水量和压缩其他用户用水量的措施，也可就近从河、塘取水灭火。

（6）由于农村地域广阔，人口众多，特别是山丘区，经济状况相对并不富裕，在进行农村供水工程设计时，应遵循“因地制宜、就地取材、分期实施、逐步完善”的原则。尤其在供水水质方面，有时限于财力、物力条件，一次不可能完全达到国家生活饮用水质标准时，近期可先最低限度地达到国家饮用水水质标准中规定的浑浊度、酸碱度（pH值）、余氯及细菌总数等指标，在逐步完善水质净化设施后，分期使供水水质完全达到国家饮用水水质标准的要求。

（7）专业技术力量薄弱。施工安装往往由地方非专业队伍承担，运行管理的专门人员也较少，往往还兼管经营管理工作，维修工作往往不及时。

在进行农村供水工程的规划设计时，必须充分考虑上述诸因素和特点，使工程建成后能适应这些特点并正常运行。

2. 要求

（1）对水质的要求。

1）生活饮用水水质要求。生活饮用水主要是供给人们在日常生活中饮用、烹饪、清洁卫生或洗涤等使用。这些水与人体健康密切相关，因此其水质必须符合卫生部颁发的《生活饮用水卫生标准》（GB 5749—2022）。

2）生产用水水质要求。村镇企业在从事生产过程中，无论是将水作为生产产品的原材料，还是作为辅助生产资料，不同产品、不同生产工艺条件对水质都会提出不同的要求，而且水质与产品的质量密切相关，所以生产用水水质应满足相应行业的标准。

3）牲畜饮用水水质要求。牲畜饮用水要求水中无使其中毒或致病的物质。如过量的氟化物能引发动物斑釉齿等病。

（2）对水量的要求。

1）对生活供水量的要求。主要与供水范围、工程设计年限和供水区内的人口数量等有关，还应考虑村镇发展趋势及其需水量的相应变化。

2）企业生产对水量的要求。村镇企业的生产用水量应根据生产工艺要求确定，并尽量提高水的重复利用率。

3）公共建筑对水量的要求。应按《建筑给水排水设计标准》（GB 50015—2019）

的规定计算。

4）消防对水量的要求。消防所需的水量、水压及延续时间应按相关规范选定。

（3）对水压的要求。供水系统中用户对水量的要求，需要由充裕的水压来保证，管网中水压不足，用户就得不到所需的水量。生活用水管网中控制点处的服务水头（地面以上水的压力）根据房屋层数确定：一、二层各为10m与12m，二层以上每增高一层水压增加4m。某些生产用水有特殊水压要求，而村镇给水系统又不能满足要求或对村镇中个别的高层建筑应自设水泵加压系统。另外，还可设屋顶水箱来调节供水水压。

按照规定，消防用水的管网水压不应低于10m，如因条件所限，消防时管网最低压力不得低于7m。

三、供水工程的任务

供水工程的基本任务，就是经济合理、安全可靠地向用户输送所需要的水，并满足用户对水量、水质和水压的要求，方便居民生活，改善农村环境，提高人民生活水平。

第二节　农村供水系统的分类、组成与布置

农村供水系统是以设计用水量为依据从水源取水，按照水源水质和用户对水质的要求，选择合理的净水工艺流程对水进行净化处理，然后按用户对水压的要求将足量的水输送到用水区，并通过管网向用户配水。

一、农村供水系统的类型

我国村镇数量多，分布广，气候特征、地形地貌有很大差异，水源及其水质变化较大，而且生活习惯特别是经济发展水平不同，村镇供水的要求也不一样，因此，村镇供水系统类型众多。

（一）供水系统类型的划分

按水源类型划分，农村供水系统可分为以地表水为水源的系统类型和以地下水为水源的系统类型两大类。

1. 以地表水为水源的系统类型

（1）以雨水为水源的小型、分散系统类型。该系统中，降雨产生的径流流入地表集水管（渠），经沉淀池、过滤池（过滤层）进入储水窖，再由微型水泵或手压泵取水供用户使用。该类型的优点是结构简单，施工方便，投资少，净化使用方便，便于维修管理，适用于居住分散、无固定水源或取水困难而又有一定降雨量的小村镇。

（2）以河水或湖水为水源的系统类型。图1-1为压力式综合净水器给水系统。其中压力式综合净水器是一种将混凝、澄清、过滤综合在一起的一元化净水构筑物。该类型具有投资省、易建设、出水可直接配送给用户或进入水塔（省去了清水池和二级泵房）、设备可以移动等特点，适用于较小型、分散的小村镇给水。该系统一般要求原水浊度小于500度，短时可达1500度。供水能力根据型号不同可在5～50m^3/h之间。

图1-2为常见的地表水给水系统。取水构筑物从河流或湖泊中取水，一级泵站提升至水厂沉砂池，待泥沙沉淀后，经过滤、消毒处理后进入清水池，二级泵站从清水池取水送入水塔，水塔中的水通过管网送往用户。

图1-3的布置形式和流程基本同图1-2，但水厂规模较大，适用于大型村镇或远距离输水系统。

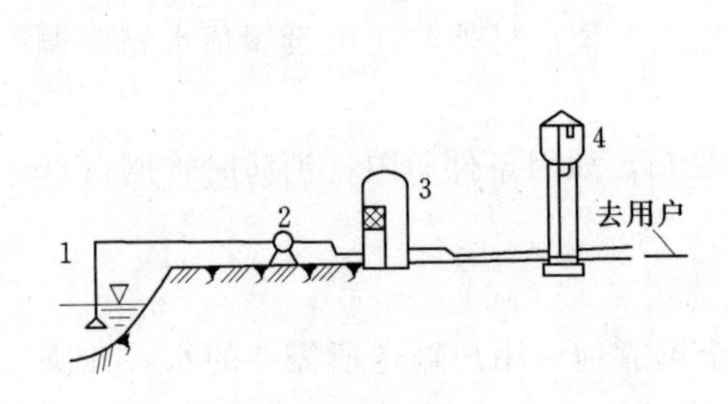

图1-1 压力式综合净水器给水系统
1—取水头部；2—水泵；3—压力式综合净水器；4—水塔

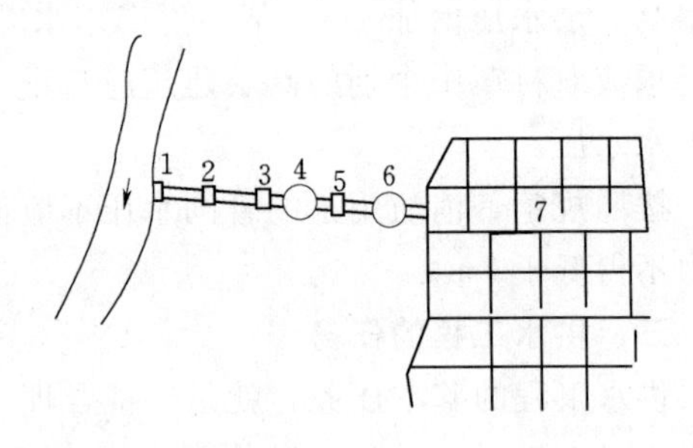

图1-2 常见的地表水给水系统
1—取水构筑物；2—一级泵站；3—水处理构筑物；4—清水池；5—二级泵站；6—水塔；7—管网

2. 以地下水为水源的系统类型

(1) 引泉取水的给水工程系统。图1-4为山区以泉水为水源的村镇给水系统。在山区有泉水出露处，选择水量充足、稳定的泉水出口处建泉室，再利用地形修建高位水池，最后通过管道依靠重力将泉水引至用户。取泉水为饮用水，水质一般无需处理，但要求泉水位置应远离污染源或进行必要的防护。

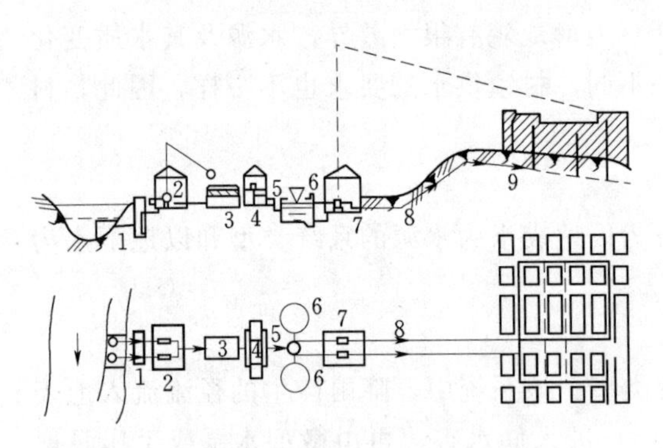

图1-3 常见的地表水大型给水系统
1—取水构筑物；2—一级泵站；3—沉淀设备；4—过滤设备；5—消毒设备；6—清水池；7—二级泵站；8—输水管；9—配水管网

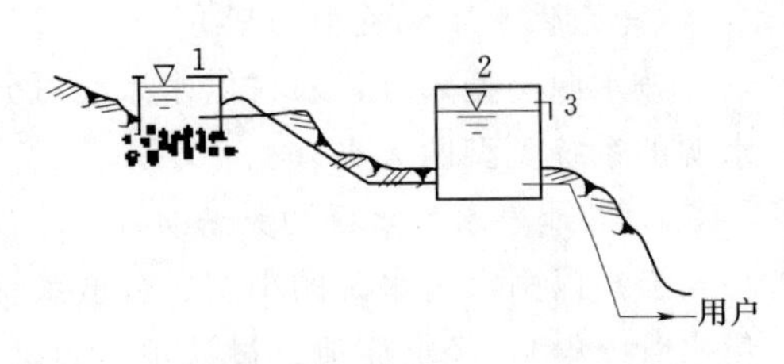

图1-4 山区以泉水为水源的村镇给水系统
1—泉室；2—高位水池；3—溢流管

(2) 单井水源的给水工程系统。图1-5为单井水源的村镇给水系统。当含水层埋深小于12m、含水层厚度在5～20m之间时，可建大口井或辐射井作为村镇给水系统的水源，如图1-5(a)所示；该系统一般采用离心泵从井中吸水，送入气压罐（或水塔），由气压罐（或水塔）对供水水压进行调节。当含水层埋深较大时，应

采用深井作为村镇给水系统的水源，如图 1-5（b）所示。

（3）井群取水的给水工程系统。图 1-6 为以井群为水源的村镇给水系统。由管井群取地下水送往集水池，加氯消毒，再由泵站从集水池取水加压通过输水管送往用水区，由配水管网送达用户。此种工程比以河水为水源的供水工程简单，投资也较省，适用于地下水源充裕的地区。但工程建设前需对水源地进行详尽的水文地质勘查。

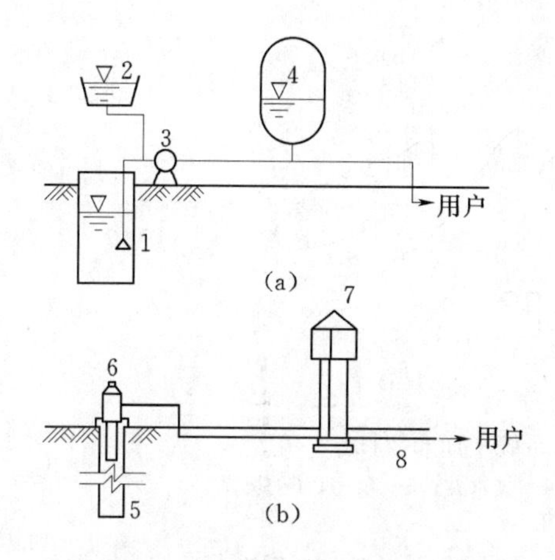

图 1-5　单井水源的村镇给水系统

1—大口井；2—消毒设备；3—水泵；4—气压罐；5—深井；6—潜水泵；7—水塔；8—输水管

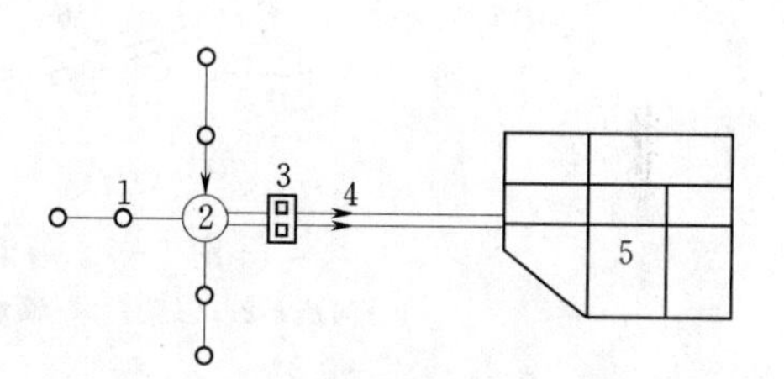

图 1-6　以井群为水源的村镇给水系统

1—管井群；2—集水池；3—泵站；4—输水管；5—管网

（4）渗渠为水源的给水工程系统。渗渠是在含水层中铺设的用于集取地下水的水平管渠，由地下渠道收集和截取地下水，并汇集于集水井中，水泵再从井中取水供给用户。该种供水工程适于修建在有弱透水层地区和山区河流的中、下游，河床砂卵石透水性强，地下水位浅且有一定流量的地方。图 1-7 为常见的渗渠给水工程的平面布置。图 1-7（a）为在河滩下平行于河流布置；图 1-7（b）为在河滩下垂直于河流布置；图 1-7（c）为在河床下垂直于河流布置；图 1-7（d）为在河床下平行与垂直河流布置。

除此之外，供水系统还可以划分为统一供水系统、分区供水系统和分压供水系统等形式。对工矿企业而言，除了上述几种形式外，还有分质供水系统和循环供水系统等。所谓统一供水系统，指的是供水区域内所有的用户，均以同一个水质标准、统一的出厂压力通过同一管网供给。分区供水系统一般在大城市或多水源的情况下采用，不同的地区由不同的水厂供给，因此它们之间既可相互连成一体，又可各自独立自成系统：当供水区分散时，为了节省基建费用，降低运行费用，有时也采用分区供水系统。分压供水系统，一般在供水区域内的地形高差较大、用统一供水系统不经济时使用，对不同的区域以不同的压力，通过各自独立的管网向用户供水。至于工矿企业的分质供水系统和循环供水系统，由于在村镇供水中较少遇到，因此不做详述。

根据农村供水的用水点分散、服务面积广、地形复杂、供水不间断和要求低等特

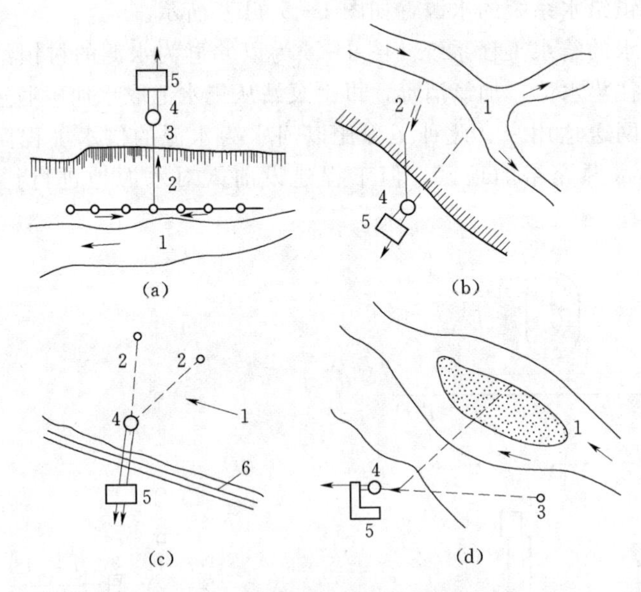

图 1-7　渗渠给水系统平面布置图

1—河流；2—渗渠；3—输水管；4—集水井；5—泵房；6—堤岸

点，农村区域供水亦可划分为下述两种类型。

(1) 全区域统一供水。全区域统一供水适用于供水服务范围内既无足够用的天然地面水源，又缺乏可供饮用的地下水源，或者水源有害物质严重超标，即使经特殊处理也无开采价值，而必须从区外引水的场合。图 1-8 为某县统一供水工程示意图。

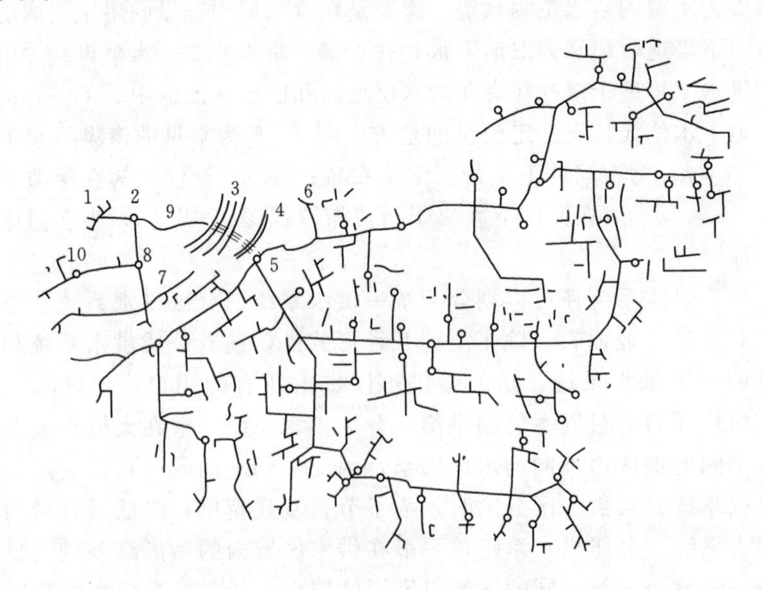

图 1-8　某县统一供水工程示意图

1—水源井群；2—配水厂；3—穿山隧洞；4—调节水池；5—水压力平衡水池；6—水塔；7—气压水罐供水站；8—加压泵站；9—输水干管；10—配水管网

全区域统一供水的主要优点是水源水量及供水水质有保证。由于统一运行管理，有条件设立专门的经营管理机构，操作运行人员相对专业并稳定，维修工作也可统一安排并及时进行。其缺点是输水管较长，投资较高，施工工程量大，建设周期较长。

（2）分散型联片多点给水系统。分散型联片多点供水，适用于服务范围内多处具有可作为饮用水的地表水源或地下水源，可根据水源、水质条件和居民点分布情况，由若干个村庄联片建立小型供水工程。图 1－9 为某区农村分散型联片供水方案示意图。

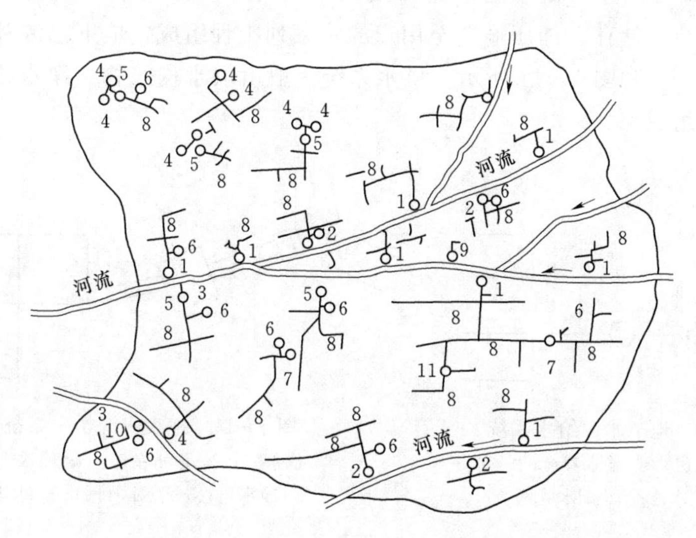

图 1－9　某区农村分散型联片供水方案示意图

1—由水源、净化、清水池、泵房、气压罐组成的联片供水系统；2—由水源、净化、清水池、泵房、水塔组成的联片供水系统；3—渗渠取水；4—管井或大口井；5—配水站；6—水塔储仓；7—加压泵站；8—配水管网；9—单村独立供水系统；10—大口井泵房；11—加压泵站

分散型联片供水系统的优点是：工程设施可针对水源水质、居民点分布等条件分别采用不同对策，使工程设施简化；输水管线短、管道投资少；每个系统的供水量小，有条件选用现有供水或净水定型设备，使得现场土建施工及安装工程量大为减少，建设周期短，见效快。缺点是：管理分散，力量薄弱，给水水质不易保证，维修保养工作往往不够及时而影响供水。

2. 供水系统的选择

就供水系统的技术性能而言，整个供水系统应满足用户对水质、水量和水压的要求。除此之外，在整个基建过程和生产运行中还要求基建投资省、经常运行费用低、操作管理方便、能安全生产，并能充分发挥整个供水系统的经济效益。因此，正确选择供水系统具有十分重要的意义。

影响供水系统选择的因素很多。主要有村镇或小区的规划、当地地形、用户对供水系统的要求和水源的类型等。由于上述因素的不同，供水系统可以有各种不同的形式及组成。如以符合卫生要求的深层地下水作水源，供给居民生活饮用，则就不需要

净化处理，仅建造取水和输配水工程即可；如以江河水作为居民生活用水的水源时，则需要取水、净化和输配水等过程……在建设过程中，必须根据具体情况，选择合理的供水系统。

选择供水系统和确定其具体组成时，必须根据当地具体情况，通过技术经济比较后确定。村镇供水由于供水范围一般较小，因此都是采取统一的供水系统。

二、农村供水系统的组成

供水系统，是将水源的水经提取并按照用户对水质的要求，经过适当的净化处理，然后经调节、储存、加压输送至用户的一系列工程组成。地下水源和地表水源给水系统如图1-10和图1-11所示。供水系统一般由取水构筑物、净水构筑物、输配水管网3部分组成。

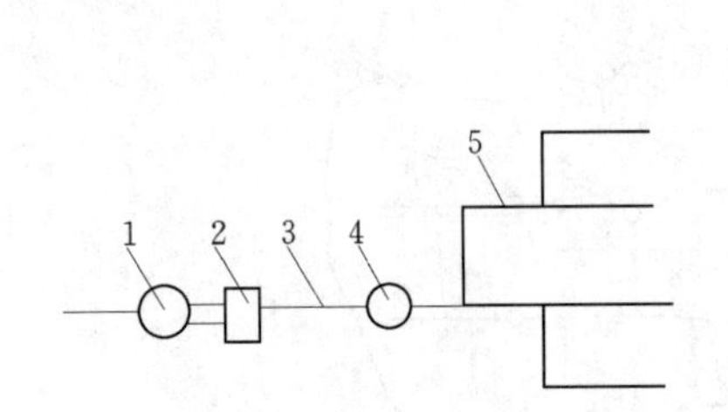

图1-10　地下水源给水系统

1—井；2—泵房；3—输水管道；4—水塔或高位水池；5—配水管网

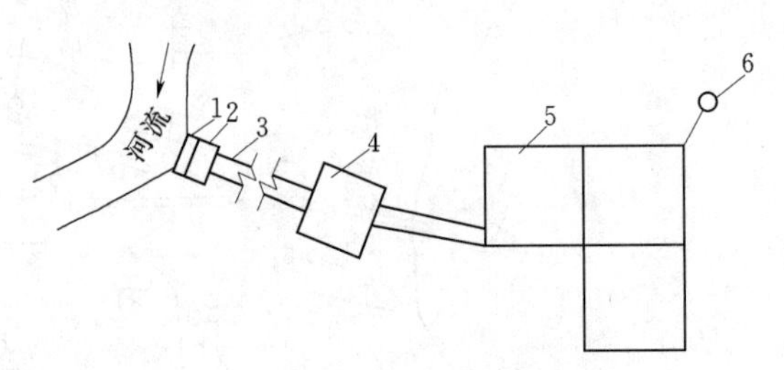

图1-11　地表水源给水系统

1—取水口；2—取水泵房；3—输水管道；4—净水厂；5—配水管网；6—水塔

（1）取水构筑物。一般指从选定的水源（地下水或地表水）取水的构筑物。从地下取水的构筑物按照取水含水层的厚度、含水条件和埋藏深度可选用管井、大口井、辐射井、集泉构筑物、渗渠及相应的水泵或水泵站。从地表取水的构筑物按照地表水源种类（河流、湖泊、水库）、水位变幅、径流条件和河床特征可选用固定式取水构筑物（取水首部和取水泵站）或移动式取水构筑物（浮船取水、缆车取水），在山区河流上还有带低拦河坝的取水构筑物，在缺水型人畜饮水困难的地区还有雨水集蓄构筑物。

（2）净水构筑物。对由取水构筑物取来的原水进行净化处理，使其达到村镇生活饮用水水质标准要求的各种构筑物和设备称为净水构筑物。一般从地下水取水的农村供水工程净水构筑物比较简单或不需要净水构筑物。从地表取水的净水构筑物，主要由一系列去除天然水中的悬浮物、胶体和溶解物等杂质，以及进行消毒处理的构筑物和设备构成，少数情况下还包括某些特殊处理的设施。该部分内容将在第五章中讲述。

（3）输配水管网。输配水管网将原水从水源输送到水厂，将清水从水厂输送到配水管网、由配水管网分配到各用户。输配水管网通常由输水管、清水池、二级泵房、配水管网、水塔或高位水池等组成。

三、农村供水系统的布置

农村供水工程可因地制宜采用以下两种供水系统布置形式。

1. 水源水位高于净水厂或用户管网

(1) 利用水源高程的有利条件，达到重力自流输水的目的。秦皇岛市和自贡市都是利用水源与净水厂之间的数米高差，将水自流送至净水厂的。当水厂高程不能满足输水和配水要求时，可在水厂内另设加压泵站，如图 1-12 所示。

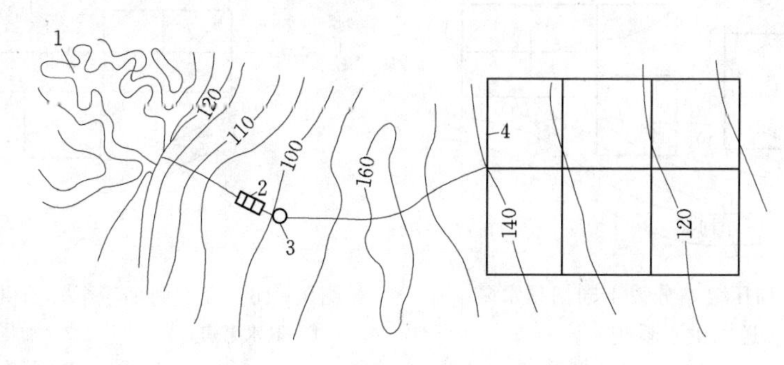

图 1-12　重力输水并加压至管网

1—水源；2—水厂；3—加压泵站；4—管网

(2) 在有条件时应充分利用水源地和用户之间的水位差，达到全部自流的目的。这种供水系统最为理想，既可节省大量能源、节约基建投资，又可减少大量机电设备，便于运行管理，降低运行费用。

2. 水源水位低，供水用户区地形高，采用分压供水方案

(1) 在水源许可条件下，根据地形，分别建立高压区和低压区供水系统，如图 1-13 所示。此布置方案适合于地形高差变化大，两个区相距较远，又有合适的水源时选用。

(2) 建一个取水泵站和净水厂，低压区靠重力自流供水，高压区靠加压泵站送水，如图 1-14 所示。此供水方案适用于有适当的水厂位置，高、低两区界限明显的情况。

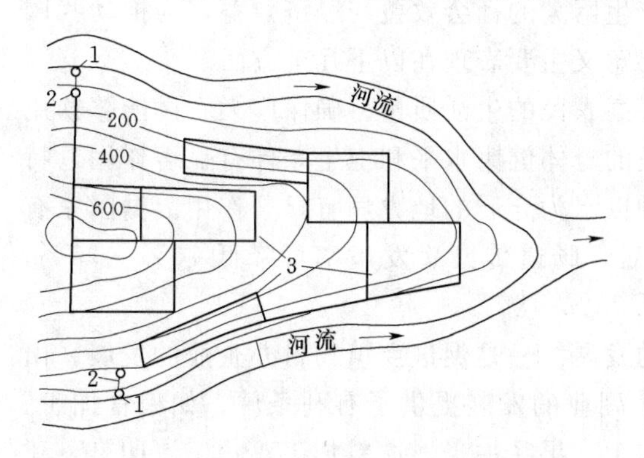

图 1-13　分区建立供水系统

1—高、低区取水泵房；2—高、低区水厂；

3—高、低区管网

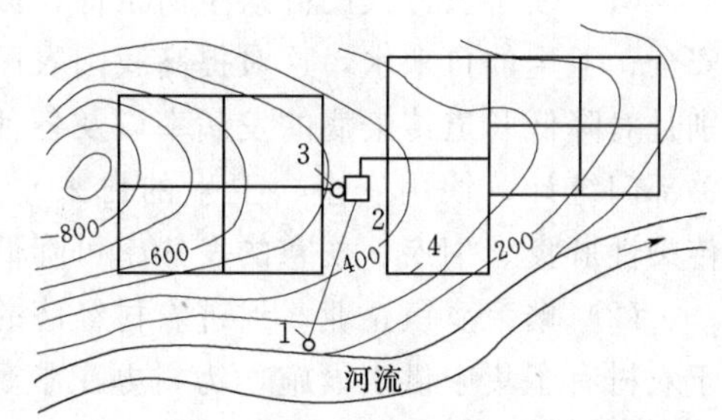

图 1-14　自流-加压相结合供水系统

1—取水泵房；2—净水厂；

3—加压泵站；4—管网

(3) 同一净水厂出水，加压泵站分设不同扬程水泵分别供水，如图 1-15 所示。此方案适用于两个供水区高差大、界限分明、能独立加压供水的情况。

(4) 设中间加压泵站的供水系统，如图 1－16 所示。此方案适用于取水点、水厂距低压供水区近、距高压区远、需设立中间加压泵站的情况。

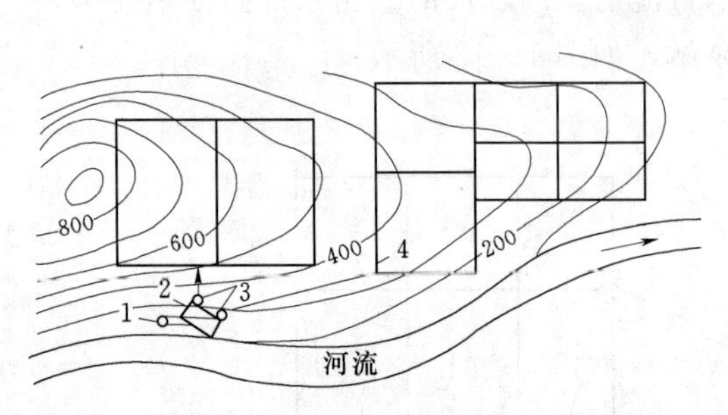

图 1－15　加压泵站分设不同扬程水泵送水供水系统

1—取水泵房；2—净水厂；3—加压泵站；4—管网

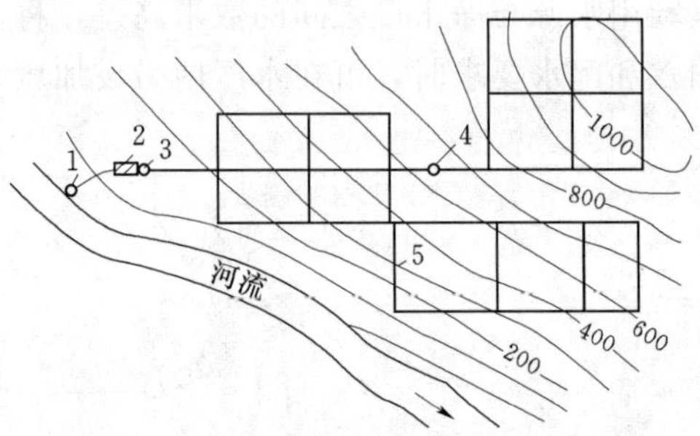

图 1－16　设中间加压泵站的供水系统

1—取水泵房；2—水厂；3—加压泵站；4—中间加压泵站；5—管网

第三节　农村供水工程的意义、现状和前景

一、农村供水工程的意义

水在人们生活和国民经济各部门中占有极其重要的地位。在当今世界上，人们以用水量的多少、供水水质是否符合卫生要求以及供水人口普及率的高低，作为衡量一个国家或地区的文明先进水平的重要标志之一。

农村供水工程需满足农村人们的生活与生产活动过程中对水在量和质两方面的需求。我国超过 14 亿人口，农村人口约占 3/4，因此，解决和发展农村供水事关大局、事关国策，尤其是在解决了基本温饱之后的农民，迫切要求饮清洁水、改善生活条件。当今，发展农村供水事业，必将会产生巨大的社会效益与经济效益，为推动我国的社会进步产生不可估量的影响。其重要意义主要表现在以下几个方面。

(1) 改善农村人民群众生活条件，提高农民的生活质量。确保广大农民能够饮用安全、卫生的自来水，这对提高我国农民的身体健康水平和卫生条件有显著作用，特别是对降低肠道传染病的发病率以及各种以水为介质的地方病有显著作用。据国家有关部门统计，饮用安全、卫生的自来水后，肠道传染病发病率可降低 70％～90％，传染性肝炎、痢疾、伤寒的发病率可降低 75％～85％。

(2) 繁荣乡镇企业，促进农村经济的发展。一是促进乡镇和村办企业的发展。由于农村有了集中供水设施，为村办工业、副业的发展提供了有利条件。如粮食加工、农副产品加工、畜产品加工、棉毛织品加工、果品加工、饮料加工、化工、印染、建材加工等因地制宜的企业得以充分发展。二是良好的供水条件改善了投资环境，有利于招商和吸引外资搞开发。优质水源和清洁用水是外商投资搞开发的重要基础条件之一，增加了对外开放的吸引力。

(3) 缩小城乡差别，促进全社会协调发展。在当今世界上，人们用水量多少、供水水质的标准以及安全卫生饮水的普及率等，在一定程度上已成为衡量一个国家和

地区文明先进程度的重要标志之一。选用安全卫生的自来水，不仅对提高人民群众的健康水平产生直接的影响，而且使许多家庭卫生设施、设备等进入农村家家户户成为可能，从而有利于改善农户家庭环境，缩小城乡差别，促进全社会协调发展。

（4）提高了水利工作在社会上的影响力和在农村经济中制约因素的重要地位，进一步体现了水利的基础设施与基础产业的重要作用，拓宽了水利服务功能，增强了水利经济实力。

二、农村供水的现状与前景

资源 1-1

1. 发展现状

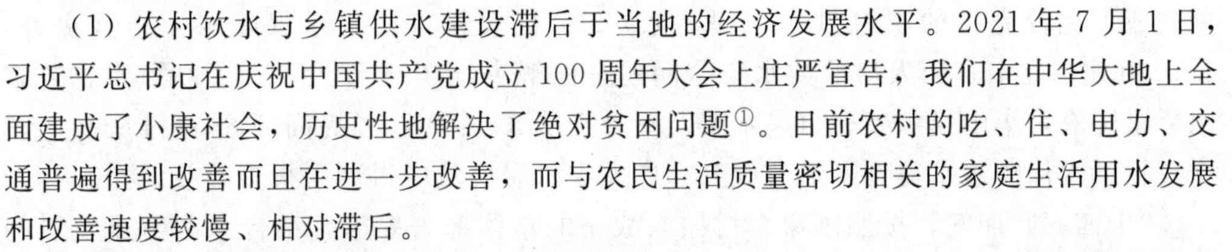

（1）农村饮水与乡镇供水建设滞后于当地的经济发展水平。2021 年 7 月 1 日，习近平总书记在庆祝中国共产党成立 100 周年大会上庄严宣告，我们在中华大地上全面建成了小康社会，历史性地解决了绝对贫困问题[①]。目前农村的吃、住、电力、交通普遍得到改善而且在进一步改善，而与农民生活质量密切相关的家庭生活用水发展和改善速度较慢、相对滞后。

我国乡镇级区划总数为 41636 个，大多数乡镇是当地的政治、经济和文化中心，是小城镇建设的重点。改革开放以来，我国乡镇企业一直是以较快的速度增长，对 GDP 的贡献率越来越大，但目前仍有部分乡镇供水不足，影响了当地经济和社会发展及小城镇建设的进程。

（2）地区之间差距过大。在地域分布上，东南沿海是我国经济最发达的地区，农村水利基础条件较好，自来水普及率达到了 88%，农村的饮水基本得到了保障。但在中西部地区尤其是西部的“老、少、边、穷”地区仍存在着比较严重的饮水困难问题。即使在同一地区，城市周边和经济较发达的地方与广大农村的差距也巨大。

（3）现有工程建设标准低，多数只解决水源问题，用水方便程度和保证率都较低。农村供水除人畜饮水困难国家积极支持解决外，基本处于一种自然发展的状态，缺少科学规划和有效管理，存在水资源的不合理开采利用、工程标准低和工程利用率低、用水方便程度和保证率低的问题。

（4）缺乏排水设施，卫生条件差。随着我国农村饮水和乡镇供水的持续发展，农村、乡镇居民生活用水量不断增加，其直接的负面影响是家庭废污水的增加。但目前在全国的小城镇和广大农村的居住区缺乏排水设施，更谈不上污水的处理和利用，严重影响人类的可持续发展。

（5）供水水价偏低，水价不到位的现象普遍存在。目前，我国乡镇所在地已建成并投入运行的集中供水工程中，保本微利的，仅达到成本的和达不到成本的约各占 1/3，村级供水工程的水价更低，使工程的正常维修和更新改造难以保证，不仅影响了供水的经济效益，也不利于供水条件的改善和服务水平的提高。

（6）经营管理粗放，模式单一。主要表现为一些工程仍在沿用计划经济体制下的管理模式，管理意识淡薄，管理方式和管理手段落后，管理规章制度不完善。

---

① 中共中央党史和文献研究院. 全面建成小康社会大事记. 中国政府网，2021-07-27.

2. 前景展望

获得安全饮水是人类的基本需求和基本人权。随着工业快速发展，城市化的进程加快，人民生活水平的提高，人们对供水的要求将越来越高。为此，21 世纪初叶的农村饮水和乡镇供水首要目标是为广大农村群众和乡镇居民提供安全、方便的饮水，保障乡镇企业生产用水，以促进农村现代化建设和我国城市化水平的提高，为实现 21 世纪中叶达到中等发达国家水平做出贡献。

党中央、国务院高度重视农村饮水安全工作，特别是“十三五”以来，把饮水安全有保障作为脱贫攻坚“两不愁三保障”的一项重要指标。经过努力，“十三五”期间建成了比较完备的农村供水工程体系，2.7 亿农村人口供水保障水平得到提升，1710 万建档立卡贫困人口的饮水安全问题全面解决，1095 万人告别了高氟水、苦咸水。全国农村集中供水率和自来水普及率分别从 82%和 76%提高到 88%和 83%，整个农村供水保障水平得到了显著提升，广大农村居民从中得到了很多的益处。

“十四五”期间，按照国家乡村振兴战略的总体部署要求，结合水利事业发展的实际，水利部制定了《“十四五”农村供水保障规划》，主要预期目标是把农村供水的自来水普及率再进一步提升，由现在的 83%提升到 88%，饮水的标准、供水的标准也进一步提高，满足乡村振兴的需要。健全农村供水工程运行管护机制，逐步实现良性可持续运行。

第二章　农村供水工程总体规划

第一节　农村供水工程规划概述

一、农村供水工程总体规划的任务

农村供水工程规划是在相关水利规划和乡镇总体规划的基础上，按照确定的对象和供水范围，根据当地的水源、资金、技术等条件和社会、经济发展的需要，对农村居住区生活用水和工业用水等做出一定时期内建设与管理的计划安排，最大限度地保护和合理地利用水资源，合理选择水源，进行村镇水源规划和水资源利用平衡工作，确定村镇自来水厂等给水设施的规模、数量等，科学地进行给水设施和给水管网系统布局，满足村镇用户对水量、水质、水压的要求，制定水源和水资源的保护措施。农村供水工程规划分为宏观的区域规划和具体的供水工程规划两个层次。

区域规划包括省级（省、自治区、直辖市和计划单列市）和县级（县级区、市）规划。省级规划以全国规划为指导，由省级水行政主管部门，在汇总县级规划的基础上制订。县级水行政部门负责农村供水工程规划、建设、管理工作，因此，县级农村供水规划是我国农村供水工程建设与管理的基础。区域规划是指导本区域农村供水工作和安排农村供水工程计划的重要依据。区域规划的主要内容包括农村供水的现状、解决农村供水问题的必要性、规划的指导思想、基本原则和目标任务、总体布局与分区规划、投资估算与资金筹措、工程管理与水源保护、经济和环境影响评价、实施规划的保障措施等。

工程规划是针对具体工程的农村供水规划，主要内容包括需水量预测、确定供水规模、水源选择、确定供水工艺流程和水厂平面布置以及输配水管网系统规划等，要根据水资源的综合利用，地方经济的发展水平、资金状况、工程效益等对工程建设分批做出安排。在可行性研究中，对现状的调查要深入、系统、全面，对当地的经济发展水平、人口增长、用水标准的预测，要力求准确，并要做好水质分析，合理确定工程规模、建设标准、取水方式、结构型式等，并进行技术经济比较，从而做出合理的规划方案。

农村供水工程规划是十分重要的工作，应在收集充足资料的基础上，根据规划的依据，遵循规划的程序和原则等，拟订规划方案。因此，合理选择基础资料，确定规划依据、规划程序和规划原则等，对科学规划具有重要意义。

二、农村供水工程规划的原则与思路

1. 规划原则

坚持以人为本，全面、协调、可持续的科学发展观，按照全面建设小康社会和建设社会主义新农村的总体要求，紧紧围绕解决农村居民饮水安全问题，加强农村供水

工程建设，深化农村供水管理体制改革，强化水源保护、水质监测和社会化服务，建立健全农村饮水安全保障体系，让农民群众能够及时、方便地获得足量、安全的饮用水，维护生命健康、提高生活质量、促进农村经济社会可持续发展。

(1) 统筹规划。农村供水工程是地区性的水利建设工程，它应以该地区的农业区划、水利规划为依据，并列入地区的国民经济发展计划内，其骨干工程由地方政府水利部门统筹安排基建及日常管理工作。在兴建农村供水工程中，应注意兴利除害、全面治理的原则，有灌有排，并与道路、林带、供电系统，以及居民点规划相结合，有利生产、方便生活、促进流通、繁荣经济，使各项建设合理分布和协调发展。

(2) 防治兼顾。水质问题是饮水安全的主要问题。首先，要保护好饮用水源，划定水源保护区，加强水源地防护，防止供水水源受到污染和人为破坏；正确处理生活用水与生产用水的矛盾，优先满足生活用水需要；发动群众做好农村环境卫生综合整治，防止废水、垃圾、粪便等造成水源污染。其次，根据不同水源水质、工程类型等具体情况，在工程建设中采用适宜的水处理措施。最后，建立水质检验、监测、监督体系，确保供水安全。

(3) 因地制宜。总体规划阶段要根据当地的自然、社会、经济、水资源等条件以及发展需要，合理选择饮用水水源、工程型式、供水范围和规模、供水方式和水处理措施，做好区域供水工程规划。有条件的地方，提倡适度规模的集中供水、供水到户；制水成本较高的地区，实行分质供水。

(4) 建管并重。农村供水工程要把建设和管理放在同等重要的位置，克服重建轻管的弊病。进一步完善有关管理办法，加强前期工作，严格项目审批，强化项目建设中的管理。在规划设计、施工建设、运行管理等各个环节，推行用水户全过程参与的工作机制。深化农村供水工程管理体制改革，明晰产权、落实管护责任，按成本确定水价，计量收费，建立良性运行机制。

2. 规划思路

农村供水工程规划按照“统筹规划、防治兼顾、因地制宜、建管并重”的原则，科学规划，合理布局，优先解决水质性缺水以及农村集镇、居民聚居点、农村学校等的饮水安全问题。饮用水源要优先考虑水质较好的水库蓄水、河水、山泉水、优质地下水等。有条件的地方尽可能建设集中供水工程；距县城、集镇自来水厂较近的农村居民点，可依托已有自来水厂，进行扩建、改建，辐射延伸供水管线，发展自来水；有良好地下水源条件的地方，可建设集中供水井或分户供水井；在农户居住分散的山丘区，可建设分散式供水工程；严重缺乏淡水资源的地方，可建设雨水集蓄工程；对有可能移民的居民点，修建临时性供水设施。

农村饮水安全工程规划应当合理规划水源保护设施和饮水安全监测网络建设。规划新建集镇、村镇时应充分考虑供水设施和水源保护，对四周水源紧缺的集镇要限制发展或逐步搬迁。各地在兴办学校、居民点、厂矿等建设项目时，要坚持水资源论证制度，成片规划。

三、规划的基础资料

收集以下地形、气象、水文、水文地质、工程地质等方面的基础资料，并进行综

合分析。

（1）1∶5000～1∶25000 地形图（根据规划区域），根据地形、地貌、地面标高，考虑取水点、水厂及输配水管的铺设等规划用图。

（2）1∶200～1∶500 地形图，水厂、净水与取水构筑物等规划用图。

（3）气象资料。根据年降水量和年最大降雨量判断地表水源的补给来源是否可靠和充足，洪水时取水口、泵站等有无必要采取防洪措施；根据年平均气温、月平均气温、全年最低气温、最大冻土深度等考虑处理构筑物的防冻措施和输配水管道的埋设深度。

（4）地下水水文地质资料。了解地下水的埋藏深度、含水层厚度、地下水蕴藏量及开采量、补给来源等。

（5）地表水水文资料。根据地表水的流量、最高洪水位、最低枯水位、冰凌情况等，确定取水口位置、取水构筑物型式及取水量。

（6）土壤性质。用来估算土壤承载能力及透水性能，以便考虑构筑物的结构设计和实施上的可靠性。

（7）水源水质分析资料。包括感官性状、化学、毒理学、细菌等指标的分析结果，用来确定净化工艺和估算制水成本。

（8）水资源的综合利用情况。包括渔业、航运、灌溉等，以便考虑这些因素对水厂的供水量、取水口位置及取水构筑物的影响。

（9）国家、行业和地方的有关法律法规和各类技术规范、规程与标准。

（10）社会经济资料。规划区县（市）的地理位置、面积、所管辖乡（镇）、村（街道委员会）的数量、总人口、农村人口，以及农村饮水不安全人口数量、成因、分布，项目所在地区农村劳动力、农业生产、基础设施建设，财政收入、农民收入、社会经济发展等情况。

四、规划的编制依据

农村供水工程规划设计的主要依据如下。

（1）国家的有关法律法规。如《中华人民共和国城乡规划法》等。

（2）国家相关技术标准、技术规范。如《生活饮用水卫生标准》（GB 5749—2022）、《室外给水设计标准》（GB 50013—2018）、《村镇供水工程技术规范》（SL 310—2019）、《城市规划编制办法实施细则》等。

（3）国家发展和改革委员会及水利部关于规划编制工作的有关部署和要求。如水利部办公厅《关于做好“十四五”农村供水保障规划编制工作的通知》（办农水〔2020〕31号）、水利部《2021—2025年水利发展“十四五”规划编制工作方案》。

（4）各地区总体规划、《中华人民共和国国民经济和社会发展第十四个五年规划和2035年远景目标纲要、新农村集中居住区规划、水资源综合规划等。

（5）规划设计委托书和合同书。

五、规划的工作流程

农村供水工程规划包括规划编制流程和规划审批流程两个阶段。农村供水工程规划编制和审批流程如图 2-1 所示。

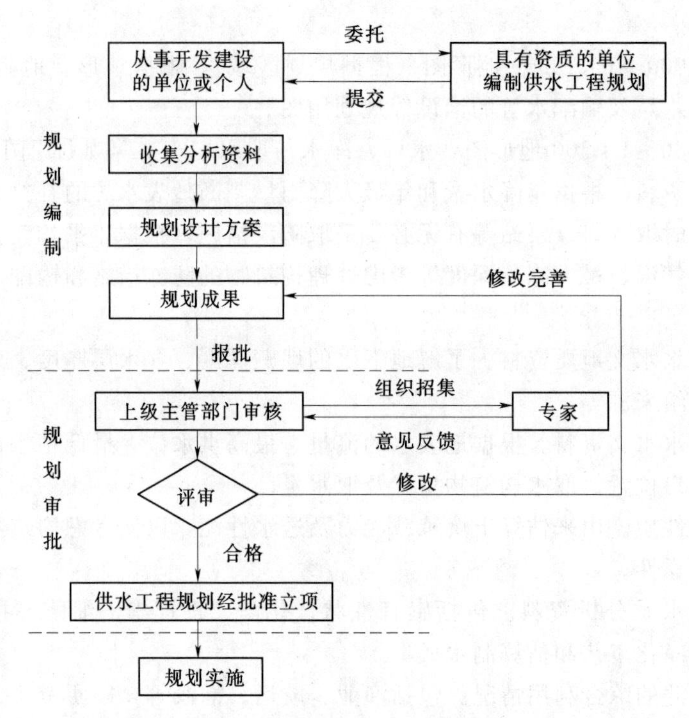

图 2-1　农村供水工程规划编制和审批流程

1. 规划的编制

农村供水工程规划可参照下列基本程序进行。

(1) 根据当地农业供水现状、水源、自然地理条件、居住状况、管理水平、发展规划需求、工程建设资金等情况，确定供水工程建设的类型和供水方案。

(2) 收集、整理、分析当地多年的水文、地形、地质、气象、水源水质等资料，为初步选择和确定供水工程的可利用水源提供依据，并经现场调查，进一步证实水源的水量水质情况和确定取水方案。

(3) 根据当地的发展规划，合理确定供水工程的设计年限。

(4) 确定供水人口、用水量组成和各类用水量的取值标准。

(5) 计算供水工程的供水规模和合理确定供水工程的制水规模。

(6) 选择适宜的净水工艺方案和净水构筑物或净水设备及消毒方式。

(7) 计算和确定单体构筑物和设备的规模。

(8) 根据地形资料和实地测量成果，布置输水管道和配水管网，并通过水力计算确定管径、水泵扬程、调节构筑物的设置。

(9) 进行工程总平面布置、水厂的平面布置和高程布置。

(10) 对有两个以上供水方案和净水工艺方案可供选择时，应通过技术、经济比较，择优确定。

农村供水工程规划原则上以市（县）为单元，由具有相应资质的规划设计单位编制，并将项目任务落实到项目县并规划到村。

工程规划编制单位的考核与资质管理直接关系工程规划编制的水平和质量，关系工程规划、建设、管理工作的互相促进和良性循环，它也是工程规划编制管理工作的一个重要组成部分。农村供水工程所在地供水主管部门应据不同性质和内容，采取委托或者招标等方式，由具有相应编制资质单位或者经水行政主管部门认可的单位承担农村供水工程规划编制工作。规划编制承担单位应深入开展调查研究，核实基础资料，遵循自然规律和经济规律，注重采用新技术、新方法，进行多个规划方案的比选和综合论证，加强技术把关和成果协调，严格质量控制，确保规划质量。

2. 规划的审批管理

农村供水工程规划审批管理包括明确负责规划审批的机构、规定规划审批的程序和内容。具体为：一是根据规划人口，以县为单位编制本县（市、区）农村供水工程实施规划，由市级主管部门审查、核定，由县（市、区）人民政府批准后，报省级备案；二是依据经济批准的规划，各县（市、区）委托有资质单位编制年度可研报告，市发改委、水利局审核后联文上报。由上级主管部门或具有相应资质的中介机构审查，形成审查意见后，由省发改委、水利厅批复项目立项。

各级水行政主管部门组织编制的规划，应当扎根本级人民政府或者其授权的部门批准，并报上级水行政主管部门核备。涉及流域、区域规划及市际、县际水利关系的，需要事先征得有管辖权的水行政主管部门同意，必要时由上级水行政主管部门提出技术审查意见。

3. 规划的实施及监督

农村供水安全项目实施应参照基本建设程序进行建设和管理。

农村供水工程规划一经批准立项，工程建设管理部门应及时做好建设资金和工程建设进度的安排；组织开展好农村供水工程的施工图设计、工程施工和物资设备采购的招（投）标工作、施工监理工作；对批准的规划任务及对策措施进行分解落实，推动规划实施；安排好工程建设的督导检查与监控、竣工工程的验收和运行管理工作。

各级水行政主管部门应当适时对规划实施情况及适应性等进行评估，供规划修订时参考。对于违反农村供水工程规划的项目建设和工程规划实施的行为，各级项目主管部门或者其委托的管理机构，应当依据有关法律、法规予以制止和处置。

第二节　用 水 量 预 测

一、用水分类

农村用水量应分为两部分：第一部分应为农村供水工程统一供给的居民生活用水、企业用水、公共设施供水及其他用水量总和；第二部分应为上述统一供给以外的所有用水水量的总和，包括企业和公共设施自备水源供给的用水、河湖环境和河道用水、农业灌溉及畜牧业用水。

二、用水量标准

用水量标准是指设计年限内达到的用水水平，亦即每一种不同性质的用水，所给定的单耗水量标准，即用水定额。如每人每天需耗用多少水量［L/(人·d)］，乡镇企业生产单位产品需多少水量（m^3/单位产品）或企业生产设备单位时间需多少水量（L/h），每头牲畜每日需多少水量［L/(头·d)］等。

设计用水量标准是确定设计用水量的主要依据，它可影响供水系统相应设施的规模、工程投资、工程新建或扩建的期限、今后水量的保证和水厂的经济效益等诸多方面。在确定用水量标准时，应结合现状和规划资料，并参照类似地区用水情况。

1. 农村居民生活用水量标准

农村居民生活用水是指居民家庭的日常生活用水，包括居民的饮用、烹调、洗涤、清洁、冲厕、洗澡等用水。生活用水量标准用 L/(人·d) 表示。生活用水量标准与水源条件、经济水平、居住条件、供水设备完善情况、生活水平等因素有关。不同地区人均生活用水量会有较大差别，即使同一地区、不同村镇，因水源条件不同，用水量也可能相差较大。

影响生活用水量的因素很多，设计规划时，农村居民生活用水量标准可参考《村镇供水工程技术规范》（SL 310—2019）的规定，见表 2-1。

表 2-1　最高日农村居民生活用水量标准　单位：L/(人·d)

主要用（供）水条件	一区	二区	三区	四区	五区
集中供水点取水，或水龙头入户且无洗涤池和其他卫生设施	30～40	30～45	30～50	40～55	40～70
水龙头入户，有洗涤池，其他卫生设施较少	40～60	45～65	50～70	50～75	60～100
全日供水，户内有洗涤池和部分其他卫生设施	60～80	65～85	70～90	75～95	90～140
全日供水，室内有给水、排水设施且卫生设施较齐全	80～110	85～115	90～120	95～130	120～180

注　1. 本表所列用水量包括了居民散养畜禽用水量、散用汽车和拖拉机用水量、家庭小作坊生产用水量。
2. 一区包括：新疆，西藏，青海，甘肃，宁夏，内蒙古西北部，陕西、山西黄土高原丘陵沟壑区，四川西部。
二区包括：黑龙江，吉林，辽宁，内蒙古西北部以外地区，河北北部。
三区包括：北京，天津，山东，河南，河北北部以外地区，陕西关中平原地区，山西黄土高原丘陵沟壑区以外地区，安徽、江苏北部。
四区包括：重庆，贵州，云南南部以外地区，四川西部以外地区，广西西北部，湖北、湖南西部山区，陕西南部。
五区包括：上海，浙江，福建，江西，广东，海南，安徽、江苏北部以外地区，广西西北部以外地区，湖北、湖南西部山区以外地区，云南南部。
本表不含香港、澳门和台湾。
3. 取值时，应对各村镇居民的用水现状、用水条件、供水方式、经济条件、用水习惯、发展潜力等情况进行调查分析。并综合考虑以下情况：村庄一般比镇区低；定时供水比全日供水低；发展潜力小取较低值；制水成本高取较低值；村内有其他清洁水源便于使用时取较低值。调查分析与本表有出入时，应根据当地实际情况适当增减。
4. 本表中的卫生设施主要指洗涤池、洗衣机、淋浴器和水冲厕所等。

2. 乡镇企业用水量标准

（1）乡镇企业的生产用水量标准。乡镇企业生产用水一般是指乡镇企业在生产过程中用于加工、净化和洗涤等方面的用水。用水量的增长与乡镇经济发展计划、企业工艺的改革和设备的更新等密切相关，因此应通过乡镇工业用水调查以获得可靠

资料。

乡镇企业生产用水量标准应根据生产工艺过程的要求而定。它包括：①冷却用水，如锅炉、炼钢炉和冷凝器的用水；②生产过程用水，如纺织厂和造纸厂的洗涤、净化和印染等用水，食品工业用水是食品原料之一；③交通用水，如机车和船舶用水等。由于生产工艺过程的复杂性和多样性，生产用水对水质水量要求的标准不一。在确定生产用水的各项指标时，应深入了解生产工艺过程，并参照厂矿实际用水量或有关规范、手册数据等，以确定其对水量、水质、水压的要求。

乡镇企业的用水量标准与生产规模、生产工艺、设备类型和管理水平等因素有关，各地差异较大。一般有两种计算方法：

1）按单位产品计算，如每生产1t水泥需1.5～3.0m^3水，每印染1万m棉布需200～300m^3水。

2）按每台设备每台或台班的用水量计算，如农用汽车100～120L/(台·d)，锅炉1000L/(h·t)（以小时蒸发量计）。

企业生产用水量通常由工艺部门提供数据，还应参照同类性质工厂的生产用水量并结合当地实际情况决定，表2-2可供参考。

表2-2　乡镇企业用水量标准

企业种类	单　位	需水量/m^3	企业种类	单　位	需水量/m^3
生铁	t	65～220	豆制品	t	5～15
炼油	m^3	45	酿酒	t	20～50
炼焦	t	9～14	制糖	t	15～30
水泥	t	1～7	酱油	t	4～5
玻璃	t	12～24	植物油	t	7～10
皮革	t	100～200	汽水	千瓶	2.4（Ⅰ）
造纸	t	500～800	棒冰	千支	6.2（Ⅰ）
化肥	t	2.0～5.5	冰块	m^3	7.4（Ⅲ）
制砖	千块	0.7～1.2	豆腐	50kg黄豆	1.69（Ⅰ）～2.78（Ⅲ）
人造纤维	t	1200～2000	丝绸印染	万m	180～220
螺丝	t	100～220	肥皂	万条	80～90
棉布印染	万m	200～300	屠宰（猪）	头	1～2
肠衣加工	万根	80～120	糕点	50kg原料	0.05（Ⅰ） 0.03（Ⅲ）
制茶	担	0.1～0.3	烙饼	10kg	0.98（Ⅳ）
果脯	t	30～50	冲洗镀件	t	22.7～27.5

注　气候分区：第Ⅰ分区包括黑龙江和吉林的全部，内蒙古和辽宁的大部分地区，河北、山西、陕西、宁夏的一小部分县（市、区）。第Ⅱ分区包括北京、天津和山东的全部，河北、陕西、山西的大部分，甘肃、宁夏、辽宁、河南、青海、江苏的部分县（市、区）。第Ⅲ分区包括上海、浙江、安徽和江西的全部，江苏的大部分地区，福建、湖南、湖北、河南的部分县（市、区）。第Ⅳ分区包括广东和台湾的全部，广西的大部分，福建、云南的部分县（市、区）。第Ⅴ分区包括贵州的全部，四川、云南的大部分，湖南、湖北、陕西、甘肃、广西的部分县（市、区）。

(2) 乡镇企业的职工生活用水和淋浴用水标准。它是指每一职工每班的生活用水量和淋浴用水量。职工生活用水标准，应根据车间性质决定，一般采用25～35L/(人·班)，一般车间用下限，高温车间采用上限，其时变化系数为2.5～3.0。有淋浴的可根据具体情况确定，职工的淋浴用水标准，可采用表2-3的规定，淋浴延续时间为下班后1h。

表2-3 工业企业内工作人员淋浴用水量标准

分级	车间卫生特征			用水标准/[L/(人·班)]
	有毒物质	生产性粉尘	其他	
一级	极易经皮肤吸收引起中毒的剧毒物质（如有机磷、三硝基甲苯、四乙基铅等）		处理传染性材料、动物原料（如皮、毛等）	60
二级	易经皮肤吸收或有恶臭的物质，或高毒物质（如丙烯腈、吡啶、苯酚等）	严重污染全身或对皮肤有刺激的粉尘（如炭黑、玻璃棉等）	高温作业、井下作业	60
三级	其他毒物	一般粉尘（如棉尘）	重作业	40
四级	不接触有毒物质及粉尘，不污染或轻度污染身体（如仪表、机械加工、金属冷加工等）			40

对耗水量大、水质要求低或远离居民区的企业，是否将其列入供水范围应根据水源充沛程度、经济比较和水资源管理要求等确定。

3. 村镇公共建筑用水量标准

公共建筑包括学校、机关、医院、饭店、旅馆、公共浴室、商店等。其用水涉及甚广，难以用统一的指标衡量。机关、学校等行业一般用L/(人·d)表示，旅馆、医院等行业一般用L/(床·d)表示，商店、餐饮等行业一般用L/(营业面积·d)表示。

《建筑给水排水设计标准》(GB 50015—2019)对各种公共建筑用水标准做了较详细的规定，旅馆、学校、医院等，对于条件好的村镇，可按表2-4确定公共建筑用水量标准。但对于条件一般或较差的村镇，应根据公共建筑类型、用水条件以及当地的经济条件、气候、用水习惯、供水方式等具体情况对表2-4中的公共建筑用水量标准适当折减，折减系数可为0.5～0.7；无住宿学校的最高日用水量标准可为15～30L/(人·d)，机关的最高日用水量标准可为20～40L/(人·d)。

表2-4 公共建筑用水量标准

公共建筑物名称		最高日生活用水标准	时变化系数	每日用水时间/h	备注
普通旅馆、招待所	有盥洗室	50～100L/(床·d)	2.0～2.5	24	不包括食堂、洗衣房、空调、采暖等用水
	有盥洗室和浴室	100～200L/(床·d)	2.0	24	
	有淋浴设备的客房	200～300L/(床·d)	2.0	24	

续表

公共建筑物名称		最高日生活用水标准	时变化系数	每日用水时间/h	备　注
宾馆	客房	400～500L/(床·d)	2.0	24	不包括餐厅、厨房、洗衣房、空调、采暖、水景、绿化等用水。 宾馆指各类高级宾馆、饭店、酒家、度假村等，客房内均有卫生间
医院、疗养院、休养所	有盥洗室	50～100L/(床·d)	2.0～2.5	24	不包括食堂、洗衣房、空调、采暖、医疗、药剂和蒸馏水制备、门诊等用水。 陪住人员应按人数折算成病床数
	有盥洗室和浴室	100～200L/(床·d)	2.0～2.5	24	
	有淋浴设备的病房	250～400L/(床·d)	2.0	24	
集体宿舍	有盥洗室	50～100L/(人·d)	2.5	24	不包括食堂、洗衣房用水，高标准集体宿舍（如在房间内设有卫生间）可参照宾馆定额
	有盥洗室和浴室	100～200L/(人·d)	2.5	24	
公共浴室	有淋浴器	100～150L/(人·次)	1.5～2.0	12	淋浴器与设置方式有关，单间最大，隔断其次，通间最小。 单管热水供应比双管热水供应用水量小，女浴室用水比男浴室多。 应按浴室中设置的浴盆、淋浴器和浴池的数量及服务人数，确定浴室用水标准，或各类淋浴用水量分别计算然后叠加
	有浴盆	250L/(人·次)	1.5～2.0	12	
	有浴池	80L/(人·次)	1.5～2.0	12	
	有浴池、淋浴器、浴盆和理发室	80～170L/(人·次)	1.5～2.0	12	
理发室、美容院		40～100L/(人·次)	1.5～2.0	12	
公共食堂	营业食堂	15～20L/(人·次)	1.5～2.0	12	不包括冷冻机冷却用水。 中餐比西餐用水量大，洗碗机比人工洗餐具用水量大
	工业企业、学校、机关、居民食堂	10～15L/(人·次)	2.0～2.5	12	
养老院、托老院	全托	100～150L/(人·d)	2.0～2.5	24	
	日托	50～80L/(人·d)	2.0	10	
幼儿园、托儿所	有住宿	50～100L/(人·d)	2.5～3.0	24	
	无住宿	30～50L/(人·d)	2.0	10	
中、小学（无住宿）		30～50L/(人·d)	2.0～2.5	10	中小学校包括无住宿的中专、中技和职业中学，有住宿的可参照高等学校，晚上开班时用水量应另行计算。 不包括食堂、洗衣房、校办工厂、校园绿化和教职工宿舍用水

续表

<table>
<tr><th colspan="2">公共建筑物名称</th><th>最高日生活用水标准</th><th>时变化系数</th><th>每日用水时间/h</th><th>备　　注</th></tr>
<tr><td colspan="2">高等学校（有住宿）</td><td>100～200L/(人·d)</td><td>1.5～2.0</td><td>24</td><td>定额值为生活用水综合指标，不包括实验室、校办工厂、游泳池、教职工宿舍用水</td></tr>
<tr><td colspan="2">剧院</td><td>10～20L/(人·场)</td><td>2.0～2.5</td><td>6</td><td>不包括空调用水</td></tr>
<tr><td rowspan="2">体育场</td><td>运动员淋浴</td><td>50L/(人·次)</td><td>2.0</td><td>6</td><td rowspan="2">不包括空调、场地浇洒用水。
运动员人数按大型活动计算，体育场有住宿时，用水量另行计算</td></tr>
<tr><td>观众</td><td>3L/(人·场)</td><td>2.0</td><td>6</td></tr>
</table>

在缺乏统计资料时，公共建筑用水量可按居民生活用水量的5%～25%估算，其中无学校的村庄不计此项，其他村庄宜为5%～10%，集镇宜为10%～15%，建制镇宜为10%～25%。条件一般的村庄和条件较差的镇取低值，条件较好的村镇取高值。

4. 饲养牲畜用水量标准

集体或专业户饲养畜禽，不同饲养方式的用水量标准不同。饲养禽畜最高日用水量应根据畜禽饲养方式、种类、数量、用水现状和近期发展计划确定。

（1）圈养时，饲养畜禽用水定额可按表2-5选取。

表2-5　饲养畜禽最高日用水量标准

牲　畜	用水量标准/[L/(头(只)·d)]	牲　畜	用水量标准/[L/(头(只)·d)]
乳牛	70～120	母猪	60～90
育成牛	50～60	育肥猪	30～40
马	40～50	羊	5～10
驴	40～50	鸡、兔	0.5～1.0
骡	40～50	鸭	1.0～2.0

（2）放养畜禽时，应根据用水现状对按定额计算的用水量适当折减。

（3）有独立水源的饲养场可不考虑此项。

5. 农业灌溉用水量标准

农业灌溉用水多自成系统，主要农业机械用水量标准见表2-6。

表2-6　主要农业机械用水量标准

机　械　类　别	用　水　量	机　械　类　别	用　水　量
柴油机	35～50L/(马力①·h)	机床	350L/(台·d)
汽车	100～200L/(辆·d)	汽车拖拉机修理	1500L/(台·次)
拖拉机	100～150L/(台·d)		

6. 庭院用水量标准

庭院用水量一般不予考虑，因为它的用水量很少。当采用饮灌两用机井时，庭院

① 1马力=0.735kW。

用水量一般为当地生活用水量的2～3倍。

7．消防用水量标准

一般是从街道上消火栓和市内消火栓取水。消防给水设备由于经常不工作，可与生活饮用水给水系统结合在一起考虑。对防火要求高的场所，如仓库和工厂，可设立专用的消防给水系统。大型城镇应根据规定，把消防水量计算在用水量之内。消防用水量标准参照表2-7和工厂、仓库和民用建筑同时发生火灾次数见表2-8。

表2-7　城镇或居住区室外消防用水量标准

人口数量/万	同一时间内的火灾次数	灭火用水量/（L/次）	人口数量/万	同一时间内的火灾次数	灭火用水量/（L/次）
1.0以下	1	10	30.0～40.0	2	65
1.0～2.5	1	15	40.0～50.0	3	75
2.5～5.0	2	25	50.0～60.0	3	85
5.0～10.0	2	35	60.0～70.0	3	90
10.0～20.0	2	45	70.0～80.0	3	95
20.0～30.0	2	55	80.0～100.0	3	100

表2-8　工厂、仓库和民用建筑同时发生火灾次数

名称	占地面积/万m^2	附近居住区人口数量/万	同一时间内发生火灾次数	备　注
工厂	≤100	≤1.5 ＞1.5	1 2	按需水量最大的一座建筑物（或堆场、储罐），工厂、居住区各计算一次
工厂	＞100	不限	2	按需水量最大的两座建筑物（或堆场）算
工厂、民用建筑	不限	不限	1	按需水量最大的两座建筑物（或堆场）算

允许短时间间断供水的村镇，当上述用水量之和高于消防用水量时，确定供水规模可不单列消防用水量。

8．浇洒道路和绿地用水量标准

浇洒道路和绿地用水量，水资源丰富地区经济条件好或规模较大的镇可根据需要适当考虑，村镇道路的浇洒用水标准可按浇洒面积1.0～2.0L/（m^2·d）计算；绿地浇洒用水标准可按浇洒面积1.0～3.0L/（m^2·d）计算。若道路的喷洒频率不高，则该项用水量很少，一般也可按综合生活用水量的3%～5%估算，其余镇、村可不计此项。

9．管网漏失水量和未预见用水量标准

未预见水量是指给水系统设计中，对难于预测的各种因素而准备的水量。村镇的未预见水量和管网漏失水量可按最高日用水量的10%～25%合并计算。村庄取较低值，规模较大的镇取较高值。

三、用水量变化及预测

由于用水量具有随机性，用水量是时刻变化的，只能按一定时间范围内的平均值

进行计算，下面简述用水量、用水量变化的表示和需水量预测方法。

1. 用水量的表示

(1) 平均日用水量：即规划年限内，用水量最多一年内的总用水量除以用水天数。该值一般作为水资源规划的依据。

(2) 最高日用水量：即用水量最多一年内，用水量最多一天的总用水量。该值一般作为供水取水与水处理工程规划和设计的依据。设计给水工程时，一般以最高日用水量来确定给水系统中各项构筑物的规模。

(3) 最高日平均时用水量：即最高日用水量除以 24h，得到的最高日平均每小时的用水量，实际上只是对最高日用水量进行了单位换算，它与最高日用水量作用相同。

(4) 最高时用水量：即用水量最多的一年内，用水量最高的 24h 中，用水量最大的 1h 的总用水量。该值一般作为供水管网工程规划与设计的依据。

2. 用水量变化的表示

无论是生活用水还是生产用水，其耗水量绝不是一个恒定不变的数值，用水量随时都在变化。一年中不同季节的用水量有变化，同一季节中不同日的用水量也有变化，同一天不同小时的用水量也有变化。生活用水量随着生活习惯和气候而变化，如假期比平日高，夏季比冬季用水多；在一天内又以起床后和晚饭前用水最多。农业生产活动有较强的季节性，同工业生产相比年内用水量变化也较大。如工业企业的冷却用水量，随水源的水温而变化，夏季的冷却用水量大于冬季，可是某些生产用水量则变化很少。用水量标准只是一个平均值，在设计给水系统时，还须考虑每日每时的用水量变化。各种用水量的变化幅度和规律有所不同，用水量的变化可以用变化系数表示。规划和设计供水工程时主要是考虑逐日、逐时的变化。

在一年中，每天用水量的变化可以用日变化系数表示，即最高日用水量与平均日用水量的比值，称为日变化系数，记作 K_d，即

$$K_d = \frac{Q_d}{Q_{ad}} \tag{2-1}$$

式中　Q_d——最高日用水量，m^3/d；

Q_{ad}——平均日用水量，m^3/d。

日变化系数应根据供水规模、用水量组成、生活水平、气候条件，结合当地相似供水工程的年内供水变化情况综合分析确定，可在 1.3～1.6 范围内取值。

在进行供水工程规划和设计时，一般首先计算最高日用水量，然后确定日变化系数，由此，计算出全年用水量或平均日用水量，即

$$Q_y = \frac{365 Q_d}{K_d} \tag{2-2}$$

式中　Q_y——全年用水量，m^3/a。

在一日内，每小时用水量的变化可以用时变化系数表示，最高时用水量与平均时用水量的比值，称为时变化系数，记作 K_h，即

$$K_h = 24\frac{Q_h}{Q_d} \tag{2-3}$$

式中 Q_h——最高时用水量，m^3/h。

根据最高日用水量和时变化系数，可以计算最高时用水量为

$$Q_h = K_h\frac{Q_d}{24} \tag{2-4}$$

从集中给水龙头取水时，用水时间往往比较集中，时变化系数很大；用水比较均匀时，时变化系数较小。时变化系数，应根据各村镇的供水规模、供水方式，生活用水和企业用水的条件、方式和比例，结合当地相似供水工程的最高日供水情况综合分析确定。

全日供水工程的时变化系数，可按表2-9确定。

表2-9　　全日供水工程的时变化系数

供水规模 $w/(m^3/d)$	$w \geqslant 5000$	$5000 > w \geqslant 1000$	$1000 > w \geqslant 200$	$w < 200$
时变化系数 K_h	1.6～2.0	1.8～2.2	2.0～2.5	2.3～3.0

注　乡镇企业日用水时间长且用水量比例较高时，时变化系数可取较低值；乡镇企业用水量比例很低或无企业用水量时，时变化系数可在2.0～3.0范围内取值，用水人口多、用水条件好或用水定额高的取较低值。

定时供水工程的时变化系数，可在3.0～4.0范围内取值，日供水时间长、用水人口多的取较低值。

在设计给水系统时，必须通过合理确定给水系统的设计用水量及各组成部分的设计水量来适应、满足这一变化。在设计时，取水构筑物、一级泵站和水厂等按最高日平均时流量计算，二级泵站及输配水管网按最高日最高时流量计算。

3. 需水量预测方法

需水量预测方法有多种方法，在供水规划时，要根据具体情况，选择合理可行的方法，必要时，可以采用多种方法计算，然后比较确定。

(1) 分类计算法。分类计算法先按照用水的性质对用水进行分类，然后分析各类用水的特点，确定它们的用水量标准，并按用水量标准计算各类用水量，最后累计出总用水量。

该法比较细致，当有较详细的基础资料时，采用此方法可以求得比较准确的用水量。

(2) 人均综合指标法。农村用水量与其人口具有密切的关系，农村除农业灌溉用水之外所有用水量之和除以农业人口数的商称为农村人均综合用水量，是将所有用水量之和按人计算的平均值。在村镇供水工程规划中立项、编制项目建议书或审查工程可行性研究报告时，以人均综合用水量乘以设计人口，即为需水量。该方法简便，便于实际操作和掌握。

由于各地水资源条件、经济状况、管网建设情况及生活卫生习惯差异较大，对水量的需求差别也较大，并随着各地村镇经济发展，农村人均综合用水量将有不同程度地增长。不同地区人均综合最高日用水量指标可参考表2-10。

表 2-10　　农村人均综合最高日用水量指标　　单位：L/(人·d)

地　区	北方（西北、东北、华北）	南方（西南、中南、华东）
人均综合最高日用水量指标	70～80	90～110

注　1. 西北包括青海、陕西、甘肃、宁夏、新疆；东北包括辽宁、吉林、黑龙江；华北包括北京、天津、内蒙古、河北、山西、山东、河南；西南包括重庆、四川、贵州、云南、西藏；中南包括湖北、湖南、广西、广东、海南；华东包括江苏、浙江、安徽、江西、福建。

2. 在取值范围内取值，北方地区可按西北、东北、华北顺序依次增高；南方地区可按西南、中南、华东顺序依次增高。

（3）年递增率法。随着社会经济发展以及社会主义新农村的建设，农村居民生活水平随之不断提高，供水量一般呈现逐年递增的趋势，在过去的若干年内，每年用水量可能保持相近的递增比率，可用如下公式表达，即

$$Q_{ad}=Q_0(1+\delta)^t \tag{2-5}$$

$$Q_d=K_dQ_{ad} \tag{2-6}$$

式中　Q_{ad}——起始年份后第 t 年的平均日用水量，m^3/d；

Q_0——起始年份平均日用水量，m^3/d；

δ——用水量年增长率，%；

t——规划年限，a；

其余符号含义同前。

上式实际上是一种指数曲线的外推模型，可用来计算未来年份的总用水量。

（4）线性回归法。日平均用水量亦可用一元线性回归模型进行预测计算，公式可写为

$$Q_{ad}=Q_0+\Delta Qt \tag{2-7}$$

式中　Q_{ad}——起始年份后第 t 年的平均日用水量，m^3/d；

Q_0——起始年份平均日用水量，m^3/d；

ΔQ——日平均用水量的年平均增量，$(m^3/d)/a$，根据历史数据回归计算求得；

t——规划年限，a。

农村需水总量受到多种因素的影响，诸如农村经济发展状况、农村产业结构的调整、生活条件、人口增长、用水习惯、资源价值观念、科学用水和节约用水、水价及水资源丰富和紧缺程度等，其用水总量在不断地发生变化，用水量增加到一定程度后将会达到一个稳定水平，甚至可能出现负增长趋势。

四、用水量的计算

1. 分类计算法

采用此方式时，应根据当地实际用水需求列项，按最高日用水量进行计算。

（1）最高日生活用水量。最高日生活用水量用下式计算，即

$$Q_1=\sum\frac{q_{1i}N_{1i}}{1000} \tag{2-8}$$

$$N_{1i}=P_0(1+\gamma)^n+P_1 \tag{2-9}$$

式中　Q_1——居民生活用水量，m^3/d；

N_{1i}——设计用水居民人数，人；

P_0——供水范围内的现状常住人口数，其中包括无当地户籍的常住人口，人；

γ——设计年限内人口的自然增长率，可根据当地近年来的人口自然增长率确定；

n——工程设计年限，a；

Γ_1——设计年限内人口的机械增长总数，可根据各村镇的人口规划以及近年来流动人口和户籍迁移人口的变化情况按平均增长法确定，人；

q_{1i}——各用水分区最高日居民生活用水标准，可按表 2-1 确定，L/(人·d)。

(2) 公共建筑用水量。经济条件好的村镇，公共建筑用水量可用下式计算，即

$$Q_2=\sum\frac{q_{2i}N_{2i}}{1000} \tag{2-10}$$

式中　Q_2——公共建筑用水量，m^3/d；

q_{2i}——各用水分区的公共建筑的用水标准，L/(人·d)；

N_{2i}——各公共建筑的用水人数，人。

相对城市来说，农村公共建筑比较少，公共建筑用水量可按最高日生活用水量的百分数计或合并到未预见水量中。

(3) 乡镇企业用水量。乡镇企业用水量可用下式计算，即

$$Q_3=\sum q_{3i}N_{3i}(1-f_i) \tag{2-11}$$

式中　Q_3——乡镇企业设计用水量，m^3/d；

q_{3i}——各企业最高日生产用水标准，m^3/万元、m^3/产量单位或 m^3/（生产设备单位·d)；

N_{3i}——各企业产值（万元/d）或产量（产品单位/d）或生产设备数量（生产设备单位)；

f_i——各企业生产用水重复利用率。

企业职工的生活用水和淋浴用水量可按下式计算，为

$$Q_4=\sum\frac{q_{4i}N_{4i}+q_{5i}N_{5i}}{1000} \tag{2-12}$$

式中　q_{4i}——各企业职工生活用水量标准，L/(人·班)；

q_{5i}——各企业职工淋浴用水标准，L/(人·班)；

N_{4i}——各企业最高日职工生活用水总人数，人；

N_{5i}——各工业企业车间最高日职工淋浴用水总人数，人。

对耗水量大、水质要求低或远离居住区的企业，是否将此项列入供水范围应根据水源充沛程度、经济比较和水资源管理要求等确定。

对于仅靠地下水资源供水的地区，在进行需水量计算时，工业用水量可不列项计算，根据当地工业发展的实际情况，可采用生活用水量的 5%～10%估算或不计此项。

(4) 饲养畜禽用水量。集体或专业户饲养禽畜用水量可用下式计算，即

$$Q_5=\sum\frac{q_{6i}N_{6i}}{1000} \tag{2-13}$$

式中　Q_5——饲养畜禽用水量，m^3/d；

q_{6i}——各用水分区的饲养畜禽的用水量标准，L/[头(只)·d]，见表2-5；

N_{6i}——各用水分区的饲养禽畜数，头或只。

根据我国禽畜发展现状，规模化养殖已成为发展趋势，集体或专业户饲养禽畜用水量应按照以近期为主适当考虑发展的原则确定，一般可考虑5年左右的发展计划。另有独立水源的饲养场可不考虑此项。

(5) 浇洒道路和绿地用水量。浇洒道路和绿地用水量可用下式计算，即

$$Q_6=\frac{q_7N_7+q_8N_8}{1000} \tag{2-14}$$

式中　q_7——浇洒道路用水标准，$L/(m^2\cdot d)$；

q_8——绿化用水标准，$L/(m^2\cdot d)$；

N_7——最高日浇洒道路面积，m^2；

N_8——最高日绿地用水面积，m^2。

规模不大且经济条件一般或较差的村镇，特别是水资源贫乏地区，浇洒道路和绿地一般较少，为非日常用水，且用水时一般能避开高峰期，因此，此项可不列。

(6) 管网漏失水量和未预见水量。管网漏失水量和未预见水量可用下式计算，即

$$Q_7=(0.10\sim0.25)(Q_1+Q_2+Q_3+Q_4+Q_5+Q_6) \tag{2-15}$$

(7) 消防用水量。消防用水量可用下式计算，即

$$Q_8=q_xf_x \tag{2-16}$$

式中　q_x——消防用水标准，L/s；

f_x——同时火灾次数。

(8) 最高日用水量。最高日用水量可用下式计算，即

$$Q_d=Q_1+Q_2+Q_3+Q_4+Q_5+Q_6+Q_7 \tag{2-17}$$

允许短时间间断供水的村镇，当上述用水量之和高于消防用水量时，确定供水规模可不单列消防用水量。

2. 人均综合指标法

人均综合指标法较简便易行，其计算公式为

$$Q=\frac{qm}{1000} \tag{2-18}$$

式中　Q——农村供水工程用水需水量，m^3/d；

q——农村人均综合最高日用水量指标，见表2-10；

m——预测期农村用水人口数，人。

该方法预测的结果正确与否与人均综合用水量指标的选择有极大的关系，该指标随时空的变化而变化，确定该指标应充分考虑影响用水量指标的各种因素，使确定的用水量指标更符合当地的实际情况。

第三节　供水水源规划

一、水源选择的原则

水源选择的任务是保证良好而足够的各种用水。村镇水源的选择是供水工程的一个非常重要的环节。在选择中，既要掌握详细的第一手材料，又要认真细致地分析研究。同时应根据村镇近远期规划的要求，考虑取水工程的建设、使用、管理等情况，通过技术经济比较，确定合理的水源。因此，水源选择要密切结合该地区近远期规划和工农业总体布局要求，从整个给水系统（取水、输水、水处理设施）安全和经济的角度来考虑。选择水源时还应考虑与取水工程有关的其他各种条件，如村镇的水文、水文地质、工程地质、地形、卫生、施工等方面的条件。此外还应充分注意当地的地方病和群众用水习惯等实际情况。

正确地选择给水水源，必须根据供水对象对水质水量的要求，对所在地区的水资源状况进行认真的勘查、研究。选择给水水源的原则一般有以下几方面。

1. 给水水源应有足够水量

水源的水量，既要满足当前农村生活、饲养牲畜家禽、副业、小工业和（或）农业生产等的需要，也必须考虑适应设计年限内人口增长、生活水平提高和生产发展等诸方面的用水要求。

为保证所选水源的水量充沛可靠，就需要对水源的气象、水文和水文地质等情况进行详细的调查研究和综合分析；应向当地气象或水利部门了解年降水总量、年蒸发总量、年最大和最小降水量，以便分析当地水源水量的补给和考虑必须采取的防洪措施。对于地下水源，应了解地下水埋藏深度、含水层厚度、地下水储量、最大开采量，以及附近灌溉井的静水位、动水位和井的影响半径、不同降深时的出水量等，使其取水量小于可开采量，严禁盲目开采。对于地表水源，则应了解江河的最高洪水位、最低枯水位、年平均流量、常年丰水期的最大流量以及枯水期的最小流量，湖泊、水库的蓄水量，丰水期的最高水位和枯水期的最低水位等，使枯水期的可取水量大于设计取水量、干旱年枯水期设计取水量的保证率，严重缺水地区不低于 90%，其他地区不低于 95%，枯水期也能满足用水要求。在水源水量不足时，要做好水源的综合平衡分析工作。

2. 给水水源的水质应良好

确定水源时，应尽可能搜集水源历年逐月的水质资料，调查研究影响水源水质的因素，研究污染物的来源及处理措施等。所选水源水质应良好，对于水源水质而言，应根据《地表水环境质量标准》（GB 3838—2002）判别水源水质优劣是否符合要求。一般要求原水的感官性状良好，化学成分无害，卫生、安全。作为生活饮用水水源，其水质要符合《生活饮用水卫生标准》（GB 5749—2022）关于水源水质的若干规定，因此在选择水源时，应掌握必要的水源水质资料，并加以认真分析，选用原水的化学指标，特别是毒理学指标，符合生活饮用水水质要求的水源。

如因条件所限，当地水源不能满足上述水质标准的要求时，应尽可能选取原水水

质较为接近生活饮用水水质要求的水源，并根据超过标准的程度，与卫生部门共同研究确定净化处理方案。

工业企业生产用水的水源水质则根据各种生产要求而定。作为农田灌溉应用的水源，其水质应符合《农田灌溉水质标准》（GB 5084—2021）的规定，农村其他生产用水则应符合各生产工艺要求的相应规定，例如，《渔业水质标准》（GB 11607—1989），以及一般工业行业的用水水质标准等。

水源水质不仅要考虑现状，还要考虑远期变化趋势。

3. 水源的综合考虑与合理利用

在农村，除生活饮用水以外，农业、渔业、家庭副业、乡镇企业和一些小工业等均需用水，有的用水量还相当大，其中尤以农田灌溉用水量占的比重最大，因此要综合考虑各用水单位对水源的需求，并予以合理地分配和利用。

选择水源时，必须配合经济、计划部门制定水资源开发利用规划，全面考虑、统筹安排、正确处理与给水工程有关部门（如农业灌溉、水力发电、航运、木材流送、水产、旅游及排水等）的关系，以求合理地运用和开发水资源。特别是水资源比较贫乏的地区，合理开发利用水资源对该地区的全面发展具有决定性意义。例如：利用经处理后的污水灌溉农田；在工业给水系统中采用循环复用给水，提高水的重复利用率，减少水源取水量，以解决生活用水或工业企业大量用水和农业灌溉用水的矛盾；我国沿海某些淡水资源缺乏地区应尽可能利用海水作为工业企业给水水源；沿海地区地下水的开采与可能产生的污染（与水质不良含水层发生水力关系）、地面沉降和塌陷及海水入侵等问题，应予以充分注意。此外，随着我国建设事业的发展、水资源的进一步开发利用，越来越多的河流将实现径流调节，水库水源除了用于农业灌溉、水力发电，还可根据实际情况及需要作水产养殖、供水、旅游等用途。因此，水库水源的综合利用也是水源选择中的重要课题。在一个地区，地表水源和地下水源的开采和利用有时是相辅相成的。地下水源与地表水源相结合、集中与分散相结合的多水源供水以及分质供水不仅能够发挥各类水源的优点，而且对降低给水系统投资，提高给水系统工作可靠性有重大作用。

选用塘、库或灌溉水作为农村给水水源时，要合理调节用水量，协调农田灌溉和水产、渔业等的用水要求。对于地下水源，要防止过量开采，使地下水位下降，出水量降低，并注意避免各用水单位间相互争水。

农村供水的水源建设应尽可能为支援农业、增强农业发展后劲做出贡献。

4. 水源的统一规划和合理布局

选择水源时，应根据农村近期现状和长远发展规划，合理确定水源的位置。一般要求水源的位置尽量靠近净化构筑物和主要用户，以节省投资，方便管理；应尽可能考虑首先采用水位较高、位于用水单位上游且距离较近的水源，如水库、塘堰、山泉和深层自流地下水等，以降低经常性的运行费用。

选择水源时，如存在两种以上可供选用的水源，应通过技术经济比较，选取技术上安全可靠，经济上合理，施工、运行、管理、维护方便的水源。

5. 水源的卫生条件好，便于卫生防护

对于以农村生活饮用水为主的农村供水工程，在选择水源时，除应考虑上述原则外，更应注意水源的卫生防护条件，防止人们的生活和生产活动污染和恶化水源水质，例如，粪便、生活污水、工矿企业废水，以及农药、化肥等对水源的污染。要选择卫生防护条件好，或便于依照《生活饮用水卫生标准》（GB 5749—2022）中有关规定进行防护的水源。

二、水源选择的一般顺序

由于各地水源情况差异很大，为便于选好农村生活饮用水水源，除依照上述原则选择外，尚可参考下述先后顺序，确定适宜的水源。

（1）适宜生活饮用的地下水源有：①泉水；②承压水（深层地下水）；③潜水（浅层地下水）。

（2）适宜生活饮用的地表水源有：①水库水；②淡水湖泊水；③江河水；④山溪水；⑤塘堰水。

（3）便于开采，但适当处理后方可饮用的地下水源，如：水中所含的铁、锰、氟等化学成分超过生活饮用水水质卫生标准的地下水源。

（4）需进行深度净化处理，方可饮用的地面水源，如：受到一定程度污染的江河、库、塘湖等水源。

（5）在缺水地区可修建蓄水构筑物，如水窖、水窑等，收集降水作为分散式农村供水的水源。

在农村供水工程中，地下水源是一种非常重要的供水水源。特别是在我国北方地区，农村生活饮用水主要取自地下水。采用地下水源，一般具有下列优点：取水条件及取水构筑物简单，造价较低，便于施工和管理；通常地下水水质较好，无须澄清处理，当水质不符合要求时，水处理工艺比地表水简单，故处理构筑物投资和运行费用较为节省；便于靠近用户建立水源，从而降低给水系统特别是输水管网的投资，节省输水运行费用及电耗，同时也提高了给水系统的安全可靠性；便于分期修建；不易被污染，便于建立卫生防护区。

因此，一般情况下，凡符合卫生要求的地下水，应优先考虑作为农村生活饮用水的水源。对于工业企业生产用水而言，取水量不大或不影响当地饮水需要，也可采用地下水源，否则应取用地表水。采用地表水源时，须考虑天然河道中取水的可能性，而后考虑需调节径流的河流。地下水径流量有限，一般不适于用水量很大的情况。有时即使地下水储量丰富，还应做具体技术经济分析。例如大量开采地下水，引起取水构筑物过多、过于分散，取水构筑物的单位水量造价相对上升及运行管理复杂等问题。有时，地下水埋深过大，将增加抽水能耗，提高水的成本。水的成本中，电耗占很大比例，节能是降低水价的有效途径。但若过量开采地下水，还会造成建筑物沉降、塌陷，田地干裂等现象，引起人员伤亡，农作物枯死，造成巨大的经济损失。

三、地表水源

地表水源常能满足大量用水的需要，故常将地表水作为供水的首选水源。地表水取水中取水口位置的选择非常关键，其选择是否恰当，直接影响取水的水质和水量，

取水的安全可靠性，以及涉及工程的投资、施工、运行管理与河流的综合利用等。

在选择取水构筑物位置时必须根据河流水文、水力、地形、地质、卫生等条件综合研究，提出几个可能的取水位置方案，进行技术经济比较，在条件复杂时，尚需进行水工模型试验，从中选择最优的方案，选择最合理的取水构筑物位置。

1. 水质因素

(1) 取水水源应选在污水排放出口上游 100m 以上或 1000m 以下的地方，当江、河边水质不好时，取水口宜伸入江、河中心水质较好处取水，并应划出水源保护范围。

(2) 受潮汐影响的河道中污水的排放和稀释很复杂，往往顶托来回时间较长。因此，在这类河道上建取水构筑物时，应通过调查论证后确定。

(3) 在泥沙较多的河流，应根据河道横向环流规律中泥沙的移动规律和特性，避开河流中含沙量较多的河流地段。在泥沙含量沿水深有变化的情况下，应根据不同深度的含沙量分布，选择适宜的取水高程。

(4) 取水口选择在水流畅通和靠主流的深水地段，避开河流的回流区或死水区，以减少水中漂浮物、泥沙等的影响。

2. 河床与地形

取水河段形态特征和岸形条件是选择取水口的重要因素，取水口位置应根据河道水文特征和河床演变规律，选在比较稳定的河段，并能适应河床的演变。

(1) 在弯曲河段上取水，取水构筑物位置宜设在水深岸陡、含泥沙量少的河流的凹岸，并避开凹岸主流的顶冲点，一般宜选在顶冲点的稍下游处。

(2) 在顺直河段上，取水构筑物位置宜设在河床稳定、深槽主流近岸处，通常也就是河流较窄、流速较大、水较深的地点。取水构筑物处的水深一般要求不小于 2.5m。

(3) 在有河漫滩的河段上，应尽可能避开河漫滩，并要充分估计河漫滩的变化趋势。在有沙洲的河段上，应离开沙洲 500m 以上，当沙洲有向取水方向移动趋势时，这一距离还需适当加大。

(4) 在有支流汇入的河段上，应注意汇入口附近“泥沙堆积”的扩大和影响，取水口应与汇入口保持足够的距离，一般取水口多设在汇入口干流的上游河段。

(5) 在分汊的河段，应将取水口选在主流河道的深水地段；在有潮汐的河道上，取水口宜选在海潮倒灌影响范围以外。

3. 人工构筑物和天然障碍物

河流上常见的人工构筑物（如桥梁、丁坝、码头等）和天然障碍物，往往引起河流水流条件的改变，从而使河床产生冲刷或淤积，故在选择取水构筑物位置时，必须加以注意。

(1) 桥梁。由于桥孔缩减了水流断面，因而上游水流滞缓，造成淤积，抬高河床，冬季产生冰坝。因此，取水口应设在桥前滞流区以上 0.5～1.0km 或桥后 1.0km 以外的地方。

(2) 丁坝。由于丁坝将主流挑离本岸，通向对岸，在丁坝附近形成淤积区，因此

取水构筑物如与丁坝同岸，则应设在丁坝上游，与坝前浅滩起点相距不小于150m。取水构筑物也可设在丁坝的对岸（需要有护岸设施），但不宜设在丁坝同一岸侧的下游，因主流已经偏离，容易产生淤积。此外，残留的施工围堰、突出河岸的施工弃土、陡岸、石嘴对河流的影响类似于丁坝。

（3）拦河闸坝。闸坝上游流速减缓，泥沙易于淤积，故取水口设在上游时应选在闸坝附近、距坝底防渗铺砌起点100～200m处。当取水口设在闸坝下游时，由于水量、水位和水质都受到闸坝调节的影响，并且闸坝泄洪或排沙时，下游可能产生冲刷和泥沙涌入，因此取水口不宜与闸坝靠得太近，而应设在其影响范围以外。取水构筑物宜设在拦河坝影响范围以外的地段。

（4）码头。取水口不宜设在码头附近，如必须设置，应布置在受码头影响范围以外，最好伸入江心取水，以防止码头装卸货物和船舶停靠时水源受到污染。

4. 工程地质及施工条件

（1）取水构筑物应设在地质构造稳定、承载力高的地基上，不宜设在淤泥、断层、流砂层、滑坡、风化严重的岩层和岩溶发育地段。在地震地区不宜将取水构筑物设在不稳定的陡坡或山脚下。取水构筑物也不宜设在有宽广河漫滩的地方，以免进水管过长。

（2）选择取水构筑物位置时，要尽量考虑到施工条件，除要求交通运输方便、有足够的施工场地外，还要尽量减少土石方量和水下工程量，以节省投资，缩短工期。

四、地下水源

地下水源一般水质较好，不易被污染，但径流量有限。一般而言，由于开采规模较大的地下水的勘察工作量很大，开采水量会受到限制。采用地下水源时一般按泉水、承压水、潜水的顺序考虑。

地下水取水中关键是确定地下水水源地。水源地的选择，对于大中型集中供水，是确定取水地段的位置与范围；对于小型分散供水而言，则是确定水井的井位。它不仅关系到建设的投资，而且关系到是否能保证取水设施长期经济、安全地运转和避免产生各种不良环境地质作用。水源地选择是在地下水勘察的基础上，由有关部门批准后确定的。

1. 集中式供水水源地的选择

进行水源地选择，首先考虑的是能否满足需水量的要求，其次是它的地质环境与利用条件。

（1）水源地的水文地质条件。取水地段含水层的富水性与补给条件是地下水水源地的首选条件。因此，应尽可能选择在含水层层数多、厚度大、渗透性强、分布广的地段上取水，如选择冲洪积扇中、上游的砂砾石带和岩溶含水层，规模较大的断裂及其他脉状基岩含水带。

在此基础上，应进一步考虑其补给条件。取水地段应有较好的汇水条件，应是可以最大限度地拦截区域地下径流的地段，或接近补给水源和地下水的排泄区；应是能充分夺取各种补给量的地段。例如：在松散岩层分布区，水源地尽量靠近与地下水有密切联系的河流岸边；在基岩地区，应选择在集水条件最好的背斜倾末端、浅埋向斜

的核部、区域性阻水界面迎水一侧；在岩溶地区，最好选择在区域地下径流的主要径流带的下游，或排泄区附近。

（2）水源地的地质环境。在选择水源地时，要从区域水资源综合平衡的角度出发，尽量避免出现新旧水源地之间、工业和农业之间、供水与矿山排水之间的矛盾。也就是说，新建水源地应远离原有的取水或排水点，减少互相干扰。

为保证地下水的水质，水源地应远离污染源，选择在远离城市或工矿排污区的上游；应远离已污染（或天然水质不良）的地表水体或含水层的地段；避开易于使水井淤塞、涌砂或水质长期浑浊的流砂层或岩溶充填带；在滨海地区，应考虑海水入侵对水质的不良影响；为减少垂向污水渗入的可能性，最好选择在含水层上部有稳定隔水层分布的地段。此外，水源地应选在不易引起地面沉降、塌陷、地裂等有害工程地质作用的地段上。

（3）水源地的经济性、安全性和扩建前景。在满足水量、水质要求的前提下，为节省建设投资，水源地应靠近供水区，少占耕地；为降低取水成本，应选择在地下水浅埋或自流地段；河谷水源地要考虑水井的淹没问题；人工开挖的大口井取水工程，则要考虑井壁的稳固性。当有多个水源地方案可供选择时，未来扩大开采的前景条件也常常是必须考虑的因素之一。

2. 小型分散式水源地的选择

以上集中式供水水源地的选择原则，对于基岩山区裂隙水小型水源地的选择，也基本上是适合的。但在基岩山区，由于地下水分布极不普遍和不均匀，水井的布置主要取决于强含水裂隙带的分布位置。此外，布井地段的地下水位埋深、上游有无较大的补给面积、地下水的汇水条件及夺取开采补给量的条件也是确定基岩山区水井位置时必须考虑的条件。

五、雨水水源

对于地表水和地下水都极端缺乏，或对这些常规水源的开采十分困难的山区，解决水的问题只能依靠雨水资源。此类地区地形、地质条件不利于修建跨流域和长距离引水工程，而且即使水引到了山上，由于骨干水利工程能够提供的水源往往是一个点，如水库、枢纽，或者是一条线，如渠道，广大山区则是一个面，因此要向分散居住在山沟里的农户供水是十分困难的。而要把水引下山到达被沟壑分割成分散、破碎的地块进行灌溉，更是难题。同时农户难以承担昂贵的供水成本，工程的可持续运行和效益发挥成为问题。对于居住分散的山区，应当采用分散、利用就地资源、应用适用技术、便于社区和群众参与全过程的解决方法。与集中的骨干水利工程比较，雨水集蓄利用工程恰恰具有这些特点。雨水是就地资源，无须输水系统，可以就地开发利用；作为微型工程，雨水集蓄利用工程主要依靠农民的投入修建，产权多属于农户，农民可以自主决定它的修建和管理运用，因而十分有利于农民和社区的参与。而且现代规模巨大的水利工程往往伴生一系列的生态环境问题，雨水集蓄利用不存在大的生态环境问题，是“对生态环境友好”的工程。要实现缺水山区的可持续发展，雨水集蓄利用是一种不可替代的选择。

对于地表水、地下水缺乏或开采利用困难，且多年平均降水量大于250mm的半

干旱地区和经常发生季节性缺水的湿润、半湿润山丘地区，以及海岛和沿海地区，可利用雨水集蓄解决人畜饮用、补充灌溉等用水问题。

六、水源的卫生防护

水源的卫生防护是保证水质良好的一项重要措施，也是选择水源工作的一个必不可少的组成部分，其目的就是防止水源受到污染。

作为农村生活饮用水水源，若缺乏必要的卫生防护，不断受到污染，无论水厂内净水设备如何完善，也难以保证供给质量良好的用水；就是水质好的水源，如不加以防护，也会逐渐变坏。因此，无论是地表水源还是地下水源，为保障水源的清洁卫生，都应在确定水源和取水点的同时，针对本地区的具体情况，严格按《生活饮用水卫生标准》（GB 5749—2022）的有关规定，在水源附近设置卫生防护地带。

由于地表水源和地下水源的特点不同，以及其取水方式各异，它们对水源卫生防护地带的具体要求也不一样。对于农村供水工程，水源的卫生防护应着重注意的问题分述如下。

1. 地表水源的卫生防护

对于集中式供水水源，其卫生防护地带的范围和要求如下：

（1）取水构筑物及其附近的卫生防护。为防止取水构筑物及其附近水域受到直接污染，在其取水点周围半径不小于100m的水域内，严禁捕捞、停靠船只、游泳和从事一切可能污染水源的活动，例如，禁止洗衣、洗菜，不得放牧等，并由供水单位设置明显的范围标志和严禁事项的告示牌。

（2）取水点上下游的卫生防护。河流取水点上游1000m至下游100m的水域内，不得排入工业废水和生活污水。其沿岸防护范围内，不得堆放废渣、设置有害化学物品的仓库或堆栈，不得设立装卸垃圾、粪便和有毒物品的码头。防护范围内的沿岸农田，不得使用工业废水或生活污水灌溉，以及施用有持久性或有剧毒的农药，不得从事放牧等有可能污染该段水域水质的活动。

（3）水库、湖泊水源的卫生防护。作为人畜饮用水源的专用水库和湖泊，应视具体情况将全部或部分水面及沿岸列入防护范围。它的防护要求与前述要求相同。

（4）水厂的卫生防护。在水厂生产区，或单独设立的泵站、沉淀池和清水池等构筑物外围，要求在其不小于10m的范围内，不得设立生活居住区和修建禽畜饲养场、渗水厕所、渗水坑，不得堆放垃圾、粪便、废渣或铺设污水管（渠）道。水厂要保持良好的卫生状况，并应充分进行绿化。

（5）水源卫生防护地带以外的卫生防护。对于水源卫生防护地带以外的周围地区，应经常了解工业废水和生活污水的排放、污水灌溉农田、传染病发病和其他事故污染等情况。如发现有可能污染水源，应及时采取必要的防护措施，保护水源水质。通常要求，在取水点上游1000m以外排放的工业废水和生活污水应符合《工业企业设计卫生标准》（GBZ 1—2015）的规定；医疗卫生、科研和畜牧兽医等机构含病原体较多的污水，必须经过处理和严格消毒，彻底消灭病原体后才准许排放。

对于受潮汐影响的河流取水点上下游和湖泊、水库取水点两侧的防护范围，以及其沿岸防护范围的宽度，均应根据地形、水文和卫生等具体情况，参照上述要求

确定。

对于分散式供水水源，其卫生防护地带的范围和要求可以参照采用集中式供水水源的卫生防护地带的范围和要求，或根据具体条件和实际情况采取分段用水、分塘用水等措施，将生活饮用水水源或取水点与其他用水水源或取水点隔离开，以防止相互干扰和污染生活用水。

2. 地下水源的卫生防护

(1) 取水构筑物的卫生防护。取水构筑物的卫生防护主要取决于水文地质条件、取水构筑物的类型和附近地区的卫生状况。它的卫生防护措施和要求与地面水源水厂的卫生防护要求相同。

(2) 防止取水构筑物周围含水层的污染。为了防止对取水构筑物周围含水层的污染，在单井或井群的影响半径范围内，不得使用工业废水和生活污水灌溉农田和施用有持久性或剧毒的农药。井的影响半径大小与水文地质条件和抽水量的大小有关。一般情况下，粉砂含水层，影响半径为25～30m；砂砾含水层，影响半径可达400～500m。如覆盖层较薄，含水层在影响半径范围内露出地面或与地面水有相互补充关系时，在井的影响半径范围内，亦不得修建渗水厕所、渗水坑，堆放废渣或铺设污水管道，并不得从事破坏深土层的活动。如取水层在水井影响半径范围内未露出地面，或取水层与地面水没有相互补充关系，可以根据具体情况设置较小的防护范围。

(3) 做好封井工作。地下水取水构筑物种类很多，用作生活饮用水水源的水井，一定要认真做好封井工作，以防地面水下渗污染井水水质。

(4) 分散式地下水源的卫生防护。对于分散式地下水源，其水井周围20～30m的范围内不得设置渗水厕所、渗水坑、粪坑、垃圾堆和废渣堆等污染源，并应建立必要的卫生制度，如规定不得在井台处洗菜、洗衣物、喂牲畜；严禁向井内投扔脏物等；将井台抬高，加设井盖，设置公用提水桶，定期清掏井中污泥，以及加强消毒等措施。

3. 雨水水源的卫生防护

雨水水源的水质不仅与区域地理位置、大气质量有关，而且与当地集流场所的周边环境和卫生条件有关。控制工业废气排放、防治大气污染是减少雨水污染的重要途径；集雨工程规划布局要合理，在进水口要增设拦污网，窖体要做防渗处理，沉砂池容积不能太小，否则起不到沉淀泥沙的作用；要合理选址，家禽要远离集流场，厕所、禽畜圈应远离集流区；要加强管理，要经常维护保养集雨设施，要定期清扫集流面和沉砂池，保持集流区清洁卫生，加强水窖周围的环境卫生管理，确保饮水安全。

4. 加强饮用水源水质检验

饮用水源的水质应由当地卫生防疫站、环境卫生监测站根据需要进行检测。要加强对集中式供水水源、水厂和用水点的水质监测，对取水、制水、供水实施全过程管理，及时掌握饮用水水源环境、供水水质状况。供水单位要建立以水质为核心的质量管理体系，建立严格的取样、检测和化验制度。水厂应采取必要的消毒净化措施，保证出厂水质达到饮用水标准。以规模较大的供水站为依托，分区域设立监测点，对小型供水站提供水质检验服务。对于分散式供水水源地和雨水水源，也要求当地卫生防

疫站做抽样检测。建立村民、乡镇机关和社会力量相结合的多层监督体系，加强水质检验和监测工作，完善农村饮水安全监测体系。

5. 做好水源保护宣传工作

要加大对广大村民进行防止水源污染宣传的力度，让广大村民自觉提高水源保护意识，并结合村镇实际，制定和落实保护水源措施，杜绝一切可能污染水源的现象发生。

七、供水水源水质标准

1. 饮用水水质标准

我国生活饮用水先前实行的国家标准为《生活饮用水卫生标准》（GB 5749—85），该标准共有 35 项指标，见表 2－11。与世界卫生组织及发达国家相比，我国指标中规定的项目较少，因此，GB 5749—85 已被修订，于 2023 年 4 月 1 日开始实施。为保证生活饮用水的质量，国家卫生健康委员会颁布了《生活饮用水卫生标准》（GB 5749—2022），该规范包括了 34 项常规检测项目（表 2－12）和 62 项非常规检测项目（表 2－13），并对水源水质进行了规定。该规范将《生活饮用水卫生标准》（GB 5749—85）中原有的一些指标定得更加严格，检测项目也更加全面。这个规范的实施，对保证我国生活饮用水的卫生质量起到了重要作用。

表 2－11　　生活饮用水卫生标准

序号	项　　目	标　　准
	感官性状和一般化学指标	
1	色	色度不超过 15 度，并不得呈现其他异色
2	浑浊度	不超过 3 度，特殊情况不超过 5 度
3	臭和味	不得有异臭、异味
4	肉眼可见物	不得含有
5	pH 值	6.5～8.5
6	总硬度（以 $CaCO_3$ 计）	450mg/L
7	铁	0.3mg/L
8	锰	0.1mg/L
9	铜	1.0mg/L
10	锌	1.0mg/L
11	挥发酚类（以苯酚计）	0.002mg/L
12	阴离子合成洗涤剂	0.3mg/L
13	硫酸盐	250mg/L
14	氯化物	250mg/L
15	溶解性总固体	1000mg/L
	毒理学指标	
16	氟化物	1.0mg/L
17	氰化物	0.05mg/L
18	砷	0.05mg/L

续表

序号	项　　目	标　　准
19	锶	0.01mg/L
20	汞	0.001mg/L
21	镉	0.01mg/L
22	铬（六价）	0.05mg/L
23	铅	0.05mg/L
24	银	0.05mg/L
25	硝酸盐（以N计）	20mg/L
26	氯仿	60μg/L
27	四氯化碳	3μg/L
28	苯并芘	0.01μg/L
29	滴滴涕	1μg/L
30	六六六	5μg/L
	细菌学指标	
31	细菌总数	100个/mL
32	总大肠菌群	3个/L
33	游离余氯	在接触30min后不低于0.3mg/L。集中式给水除出厂水应符合上述要求外，管网末梢水不应低于0.05mg/L
	放射性指标	
34	总α放射性	0.1Bq/L
35	总β放射性	1Bq/L

表2-12　　生活饮用水水质常规检测项目及限值

序号	项　　目	限　　值
	感官性状和一般化学指标	
1	色	色度不超过15度，并不得呈现其他异色
2	浑浊度	不超过1度（NTU①），特殊情况不超过5度（NTU）
3	臭和味	不得有异臭、异味
4	肉眼可见物	不得含有
5	pH值	6.5～8.5
6	总硬度（以$CaCO_3$计）	450mg/L
7	铝	0.2mg/L
8	铁	0.3mg/L
9	锰	0.1mg/L

续表

序号	项　目	限　值
10	铜	1.0mg/L
11	锌	1.0mg/L
12	挥发酚类（以苯酚计）	0.002mg/L
13	阴离子合成洗涤剂	0.3mg/L
14	硫酸盐	250mg/L
15	氯化物	250mg/L
16	溶解性总固体	1000mg/L
17	耗氧量（以 O_2 计）	3mg/L，特殊情况②下不超过 5mg/L
	毒理学指标	
18	砷	0.05mg/L
19	镉	0.005mg/L
20	铬（六价）	0.05mg/L
21	氰化物	0.05mg/L
22	氟化物	1.0mg/L
23	铅	0.01mg/L
24	汞	0.001mg/L
25	硝酸盐（以 N 计）	20mg/L
26	硒	0.01mg/L
27	四氯化碳	0.002mg/L
28	氯仿	0.06mg/L
	毒理学指标	
29	细菌总数	100CFU③/mL
30	总大肠菌群	每 100mL 水样中不得检出
31	粪大肠菌群	每 100mL 水样中不得检出
32	游离余氯	在接触 30min 后不低于 0.3mg/L，管网末梢水不应低于 0.05mg/L（适用于加氯消毒）
	放射性指标	
33	总 α 放射性	0.5Bq/L④
34	总 β 放射性	1Bq/L④

① NTU 为散射浊度单位。

② 特殊情况包括水源限制等情况。

③ CFU 为菌落形成单位。

④ 放射性指标规定数值不是限值，而是参考水平。放射性指标超过本表中所规定的数值时，必须进行核素分析和评价，以决定能否饮用。

表 2-13　　生活饮用水水质非常规检测项目及限值

序号	项　目	限　值
	感官性状和一般化学指标	
1	硫化物	0.02mg/L
2	钠	200mg/L
	毒理学指标	
3	锑	0.005mg/L
4	钡	0.7mg/L
5	铍	0.002mg/L
6	硼	0.5mg/L
7	钼	0.07mg/L
8	镍	0.02mg/L
9	银	0.05mg/L
10	铊	0.0001mg/L
11	二氯甲烷	0.02mg/L
12	1,2-二氯乙烷	0.03mg/L
13	1,1,1-三氯乙烷	2mg/L
14	氯乙烯	0.005mg/L
15	1,1-二氯乙烯	0.03mg/L
16	1,2-二氯乙烯	0.05mg/L
17	三氯乙烯	0.07mg/L
18	四氯乙烯	0.04mg/L
19	苯	0.01mg/L
20	甲苯	0.7mg/L
21	二甲苯	0.5mg/L
22	乙苯	0.3mg/L
23	苯乙烯	0.02mg/L
24	苯并芘	0.00001mg/L
25	氯苯	0.3mg/L
26	1,2-二氯苯	1mg/L
27	1,4-二氯苯	0.3mg/L
28	三氯苯（总量）	0.02mg/L
29	邻苯二甲酸二（2-乙基己基）酯	0.008mg/L
30	丙烯酰胺	0.0005mg/L
31	六氯丁二烯	0.0006mg/L
32	微囊藻毒素—LR	0.001mg/L
33	甲草胺	0.02mg/L

续表

序号	项目	限值
34	灭草松	0.3mg/L
35	叶枯唑	0.5mg/L
36	百菌清	0.01mg/L
37	滴滴涕	0.001mg/L
38	锞氢菊酯	0.02mg/L
39	内吸磷	0.03mg/L（感官限值）
40	乐果	0.08mg/L（感官限值）
41	2,4-滴	0.03mg/L
42	七氯	0.0004mg/L
43	七氯环氧化物	0.0002mg/L
44	六氯苯	0.001mg/L
45	六六六	0.005mg/L
46	林丹	0.002mg/L
47	马拉硫磷	0.25mg/L（感官限值）
48	对硫磷	0.003mg/L（感官限值）
49	甲基对硫磷	0.02mg/L（感官限值）
50	五氯酚	0.009mg/L
51	亚氯酸盐	0.2mg/L（适用于二氧化氯消毒）
52	一氯胺	3mg/L
53	2,4,6-三氯酚	0.2mg/L
54	甲醛	0.9mg/L
55	三卤甲烷①	该类化合物中每种化合物的实测浓度与其各自限值的比值之和不得超过1
56	溴仿	0.1mg/L
57	二溴一氯甲烷	0.1mg/L
58	一溴二氯甲烷	0.06mg/L
59	二氯乙酸	0.05mg/L
60	三氯乙酸	0.1mg/L
61	三氯乙醛（水合氯醛）	0.01mg/L
62	氯化氢（以 CN^- 计）	0.07mg/L

① 三氯甲烷包括氯仿、溴仿、二溴一氯甲烷和一溴二氯甲烷共4种化合物。

2. 工业用水水质标准

工业用水种类繁多，水质要求各不相同。水质要求高的工艺用水，不仅要求去除水中悬浮杂质和胶体杂质，而且还需要不同程度地去除水中的溶解杂质。

食品、酿造及饮料工业的原料用水水质要求应当高于生活饮用水的要求。

纺织、造纸工业用水要求水质清澈，且对易于在产品上产生斑点从而影响印染质量或漂白度的杂质含量加以严格限制。如铁和锰会使织物或纸张产生锈斑。水的硬度过高也会使织物或纸张产生锈斑，应限制铁锰含量和水的硬度。

对锅炉补给水水质的基本要求是凡能导致锅炉、给水系统及其他热力设备腐蚀、结垢及引起汽水共腾现象的各种杂质，都应大部分或全部去除。锅炉压力和构造不同，水质要求也不同。汽包锅炉和直流锅炉的补给水水质要求相差很大。锅炉压力越大，水质要求也越高。如低压（压力小于 2450kPa）锅炉，主要应限制给水中的钙、镁离子含量，含氧量及 pH 值。当水的硬度符合要求时，即可避免水垢的产生。

在电子工业中，零件的清洗及药液的配制等都需要纯水。特别是半导体器件及大规模集成电路的生产，几乎每道工序均需用“高纯水”进行清洗。高灵敏度的晶体管和微型电路所需的高纯水，总固体残渣量应小于 1mg/L。电阻率（在 25℃左右）应大于 $10\times10^6\Omega\cdot cm$。水中微粒尺寸即使在 1μm 左右，也会直接影响产品质量甚至导致产生次品。

此外许多工业部门在生产过程中都需要大量冷却水，用以冷凝蒸汽以及工艺流体或设备降温。冷却水首先要求水温低，同时对水质也有要求，如水中存在悬浮物、藻类及微生物等，会使管道和设备堵塞；在循环冷却系统中，还应控制在管道和设备中水质所引起的结垢、腐蚀和微生物繁殖。

总之工业生产的发展和产品质量与工业用水的水质优劣关系很大。各种工业用水对水质的要求由有关工业部门制订。

3. 农田灌溉用水水质标准

农田灌溉用水水质应符合表 2-14 的标准。

表 2-14　　农田灌溉用水水质标准

序号	项　目	标　准
1	水温	不超过 35℃
2	pH 值	5.5～8.5
3	全盐量	非盐碱农田不超过 1500mg/L
4	氯化物（按 Cl 计）	非盐碱农田不超过 300mg/L
5	硫化物（按 S 计）	不超过 1mg/L
6	汞及其化合物（按 Hg 计）	不超过 0.001mg/L
7	镉及其化合物（按 Cd 计）	不超过 0.005mg/L
8	砷及其化合物（按 As 计）	不超过 0.05mg/L
9	六价铬化合物（按 Cr^{6+} 计）	不超过 0.1mg/L
10	铅及其化合物（按 Pb 计）	不超过 0.1mg/L
11	铜及其化合物（按 Cu 计）	不超过 1.0mg/L
12	锌及其化合物（按 Zn 计）	不超过 3.0mg/L
13	硒及其化合物（按 Se 计）	不超过 0.01mg/L
14	氟化物（按 F 计）	不超过 3.0mg/L
15	氰化物（按游离氰根计）	不超过 0.5mg/L

续表

序号	项 目	标 准
16	石油类	不超过10mg/L
17	挥发性酚	不超过1mg/L
18	苯	不超过2.5mg/L
19	三氯乙醛	不超过0.5mg/L
20	丙烯醛	不超过0.5mg/L

第四节 供水工程规划

一、供水范围和供水方式

供水范围和供水方式，应根据区域的水资源条件、用水需求、地形条件、居民点分布等进行技术经济比较，按照优水优用、便于管理、单方水投资和运行成本合理的原则确定。

（1）水源水量充沛，在地形、管理、投资效益比、制水成本等条件适宜时，应优先选择适度规模的联片集中供水。

（2）水源水量较小，或受其他条件限制时，可选择单村或单镇供水。

（3）距离城镇供水管网较近，条件适宜时，应选择管网延伸供水。

（4）有地形条件时，宜选择重力流供水。

（5）应按自来水入户设计。

（6）当用水区地形高差较大或个别用水区较远时，应分压供水。

（7）只有唯一水质较好水源且水量有限，或制水成本较高、用户难以接受时，可分质供水。

（8）有条件时，应全日供水；条件不具备的Ⅳ型、Ⅴ型供水工程，可定时供水。

二、县域供水工程规划

1. 县域供水工程规划的特点

县域供水工程规划和单项供水工程规划同属于供水工程规划，县域供水工程规划相对于单项供水工程规划具有以下特点。

（1）规划的基准点不同。县域供水工程规划是从县域整体出发，对县域范围内所有供水工程的系统全面安排；单项供水工程规划则是从某个具体的供水工程出发对县域供水工程规划的细化，属于局部规划。

（2）规划运用的资源范围不同。通过县域供水工程规划，可以实现水资源、供水工程、地形条件等资源或因素在全县范围内的优化配置和高效利用。

县域供水工程规划不以乡镇、村庄为界线，可以跨区域选择、调度水资源，水源选择余地大；而单项供水工程规划，一般限于行政区域范围内寻找水源，有时难以找到优质水源，甚至就没有合适的水源可供选择，水源可选范围小。县域供水工程规划可以从全局角度匹配每个单项供水工程的供水能力与其供水范围，调剂单项工程的供

水余缺，使得供水工程物尽其用，不至于造成产能浪费；而单项供水工程规划供水余缺很难进行调剂，容易造成产能浪费或供水不足。县域供水工程规划可以充分利用跨区域的地形条件，从而提高供水系统的效率，如借助其他区域的水源和地势高差实现跨区的重力供水；而单项供水工程规划则局限于本区域的地形条件，可能无法实现此类重力供水。

(3) 规划的效益不同。县域供水工程规划作为县内分区供水工程规划和单项供水工程规划的上层规划，其规划效益更为人们所重视。县域供水工程规划追求县域范围内供水工程总体效益的最大化，在具体规划实践中，为了追求总体效益的最大化，可能会牺牲单项供水工程的利益；单项供水工程规划追求单项供水工程自身的最佳效益，并不考虑其他区域供水工程效益的发挥。由于县域供水工程规划的约束条件变得宽松，因此，相对于单项供水工程规划来说，更容易取得规划效益。

2. 县域供水工程规划的内容

县域供水工程规划是一件非常复杂的工作，其规划思路较多，很难程式化。一般而言，县域供水工程规划应由有经验的规划人员结合当地的具体情况作出。常见的县域供水工程规划应包括以下内容。

(1) 简介农村供水现状。主要说明农村自来水普及情况及安全饮水情况、供水工程的布局及利用情况、水资源的质量及其分布、供水的经验与教训等。

(2) 分析县域内现状供水的主要问题。通过对农村供水现状的分析，找出制约县域供水的主要矛盾。可从供水标准、工程设施、工程管理等方面进行分析。

(3) 论证供水工程规划建设的必要性与可行性。通过对供水问题的危害性分析，提出供水工程规划建设的必要性；通过对供水工程的建设条件分析，判断规划建设供水工程的可行性。

(4) 提出县域供水工程规划的期限目标和解决思路。这包括两层含义：一是要提出县域供水工程规划在规划期限内的总体目标及实现总体目标的解决思路；二是要提出各个分阶段目标及实现分阶段目标的具体对策。这里的分阶段目标是从时间序列上对总体规划目标的分解，思路和对策是从技术、经济、管理等方面提出解决县域供水主要问题的措施。

(5) 进行供需平衡分析。对县域的需水量进行预测，并与县域内现有供水能力进行比较，测算拟订县域内分年度新增供水能力计划，对于涉及跨县域供水规划的，应考虑县域间供需水量的调剂。

(6) 选择水源。对照饮用水源水质标准，在可供水量满足要求的水资源中进行选择，提出县域供水的可能饮用水源。

(7) 结合分区拟订县域供水工程总体方案。县域是一个范围较大的整体，可将其分为若干个区域分别进行规划。县域供水工程总体方案与分区的方案息息相关，两者相互制约、相互影响。

根据水源、地形地势、经济等条件，初步判断是否有必要将县域划分为集中供水、分散供水两类区域。分散供水一般发生在集中供水水源缺乏、地势较高、远离集中供水工程、施工不便、经济落后的地区。条件许可的地区，应尽可能采用集中供水

方式，对于划分出来的集中供水区域和分散供水区域，分别计算其区域需水量。

对于初步划定的集中供水区域和分散供水区域，仍可进一步进行分区，以充分利用区域自然条件，发挥供水工程效益。对于集中式供水工程方案的拟订，应优先考虑利用县域内原有供水工程的富余供水能力，采用管网延伸供水。与邻县接壤的乡镇，条件许可时，可将邻县供水作为选项，与本县供水进行比选。对于利用原有供水工程需要改扩建的，且具备改扩建条件的，宜与新建供水工程进行技术经济比较。新建供水工程，宜建成适度规模的供水工程。可选择单村镇供水，鼓励跨越乡镇、村庄界线，实行联片供水。对于分散式供水工程方案的拟订，可结合区域情况采用集雨、分散式供水井、引泉等分散式供水方案。

（8）选择较优方案。在对拟订供水工程方案投资估算的基础上，进行技术经济比较，选择技术上可行、经济上合理、环境上许可的方案。需要强调的是，这里的技术经济比较是从整个县域角度去进行评价的，是对县域供水方案而不是对单项供水工程方案的技术经济比较。优选方案中的县域供水工程规划和分区工程规划即为规划推荐方案。

（9）提出分期实施的计划和保障规划实施的方案。对于选出的县域供水工程方案，宜结合规划的近远期目标、资金筹措及实施规划的程序等因素，合理安排分期建设计划；并在此基础上，提出保障规划顺利实施的具体措施。

3. 分区规划与分期规划

分区规划是从空间上落实县域规划的目标，分期规划是从时间上执行县域规划的任务。确定县域供水工程总体规划方案，分区规划、分期规划是基础。

（1）分区规划。要分区规划，首先必须进行规划分区。规划分区是将整个县域的供水区域划分为若干个小的区域，以利于充分利用水资源和地形条件，合理布局供水工程，并有利于分期实施。规划分区是分区规划的前提和基础。规划分区应根据区域内水资源的分布、地形条件、经济条件、人口分布、供水存在的问题、当地经济发展水平、拟采取的供水工程方案等情况，以有利于发挥整个区域供水效益为目标，将全县划分为若干个相对独立又相互联系的小区域。

规划分区后，应对每一区进行规划。分区供水工程规划是对县域供水工程规划的细化。分区供水工程规划应根据总体规划建议的思路，结合分区内的具体情况进行进一步规划。其规划成果是指导单项供水工程规划的指南。分区规划的内容包括分区的界线、面积、总人口、饮水存在的问题和分布、采取的工程方案和总投资等。分区规划中，如发现整体规划不符合实际情况，应对县域规划进行调整。

（2）分期规划。由于受到建设资金、供水技术等因素的制约，农村集中供水工程不但要进行分区规划，而且常常需要制订分期实施方案。分期实施应明确每个阶段主要解决的问题和实现的目标，分析主要问题的解决对策，提出工程建设标准和方案。各个阶段规划目标的集合应与总体规划目标一致。分期规划是从时间角度落实总体规划的目标。

确定农村供水工程规划分期实施方案，一般应遵循以下原则。

1）先急后缓，确保重点。农村供水工程规划应在摸清当地饮水不安全问题的基

础上，优先解决饮用水中氟含量大于2mg/L、砷含量大于0.05mg/L、溶解性固体含量大于2g/L、耗氧量（COD_{Mn}）大于6mg/L、无供水设施、用水极不方便、季节性缺水等供水问题。

2）量力而行，适度超前。农村供水工程规划应结合当地财力、上级政府拨款、农村居民自筹能力等情况，合理安排供水工程建设进度。同时，由于农村供水问题涉及农民身体健康、生命安全，各地应在新农村总体规划的基础上，适度超前规划建设供水工程，尽早实现规划目标。

3）分清主次，近远结合。农村供水工程规划还应遵循基本建设程序，分清规划分区、供水系统各组成部分间的供水关系，如在串联分区供水中，高地势区域是通过低地势区域进行供水，应先规划低地势区域供水工程，后规划高地势区域供水工程；通过不同规划阶段的规划内容的近远结合，实现供水规划整体目标。

第五节　集中式供水工程规划

集中式供水系统是从水源集中取水，通过输配水管网送到农村用户或者公共取水点的供水系统。它由相互联系的一系列构筑物所组成，其任务是从天然水源取水，按照用户对水质的要求进行处理，然后将水输送至供水区，并向农村用户配水。

一、集中式供水系统的组成

集中式供水系统通常由取水工程、净水工程和输配水工程3部分组成。

1. 取水工程

取水工程用以从选定的水源（包括地表水和地下水）取水，并输往水厂，由取水构筑物和取水泵房组成。其主要任务是保证净水工程获得水量足够和质量良好的原水。

2. 净水工程

净水工程一般由净化构筑物、清水池、供水泵站及附属构（建）筑物组成。其主要任务是对天然水进行处理，使其水质满足国家生活饮用水卫生标准或工业生产用水水质标准要求，并将净化后的水送至配水管网。

3. 输配水工程

输配水工程包括输水工程和配水工程两部分。

输水工程是指水源泵房或水源集水井至水厂的管道（或渠道）及水厂至配水管网前的管道，包括其各项附属构筑物、中途加压泵站等。

配水工程分为配水厂和配水管网两部分，配水厂是起调节加压作用的设施，包括泵房、清水池、消毒设备和附属建筑物；配水管网包括各种口径的管道及附属构筑物、高位水池和水塔。

二、集中式供水系统的分类

集中式供水系统可根据不同的标准和特性进行分类。集中式供水工程按建设需要不同，可分为新建、改建和扩建3大类；按供水规模可分为Ⅰ型、Ⅱ型、Ⅲ型、Ⅳ型、Ⅴ型供水工程；按供水方式可分为联片集中供水、单村（或单镇）供水、管网延伸供水；按水源种类可分为地下水源供水和地表水源供水；按水源数目可分为单水源

供水和多水源供水；按系统构成方式可分为统一供水和分系统供水（分区供水、分质供水和分压供水）；按供水动力来源可分为重力供水、压力供水和混合供水。

1. 新建、改建、扩建供水工程

新建供水工程是指不以原有供水工程为依托，新建造供水工程。改建供水工程是指对原有供水系统的组成部分进行技术改造和升级，以提高供水系统的效能。扩建供水工程是指在原有供水系统的基础上，通过新建造供水系统，以扩大供水系统产能或扩大供水范围，扩建部分和原有供水工程构成一个统一的供水系统。

2. Ⅰ型、Ⅱ型、Ⅲ型、Ⅳ型、Ⅴ型供水工程

Ⅰ型供水工程是指供水规模大于 $10000m^3/d$ 的供水工程；Ⅱ型供水工程是指供水规模大于 $5000m^3/d$，但小于等于 $10000m^3/d$ 的供水工程；Ⅲ型供水工程是指供水规模大于 $1000m^3/d$，但小于等于 $5000m^3/d$ 的供水工程；Ⅳ型供水工程是指供水规模大于 $200m^3/d$，但小于等于 $1000m^3/d$ 的供水工程；Ⅴ型供水工程是指供水规模小于等于 $200m^3/d$ 的供水工程。

3. 联片集中供水、单村（或单镇）供水、管网延伸供水

联片集中供水：在一定区域内，采用同一供水系统同时向多处村、镇供水，形成适度规模的供水系统。该系统由专门人员集中管理，供水安全，水质保证率高，单位水量的基建投资与制水成本较低。凡有可靠水源、居住又比较集中的地区，应首先考虑采用这种系统。

单村（或单镇）供水：一个村（镇）采用一个独立的供水系统。该系统按照行政区划进行供水，方便管理，但不能从系统的角度分析考虑区域供水系统，不能进行供水系统的优化安排，有时会造成资源的浪费；适用于居住独立的单村（或单镇）、村（镇）间距离较远的地区。

管网延伸供水：依靠城市给水管网或已有的镇村级管网向其他村镇供水。距离城市管网或已有的可靠的镇村级管网比较近，可利用它们的富余水量，只需建给水管网。该系统成本低，采用时需对已有供水系统的水量和水压进行复核。

4. 地下水源供水、地表水源供水

地下水源供水即以地下水为原水的供水系统。近年来，地下水水质优良、造价低廉、管理运行便利，在广大农村地区选用该系统的村镇较多。但随着地下水源供水系统的广泛应用，人们发现地下水源供水系统存在不少问题：①随着各地工业经济的发展，地下水特别是浅层地下水受到不同程度的污染；②部分地区地下水超采严重，甚至造成地质灾害，很多地区做出了限采地下水的规定；③地下水一般存在矿化度高，部分地区苦咸水、铁、锰、氟、砷超标严重；④地下水源单位时间的补给能力受到限制，供水系统一般规模较小，常实行间歇式供水，且管理落后，难以实现规模经济。这些问题的存在，影响了地下水源供水系统的推广使用。地下水源供水系统如图 2-2 所示。

地表水源供水即以地表水为原水的供水系统。地表水源供水系统虽可克服地下水源供水系统的部分不足，实现规模化生产和规范管理，提高供水安全度，但合格的地表水饮用水源往往难以寻找。西北部地区饮用水源资源性缺乏，偶见水质、水量符合

要求的地表水源，也因其地理位置远离供水区等原因而较少采用。东南部地区地表水资源虽丰富，但很多地区处于水质型缺水状态，净化成本较高。地表水源供水系统如图 2-3 所示。

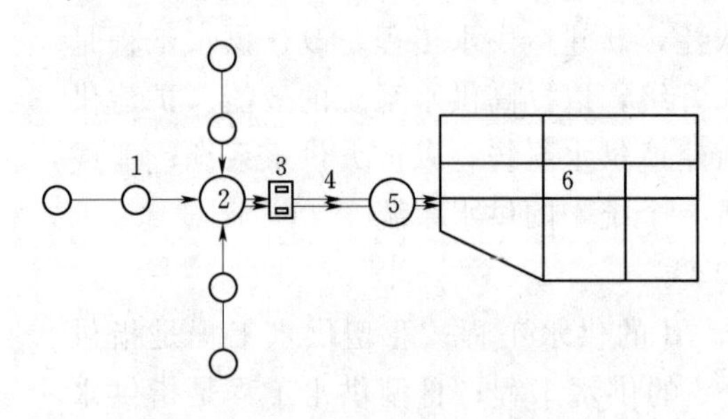

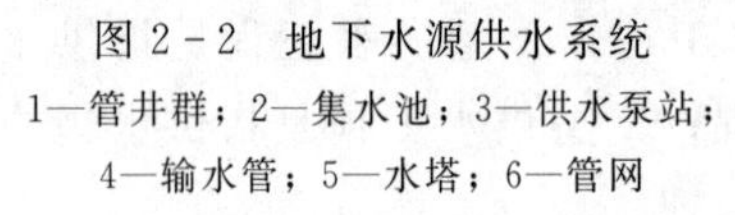
图 2-2　地下水源供水系统
1—管井群；2—集水池；3—供水泵站；
4—输水管；5—水塔；6—管网

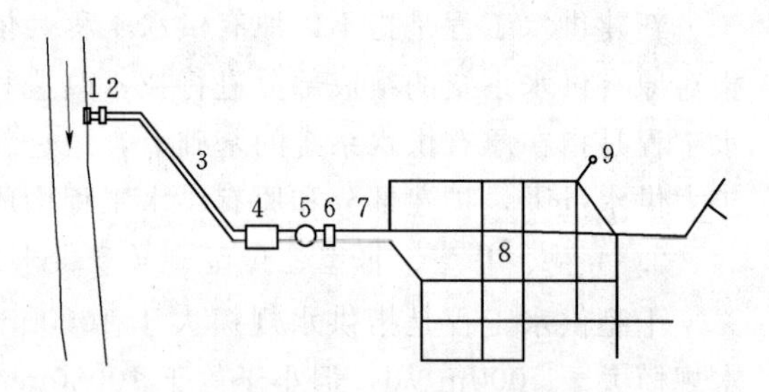

图 2-3　地表水源供水系统
1—取水构筑物；2—取水泵站；3—原水输水管；
4—水处理厂；5—清水池；6—供水泵站；
7—输水管；8—管网；9—调节构筑物

5. 单水源供水、多水源供水

单水源供水即只有一个清水池（清水库），清水经过泵站加压后进入输水管和管网，用户的用水来源于一座水厂的清水池（清水库）单水源供水系统，可以适应不同的分区。单水源供水系统如图 2-4 所示。

多水源供水即有多座水厂的清水池（清水库）作为水源的供水系统工程，清水从不同的地点经输水管进入配水管网，用户的用水可以来源于不同的水厂。多水源供水系统可以从几条河流取水，或从一条河流的不同位置取水，或同时取地表水和地下水，或取不同地层的地下水。多水源供水系统如图 2-5 所示。

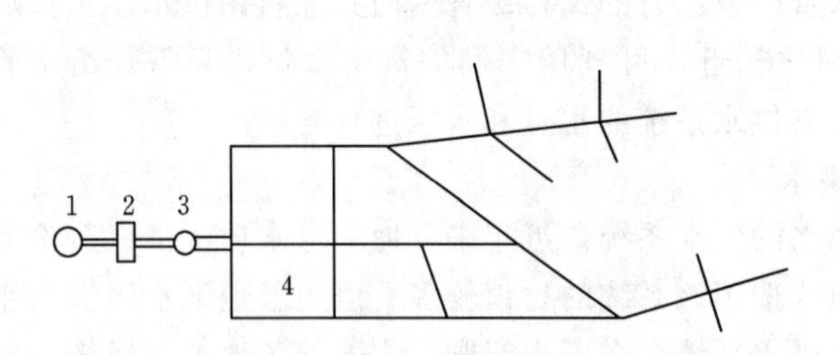

图 2-4　单水源供水系统
1—清水池；2—供水泵站；3—水塔；4—管网

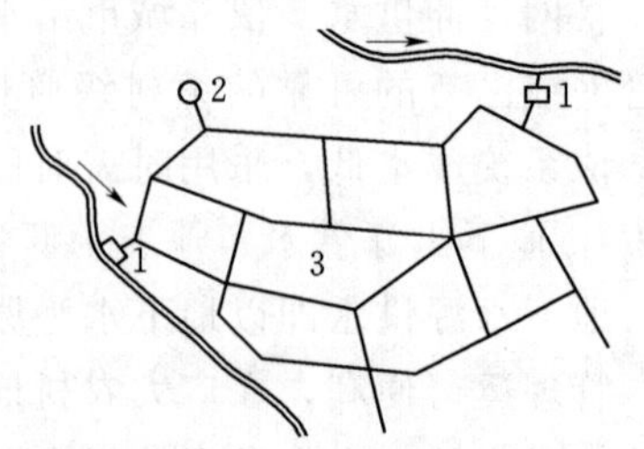

图 2-5　多水源供水系统
1—水厂；2—水塔；3—管网

对于一定的总供水量，供水系统的水源数目较多时，各水源供水量与平均输水距离减小，因而可以降低供水能耗；同时多水源管网系统较单水源管网系统的供水保证率高，但多水源供水系统的管理较复杂。

6. 统一供水、分系统供水

统一供水即整个供水区域的生活、生产和消防等各类用水，均以同一水压和水质，用统一的供水管网供给。统一供水系统可由单水源供水，也可由多水源进行供水。单水源、多水源的统一供水系统如图 2-4 和图 2-5 所示。

分系统供水因供水区域内各用户对水质、水压的要求差别较大，或地形高差较大，或功能分区比较明显，且用水量较大，可根据需要采用几个相互独立工作的供水系统分别供水。分系统供水和统一供水系统一样，也可以采用单水源或多水源供水。根据具体情况，分系统供水又可分为分区供水、分质供水和分压供水。

分区供水即将供水系统划分为多个区域，各区域系统都可以独立运行，同时分区间尽可能建立适当的联系，以增强分区供水系统的调度灵活性和供水可靠性。分区供水可以降低管网压力，避免局部水压过高的现象，减少漏水量和泵站能量的浪费；但增加管网造价且管理比较分散。分区供水有并联分区和串联分区两类。图 2-6 为并联分区供水系统，不同压力要求的区域由不同泵站（或泵站中不同水泵）供水；图 2-7 为串联分区供水系统，通过加压泵站（或减压措施）从某一分区取水，向另一区供水。

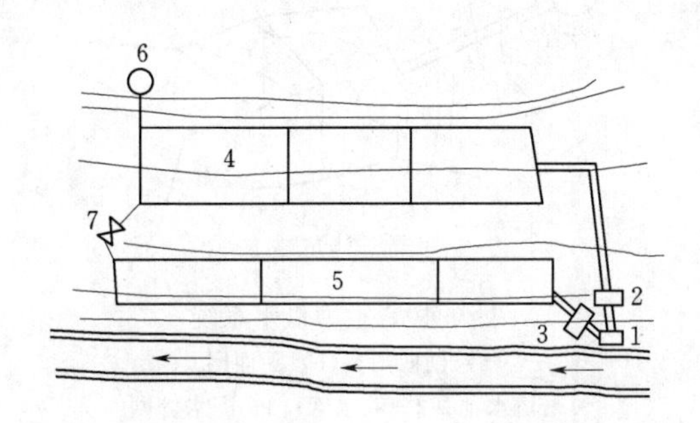

图 2-6 并联分区供水系统

1—清水池；2—Ⅰ区供水泵站；3—Ⅱ区供水泵站；4—Ⅰ区管网；5—Ⅱ区管网；6—水塔；7—连通阀门

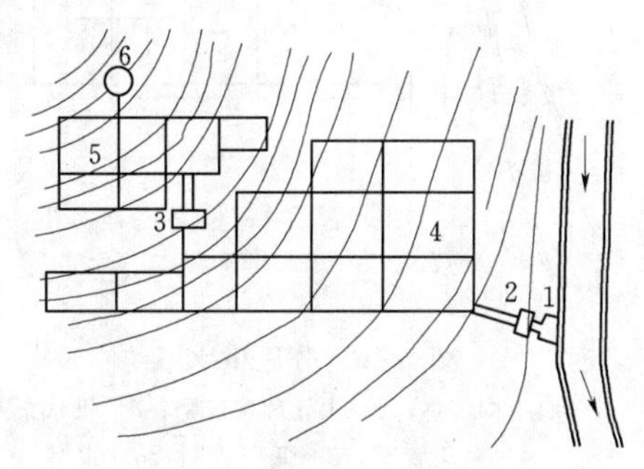

图 2-7 串联分区供水系统

1—清水池；2—供水泵站；3—加压泵站；4—Ⅰ区管网；5—Ⅱ区管网；6—水塔

分质供水是指取水构筑物从同一水源或不同水源取水，经过不同工艺的净化过程，通过不同的管道系统，分别将不同水质的水供应给各类用户的供水系统。图 2-8 是按生活、生产两类用户的不同水质要求进行供水的分质供水系统。由于分质供水通常需布置两套供水管网，供水系统造价相对较高，因此很难在农村推广应用。但在饮用水水源稀缺地区，为减少优质水源的消耗，或在一些边远贫困地区，为减少供水工程投入、减小工程规模，农村供水工程只布置一套管线，仅提供农村居民的饮用水，其他用水仍采用传统未经任何处理的小土井水、河水等。

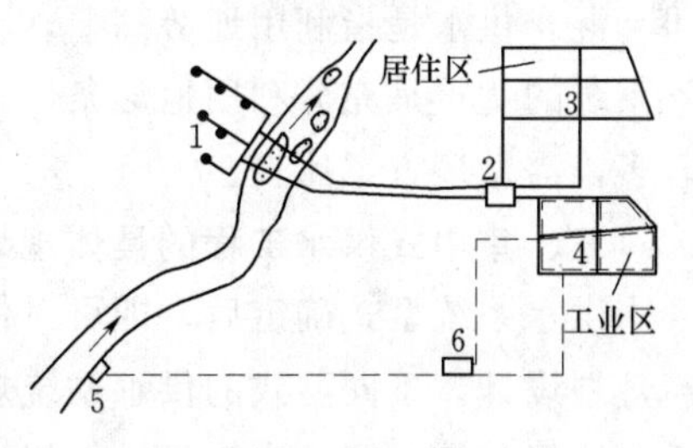

图 2-8 分质供水系统

1—管井群；2—供水泵站；3—生活用水管网（实线）；4—生产用水管网（虚线）；5—取水构筑物；6—生产用水处理构筑物

分压供水是指当地形高差较大时，为满足不同用户的用水压力，节省能耗和有利于供水安全，按地形高低、用户用水压力的不同，采用扬程不同的水泵分别为用户提供不同压力的供水系统。该系统可减少动力费用，降低管网压力，减少高压管道和高压设备用量，供水较为安全，并可分期建设；但管理相对复杂，所需管理人员较多。

分压供水系统如图 2-9 所示。

7. 重力供水、压力供水和混合供水

重力供水是指水厂地势较高，供水区地势较低，清水池（清水库）中的水在重力作用下输送至管网并供用户使用。该系统无动力消耗，十分经济；但使用受到地形条件的严格限制。重力供水系统如图 2-10 所示。

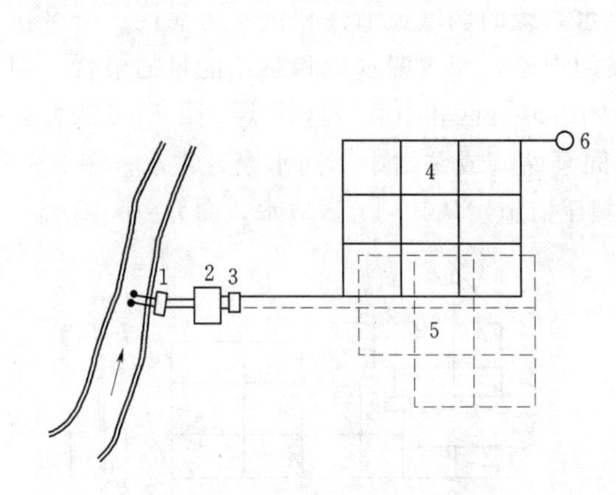

图 2-9　分压供水系统

1—取水构筑物；2—水处理构筑物；3—供水泵站；4—高压管网；5—低压管网；6—水塔

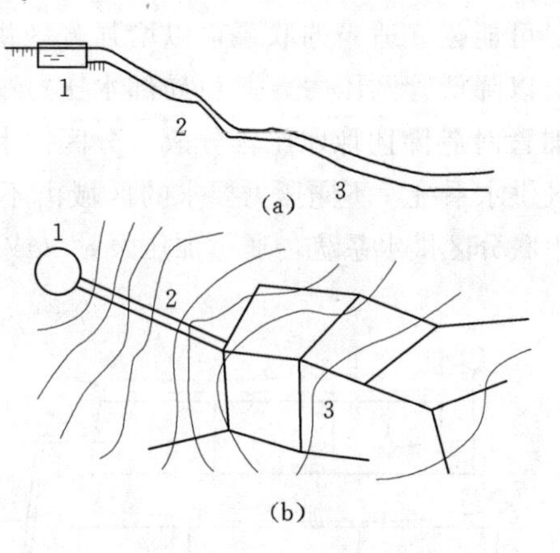

图 2-10　重力供水系统

(a) 剖面图；(b) 平面图

1—清水池；2—输水管；3—配水管网

压力供水是指水厂清水池（清水库）中的水由泵站加压送出，经输水管送至管网并供用户使用，此类管网有时要经过多级加压，将水送至更远或更高处的用户。该系统需要动力消耗；但容易满足用户的水压要求。图 2-2～图 2-9 均为压力供水系统。

混合供水是指利用地势高差，将重力供水和压力供水结合起来使用的供水系统。该系统的优点是充分利用地形条件，尽可能减少动力消耗；缺点是系统布置考虑因素较多，需做多方案比较。

三、集中式供水工程的具体规划

供水系统型式确定后，即可对供水系统中的取水工程、净水工程和输配水工程进行规划设计。不同型式的供水系统规划对以上 3 个部分的内容有所取舍，如管网延伸系统一般只需对输配水工程进行规划，而对取水工程、净水工程做适当复核。不同层次的供水工程规划对以上 3 个部分的内容有所侧重，并随着规划层次的下移而逐步深化和量化。

（一）取水工程规划

取水工程规划的内容包括取水工程规模的确定、取水构筑物位置的选择、取水方式与取水构筑物型式的选择等。取水工程规模、位置、型式选择的合理性，不仅直接影响取水的水质、水量、安全可靠性和取水工程的投资、施工及运行管理，而且关系到水源的使用年限和可持续性。

1. 取水工程规模的确定

规划区是否要新建取水工程，应结合供水系统方案，在考察现有取水工程的基础

上进行分析。如无可利用的取水工程供规划区使用，宜新建取水工程。如有可利用的取水工程，当规划区域拟取水量小于已有取水工程富余水量时，可选择扩建或新建取水工程。取水工程的规模由净水工程近、远期的供水量确定，同时受限于水源可供水量的大小。

2. 取水构筑物位置的选择

(1) 地表水取水构筑物位置选择。取水构筑物位置的选择，应根据取水河段的水文、地形、地质及卫生防护、河流规划和综合利用等条件，全面分析，综合考虑，尤其是设计年限内取水构筑物位置处的水源可供水量变化、取水口上游河道供水情况的变化。总体上，应按以下原则或要求进行方案选择，并通过技术经济比较确定。

1) 取水点应设在具有稳定的河床、靠近主流和有足够水深的地段。取水河段的形态特征和岸形条件是选择取水口位置的重要因素。取水口位置应选在河床比较稳定、含沙量不太高的河段，并能适应河床的演变。不同类型河段适宜的取水位置也应不同，如：顺直河段取水点应选在主流靠近岸边、河床稳定、水深较大、流速较快的地段，通常设在河流较窄处，水深不小于 2.5m；弯曲河段取水点应布置在凹岸顶冲点下游 15～20m；游荡型河段应将取水口布置在主流线密集的河段上；有边滩、沙洲的河段，不宜将取水点设在可移动的边滩、沙洲下游附近，一般应设在上游距沙洲 500m 以外处；有支流汇入的顺直河段应离开支流入口处上下游有足够的距离，一般取水口多设在汇入口干流的上游河段上；山区浅水河流取水口的位置一般应选在河床稳定、纵坡大、水流集中和山洪影响较小的河段。

2) 取水点应设在水质较好的地带，尽可能不受污废水、泥沙、漂浮物、冰凌、冰絮和咸潮的影响。农村供水系统中的取水构筑物应设在城市、乡镇、村庄和工业企业的上游清洁河段，距离污水排放口上游 100m 以外，并应建立卫生防护地带。取水点应避开河流中的回流区和死水区，以减少水中泥沙、漂浮物进入和堵塞取水口。在北方地区的河流上设置取水构筑物时，取水口应设在不受冰凌直接冲击的河段，并应使冰凌能顺畅地顺流而下；冰冻严重的地区，取水口应选在急流、冰穴、冰洞及支流入口的上游河段；有冰的河道，应避免将取水口设在流冰易于堆积的浅滩、沙洲、回流区和桥孔的上游附近；在流冰较多的河流中取水，取水口宜设在冰水分层的河段，从冰层下取水。此外，在沿海地区受潮汐影响的河流上设置取水构筑物时，应考虑海水对水质的影响。

3) 取水点应设在具有稳定地质条件的河（湖、库）床及岸边，有较好的地形条件、施工条件。取水构筑物应尽量设在地质构造稳定、承载力高的地基上。同时，取水口应考虑选在对施工有利的地段，不仅要交通运输方便，有足够的施工场地，而且不会产生较多的土石方量和水下工程量，以节省投资、缩短工期。

4) 取水点应尽量靠近主要用水区。在保证安全取水的前提下，取水点的位置应尽可能靠近主要用水地区，以缩短输水管线的长度，减少输水工程的基建投资和运行费用。

5) 取水点应避开人工构筑物和天然障碍物的影响。河流上常见的人工构筑物有桥梁、丁坝、码头、拦河闸坝等，天然障碍物有突出河岸的陡崖和石嘴等。它们的存

在常常改变河道的水流状态，从而使河床产生沉积、冲刷和变形，或者形成死水区。因此选择取水口位置时，应对此加以分析，尽量避免各种不利因素。如：桥梁处取水点应选在桥墩上游0.5～1.0km，或桥墩下游1.0km以外的地段；丁坝处取水口应设在本岸丁坝的上游（离坝前浅滩起点一定距离）或对岸；码头处取水口应设在距码头边缘至少100m处，并应征求航运部门的意见；在拦河闸坝上游处设置取水口，应选在闸坝附近、距坝底防渗铺砌起点100～200m处；在拦河闸坝下游处设置取水口，不宜与闸坝靠得太近，应设在其水流冲刷和泥沙拥入影响范围以外；陡崖、石嘴处不宜设置取水口。

6）取水点的位置应与河流的综合利用相适应，不妨碍航运和排洪，并符合河道、湖泊、水库整治规划的要求。选择取水地点时，应注意河流的综合利用，如航运、灌溉、排水等。同时，还应了解在取水点的上下游附近近期内拟建的各种水工构筑物（堤坝、丁坝及码头等）和整治河道的规划以及对取水构筑物可能产生的影响。

（2）地下水取水构筑物位置选择。对地下水取水构筑物位置的选择，实际上是对地下水水源地的选择，关键是确定取水地段的位置与范围。选择时，要充分考虑能够满足长期持续稳定开采的需水要求，不产生地下漏斗、地质灾害等。总体上，应按以下原则或要求进行方案选择，并通过技术经济比较确定。

1）取水地段含水层应有较好的富水性与补给条件。水源地应选在含水层透水性强、厚度大、层数多、分布面积广的地段上，同时取水地段应有良好的补给条件，可以最大限度拦截、汇集区域地下径流，或接近地下水的集中补给、排泄区。

2）取水点应位于水质好、不易受污染的地段。水源地应选在远离城市或工矿排污区的上游；远离已污染（或天然水质不良）的地表水体或含水层的地段；避开易于使水井淤塞、涌砂或水质长期浑浊的沉砂层和岩溶充填带；在滨海地区，应考虑海水入侵对水质的不良影响；为减少垂向污水入渗的可能性，最好选在含水层上部有稳定隔水层分布的地段。

3）取水点尽量靠近主要用水地区，提高工程效益。在满足水量、水质要求的前提下，为缩短输水线路的长度，节省建设投资，水源地应选在靠近用户、少占耕地的地段；为降低取水成本，有条件的地区应选在自流或地下水浅埋地段。

4）取水地点应尽量选在施工、运行和维护方便的地段。取水地点应考虑选在对施工有利的地段，不仅要交通运输方便，有足够的施工场地，还要便于维护和管理。

5）取水地点尽量避开地震区、地质灾害区和矿产采空区，确保取水构筑物的安全。取水地点应选在不易引发地面沉降、塌陷、地裂等地质灾害的地段，避开对取水构筑物有破坏性的地震区、洪水淹没区、矿产资源采空区和易发生地质灾害地区。河谷水源地要考虑水井的淹没问题；人工开挖的大口井取水工程要考虑井壁的稳固性。

3. 取水构筑物型式的选择

（1）地表水取水构筑物型式的选择。由于地表水源的种类、性质和取水条件不同，地表水取水构筑物的型式也多样。

取水构筑物按水源可分为河流取水构筑物、湖泊取水构筑物、水库取水构筑物、海水取水构筑物。

取水构筑物按取水构筑物的结构型式一般可分为固定式，活动式，山区浅水河流和湖泊、水库取水构筑物等型式。固定式，可用于不同取水量，全国各地都有使用，其可分为岸边式、河床式、斗槽式，前两者应用较普遍，后者使用较少。活动式，适用于中、小取水量，水位变化大，用在建造固定式有困难时，多建在长江中上游和南方地区。流量和水位变幅较大，取水深度不够的山区河流可采用低坝式和底栏栅式。各种取水构筑物的特点及适用条件见表 2－15～表 2－18。

表 2－15　　地表水固定式取水构筑物的特点及适用条件

名称		特点及适用条件	备注
岸边式	合建式	（1）取水构筑物设于岸边，集水井和泵房合建。 （2）布置紧凑，总建筑面积小，吸水管路短，运行安全，维护方便；土建结构复杂，施工较困难。 （3）适用于河岸坡度较陡、岸边水流较深、地质条件较好、水位变幅和流速较大的河流	见资源 2－1（图 2－1－1）
	分建式	（1）取水构筑物设于岸边，集水井和泵房分建，泵房离开河岸，设于地质条件好的位置。 （2）土建结构简单，易于施工；吸水管较长，水头损失大，维护管理不方便，运行安全性较差。 （3）适用于岸边的地质条件较差地区	见资源 2－1（图 2－1－2）
	潜水泵取水式	（1）潜水泵可安装在岸边的进水井中或直接安装在斜坡上。 （2）取水方式简单，投资少，建设快；运行安全性较差。 （3）适用于河流水位变化较大、水中漂浮物较少的情况	见资源 2－1（图 2－1－3）
河床式	自流管式	（1）取水头部设于河心，经自流管流入岸边集水井。 （2）工作可靠性强；土方量大，头部伸入河床，检修、清洗不便；洪水期底部泥沙多，水质差。 （3）适用于河床较稳定、河岸较平坦、主流距河岸较远、河岸水深较浅、水中漂浮物较少和岸边水质较差的情况	见资源 2－1（图 2－1－4）
	虹吸管式	（1）取水头部设于河心，经虹吸管流入岸边集水井。 （2）可减少水下施工量和土石方量，缩短工期，节约投资；虹吸管施工要求质量高，需要一套虹吸真空装置，虹吸管径大，启动时间长，运行管理不便。 （3）适用于水位变幅大、河漫滩较宽、河岸为坚硬岩石、埋没自流管需开挖大量土石方而不经济或管道需要穿越防洪堤的情况	见资源 2－1（图 2－1－5）
	直接吸水式	（1）进水口设于河心，由水泵吸水管直接取水。 （2）不设集水井，施工简单，造价低，利用水泵吸上高度，减少泵房深度；施工质量要求高，吸水管不能漏气，当河流泥沙、漂浮物多时，易堵，水泵叶轮易磨损；吸水管不宜过长，影响运行安全。 （3）适用于河流漂浮物较少、水位变化不大、取水量较小、水泵允许吸上真空高度较大、吸水管不宜太长的情况	见资源 2－1（图 2－1－6）
	桥墩式	（1）整个取水构筑物建在河心，在进水间的壁上开设进水孔，从江心取水，取水构筑物与岸边之间架设引桥。 （2）容易造成附近河床冲刷，基础埋设深，影响航运；施工复杂，造价高，维护管理不便。 （3）适用于取水量较大、岸坡较缓、水流含沙量高、水位变幅较大、河床地质条件较好的情况	见资源 2－1（图 2－1－7）

资源 2－1

续表

名　称		特点及适用条件	备注
河床式	淹没泵方式	（1）集水井、泵房位于常年洪水位下，洪水期处于淹没状态。 （2）泵房深度浅，土石方量较少，构筑物受浮力小，结构简单，造价较低；建筑物隐蔽，通风采光条件差，噪声大，操作管理维护不便，结构防身要求高，洪水期格栅不便起吊清洗。 （3）适用于河床地基稳定、含沙量较少、水位变幅大，但洪水期短、平枯水位期长的河流	见资源2－1（图2－1－8）
河床式	湿式竖井泵房式	（1）泵房下部为集水井，上部为机电室。 （2）采用深井泵，泵房面积小，对集水井防渗、抗浮要求低，运行管理方便；水泵不便检修，集水井泥沙不便清淤。 （3）适用于水位变化幅度大（水位变幅大于10m，尤其骤然降落每小时变幅大于2m），含沙量少的河流	见资源2－1（图2－1－9）
斗槽式	顺流式	（1）在取水口附近设置堤坝形成斗槽，开口方向迎着来水方向。 （2）适用于含沙量较高但冰凌不严重的河流	见资源2－1（图2－1－10）
斗槽式	逆流式	（1）在取水口附近设置堤坝形成斗槽，开口方向背着来水方向。 （2）适用于含沙量较少但冰凌严重的河流	见资源2－1（图2－1－10）
斗槽式	侧坝进水逆流式	（1）在逆流式斗槽渠道的进口端建两个斜向的堤坝，伸向河心。 （2）适用于含沙量较高的河流	见资源2－1（图2－1－10）
斗槽式	双向式	（1）在取水口附近设置堤坝形成斗槽，斗槽的上游端和下游端均开口或设置闸门。 （2）适用于含沙量高，冰凌严重的河流	见资源2－1（图2－1－10）

资源2－2

表2－16　　地表水活动式取水构筑物的型式和适用条件

名称	特点与适用条件	备注
浮船式	（1）取水泵安装在浮船上，由吸水管直接从河床中取水，经联络管将水输入岸边输水斜管。 （2）投资少，建设快，水下工程量小，适应性强，灵活性大；操作管理复杂，受水流、风浪、航运等的影响，安全可靠性差。 （3）适用于河流水位变化幅度大，枯水期水深在1m以上，水流平稳，风浪小，停泊条件较好，且漂浮物少和不受冰凌影响的情况	见资源2－2（图2－2－1）
缆车式	（1）取水泵安装在缆车上，由吸水管直接从河床中取水，经联络管将水输入岸边输水斜管。 （2）特点与浮船式（2）基本相同；缆车移动方便，受风浪影响小，比浮船稳定；水下工程量和基建投资比浮船式大。 （3）适用于河流水位变化幅度大，涨落速度不大（小于2.0m/h），河岸地质条件较好，并有10°～28°的岸坡，且漂浮物较少和无冰凌的情况	见资源2－2（图2－2－2）
潜水泵直接取水式	（1）取水方式简单，水下工程量少，施工方便，投资较省。 （2）适用于取水量较小，河水中漂浮物和含沙量小的情况	见资源2－2（图2－2－3）

资源2－3

表2－17　　山区浅水河流取水构筑物的型式和适用条件

名称	特点与适用条件	备注
固定低坝式	（1）当河流的取水深度不够，或取水量占枯水期河水水量的30%～50%，且沿河床表面随河水流动而移动的泥沙杂质不多时，可在河上修筑固定式低坝以抬高水位或拦截足够的水量，在坝上游岸边设置进水闸或取水泵房。 （2）适用于推移质不多、枯水期河水流量小、水浅、不通航、不放筏的小型山溪河流	见资源2－3（图2－3－1）

续表

名称	特点与适用条件	备注
活动低坝式	(1) 基本上与固定式低坝取水相同，在河上修筑活动式低坝以抬高水位或拦截足够的水量，枯水期能挡水和抬高上游的水位，洪水期可以开启，减少上游淹没的面积，有橡胶坝、浮体闸等型式。 (2) 适用于推移质不多，枯水期河水流量小的山区浅水河流	见资源 2-3（图 2-3-2、图 2-3-3）
底栏栅式	(1) 通过坝顶带有栏栅的引水廊道取水。 (2) 适用于河床较窄、水深较浅、河底纵坡较大、大颗粒推移质多、取水量比例较大的山区浅水河流	见资源 2-3（图 2-3-4）

表 2-18　湖泊、水库取水构筑物的型式和适用条件

名　称	适　用　条　件	备注
与坝身合建的取水塔取水式	适用于水位变化幅度和取水量较大的深水湖泊和水库取水	见资源 2-4（图 2-4-1）
与底部泄水口合建的取水塔取水式	适用于水位变化幅度和取水量较大的深水湖泊和水库取水	见资源 2-4（图 2-4-2）
潜水泵直接取水式	适用于水中漂浮物较少、取水量较小的情况	见资源 2-2（图 2-2-3）
岸边自流管取水式	适用于水位变化幅度较小的浅水湖泊和水库取水	见资源 2-4（图 2-4-3）
岸边虹吸管取水式	适用于水位变化幅度较小的浅水湖泊和水库取水	见资源 2-4（图 2-4-4）

资源 2-4

地表水取水构筑物型式应根据取水量和水质要求，考虑取水河段的水深、水位及其变化幅度，岸坡、河床的形状，河水含沙量的分布，冰冻与漂浮物，航运，施工条件，安全程度等因素，结合各种构筑物的特点及适用条件进行选择，并通过技术经济比较确定。

(2) 地下水取水构筑物型式的选择。地下水取水构筑物的型式包括管井、大口井、渗渠、辐射井、泉室等。地下水取水构筑物型式应根据取水位置，考虑地下水埋深、含水层厚度及层数、含水层岩性等因素，结合各种构筑物的特点及适用条件进行选择，并通过技术经济比较确定。地下水取水构筑物的型式及适用条件见表 2-19。

表 2-19　地下水取水构筑物的型式和适用条件

型式	井　深	井　径	适　用　条　件	出水量	备注
管井	为 20～1000m，常在 300m 以内	50～1000mm，常为 150～600mm	(1) 含水层厚度大于 4m，底板埋藏深度大于 8m。 (2) 适用于任何砂、卵、砾石层及构造裂隙、岩溶裂隙含水层	单井出水量一般为 500～6000m^3/d，最大出水量区间为 20000～30000m^3/d	见资源 2-5（图 2-5-1）
大口井	在 20m 以内，常为 6～15m	2～12m，常为 4～8m	(1) 含水层厚度在 5m 左右，底板埋藏深度小于 15m。 (2) 适用于任何砂、砾石层，渗透系数最好在 20m/d 以上的含水层	单井出水量一般为 500～10000m^3/d，最大出水量区间为 20000～30000m^3/d	见资源 2-5（图 2-5-2）

资源 2-5

续表

型式	井深	井径	适用条件	出水量	备注
渗渠	埋深为10m以内，常为4～7m	管径为0.45～1.5m，常为0.6～1.0m	（1）含水层厚度小于5m，渠底埋藏深度小于6m。 （2）适用于中砂、粗砂、砾石或卵石层	一般为15～30m³/(d·m)，最大出水量区间为50～100m³/(d·m)	见资源2-5（图2-5-3）
辐射井	集水井井深常为3～12m	集水井直径为4～6m；辐射管管径为50～300mm，常为75～150mm；长度一般在30m以内	（1）含水层厚度、底板埋藏深度同大口井。 （2）含水层最好为中、粗砂或砾石。 （3）宜于开采水量丰富、含水层较薄的地下水和河床渗透水	单井出水量一般为5000～50000m³/d	见资源2-5（图2-5-4）
泉室			有泉水露头，流量稳定，且覆盖层厚度小于5m	差别很大，出水量一般为30～80000m³/d	见资源2-5（图2-5-5）

（二）净水工程规划

净水工程规划的内容包括净水厂生产规模的确定、厂址的选择、净水工艺流程的选用、净水工程设施类型的选择等。净水工程规模、建设地点、净水工艺、设施类型选择的合理性，影响供水系统供水范围的大小、供水水质的优劣、运行管理的难易、投资成本的高低。

1. 净水厂生产规模的确定

水处理构筑物的规模应以最高日供水量加自用水量进行确定。最高日供水量的计算方法在第二章中已述及；水厂的自用水量可由自用水率计算确定，一般采用最高日供水量的5%～10%。净水工程的规模受规划水平年、供水范围、节水措施等因素的影响。净水工程的规模应满足规划近远期的用水需求，要适应不同年份的用水量变化；净水工程在规划期内，其供水范围可能会发生增减变化，同时，随着节水措施的推进，用户的用水量标准也可能会发生变化，净水工程要根据这些动态的变化作出相宜的规模安排。

规划区是否需要建设净水工程，应结合供水系统方案，在考察现有净水工程的基础上进行分析。如无可利用的净水工程供规划区使用，宜新建净水工程。如有可利用的净水工程，当规划区域需水量小于已有净水工程富余水量时，可直接利用已有的净水工程；当规划区域需水量大于已有净水工程富余水量时，可选择扩建或新建净水工程。净水工程建设规模应适度超前，但过大会造成资源浪费，过小又会造成规模不经济。

2. 厂址的选择

水厂厂址选择正确与否，涉及整个供水工程系统的合理性，并且对工程投资、建设周期和运行维护等方面都会产生直接的影响。影响水厂厂址的因素很多，规划中宜根据下列要求，通过技术经济比较确定水厂厂址。

（1）水厂厂址应与村镇建设规划相协调。

（2）水厂厂址应充分利用地形高程，靠近用水区，整个供水系统布局合理。水厂厂址应尽可能利用供水区的地势高差，使原水输送和净水输配能充分利用重力，以减少动力费；考虑到农村供水范围广、水头损失大等特殊情况，一般情况下宜靠近用水区域设置水厂，以减少配水管网的工程造价和水厂的运行成本。

（3）满足水厂近、远期布置需要，有便于远期发展控制用地的条件。

（4）水厂应布置在不受洪水与内涝威胁的地方。

（5）水厂选址应有良好的卫生环境，并便于设立防护地带。

（6）水厂选址应有良好的工程地质条件，一般选在地下水位低、承载力较大、湿陷性等级不高、岩石较少的地层。

（7）水厂应布置在交通方便、靠近可靠电源的地方，以利于降低施工管理费用和降低输电线路的造价，并考虑沉淀池排泥及滤池冲洗水排出方便。

（8）水厂应选在少拆迁、不占或少占良田的地方。

3. 净水工艺流程的选用

净水工艺流程的选用及主要构筑物的组成，是净水处理能否取得预期效果的关键，应根据原水水质、设计的运行经验，结合当地操作管理条件，通过技术经济比较综合研究确定。现按地表水源和地下水源的不同水质，分别介绍常见的水处理工艺流程，以供选用。

（1）地表水净水工艺流程。

1）常规净水工艺流程。适用于净化原水浊度长期低于 500NTU、瞬间不超过 1000NTU 的地表水。其净水工艺流程有 3 种，如图 2-11 所示。其中图 2-11（a）所示工艺为一般地表水厂广泛采用的常规净水流程，一般进水悬浮物最大含量区间为 2000～3000mg/L；图 2-11（b）所示工艺为对水质要求不高或原水水质较好时采用的净水流程；图 2-11（c）所示工艺为一体化净水装置采用的净水流程。

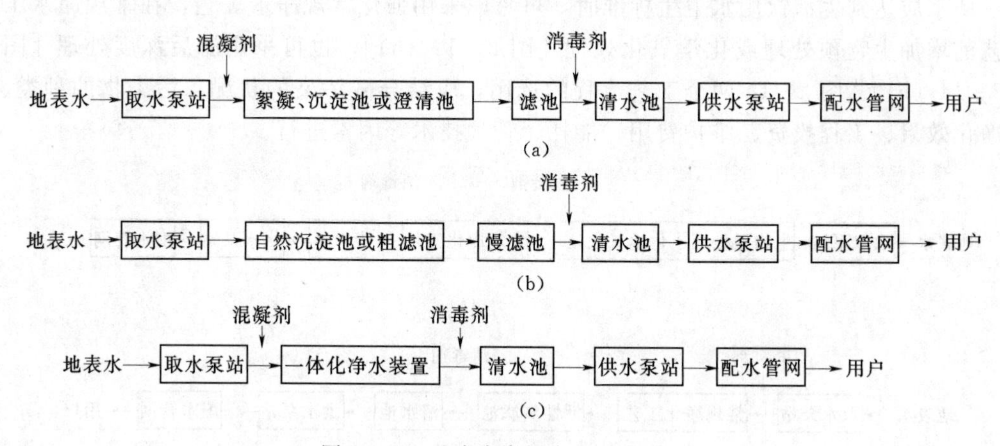

图 2-11　地表水常规净水工艺流程

2）低浊度原水净水工艺流程。适用于净化原水浊度长期不超过 20NTU、瞬间不超过 60NTU 的地表水。其处理流程一般选用快滤池或慢滤池，比常规流程省去沉淀工艺，一般可用于对浊度和色度低、水质稳定变化较小且无藻类繁殖的湖泊水或水库

水进行处理，进水悬浮物含量一般应小于100mg/L。其净水工艺流程如图2-12所示。图2-12（a）所示工艺采用慢滤池，慢滤池虽然滤速低，出水量少，占地面积大，洗砂工作繁重，在城市净水工艺中已被淘汰，但其具有构造简单、便于就地取材、截留细菌能力强、出水水质好等优点，使其在小型农村水厂仍被使用；图2-12（b）所示工艺采用快滤池，克服了传统慢滤池的缺点，是目前比较常用的处理方式。

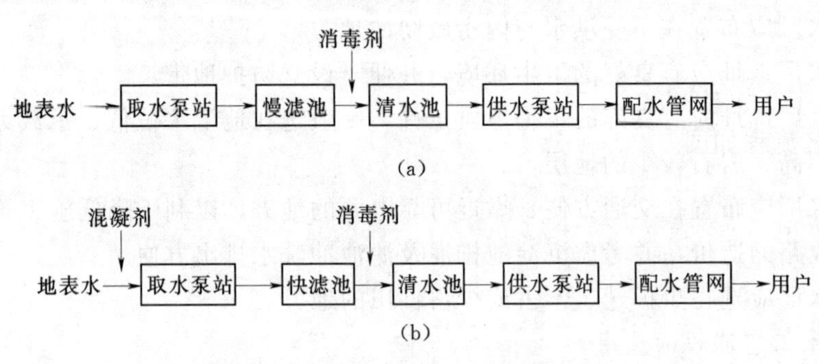

图2-12　低浊度原水净水工艺流程

3）高浊度原水净水工艺流程。适用于净化原有含沙量变化较大、浊度经常超过500NTU的地表水。其典型工艺在常规净水工艺前采取预沉措施，经预沉后原水含沙量可降低到1000mg/L。其净水工艺流程如图2-13所示。

混凝剂　消毒剂

地表水→取水泵站→预沉池→絮凝、沉淀池→滤池→清水池→供水泵站→配水管网→用户

图2-13　高浊度原水净水工艺流程

4）微污染水净水工艺流程。当地表水受到轻微有机污染，采用常规净水工艺无法使水质达到生活饮用水卫生标准时，可考虑采用强化常规净水工艺，在常规净水工艺前增加生物预处理或化学氧化处理[图2-14（a）]，也可采用滤后深度处理[图2-14（b）]。图2-14两个工艺流程的选用，应结合微污染的状况、污染物的种类、净化效果、工程投资、维护费用、能耗、管理技术等因素进行。

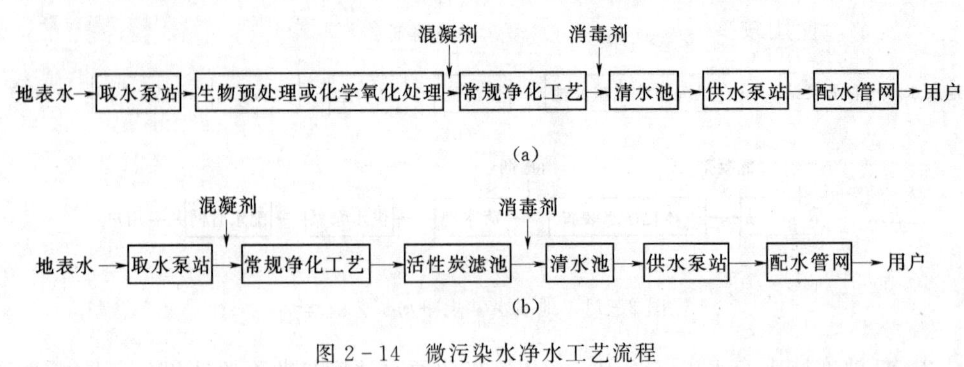

图2-14　微污染水净水工艺流程

5）含藻水净水工艺流程。对于含藻量不高的一般地表水，可采用常规工艺并投加除藻剂进行处理；对于浑浊度常年低于100NTU的富营养化湖水和水库水，宜在

常规净水工艺中增加气浮工艺。其净水工艺流程如图 2-15 所示。

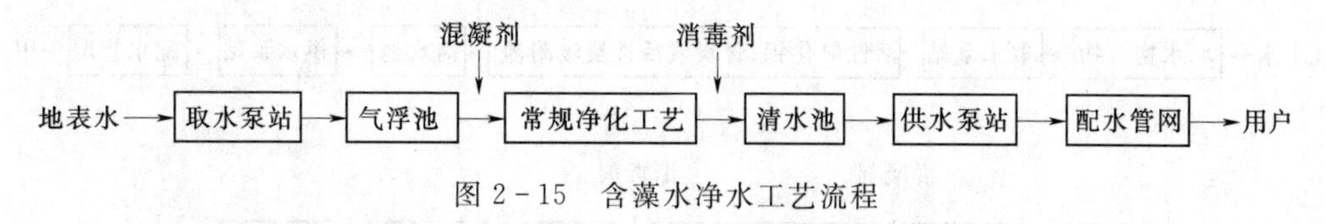

图 2-15　含藻水净水工艺流程

(2) 地下水净水工艺流程。

1) 原水水质良好的地下水净水工艺流程。水质良好的地下水仅需进行消毒处理。其净水工艺流程如图 2-16 所示。

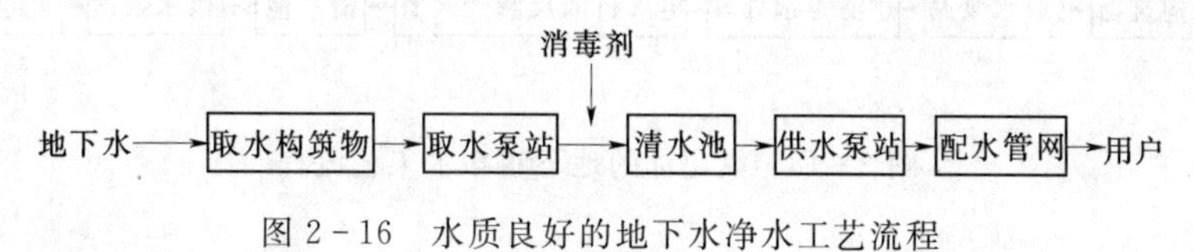

图 2-16　水质良好的地下水净水工艺流程

2) 铁、锰超标的地下水净水工艺流程。铁、锰超标的地下水应采用氧化、过滤、消毒的净水工艺。图 2-17 的净水工艺流程适用于原水含铁、锰量高于标准不多，锰含量不超过 1mg/L 时。当铁、锰含量高于标准很多时，净水工艺可采用二次接触氧化过滤法或加氧化剂、二次过滤法。

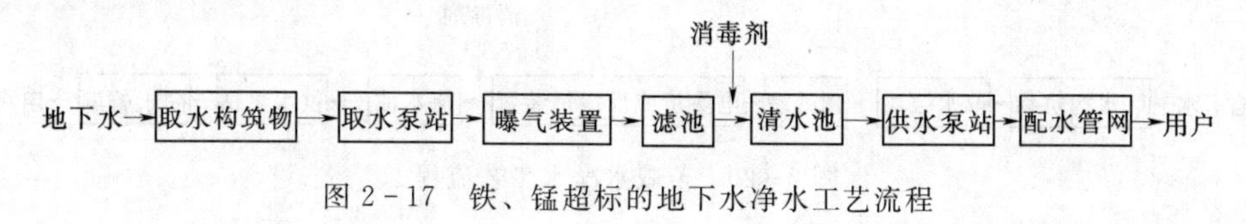

图 2-17　铁、锰超标的地下水净水工艺流程

3) 氟超标的地下水净水工艺流程。氟超标的地下水可采用活性氧化铝吸附、混凝沉淀、电渗析、反渗透等净水工艺，目前使用活性氧化铝除氟的较多。图 2-18 (a) 为吸附法，应用活性氧化铝、骨炭或活性炭作为吸附剂以吸附去除水中的氟，国内以颗粒状活性氧化铝应用较广；图 2-18 (b) 为混凝沉淀法，适用于含氟量较低或须同时去除浊度的地下水；图 2-18 (c) 为电渗析、反渗透法，设备费用高，操作较复杂，使用较少。

4) 砷超标的地下水净水工艺流程。砷超标的地下水可采用混凝法、直接沉淀法、离子交换法、生物法等处理方法，但对于处理饮用水中微量砷，较为有效和成熟的方法仍是在混合池和反应池的传统处理构筑物中进行，或者通过粒状多介质复合滤料去除，其流程如图 2-19 所示。

5) 苦咸水净水工艺流程。苦咸水淡化可采用电渗析或反渗透等膜处理工艺。其工艺流程如图 2-20 所示。

4. 净水工程设施类型的选择

净水工程设施主要包括净水构筑物和净水装置两种类型。当供水规模大于 $1000m^3/d$ 时，宜选择净水构筑物型式；当供水规模小于 $1000m^3/d$ 时，可以在净水构筑物和净水装置两种型式中进行比选。净水装置由于体积小、容纳污泥能力低、对

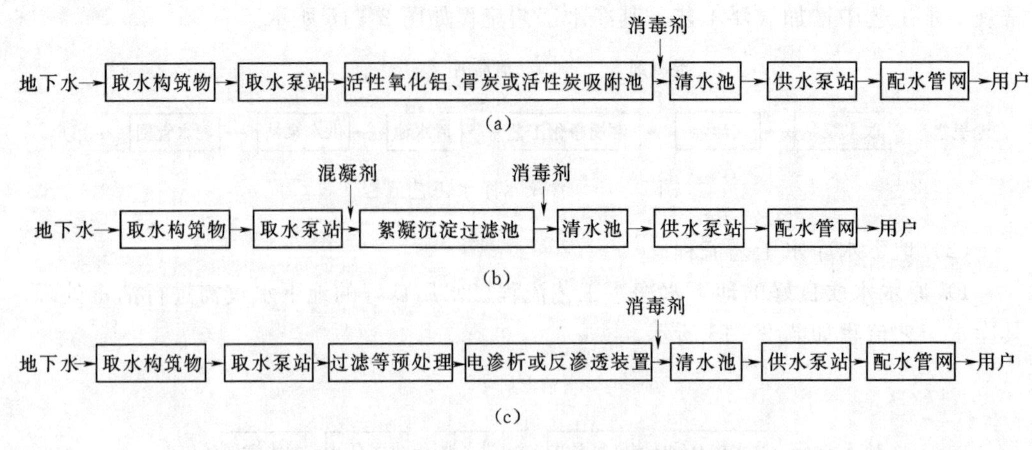

图 2-18　氟超标的地下水净水工艺流程

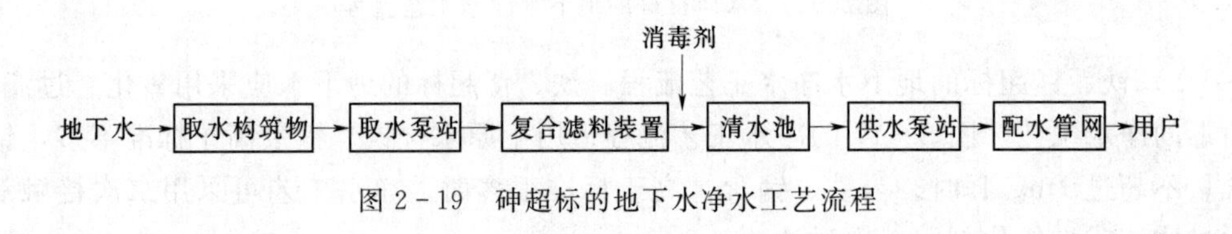

图 2-19　砷超标的地下水净水工艺流程

消毒剂

地下水→取水构筑物→取水泵站→预处理→电渗析或反渗透装置→清水池→供水泵站→配水管网→用户

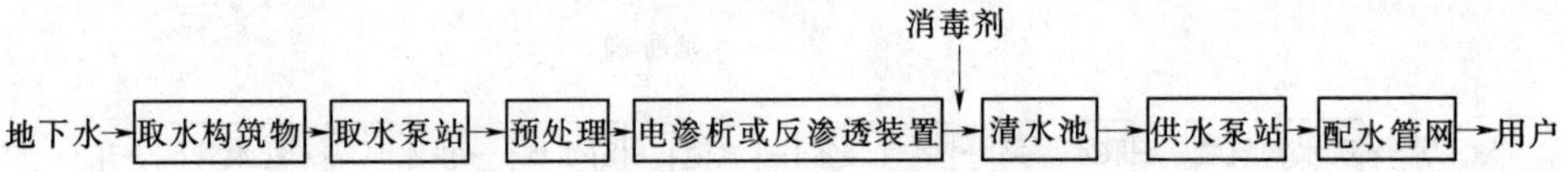

图 2-20　苦咸水净水工艺流程

原水浊度变化的适应能力差等自身缺点，一般只宜在供水规模较小、地点偏远（距集中居住区或乡镇远）、地形复杂的村庄使用。在具体规划实践中，是否选用净水装置还需与净水构筑物方案进行技术经济比较确定。

（三）输配水工程规划

输配水工程规划的内容包括：输配水管网布置形式的选择，管网定线，输配水管网设计流量的确定，管网水力计算，水压水量调节设施的规模、型式和位置的确定，管材选择等。输配水工程管网布置形式、管网定线、设计流量、管材、管径、调节设施选择的合理性，不仅影响供水系统效能的发挥，而且还影响工程投资、运行成本、施工及维护。

输配水工程规划时，应先对现状输配水管网进行评估。对于尚能使用的管网，在规划时可作为选项进行考虑，以尽可能减少工程投资。

1. 输配水管网布置形式的选择

（1）输水管（渠）布置形式的选择。输水管道输水方式可采用重力式、压力式或两种方式并用，应通过技术经济比较后选定。原水的输送宜选用管道或暗渠（隧洞）；当采用明渠输送原水时，必须有可靠的防止水质污染和水量流失的安全措施。清水输送宜选择管道。

（2）配水管网布置形式的选择。在农村供水工程规划中，配水管网一般分成配水骨干管网和村（或集中居住区）配水管网。

1）配水骨干管网。配水骨干管网是指农村集中式供水工程中水厂至乡镇、村或集中居住区的配水管网。在农村地区，配水骨干管网一般较长，且管径相对较大，该部分投资在整个供水系统中占据较大比重，是输配水工程规划中的重点。

配水管网有树状和环状两种基本布置形式。一般情况下，村庄及规模较小的镇，可布置成树状管网；规模较大的镇，有条件时，宜布置成环状或环、树结合的管网。由于树状管网构造简单、投资较省，在目前农村配水骨干管网中采用较多，随着今后农村经济发展与农村生活水平的提高，农村配水管网可向环状管网与树状管网相结合的布置方式过渡，以提高供水保证率。

2）村（或集中居住区）配水管网。村（或集中居住区）配水管网指由村（或集中居住区）的供水点配水至用户的管网。一般多布置成树状管网。由于村（或集中居住区）的数量较多且较分散，规划村（或集中居住区）配水管网时宜采用典型村（或典型集中居住区）的方式进行。

2. 输配水管网的选线与布置

（1）输水管（渠）选线与布置。输水管（渠）是连接水源与水厂、水厂至配水管网或水厂至用水大户的管（渠）。输水管道的特点是输水管内流量均匀、无沿程出流。

输水线路选择与布置，宜按照以下原则或要求确定；必要时，应通过技术经济比较进行选择。

1）输水线路的选择应使整个供水系统布局合理。

2）应尽量缩短输水线路的长度。输水管（渠）的长度，特别是断面较大的管（渠），对投资的影响很大；缩短管线的长度，既可有效地节省工程造价，又能降低水头损失。

3）输水线路的选择应尽量少拆迁、少占农田。

4）输水线路施工、运行、维护、管理方便。输水线路应尽量避免急转弯、较大的起伏、穿越不良地质地段，减少与铁路、公路和河流的交叉，尽量沿现有或规划道路敷设，便于施工、检修、管理和降低造价。

5）充分利用地形条件，优先采用重力输水。

6）应与当地总体规划结合、考虑近远期结合和分步实施的可能。

7）输水管（渠）布置时还应注意以下几点具体要求：除供水规模较大、要求不得间断供水，需布置两条输水管道外，一般情况下可布设一条输水管。当采用两条输水管道时，应设置连通管，其管径与输水管相同；连通管的布置应满足事故、维护时的供水要求。根据地形情况，应在管道的适当位置设置排气阀、减压阀和泄水阀等。

（2）配水管网选线与布置。

1）配水骨干管网选线与布置。配水骨干管网在具体规划工作中宜通过多方案比选确定，其选线与布置应注意以下几个方面：管网应合理分布于整个用水区，线路尽量短，并符合村镇有关建设规划；管线宜沿现有道路或规划道路路边布置，宜通过两侧村庄；管道布置应避免穿越毒物、生物性污染或腐蚀性地段，无法避开时，应采取防护措施；保证用户有足够的水量和水压；在地形起伏较大的地区应考虑分区分压配水。该部分的主要规划成果可由规划表或规划图进行表示。

2）村（或集中居住区）配水管网布置。村（或集中居住区）配水管网宜根据村或集中居住区内的用户、道路等分布情况进行规划布置。该部分的主要规划成果为典型村（或典型集中居住区）配水管网布置图与人均配水管道长度，可用于村级管网工程估算。

3. 输配水管网流量确定与水力计算

（1）管网设计流量确定。

1）输水管（渠）设计流量确定。

a. 浑水输水管（渠）设计流量。从水源至净水厂的原水输水管（渠）的设计流量，应按最高日平均时供水量确定，并计入净水厂自用水量，同时应满足净水工程近远期的供水需要。

b. 清水输水管设计流量。从净水厂至配水管网的清水输水管道的设计流量，应按最高日最高时用水量计算。多水源供水的清水输水管道的设计水量应按最高日最高时用水量条件下，综合考虑配水管网设计水量、各个水源的分配水量、管网调节构筑物的设置情况等确定。

2）配水管网设计流量确定。配水管网设计总流量应按最高日最高时用水量确定，各管段设计流量是由其供给区域内所有用户最高日最高时用水量确定，并满足供水区近远期用水的需要。

a. 树状管网管段流量的推算。管段上的出流量可分为沿线流量和集中流量。沿线流量可按长度比流量、面积比流量、人均用水当量等方法计算。由于村庄规模小，居住比较分散，用水人口明确且宜统计，因此，村庄采用人均用水当量计算沿线流量较为合理。人均用水当量计算公式见式（2－19）。但对于沿线供水人数不清楚、分布比较均匀的集中居住区，改用长度比流量较简便。长度比流量计算公式见式（2－20）。

人均用水当量为

$$q=\frac{Q_{h\max}-\sum q_{ni}}{\sum P_i} \tag{2-19}$$

式中　q——人均用水当量，L/(s・人)；

$Q_{h\max}$——乡镇或村庄的最高日最高时用水量，L/s；

q_{ni}——各企业、机关及学校等用水大户的用户量，即集中流量，L/s；

P_i——沿线各乡镇或村庄设计用水人口，人。

长度比流量为

$$q_L=\frac{Q_{h\max}-\sum q_{ni}}{\sum L_i} \tag{2-20}$$

式中　q_L——长度比流量，L/(s・m)；

L_i——各管段配水长度，m。

管段上的沿线流量，可由人均用水当量（或长度比流量）与该管段上设计用水人口（或管段配水长度）计算确定，即

$$q_{mi}=qP_i（或\ q_LL_i）\tag{2-21}$$

式中　q_{mi}——沿线流量，L/s。

管段上的集中流量一般根据集中用水户在最高日的用水量及其时变化系数计算，即

$$q_{ni}=\frac{K_{hi}Q_{di}}{86.4}\tag{2-22}$$

式中　Q_{di}——各集中用水户最高日用水量，m^3/d；

K_{hi}——时变化系数。

管段设计流量由该管段沿线流量的50%、该管段下游各管段沿线流量和该管段下游各管段集中流量3部分之和确定。

若水厂至各乡镇或至各村（或集中居住区）的管网沿途不配水，只进行转输用水，在各乡镇、各村（或集中居住区）处将水集中分配出去，这时，可将各乡镇、各村（或集中居住区）接管点处作为集中出流点，其流量可作为集中流量。此时管段设计流量为该管段下游各管段集中流量之和。

b. 环状管网管段流量的推算。农村供水管网如布置成环状管网，一般环数都较少，无论手工计算还是采用计算机辅助计算均十分方便。环状管网手工计算时，一般多采用解环方程法。

环状管网的计算要满足以下两个方程：①节点流量方程，流入任一节点的流量必须等于流出该节点的流量；②环能量方程，同一环内，若水流顺时针方向为正，逆时针方向为负，则任一闭合环内水头损失的代数和为零，即 $\Delta h=0$，即水流顺时针方向管段的水头损失等于逆时针方向管段的水头损失。

解环方程的思路是在拟定各管段水流方向的基础上，满足节点流量方程情况下，假设各管段的流量初值；并根据各管段的流量初值确定管径；将各管段流量初值带入每个环流量方程中得到水头损失闭合差 Δh；若 $\Delta h=0$，说明满足能量方程，原假设的各管段流量初值满足要求，即为管段设计流量；若 $\Delta h\neq0$，则要进行平差计算，将原假设的各管段流量初值进行校正，校正流量为 Δq；对各个管段施加 Δq，得到新的管段流量；将新的管段流量代入环能量方程，再判断环能量方程是否满足；通过不断地调整管段流量，直至环能量方程满足。最终满足要求的管段流量即为管段设计流量。

（2）管径确定。管径和管段流量、设计流速有关，管径计算式为

$$d=\sqrt{\frac{4q}{\pi v}}\tag{2-23}$$

式中　d——输配水管道内径，m；

q——输配水管段设计流量，m^3/s；

v——管段设计流速，m/s。

设计流速在技术和经济上都有一定的要求，设计时一般采用由各地统计资料计算出的平均经济流速来确定管径。缺乏资料时，可参考以下经验数据：管径小于150mm时，流速可为0.5～1.0m/s；管径为150～300mm时，流速为0.7～1.2m/s；

管径大于 300mm 时，流速为 1.0～1.5m/s。输送浑水的输水管，设计流速不宜小于 0.6m/s。重力流管道的经济流速，应充分利用地形高差确定。配水管网中各级支管的经济流速，应根据其布置、地形高差、最小服务水头，按充分利用分水点的压力水头确定。

应当注意的是，设置消火栓的管道内径，不应小于 100mm。

(3) 水头损失计算。水头损失包括沿程水头损失和局部水头损失两部分。

1) 沿程水头损失。输配水管网沿程水头损失可根据《村镇供水工程技术规范》(SL 310—2019) 的规定，不同管材选用不同的水力公式计算；或者选用目前国内外用得比较多的海曾-威廉公式计算；或者根据设计手册中的各种管材的水力计算表查得。

UPVC、PE 等塑料管的沿程水头损失计算公式为

$$h=0.000915\frac{q^{1.774}}{d^{4.774}}L \tag{2-24}$$

钢管、铸铁管的沿程水头损失计算公式为

$v<1.2$m/s 时
$$h=0.000912\frac{v^2}{d^{1.3}}\left(1+\frac{0.867}{v}\right)^{0.3}L \tag{2-25}$$

$v\geqslant 1.2$m/s 时
$$h=0.00107\frac{v^2}{d^{1.3}}L \tag{2-26}$$

混凝土管、钢筋混凝土管的沿程水头损失计算公式为

$$h=10.294\frac{n^2q^2}{d^{5.333}}L \tag{2-27}$$

海曾-威廉计算公式为

$$h=10.67\frac{q^{1.852}}{C_h^{1.852}d^{4.87}}L \tag{2-28}$$

式中 h——沿程水头损失，m；
q——管段流量，m^3/s；
d——管道内径，m；
v——管道流速，m/s；
n——粗糙系数；
L——管段长度，m；
C_h——海曾-威廉系数。

公式中所用的各种管道的 n 和 C_h 值可参考表 2-20 选用。

表 2-20 各种管道沿程水头损失水力计算参数 (n、C_h)

管道种类		粗糙系数 n	海曾-威廉系数 C_h
钢管、铸铁管	水泥砂浆内衬	0.011～0.012	120～130
	涂料内衬	0.0105～0.0115	130～140
	旧钢管、旧铸铁管（未做内衬）	0.014～0.018	90～100

续表

管道种类		粗糙系数 n	海曾-威廉系数 C_h
	预应力混凝土管（PCP）	0.012～0.013	110～130
	预应力钢筒混凝土管（PCCP）	0.011～0.0125	120～140
矩形混凝土管 DP（渠）道（现浇）		0.012～0.014	—
塑料管、玻璃钢管、内衬塑料的钢管		—	140～150

2）局部水头损失。由于配水管网局部水头损失比较小，一般可不作详细计算，可按沿程水头损失的5%～10%进行估算。

(4) 水塔高位水池高度和水泵扬程的计算。首先选定控制点。控制点（又称最不利点）的选择很重要，在保证该点达到最小服务水头时，整个管网的水压均满足服务水头的要求。控制点往往是地形较高、离供水点较远、最小服务水头较大的点，一般可选择几个点比较确定。但有时由于管网的节点数较多，难以确定控制点时，可以先通过假定控制点的办法，通过水力分析，在得到各点的水压后，判断各点水压的满足情况，在不满足的节点中，找到压力最难满足的节点即真正的控制点，并根据控制点的服务水头调整所有节点水头。

然后由控制点的水压，利用管段间的能量关系，推求各节点的水压。

能量方程为

$$H_{F_i}-H_{T_i}=h_i \tag{2-29}$$

式中　F_i、H_{F_i}——管段 i 的上端点编号和上端点水头，m；

T_i、H_{T_i}——管段 i 的下端点编号和下端点水头，m；

h_i——管段 i 的水头损失，m。

当水压推求至水塔、高位水池或水泵处时，即可知道水塔、高位水池的高度和水泵的扬程。

对于无水塔或高位水池等调节构筑物的管网，水泵设计扬程计算式为

$$H_P=Z_c-Z_{清}+H_c+h_s+h_c+h_n \tag{2-30}$$

式中　H_P——水泵设计扬程，m；

Z_c——控制点的地面标高，m；

$Z_{清}$——清水池最低水位的标高，m；

H_c——控制点要求的最小服务水头，m；

h_s——水泵吸、压水管中的水头损失，m；

h_c——输水管中的水头损失，m；

h_n——配水管网中的水头损失，m。

对于有水塔或高位水池等调节构筑物的管网，水塔或高位水池高度计算公式为

$$H_t=H_c+h_n-(Z_t-Z_c) \tag{2-31}$$

式中　H_t——水塔或高位水池高度，m；

Z_t——水塔或高位水池处的地面标高，m；

h_n——水塔或高位水池至控制点的管网中的水头损失，m。

设置调节构筑物后，水泵扬程要视调节构筑物在管网的位置来确定。如水塔或高位水池设置在管网的末端，在最高供水时，管网用水由泵站和水塔同时供给，此时水泵设计扬程按式（2-30）计算；又如水塔或高位水池设置在管网的前端，靠近水厂，水泵只要供水到水塔或高位水池即可，水泵设计扬程按式（2-32）计算，为

$$H_P=H_t+H_0+Z_t-Z_{清}+h_s+h_c \tag{2-32}$$

式中　H_0——水塔或高位水池的有效水深，m；

h_c——水泵到水塔或高位水池的输水管线水头损失，m。

4. 水压水量调节设施的选择

（1）水压调节设施。

1）型式的选择。农村供水由于范围广、地势高差大、地形复杂，输配水过程中经常需要增压或减压。增压是为了满足远离水厂的供水区域或地形较高的供水区域用户的水压要求；减压是为了降低和稳定输配水系统局部的水压，以避免水压过高造成管道或其他设施的漏水、爆裂、水锤破坏，或避免用水的不舒适感。

加压供水的方式有加压泵直接从管道中抽吸加压、无负压供水设备和加压泵联合使用、调节水池和加压泵房联合使用等。从管道中直接抽吸的加压会带来加压泵房附近的用户水压不足，但能充分利用管网内的剩余压力，在村级等小型管网中可以选用。无负压供水设备和加压泵联合使用的型式，能充分利用骨干管网的压力，又不产生负压，不会对骨干管网产生任何不良影响，保证了用水的安全性，但受其稳定性和造价等因素限制，目前在实际工程中应用还不多。调节水池和加压泵房联合使用的型式，不影响上游管道的压力，具有很强的可靠性，但会带来二次污染且造价较高，在大、中型供水管网中应用较多。

当管网内水压过高时必须设置减压设施。常见的减压设施包括跌水井、减压池和减压阀等。输送浑水宜采用跌水井或减压池，输送清水亦可采用既减动压又减静压的减压阀。

2）规模的确定。加压泵的设计流量由其下游供水区的最高日最高时用水量确定，其扬程由加压泵站和控制点的高程差、控制点处的服务水头和沿途的水头损失计算确定。减压的大小由管网承压能力和下游用户需要的压力确定。

（2）水量调节设施。

1）型式与位置的选择。鉴于农村供水工程的规模、管理、供电、间歇运行等因素，一般情况下均应设置调节构筑物。调节构筑物的合理设置，能有效调节产水量、供水量与用水量的不平衡，提高供水保证率、管理灵活性和供水泵站效率。调节构筑物主要包括清水池、高位水池和水塔几种形式。其位置设置可以设在水厂内，如清水池、网前水塔；也可以设在水厂外，如高位水池、网中水塔、对置水塔。在规划中，宜根据地形和地质条件、净水工艺、供水规模、居民点分布和管理条件等，通过技术经济比较确定调节构筑物的型式和位置。常见的调节构筑物的型式、布置位置及适用条件见表2-21。

表 2-21　　调节构筑物的型式、布置位置及适用条件

调节构筑物型式	布置位置	适用条件
清水池	厂内低位	(1) 取用地表水源的净水厂，需要处理的地下水水厂，设在滤池（或净水器）的下游或多水源井的汇流处； (2) 管网分压供水时，配合加压泵和减压设施设置； (3) 调节容量较大
高位水池	厂外高位	(1) 有适宜高地形条件的水厂和管网； (2) 调节容量较人
水塔	厂内、外高位	(1) 地形平坦的小型水厂和管网； (2) 调节容量较小； (3) 供水范围和供水规模较小

2）规模的确定。调节构筑物的有效容积应根据用水区域供需情况及消防储备水量等确定；当缺乏资料时，可参照相似条件下的经验数据确定，或根据《村镇供水工程技术规范》（SL 310—2019）的要求，通过技术经济比较确定。

a. 有可靠电源和可靠供水系统的工程，单独设立的清水池和高位水池可按最高日用水量的 20%～40%设计；同时设置清水池和高位水池时，清水池可按最高日用水量的 10%～20%设计，高位水池可按最高日用水量的 20%～30%设计；水塔可按最高日用水量的 10%～20%设计；向净水设施提供冲洗用水的调节构筑物，其有效容积应增加水厂自用水量。取值时，规模较大的工程宜取低值，小规模工程宜取高值。

b. 供电保证率低或输水管道和设备等维修时不能满足基本生活用水需要的Ⅳ型（供水规模在 200～1000m^3/d）、Ⅴ型（供水规模小于 200m^3/d）工程，调节构筑物的有效容积可按最高日用水量的 40%～60%设计。企业用水比例高的工程应取低值，经常停电地区宜取高值。

c. 在调节构筑物中加消毒剂时，其有效容积应满足消毒剂与水的接触时间不小于 30min 的要求。

d. 供农村生活饮用水的调节构筑物容积不应考虑灌溉用水。清水池的最高运行水位，应满足净水构筑物或净水器的竖向高程布置；高位水池和水塔的最低运行水位，应满足最不利用户接管点和消火栓设置处的最小服务水头要求。

5. 管材的选择

管材的选择对工程造价和供水安全性的影响很大，因此，合理地选择管材十分重要。管材的选择取决于输送流量大小、输送方式（压力/重力）、施工方法、管道埋深、管道内压、工程造价等因素，不同的管材各有利弊，现就目前供水工程常用的几种管材的特点、性能进行比较。

（1）钢管（SP）。钢管应用历史较长，范围较广，属于市场上广泛应用的输水管材，输水安全可靠性好，强度较高，可承受的内压高，不易爆管，单管长，接口少，加工制作方便，可加快工程施工进度，尤其适合顶管工程及过河、过路等部位。缺点是耐腐蚀性差，管壁内外都需进行防腐处理，防腐要求高，造价高。

（2）球墨铸铁管（DIP）。球墨铸铁管是近年来较为常用的输配水管道。球墨铸铁管接近于钢管的强度，承受内、外压的能力较强，不易爆管；抗腐蚀的能力较强，施工时不需另外作防腐处理；管道有一定的延伸率，采用柔性接口，管道接口性能好，施工、维修方便且不易漏水；使用寿命长。正因为球墨铸铁管的这些优异性能，目前已成为国内输配水管道的主要管材。

（3）预应力钢筋混凝土管（PCP）。预应力钢筋混凝土管属于较为传统的输水管材，具有较成熟的制作工艺和施工经验，可以根据不同的埋深、内压进行配制，管道系列齐全。PCP管耐腐蚀，不污染水质，价格便宜，适用于开槽埋管。缺点是重量大，对起吊设备要求较高，施工难度大；管材制作过程中存在弊病，如管喷浆质量不稳定，易脱落和起鼓；工作压力在0.4～0.8MPa；预应力钢筋混凝土管的水量漏失较大。

（4）预应力钢筒混凝土管（PCCP）。预应力钢筒混凝土管属于近几年来发展的新型管材，是一种钢筒与混凝土制作的复合管，口径一般较大。PCCP管采用承插连接，现场敷设方便，接口的抗渗漏性能好，有较高的强度和刚度，耐腐蚀，不污染水质，寿命长，管材价格比金属管便宜。其缺点是管体自重较重，选用时应考虑从制管厂到工地的运输条件及费用，还应考虑现场的地质情况及施工措施等因素。

（5）玻璃钢夹砂管（RPMP）。玻璃钢夹砂管属于近年来国内广泛应用的新型管材，又称玻璃纤维缠绕增强、热固性树脂加砂压力管，是将预浸有树脂基体的连续玻璃纤维，按照特定的工艺条件逐层缠绕到旋转的芯模上，并进行适当固化、脱膜而成。该管道具有耐腐、重量轻、施工安装方便、摩阻系数小等优点。在相同管径、相同流量条件下比其他材质管道水头损失小、节省能耗。缺点是密封性一般，相对易老化，耐冲击性差，对铺设要求较高，要求回填土的密度达90%以上，一般不能采用顶管施工，使用范围受到一定限制。

（6）塑料管。塑料管具有表面光滑、不易结垢、水头损失小、耐腐蚀、重量轻、加工和接口方便等优点，但是管材的强度较低，膨胀系数较大。塑料管有多种，如ABS、PE、PP和UPVC等，其中UPVC和PE应用较广。

UPVC管是近年来发展起来的新型供水管材，具有承压能力好，耐腐蚀，阻燃性能好，内壁光滑，水力条件好，管基础简单，施工周期短的特点，同时管材的价格具有一定的优势；PE管管材重量轻，承压能力好，耐腐蚀，内壁光滑，水力条件好，管道接口采用熔接，密封性好，强度较UPVC管高，管基础简单，施工周期短，但管道施工时对回填的要求高，管材价格较高。

在农村供水工程规划过程中，应根据各种管材的优缺点，结合规划地区的地质地势、输配水特点选择管材。如地质松软的地方宜选择金属管材，穿越公路桥梁等障碍物时宜选择钢管。还可根据输配水管的口径进行选择。如输水管口径在800mm以上建议优先采用球墨铸铁管、预应力钢筒混凝土管等；口径在800mm以下建议优先采用球墨铸铁管、硬聚氯乙烯管、高密度聚乙烯管、钢管等。配水管口径在300mm以上建议优先采用球墨铸铁管、硬聚氯乙烯管、高密度聚乙烯管、塑料与金属复合管、钢管等；配水管口径在300mm以下建议优先采用硬聚氯乙烯管、高密度聚乙烯管、塑料与金属复合管、球墨铸铁管、钢管等。

目前，农村供水系统中，采用供水塑料管、球墨铸铁管、钢管、铝塑管、自应力钢筋混凝土管或预应力钢筋混凝土管较多，规划时，宜经技术经济比较后合理选择。

四、集中式供水工程规划实例

（一）四川省巴中市巴州区后溪沟供水工程

1. 工程概况

四川省巴中市巴州区平梁乡场镇、炮台村和玉皇庙村，由于其独特的地理环境，在县域供水规划时，作为一个单独的区域进行规划。该区位于莲花山的山腰及延伸岭梁的山坡台地上，共1408户、6184人；村民居住点最高海拔708.5m，最低海拔384m，大都在海拔400～680m之间；地形呈台状分布，平均坡度约20°。由于长期饮水困难，拟通过集中式供水工程规划和建设解决区域的饮水问题。

2. 工程规划

基于现状人口，参考现状用水标准，考虑人口增长和社会发展等因素，经预测，规划区远期需水量为700m^3/d，由于规划区现状无集中式净水工程，同时考虑到一定的自用水量和一定的富余能力，规划区需新增供水能力740m^3/d，才能保持供需水量平衡。

规划区可供选择的水源方案包括人工井、溪河、雨水积蓄和水库4种。由于当地地下水为孔隙潜水，蓄存条件较差，地下水资源贫乏，水质属重碳酸钙型水，因此，地下水不能作为集中式供水工程的水源。规划区附近的溪流为巴河，距规划区2.6km。村民最高居住点与巴河高差为378m，如利用巴河为水源，输水成本高昂。规划区内山高坡陡（平均坡度为20°），现状无蓄水工程，也难以修建蓄水工程蓄积降雨。现状的后溪山水库由两座水库组成：二库在上游，坝顶高程798.7m；一库在下游，坝顶高程728.8m。两库大坝相距1.6km，高程相差69.9m。水库位置较供水区高。规划选择后溪沟水库作为水源。该水源剔除农业灌溉等用水后，二库有余水60万m^3，一库有余水20万m^3，而水厂年需水量为27万m^3，如两库联合运行，水源保证率可达95%。

规划主取水口设在后溪沟水库二库东南侧，通过自流管引水至水厂；次取水口设在后溪沟水库一库东侧，通过水泵提水至水厂；在一般年份，水厂直接从二库自流引水，仅在特大干旱年需从一库动力提水进行联合运行。

水厂规模确定为740m^3/d；位置选在后溪沟水库一库东侧管理所后面的台地上，该位置位于水源与供水区之间，且可满足二库原水和水厂清水的重力输水条件；由于后溪沟水库水质较好，达到生活饮用水水源水质标准，规划采用常规工艺（絮凝、沉淀、过滤、消毒）处理，出厂水水质即可满足生活饮用水卫生标准；由于净水规模较小，且水源水质较好，宜选择净水器形式净水。

考虑到水源、水厂、供水区的地形地势条件，浑水和清水输水管网工程均选择重力输水方式；同时考虑到输水的安全性，规划选择管道输水方式；输水线路沿水源、水厂和供水区之间的道路布置。

考虑到供水区内的地形地势特点，配水管网分成平梁乡场镇和炮台玉皇庙两个区域分别规划。平梁乡场镇区域拟直接敷设树状配水管网至用户。炮台玉皇庙区域将被分为15个不同高程的用水分区，规划利用15个减压池将水由高区供给低区用户。规划的减压池发挥3个作用：①作为水压调节池，对上游管道进行减压；②作为水量调节池，储存一定水量以供应低区用户使用；③利用地势高差进行重力配水。每个用水分区内的配水管布置成树状管网。

考虑到管材的使用特性和工程投资的影响，输水管采用PE管，配水管采用UPVC管。

考虑到建设资金的筹集进度，该工程分两期建设，一期主要解决平梁乡场镇和玉皇庙村的供水问题，二期主要解决炮台村的供水问题。

后溪沟供水工程规划如图2-21所示。该工程作为中英合作中国水行业发展项目农村供水与卫生示范，其规划在输水配水环节充分利用地势条件，实现了重力输配水，节约了供水成本，这在贫困山丘区值得推广和借鉴。

（二）陕西省渭南市大荔县羌八供水工程

1. 工程概况

大荔县地处陕西省关中平原东部，羌白镇、八鱼乡位于县城西南15～25km处，108国道两侧，辖区有22个行政村（其中：羌白镇17个、八鱼乡5个）、53个自然村，现有人口5.22万人（其中：羌白镇3.58万人、八鱼乡1.64万人），总面积110.1km^2。

羌白、八鱼两乡镇居民原均由村庄小水厂集中供水或分散供水，水源均为高氟苦咸的地下水。由于长期饮用高氟苦咸水，造成氟中毒患病人数达2.84万人，氟斑牙患病率高达90%。经评估，原有村庄内部分管道可续用。

找好水源、兴建相关供水工程是解决羌白镇、八鱼乡地区饮水问题的关键。

2. 工程规划

（1）工程规划方案。经预测，羌白镇远期需水量为2070m^3/d，八鱼乡远期需水量为928m^3/d；两乡镇合计为2998m^3/d。通过对两个乡镇全面的水源水质调查，在八鱼乡南部沙苑区找到浅层地下潜水，可开采量5846万m^3/a，水量充沛，水质较好，可作为本工程供水的水源。

供水方案经多方案比较后，确定在沙苑区水源井取水后，输送至八鱼乡水厂，经净化处理后，由供水管网配送给八鱼乡用户用水，同时输水至羌白水厂，经羌白水厂加压后供羌白区用水，两个乡镇供水管道独立设置，均为树状网。

其供水流程如图2-22所示。

（2）工程主要规划内容。八鱼水源井：设计单井取水量20～60m^3/h，水源地共打井9眼，其中备用1眼。设计水源井深90m，井泵出水管和取水管采用80钢塑复合管，计算井泵扬程88.2m，每眼井配装150TQSG20-96-15型潜水深井泵。

八鱼水厂：位于吕苏公路旁，占地3.26亩①，内建蓄水池、生产楼、办公楼、料场等建（构）筑物。生产楼包括水泵房、变配电室、加氯化验间；办公楼包括办公、宿舍和食堂。该厂供水规模2998m^3/d，其中：八鱼地区使用928m^3/d，转输水量2070m^3/d。八鱼水厂蓄水池容积250m^3，半地下式布置。设计水泵扬程为49.7m，

① 1亩≈666.67m^2。

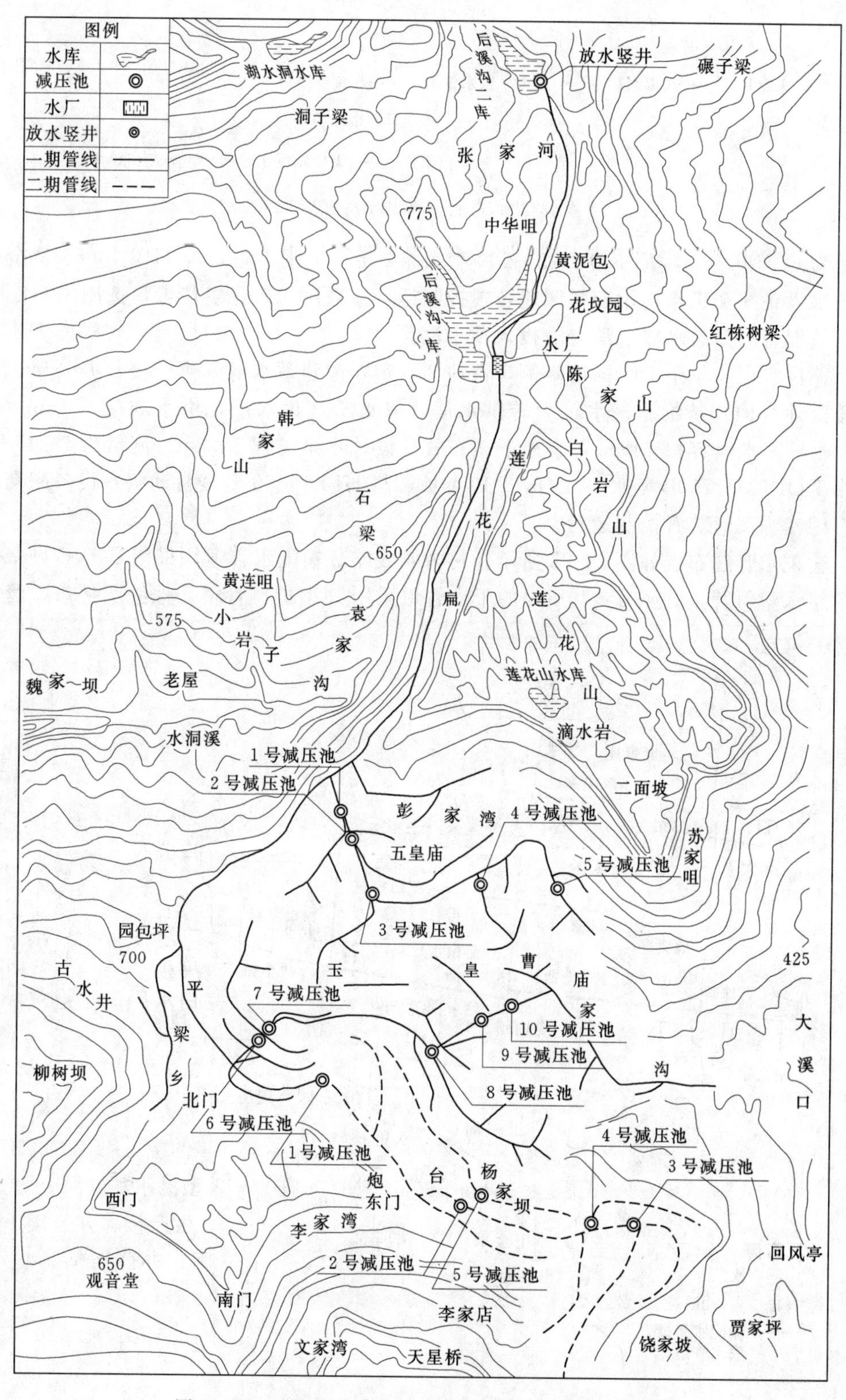

图 2-21　四川省巴中市巴州区后溪沟供水工程规划图

二氧化氯消毒

水源井 ⟶ 八鱼水厂 ⟶ 八鱼乡供水管网 ⟶ 八鱼乡用户

⟵ 二氧化氯消毒

羌白水厂 ⟶ 羌白镇供水管网 ⟶ 羌白镇用户

图 2-22　陕西省大荔县羌八供水流程

流量为 67.78L/s，选用 KQL125-200 型水泵 3 台，2 用 1 备，与 HBL16055 型全自动给水设备配套工作，用变频调速装置控制运行。采用二氧化氯消毒，选用 WHL-8 型高效混合消毒净水器，消毒液投入蓄水池。

羌白水厂：位于 108 国道南侧，占地 3.0 亩，内建蓄水池、生产楼、办公楼、服务楼等建（构）筑物。该水厂为转供水厂，取水于八鱼水厂，供水规模 $2070m^3/d$。羌白水厂蓄水池容积 $400m^3$，半地下式布置。设计水泵扬程 54.2m，流量为 74.4L/s，选用 KQL125-250B 型水泵 3 台，2 用 1 备，与 HBL16055 型全自动给水设备配套工作，用变频调速装置控制运行。

输配水管线布置如图 2-23 所示，村内管线略。输配水管道均采用 UPVC 硬聚氯乙烯给水塑料管，管径 $\varphi \geqslant 70mm$ 的干支管道采用 R 型扩口管材，橡胶圈接口，管径

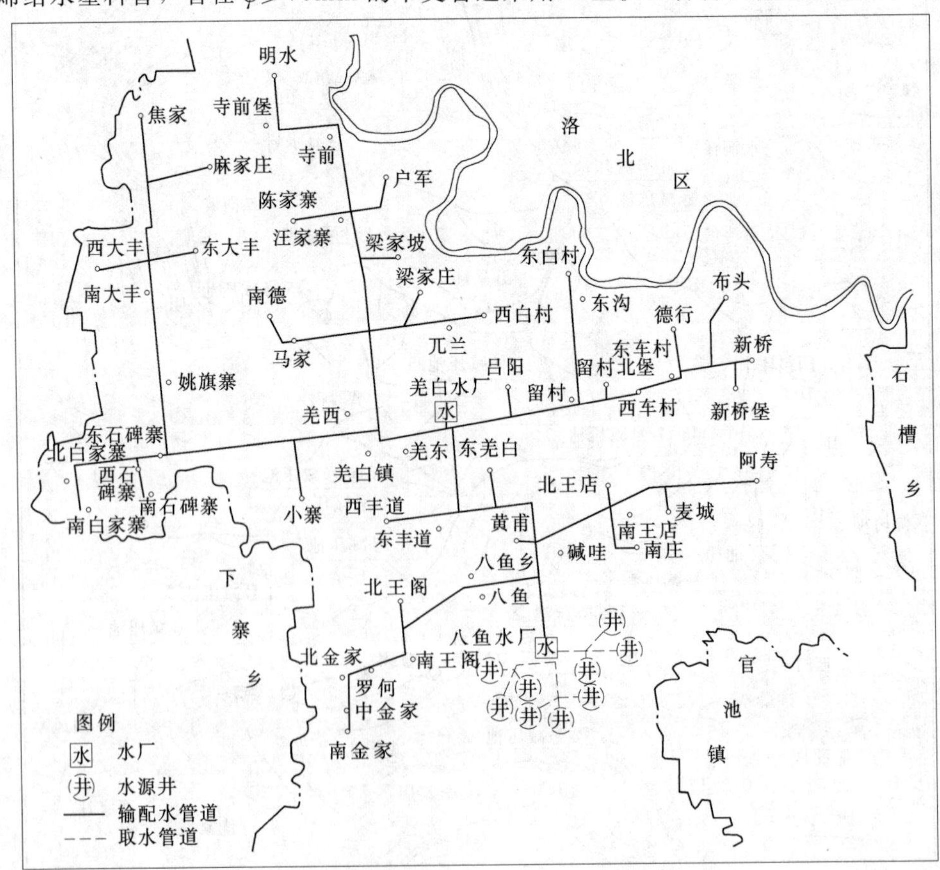

图 2-23　陕西省大荔县羌八供水工程平面布置图

φ<70mm 的配水管网采用平承口管材，黏接。输水管理深 1.2m，配水管埋深 1.0m，沙土基础。

大荔县羌八供水工程平面布置图如图 2-23 所示。

该工程于 2003 年年底建成运行，总投资 940 万元。通过近几年的运营，该供水工程在社会、经济效益方面均取得了一定的成效，特别是未发现一例新增氟病患者。

该规划方案的特点是：①采用跨乡连村集中供水方式，这样的工艺既使得供水线路布局合理，又能够分区管理，管网压力小，节能，投资低；②水厂内引入变频调速恒压变量供水设备，节省水塔投资，节能；③由于沙苑区采沙方便、沙石价廉，该工程采用 PVC-U 塑料管，其基础采用沙土基础；④设置一级泵站超越管，在水源井高水位、近期用水量小，用深井水泵直接供水，减少一级泵站的运行时间，降低运行费用。

第六节　分散式供水工程规划

一、分散式供水工程概述

我国农村地域辽阔，各地的自然条件、水资源状况、经济状况、生活方式等差异较大。许多农民居住在远离城镇、贫穷落后、地形复杂的地方。为了改善农民的生活条件、有效提高农民的健康水平，对于尚无条件采用集中式供水工程的农村，可根据当地的具体情况，设计、建造分散式供水工程。分散式供水工程作为集中式供水工程的补充，是解决人口稀少、居住分散、水源匮乏的贫困地区人民饮水问题的一种有效型式。

（一）分散式供水工程的组成与型式

农村分散式供水指单户或联户用手压井、大口井、集雨、引泉等设施供水，为无配水管网，由用户自行取水的供水系统。主要型式有分散式供水井工程、雨水集蓄供水工程和引蓄供水工程。

1. 分散式供水井工程

分散式供水井工程通常以地下水为水源，由水源井和提水设备等组成。适用于有良好地下水源、居住分散的地区。其工艺流程如图 2-24 所示。

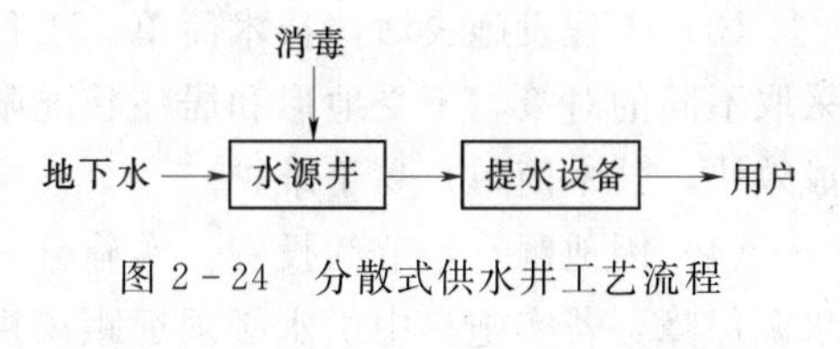

图 2-24　分散式供水井工艺流程

2. 雨水集蓄供水工程

雨水集蓄供水工程以雨水为水源，主要由集雨设施、净水设施和蓄水设施等组成。适用于淡水资源缺乏或开发利用困难，远距离输水又没有条件，但多年平均降水量大于 250mm 的地区。其工艺流程如图 2-25 所示。

3. 引蓄供水工程

引蓄供水工程以季节性客水或泉水为水源，主要由引水管网或渠网、蓄水设施等组成。适用于水资源缺乏，但有季节性客水或泉水的地区。其工艺流程如图 2-26 所示。

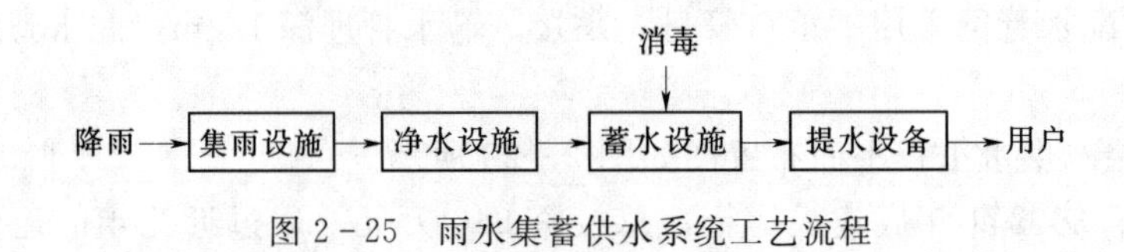

图 2-25　雨水集蓄供水系统工艺流程

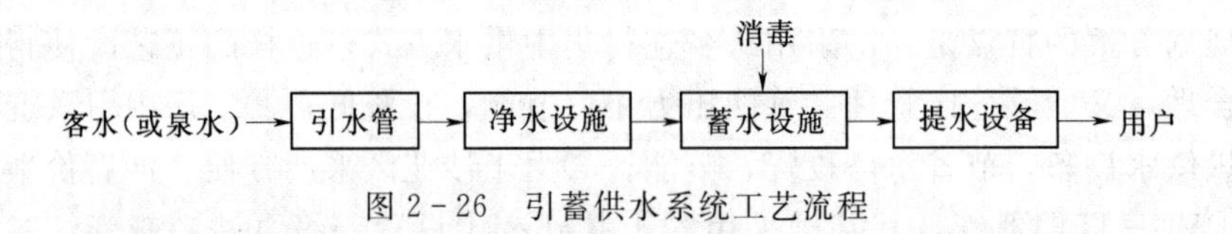

图 2-26　引蓄供水系统工艺流程

（二）分散式供水工程的现状与特点

1. 农村分散式供水工程现状

现有分散式供水工程多数为户建、户管、户用的微型工程，普遍缺乏水质检验和监测。

2. 农村分散式供水工程的特点

农村分散式供水工程与集中式供水工程相比，具有以下特点。

（1）点多面广，水质安全得不到保障。分散式供水工程规模小、工程分散，水源防护措施差，特别是浅层地下水极易受到污染，再加上农民饮水安全意识差，水质安全性得不到保证。某些经济落后的地区，几乎没有像样的集雨设施，大都靠村里的露天集雨池，加上村里管理不当，造成水质严重恶化，直接影响其生命和健康安全。

（2）水源保证率不高，供水水量不易保证。因降水时空分布不均，在干旱少雨季节，地下水位下降严重，供水量不易保证。我国西北地区特别是宁夏中南部山区是全国最缺水的贫困地区之一，水资源仅为 2.54 万 m^3/km^2，约为全国均值的 8.6%，平均年降水量不足 400mm，并且年内与年际的时空分布不均匀，降水集中在 6—9 月。许多地区既没有机井、浅井等地下水源，也没有泉水等地表水源，饮水完全依赖于雨季蓄积的雨水，水量很难得到保证。

（3）工程设施灵活，技术简单。工程设施可根据水源水质、居民分布等条件分别采取不同的对策，不受地形和居住状况限制；可选用成套供水或净水设备，工程建设成效快，技术简单，易于维护。

（4）因地制宜，节约投资。实施分散供水工程的地方一般都是居住分散，无可靠水源保障，若实施集中供水必须远距离供水，投资会较高。

（5）产权清晰，但管理分散。分散式供水工程一般以国家补助为辅、单户或联户农民集资为主修建，所有权归农民私人所有，与农户的切身利益紧密相关，农村居民积极性高，工程产权和管理责任制明确，但技术管理力量单薄，往往因维修保养不及时影响正常供水。

二、分散式供水工程规划

（一）分散式供水工程规划应考虑的因素

1. 水源选择

（1）首先应查明项目区的水文地质条件、地下水开采和污染情况，收集年降雨量

资料和多年平均年蒸发量资料。

(2) 对可供开采的地下水、雨水等水资源进行水量、水质评价和预测。

(3) 按照优质水源优先保证生活用水的原则，优先取用水量和水质均满足要求的地下水。若有位置较高的山泉可利用时，应尽可能利用山泉作为水源；选用可靠的浅层地下水比深井经济，但要注意水源保护；在缺乏地下水源的地区，可选用雨水和其他水源作为水源；地表水由于可靠性差，水质难以控制，水处理费用高，分散式供水工程一般不宜利用。

2. 工程型式选择

(1) 有良好地下水源，但用户少、居住分散、电源没有保证时，可建造分散式供水井。

(2) 淡水资源缺乏或开发利用困难，远距离输水又没有条件，但多年平均降水量大于 250mm 时，可建造雨水集蓄工程。如陕西省延安市延长县地处陕北黄土高原丘陵沟壑区，位于延安市东部 70km 的延河下游。该县属于干旱大陆性季风气候，干旱与雨涝相间；冬季寒冷干燥，雨雪稀少，持续时间长；降水时空分布不均，年际变化大，多年平均降雨量 527mm，降雨多集中在 7 月、8 月。县境内地形复杂，沟壑纵横，梁峁起伏，水资源贫乏。东部地区水源流量小，含氟量大；西部地区水源较为充沛，但水质有不同程度污染，农村人畜饮水特别困难。全县自然村庄多，人口相对少，农村居民居住分散，集中式供水条件不具备，修建集雨水窖是解决人畜饮水问题的主要途径。通过水窑工程的建设，不仅解决了农村居民生活用水困难，改良了饮用水质，保证了农村居民的身心健康，而且进一步解放了生产力，为农村经济繁荣和社会稳定奠定了基础，对全县的农村供水工作起到了积极的推动作用。

(3) 水资源缺乏，但有季节性客水或泉水时，可利用已有的引水设施建造引蓄供水工程。如吉林省临江市六道沟镇向阳村共有村民 203 户，该村居住分散，水源丰富，但水源来水量不足，集中供水困难，采用以泉水为水源，形成多水源的分散供水方式，通过集水井、高位水池和输水管路解决了该村的饮水问题。

(4) 为提高供水可靠性，在地下水资源缺乏的地区，可采用打井、集雨或引蓄相结合的方法。如河南省林州市姚村镇水河村位于太行山东麓的半山腰，坐落在海拔高程 490m 处，十年九旱，水贵如油。该村因地制宜，科学规划，采取丰水季节引蓄山泉水，沿山坡集雨径流条件好的地方，布置了集雨与引山泉相结合的蓄水池和水窖，汛期可集蓄雨水，在各家院内建成约 30m^3 的水窖，彻底解决了全村 450 余口人的饮水困难。

3. 供水工程规模确定

(1) 供水人数的确定。首先应根据居住分散情况确定采用单户供水还是多户联合供水。居住户分散、偏远的农村地区可采用单户供水工程；居住户相对集中的可采用多户联合供水工程。

(2) 供水规模的确定。分散式供水工程的规模主要考虑生活用水和牲畜用水，用水定额应满足《村镇供水工程技术规范》(SL 310—2019) 的要求，其中生活用水定额根据各地所属分区，按照集中供水点取水的用水条件确定。

4. 工程选址

工程选址要结合水源选择情况，考虑用水方便程度，取水往返时间不超过20min；同时工程建设要考虑地质条件和地形条件，应避开滑坡体、高边坡和泥石流危害地段，基础宜选择坚实土层或完整的岩基。

5. 水质净化与消毒

分散式供水工程应根据具体情况，设置必要的净水设施，确保向用水户提供水质达标的饮用水。

（1）做好水源的保护工作。取水点周围要防止各种污染，并设立明显防护标志。

（2）采取适宜的净化方式。应根据水源种类和水质状况合理选择净化方式，水质净化工艺应简单、实用，便于操作，适合当地实际情况。

地下水源若化学性指标超标可采用一体化特殊处理设备。如已注册的专利“高氟水分质处理技术”，该技术是将一个底部带有特殊过滤装置的塑料桶放入农户盛有高氟水的水缸，经自然过滤使渗入桶内的水的含氟量达到国家饮用水标准。

地表水源因地表水悬浮物含量高、易受污染，通常需借助混凝沉淀过滤的方式。集雨工程和引蓄工程中，储水池供水应经过必要的过滤和消毒后才能直接饮用。

（3）进行必要的消毒。分散式供水应进行消毒，消毒方法应综合考虑运行管理成本、操作方便以及用户接受度，选择适宜的工艺与设备，在保证处理效果的基础上降低运行成本。一般可采用氯制剂消毒，如漂白粉作为消毒剂的小型的消毒设备。

资源 2-6

（二）分散式供水井的规划

分散式供水井规划的设计要点详见资源 2-6。

资源 2-7

（三）雨水集蓄供水工程的规划

我国有着长远的雨水利用历史，特别是对那些地表水和地下水极端缺乏的干旱山区，雨水作为可利用的水资源，应当充分利用。雨水集蓄供水工程规划操作要点详见资源 2-7。

资源 2-8

（四）引蓄供水工程的规划

引蓄供水工程受季节性客水影响较大，为提高供水保证率，宜与雨水集蓄供水系统相结合，互为补充。引蓄供水工程规划设计要点详见资源 2-8。

三、分散式供水工程规划实例

资源 2-9

（一）甘肃省定西市安定区青岚山乡大坪村集雨水窖工程

详见资源 2-9。

资源 2-10

（二）河南省林州市姚村镇水河村饮水工程

详见资源 2-10。

资源 2-11

（三）湖北省丹江口市农村饮水截潜流集水工程

详见资源 2-11。

第三章　取水构筑物与调节构筑物

取水构筑物是给水工程的重要组成部分，其作用是从各类水源中取水，并将水送至水厂或用户。取水构筑物设计的是否合理，直接影响工程投资、经济效益和运行安全等问题。根据农村给水特点的水源种类，可分为地下水取水构筑物和地表水取水构筑物两大类。

自地表水源取水或自地下水源取水、需要净化处理的农村水厂，由于规模小，且考虑管理与停电等因素，大多采用间歇工作，其设计水量一般按最高日工作时计算，而配水设施需要满足供水区逐时用水量的变化，两者之间水量不平衡；取用地下水源不用净化处理的农村水厂，取水泵一般兼做输配水，选择水泵时，无论按照什么流量（最高日平均时、最高日工作时、最高日最高时），输水量与供水区逐时变化的用水量不平衡，需要进水量的调节。在农村给水工程中，需要建造能够调节水量以平衡负荷变化的建筑物，即调节构筑物。

第一节　地下水取水构筑物

一、概述

地下水取水构筑物指从地下含水层取集表层渗透水、潜水、承压水和泉水等地下水的构筑物。它的任务是从地下水源中取出合格的地下水，并送至水厂或用户，是给水工程的重要组成部分之一。

地下水取水构筑物位置的选择主要取决于水文地质条件和用水要求：应选择在水质良好、不易受污染的富水地段；应尽可能靠近主要用水区；应有良好的卫生防护条件；为避免污染，农村生活饮用水的取水点应设在地下水的上游；应考虑施工、运转、维护管理方便，不占或少占农田；应注意地下水的综合开发利用，并与农村总体规划相适应。

由于地下水的类型、埋藏条件、含水层的性质等各不相同，开采和集取地下水的方法以及地下水取水构筑物的形式也各不相同。地下水取水构筑物按取水形式主要分为两类：垂直取水构筑物——井；水平取水构筑物——渠。井主要用于开采较深层的地下水；渠主要依靠其长度来集取浅层地下水。

井的主要形式有管井、大口井、辐射井等，渠的主要形式为渗渠。地下水取水构筑物的种类及其适用范围见表 3－1。

二、管井

1. 管井的形式与构造

管井又称机井，一般指用凿井机械开凿至含水层中、用井壁管保护井壁、垂直地

表 3-1　　地下水取水构筑物的种类及其适用范围

形式	尺寸	深度	水文地质条件			单井出水量
			地下水埋深	含水层厚度	水文地质特征	
管井	井径为 50～1000mm，常用为 150～600mm	井深为 10～1000m，常用为 300m 以内	在抽水设备能解决的情况下不受限制	一般在 5m 以上	适用于任何砂、卵、砾石层、构造裂隙、岩溶裂隙	一般为 100～6000m³/d，最大为 20000～80000m³/d
大口井	井径为 2～12m，常用为 4～8m	井深为 20m 以内，常用为 6～15m	埋深较浅，一般在 10m 以内	一般为 5～15m	适用于任何砂、卵、砾石层、渗透系数最好在 20m/d 以内	一般为 600～10000m³/d，最大为 20000～80000m³/d
辐射井	同大口井	同大口井	同大口井	同大口井	含水层最好为中、粗砂或砾石，不得含有漂石	一般为 5000～50000m³/d
渗渠	井径为 0.45～1.5m，常用为 0.6～1.0m	井深为 7m 以内，常用为 4～6m	埋深较浅，一般在 2m 以内	厚度较薄，一般为 4～6m	适用于中砂、粗砂、砾石或卵石层	一般为 10～30m³/(d·m)，最大为 50～100m³/(d·m)

面的直井，是地下水取水构筑物中应用最广的一种。一般用钢管做井壁，在含水层部位设滤水管进水，防止砂砾进入井内。管井口径较小（一般为 150～600mm，以 200～400mm 最常用)、深度较大（一般为 50～300m，以 100m 左右最多见)、构造复杂，适用于各种岩性、埋深、厚度和多层次的含水层。但是在细粉砂地层中易堵塞、漏砂；含铁元素的地下水中，易发生化学沉积。按井底是否达到隔水层底板，分为完整井和非完整井，如图 3-1 所示。

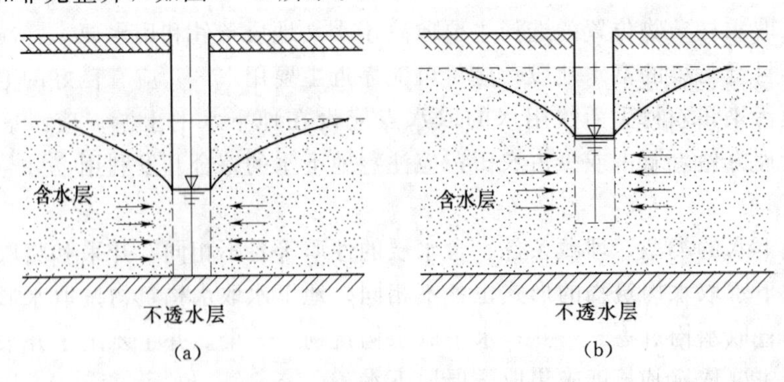

图 3-1　管井
(a) 完整井；(b) 非完整井

管井的结构因其水文地质条件、施工方法、提水机具和用途等的不同，其结构形式各种各样。但大体可分为井室、井壁管、过滤器、沉淀管 4 部分，如图 3-2 所示。

(1) 井室。井室位于最上部，是用来保护井口免受污染、放置设备、进行维护管

理的场所。井室的形式主要取决于抽水设备，同时还受到气候及水源地卫生条件的影响。常见井室按所安装的抽水设备不同，可建成深井泵房、深井潜水泵房和卧式泵房等，其形式可分为地面式、地下式或半地下式。

为防止井室地面的积水进入井内，井口应高出地面0.3～0.5m。为防止地下含水层被污染，井口周围需用黏土或水泥等不透水材料封闭，其封闭深度不得小于3m。井室应有一定的采光、通风、采暖、防水和防潮设施。

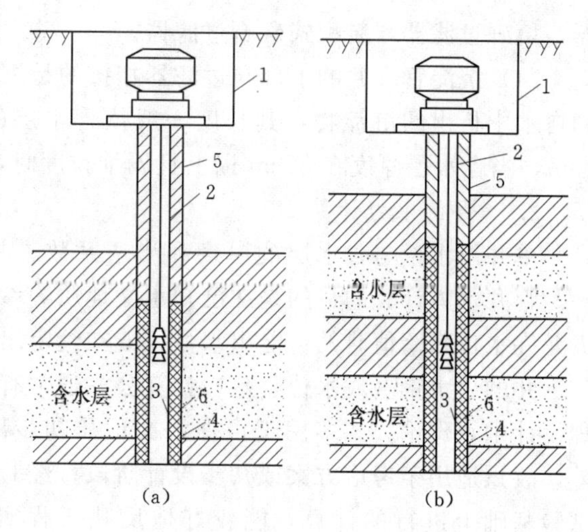

图3-2　管井的一般构造

(a) 单层过滤管井；(b) 多层过滤管井

1—井室；2—井壁管；3—过滤器；4—沉淀管；5—黏土封闭；6—填砾

(2) 井壁管。井壁管不透水，其作用是加固井壁、隔离不良（如水质较差、水头较低）的含水层。它主要安装在不需进水的岩土层段（如咸水含水层段、出水少的黏性土层段等）。

井壁管应具有足够的强度，能经受地层和人工充填物的侧压力，不易弯曲，内壁平滑圆整，经久耐用。井壁管材料常用铸铁管、混凝土管、砾石水泥管和硬质塑料管等，也有采用钢管、钢筋混凝土管及玻璃钢管的。一般情况下钢管适用的井深范围不受限制，但管壁厚度需随井深而加厚；铸铁管一般适用井深小于250m；钢筋混凝土管一般适用井深小于150m。

井壁管内径应按出水量要求、水泵类型、吸水管外形尺寸等因素确定，通常大于或等于过滤器的内径，当采用潜水泵或深井泵扬水时，井壁管的内径应比水泵井下部分最大外径大100mm。在井壁管与井壁间的环形空间中填入不透水的黏土形成的隔水层，称作黏土封闭层。如在我国华北、西北地区，由于地层的中、上部为咸水层，所以需要利用管井开采地下深层含水层中的淡水。此时，为防止咸水沿着井壁管和井壁之间的环形空间流向填砾层，并通过填砾层进入井中，必须采用黏土封闭以隔绝咸水层。

(3) 过滤器。过滤器是管井取水的核心部分，它直接与井壁管连接，安装在含水层中，是管井用以阻挡含水层中的砂粒进入井中、集取地下水、保持填砾层和含水层稳定的重要组成部分，俗称花管。它的结构形式及材料应取决于井深、含水层颗粒组成、水质对滤水管的腐蚀性及施工方法等因素。正确选用其结构形式及材料，是保证井出水量和延长井寿命的关键。过滤器表面的进水孔尺寸，应与含水层土壤颗粒组成相适应，以保证其具有良好的透水性和阻砂性。过滤器的基本要求是有足够的强度和抗腐蚀性能，具有良好的透水性，能有效地阻挡含水层砂粒进入井中，并保持人工填砾层和含水层的稳定性。

常用的过滤器有钢筋骨架过滤器，圆孔、条孔过滤器，缠丝过滤器，包网过滤器，填砾过滤器，装配式砾石过滤器。

(4) 沉淀管。井的下部与过滤器相接的是沉淀管，用以沉淀进入井内的细小砂粒和自水中析出的沉淀物，其长度一般依含水层的颗粒大小和厚度而定，一般为2～10m，当含水层厚度在30cm以上且属细粒度时，沉淀管长度不宜小于5m。

2. 管井的水力计算

单井出水量与含水层的厚度和渗透系数、井中水位降落值及井的结构等因素有关。管井水力计算的目的是在已知水文地质等参数的条件下，通过计算确定管井在最大允许水位降落值时的可能出水量，或在给定出水量时计算确定管井可能的水位降落值。井的出水量（或水位降落）计算公式通常有两类，即理论公式和经验公式。在工程设计中，理论公式多用于根据水文地质初步勘察阶段的资料进行的计算，其精度差，故只适用于考虑方案或初步设计阶段；经验公式多用于水文地质详细勘察和抽水试验基础上进行的计算，能较好地反映工程实际情况，故通常适用于施工图设计阶段。

(1) 理论公式。井的实际工作情况十分复杂，因而其计算情况也是多种多样的。例如，根据地下水流动情况，可以分为稳定流与非稳定流、平面流与空间流、层流与紊流或混合流；根据水文地质条件，可以分为承压与无压、有无表面下渗及相邻含水层渗透、均质与非均质、各向同性与各向异性；根据井的构造，又可分为完整井与非完整井等。实际计算中都是以上各种情况的组合，因此情况比较复杂，要根据具体情况选择合适的计算方法。管井出水量计算的理论公式繁多，计算地下水稳定流条件下井的出水量，一般采用裘布依公式。

1) 稳定流完整井。

a. 潜水含水层完整井。潜水含水层完整井如图3-3所示，单井出水量采用下列计算公式：

$$Q=\frac{1.364K(H^2-h_0^2)}{\lg\frac{R}{r_0}}=\frac{1.364K(2H-S_0)S_0}{\lg\frac{R}{r_0}} \tag{3-1}$$

式中　Q——单井出水量，m^3/d；

K——渗透系数，m/d；

H——含水层厚度，m；

S_0——稳定抽水时，井外壁水位降落深度（简称“降深”），m；

h_0——稳定抽水时，井外壁水位至不透水底板高差，m；

R——影响半径，m；

r_0——井的半径，m。

b. 承压含水层完整井。承压含水层完整井如图3-4所示，单井出水量计算公式：

$$Q=\frac{2.73KM(H-h_0)}{\lg\frac{R}{r_0}}=\frac{2.73KMS_0}{\lg\frac{R}{r_0}} \tag{3-2}$$

式中　H——自由水面与含水层底板的高差，即承压含水层水头，m；

M——承压含水层厚度，m；

其他符号意义同前。

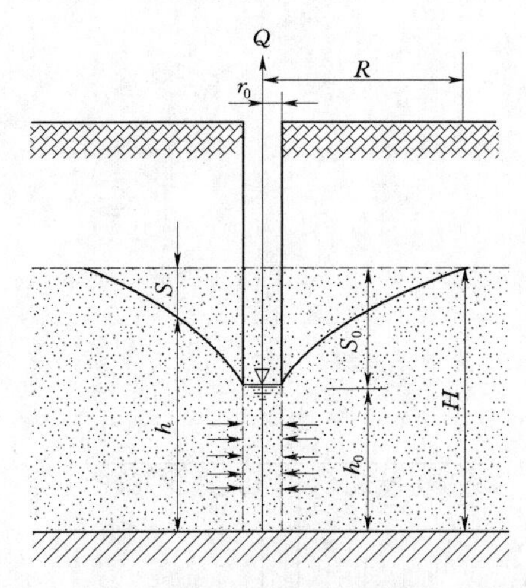

图 3-3　潜水含水层完整井计算简图

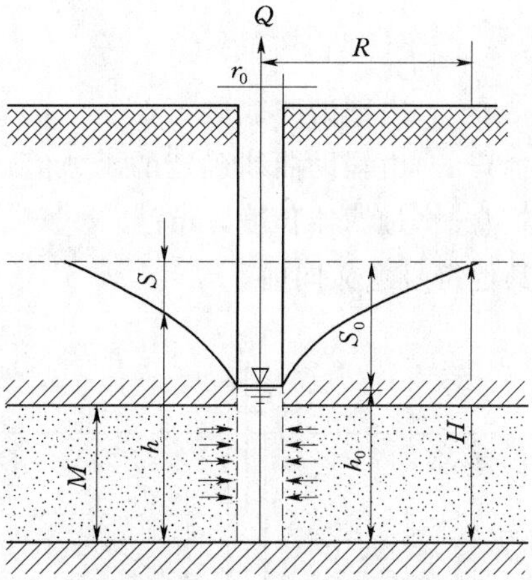

图 3-4　承压含水层完整井计算简图

上述公式中水文地质参数 K 与 R 可参考经验数据确定，见表 3-2、表 3-3。

表 3-2　渗透系数 K 经验数值表

岩　性	渗透系数/(m/d)	岩　性	渗透系数/(m/d)
重亚黏土	＜0.05	中粒砂	5～20
轻亚黏土	0.05～0.1	粗粒砂	20～50
亚黏土	0.1～0.5	砾石	100～200
黄土	0.25～0.5	漂砾石	200～500
粉土质砂	0.5～1	漂石	500～1000
细粒砂	1～5		

表 3-3　影响半径 R 经验值表

地层类型	地层颗粒		影响半径 R/m	地层类型	地层颗粒		影响半径 R/m
	粒径/mm	所占重量/%			粒径/mm	所占重量/%	
粉砂	0.05～0.1	70 以下	25～50	极粗砂	1～2	＞50	400～500
细砂	0.1～0.25	＞70	50～100	小砾石	2～3		500～600
中砂	0.25～0.5	＞50	100～300	中砾石	3～5		600～1500
粗砂	0.5～1	＞50	300～400	粗砾石	5～10		1500～3000

2）稳定流非完整井。

a. 潜水含水层非完整井。潜水含水层非完整井如图 3-5 所示，单井出水量计算公式：

$$Q=\pi k S_0\left[\frac{l+S_0}{\ln\dfrac{R}{r_0}}+\frac{2M}{\dfrac{1}{2\bar{h}}\left(2\ln\dfrac{4M}{r_0}-2.3A\right)-\ln\dfrac{4M}{R}}\right]\tag{3-3}$$

其中：

$$M=h_0-0.5l$$

$$A=f(\overline{h})$$

$$\overline{h}=\frac{0.5l}{M}$$

式中　$\overline{h}$——由辅助曲线确定；

A——由辅助曲线确定的函数值；

l——过滤器长度，m；

其他符号意义同前。

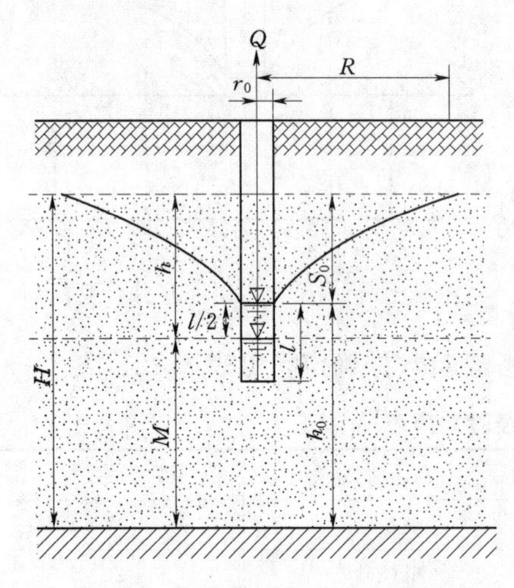

图 3-5　潜水含水层非完整井

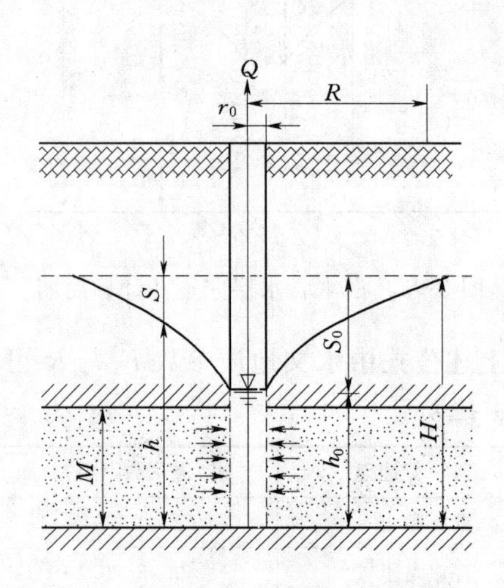

图 3-6　承压含水层非完整井

b. 承压含水层非完整井。承压含水层非完整井如图 3-6 所示，单井出水量计算公式：

$$Q=\frac{2.73KM(H-h_0)}{\frac{1}{2\overline{h}}\left(2\lg\frac{4M}{r_0}-A\right)-\lg\frac{4M}{R}} \tag{3-4}$$

其中：

$$\overline{h}=\frac{l}{M}$$

$$A=f\left(\frac{\overline{h}}{h}\right)$$

式中　$\overline{h}$——过滤器插入含水层的相对深度；

其他符号意义同前。

对于很厚的含水层（$l\leqslant 0.3$M），承压含水层非完整井出水量的计算可采用下列公式：

$$Q=\frac{2.73KMS_0}{\lg\frac{1.32l}{r_0}} \tag{3-5}$$

式中　各符号意义同前。

3）非稳定流。在自然界中，地下水的稳定流动只是相对的，当地下水位持续下降时，就应该采用非稳定流理论来解释地下水运动的动态变化过程。包含时间变量的承压含水层完整井非稳定流管井出水量理论公式可采用泰斯公式，即

$$S=\frac{Q}{4\pi KM}W(u) \tag{3-6}$$

其中：

$$W(u)=f(r_0,t,K,M,\mu_s)$$

式中　Q——井的出水量，m^3/d；

S——水井以恒定出水量 Q 抽水 t 时间后，观测点处的水位降落值，m；

$W(u)$——井函数；

μ_s——储水系数；

其他符号意义同前。

非稳定流管井的出水量计算比较复杂，其他各种情况的计算可参考其他相关文献。

由于水源地的实际水文地质条件往往与裘布依公式的假定条件有较大的差别，所以有时管井的实际出水量与理论公式计算所得的出水量相差较大。因此，在实际工程中管井出水量的确定，可采用实际抽水试验与理论公式计算相结合的方法。

（2）经验公式。在工程实践中，常直接根据水源地或水文地质相似地区的抽水试验所得的井出水量与水位降落值即 $Q-S$ 曲线进行井的出水量计算。这种方法的优点在于不必考虑井的边界条件，避开难以确定的水文地质参数，能够全面地概括井的各种复杂影响因素，因此计算结果比较符合实际情况。由于井的构造形式对抽水试验结果有较大的影响，故试验井的构造应尽量接近设计井，否则应进行适当的修正。

根据抽水试验资料，绘制出水量 Q 和水位降落 S 之间的关系曲线，继而求出曲线的方程式，即经验公式。根据得出的经验公式，可计算在设计水位降落时井的出水量，或根据已定的井出水量预测相应的水位降落值。

工程实践中常用的 $Q-S$ 曲线有以下几种类型：直线型、抛物线型、幂函数型、半对数型，见表 3-4。

表 3-4　　单井出水量经验公式

类型	经验公式	$Q-S$ 曲线	直线化后的公式	直线化后的曲线
直线型	$Q=qS$			
抛物线型	$S=aQ+bQ^2$		$S=a+bQ$	

续表

类型	经验公式	Q－S 曲线	直线化后的公式	直线化后的曲线
幂函数型	$Q=n\sqrt[m]{S}$	Q, 0, S	$\lg Q=\lg n+\lg S$	lgQ, lgn, 0, lgS
半对数型	$Q=a+b\lg S$	Q, 0, S	$Q=a+b\lg S$	Q, a, 0, lgS

选用经验公式计算时，应利用不小于三次的抽水实验数据，绘制 Q－S 曲线，进而利用不同的直角坐标，作出其直线化了的图形，以助判别出水量曲线类型。

3. 管井的设计

管井的设计主要包括以下几个方面。

(1) 初步确定管井的井位、形式、构造等。根据水文地质资料和相关参数，以及用户对水质水量等的要求，确定水源产水能力和备用井数，选择抽水设备并进行井群布置。

(2) 确定管井最大出水量。可根据理论公式或经验公式确定。

(3) 管井井径的确定。由稳定流理论公式可知，井径增大，进水过水断面面积增大，井的出水量增加。然而，实际测定表明，单纯地依靠增大井径来增加出水量的措施并不理想，只有在一定范围内，井径对井的出水量有较大影响，而且增加的水量与井径的增加不成正比。如，井径增加 1 倍，井的出水量仅增加 10%左右；井径增大 10 倍，井的出水量只增加 50%左右。这是由于理论公式假定地下水流为层流、平面流，忽视了过滤器附近地下流态变化的影响。实际上，水流趋近井壁，进水断面缩小，流速变大，水流由层流转变为混合流或紊流状态，且过滤器周围水流为三维流。因此管井的井径不宜选择过大，否则出水量增加不明显，建井成本却增加较多，经济上不合理。

一般认为，管井的井径以 200～600mm 为宜。井径与出水量的关系也可采用经验公式计算，常用的形式有两种。

1) 在透水性较好的承压含水层，如砾石、卵石、砂砾石层可用直线型经验公式，见式 (3－7)：

$$\frac{Q_1}{Q_2}=\frac{r_1}{r_2} \tag{3-7}$$

式中　Q_1、Q_2——小井和大井的出水量，m^3/d；

r_1、r_2——小井和大井的半径，m。

2) 在无压含水层，可用抛物线型经验公式，见式 (3－8)：

$$\frac{Q_1}{Q_2}=\frac{\sqrt{r_2}}{\sqrt{r_1}}-n \tag{3-8}$$

式中　n——系数，$n=0.021\left(\frac{r_2}{r_1}-1\right)$。

在设计中，设计井和勘探井井径不一致时，可结合具体条件应用上述或其他经验公式进行修正。

（4）过滤器设计。过滤器设计包括形式选择、直径和长度的确定、安装位置确定等。过滤器类型很多，概括起来有不填砾和填砾两大类。常见的有以下几种形式。

1）钢筋骨架过滤器。如图 3-7 所示，钢筋骨架过滤器每节长 3～4m，是将两端的钢制短管、直径 16mm 的竖向钢筋和支撑环焊接而成的钢筋骨架，外边再缠丝或包网组成过滤器。此种过滤器用料省，易加工，孔隙大；但抗压强度低，抗腐蚀性差，一般仅用于不稳定的裂隙含水层。不宜用于深度大于 200m 的管井和侵蚀性较强的含水层。

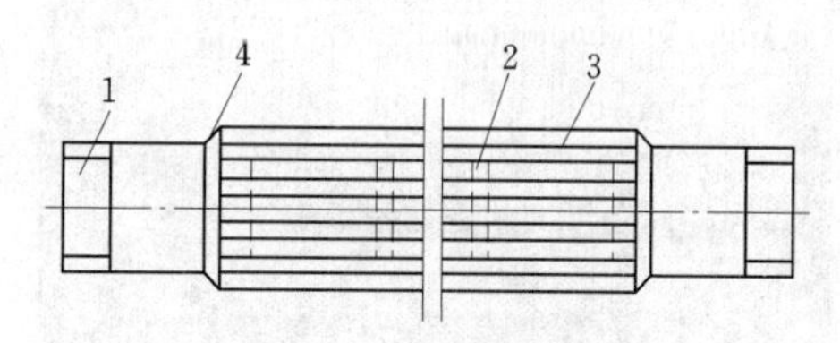

图 3-7　钢筋骨架过滤器

1—短管；2—支撑环；3—钢筋；4—加固环

2）圆孔、条孔过滤器。圆孔、条孔过滤器是由金属管材或非金属管材加工制成的，如钢管、铸铁管、钢筋混凝土管及塑料管等。过滤器孔眼的直径和宽度与其接触的含水层颗粒粒径有关，孔眼大，进水通畅，但挡砂效果差；孔眼小，挡砂效果好，但进水性能差。孔眼在管壁上的平面布置形式常采用相互错开品字形分布。进水孔眼的直径或宽度可参照表 3-5 选取。

表 3-5　过滤器进水孔眼直径或宽度

过滤器名称	进水孔眼的直径或宽度	
	均匀颗粒（$d_{60}/d_{10}<2$）	不均匀颗粒（$d_{60}/d_{10}>2$）
圆孔过滤器	$(2.5\sim3.0)d_{50}$	$(3.0\sim4.0)d_{50}$
条孔和缠丝过滤器	$(1.25\sim1.5)d_{50}$	$(1.5\sim2.0)d_{50}$
包网过滤器	$(1.5\sim2.0)d_{50}$	$(2.0\sim2.5)d_{50}$

注　1. d_{60}、d_{50}、d_{10} 是指颗粒中按重量计算有 60%、50%、10%粒径小于这一粒径。
2. 较细砂层取小值，较粗砂层取大值。

为保证管材具有一定的机械强度，各种管材的孔隙率宜为钢管 25%～30%、铸铁管 23%～25%、石棉水泥管和钢筋混凝土管 15%～20%、塑料管 15%。

近年来，非金属过滤器的使用有了发展，其中钢筋混凝土过滤器的应用，在农灌井中取得较好的效果。如内径 300mm 的钢筋混凝土条孔过滤器，其孔隙率可达 16.2%，耗钢量仅为同口径的钢质过滤器的 10%左右。又如玻璃钢、硬质聚氯乙烯过滤器具有抗蚀性强、重量小、便于成批生产等优点。虽然塑料井管仍存在一些缺点，如环向耐压强度低、热稳定性差等，但是在今后推广使用中将能得到进一步改善。

圆孔、条孔过滤器可用于粗砂、砾石、卵石、砂岩、砾岩和裂隙含水层。但实际上单独应用较少，多数情况下用作缠丝过滤器、包网过滤器和填砾石过滤器等的支撑骨架。

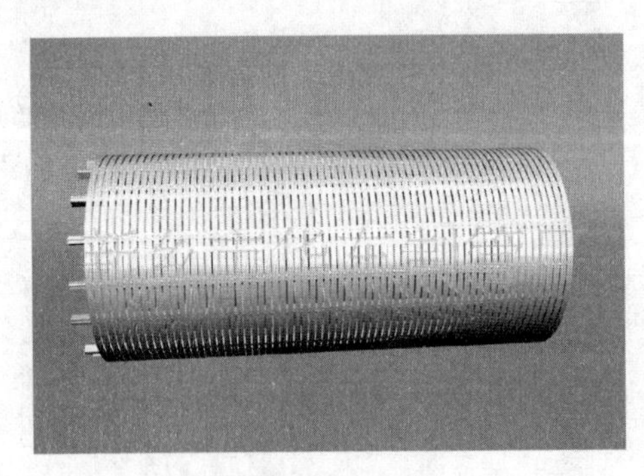

图 3-8　缠丝过滤器

3）缠丝、包网过滤器。缠丝过滤器是以圆孔、条孔过滤器为骨架，并在滤水管外壁铺放若干条垫筋（$\phi 6\sim 8$mm），然后在其外面用直径 2～3mm 的镀锌铁丝并排缠绕而成，如图 3-8 所示。缠丝材料应无毒、耐腐蚀、抗拉强度大和膨胀系数小，缠丝断面形状宜为梯形或三角形。缠丝孔隙尺寸应根据含水层的颗粒组成和均匀性确定，碎石土类含水层宜为 d_{20}，砂土类含水层宜为 d_{50}。缠丝面孔隙率，可按式（3-9）计算：

$$P_c=(1-d_1/m_1)(1-d_2/m_2) \tag{3-9}$$

式中　P_c——缠丝面孔隙率；

d_1——垫筋直径或宽度，mm；

m_1——垫筋中心距离，mm；

d_2——缠丝直径或宽度，mm；

m_2——缠丝中心距离，mm。

缠丝过滤器适用于粗砂、砾石和卵石含水层，进水挡砂效果良好，强度较高，但成本高；铁丝一旦生锈，可形成铁饼状，对进水影响极大。近年来，采用尼龙丝等耐腐蚀性的非金属丝。

包网过滤器由支撑骨架、支撑垫筋或支撑网、滤网组成，在滤网外常缠金屑丝以保护滤网。滤网由直径为 0.2～1.0mm 的金属丝编织成，网孔大小可根据含水层颗粒组成，参照表 3-5 确定。

包网过滤器适用于砂、砾卵石含水层，但由于包网阻力大，易被细砂堵塞、易腐蚀，因此已逐渐被缠丝过滤器取代。

4）填砾过滤器。填砾过滤器多数是在上述各类过滤器的外围填充一定规格的砾石组成。这种人工填砾层亦称人工反滤层。填砾层一般对进水影响不大，而能截流含水层中的骨架颗粒，使含水层保持稳定。实际上，填充砾石（亦称填砾或填料）也是一般管井施工的需要，因为管井施工过程中在钻孔时，过滤器与井壁管之间形成的环状间隙必须充填砾石，以保持含水层的渗透稳定性。

填砾过滤器的滤料厚度应根据含水层岩性确定，可为 75～150mm；滤料高度应超过过滤器的上端。

填砾过滤器适用于各类砂质含水层和砾石、卵石含水层，在地下水取水工程中应用较广泛。

5）装配式砾石过滤器。装配式砾石过滤器的优点是：便于分层填砾（或贴砾），

砾石层薄，井的质量易于控制，井的开口直径小，可以组织工厂化生产从而减少现场的施工工作量。缺点是：加工较复杂，造价高，运输不便，吊装重量较大。

常见的装配式砾石过滤器有以下几种：

a. 笼状砾石过滤器。笼状砾石过滤器是在地面事先将砾石包于支撑骨架外围，外包的砾石层厚度一般仅 50mm 左右。这种过滤器的内外层砾石颗粒级配可参照填砾过滤器的要求确定。

由于这种过滤器一般需要现场包填砾石，操作工序多，工作量人，材料消耗亦较多。

b. 贴砾过滤器。贴砾过滤器是用黏结剂将砾石直接胶结固定在穿孔管外围的一种过滤器。支撑的孔眼可以是圆孔、条孔或桥孔，从构造上讲以桥孔最好。该过滤器的管材在国内仍多用普通钢管，国外多用高强度钢管、不锈钢管或 UPVC 管。砾石层厚度一般仅为 20～30mm，砾石粒径视含水层情况而定，其规格可定型化。

贴砾过滤器可完全做到工厂化生产，现场安装操作简单，如用高材质管材，则过滤器的抗蚀性强、性能可靠。其缺点是加工工艺复杂，造价高，水流阻力较大，在含铁量高的含水层中容易被铁质堵塞。

c. 砾石水泥过滤器。砾石水泥过滤器是把砾石或碎石用水泥胶结而成的。常用砾石粒径为 3～7mm，灰砾比 1：4～1：5，水灰比 0.28～0.35。由于是不完全胶结，尚有一定的孔隙，故有一定的透水性，又称无砂混凝土过滤器。有时也可包裹棕皮或尼龙箩底布。该种过滤器单根管长仅为 1m、2m，连接方式简单，在两根井管接口处垫以水泥沥青，用竹片连接，铁丝捆绑即可。砾石水泥过滤器取材容易，制作方便，价格低廉；但强度低，重量大，井深不能大于 80m，在粉细砂层或含铁量高的含水层中使用易堵塞。

4. 滤水速度设计

管井抽水时，地下水进入过滤器表面时的速度，称为滤水速度。管井抽水量增加，此滤水速度相应增大。但滤水速度不能过大，否则，将扰动含水层，破坏含水层的渗透稳定性。因此，过滤器的滤水速度必须小于或等于允许滤水速度，见式（3-10）。

$$v=\frac{Q}{F}=\frac{Q}{\pi Dl}\leqslant v_f \tag{3-10}$$

式中 v——进入过滤器表面的流速，m/d；

Q——管井出水量，m^3/d；

F——过滤器工作部分的表面积，m^2，当有填砾层时，应以填砾层外表面积计；

D——过滤器外径，m，当有填砾层时，应以填砾层外径计；

l——过滤器工作部分的长度，m；

v_f——允许入井渗流流速，m/d，可用下式计算：

$$v_f=65\sqrt[3]{K} \tag{3-11}$$

式中 K——含水层渗透系数，m/d。

当过滤器滤水速度大于允许滤水速度时，应调整井的出水量或过滤器的尺寸直径与长度，以减小滤水速度，使其满足要求。

5. 井群系统

在大规模地下水取水工程中，一眼管井往往不能满足供水要求，常由多个管井组成取水系统形成井群。

井群平面布置一般按直线排列，也可布置成网格形式。根据取水方法和汇集井水的方式，井群系统可分为自流式井群、虹吸式井群、卧式泵取水井群、深井泵（立式泵）或空气扬水装置取水的井群。

（1）自流式井群。当承压含水层中地下水具有较高的水头，且井的动水位接近或高出地面时，可以用管道将水汇集至清水池、加压泵站或直接送入给水管网。这种井群系统称为自流井井群。

（2）虹吸式井群。虹吸式井群适用于埋藏深度较浅的含水层。它是用虹吸管将各个管井中的水汇入集水井，然后再用泵将集水井的水送入清水池或给水管网。虹吸井群无需在每个井上安装抽水设备，造价较低，易于管理。

（3）卧式泵取水井群。当地下水位较高，井的动水位距地面不深时（一般为6～8m），可用卧式泵取水。当井距不大时，井群系统中的水泵可以不用集水井，直接用吸水管或总连接管与各井相连吸水，这种系统具有虹吸式井群的特点。当井距大或单井出水量较大时，应在每个井上安装卧式泵取水。

（4）深井泵（立式泵）或空气扬水装置取水的井群。当井的动水位低于10m时，不能用虹吸管或卧式泵直接自井中取水，需用深井泵（包括深井潜水泵）或空气扬水装置。深井泵能抽取埋藏深度较大的地下水，在管井取水系统中应用广泛。当井数较多时，宜采用遥控技术以克服管理分散的缺点。设有空气扬水装置的井群系统造价较低，但由于设备效率较低，一般较少采用。

井群位置和井群系统的选择与布置方式对整个给水系统都有影响，因此，应切实从水文地质条件及当地其他条件出发，按下列要求考虑：①尽可能靠近用户；②取水点附近含水层的补给条件良好，透水性强，水质及卫生状况良好；③取水井应尽可能垂直于地下水流向布置，井的间距要适当，以充分利用含水层；④充分利用地形，合理地确定各种构筑物的高程，最大限度地发挥设备效能，节约电能；⑤尽可能考虑防洪及影响地下水量、水质变化的各种因素。

为了使井与井之间抽水时互不干扰，相邻两井的距离应大于两倍的影响半径。这样虽抽水时井与井之间互不干扰，但占地面积大，井群分散，供电线路和井间联络管很长，管理极不方便。当井群井数较多时，宜集中控制管理，减小供电线路和井间联络管的长度，井的间距可小于影响半径的两倍。这样布置，相邻两井抽水时必然产生相互干扰，这种现象称为井群的互阻。

三、大口井

1. 大口井的形式与构造

大口井也称宽井，即井径大于2m的浅井，是开采浅层地下水的一种主要取水构筑物。适用于埋藏较浅的含水层，在我国的地下水取水构筑物中数量仅次于管井。

大口井构造简单，取材容易，施工方便，使用年限长，容积大能起水量调节作用；但深度较浅，对水位变化适应性差。大口井用于开采浅层地下水，口径5～8m，井深不大于15m。完整井只有井壁进水，适用于颗粒粗、厚度薄（5～8m）、埋深浅的含水层。这种形式的大口井，井壁进水孔易堵塞，影响进水效果，应用不多。含水层厚度较大（大于10m）时，应做成不完整大口井，其未贯穿整个含水层，井壁、井底均可进水，具有进水范围大、集水效果好等优点。小型大口井构造简单、施工简便易行、取材方便，在农村及小城镇供水中应用广泛，在城市与工业、企业取水工程中多用大型大口井。

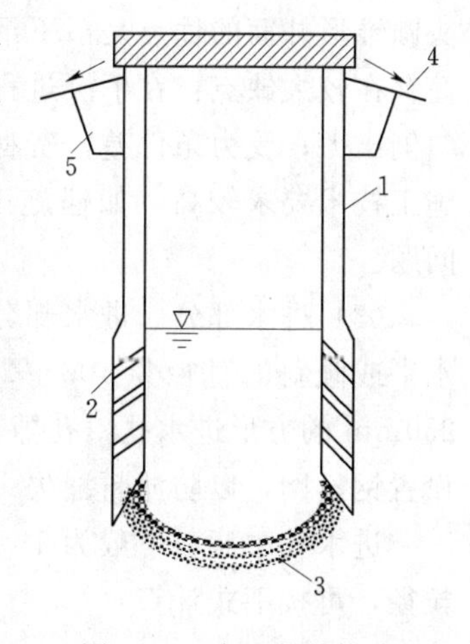

图3-9 大口井的构造

1—井筒；2—井壁透水管；3—井底反滤层；4—排水坡；5—黏土层

大口井主要由井口、井筒及进水3部分大部分构成，如图3-9所示。

(1) 井口。井口为大口井地表以上部分，主要作用是防止洪水、污水以及杂物进入井内。井口应高出地表0.5m以上，并在井口周边修建宽度为1.5m的排水坡，以避免地表污水从井口或沿井壁侵入，污染地下水。如覆盖层系透水层，排水坡下面还应填以厚度不小于1.5m的夯实黏土层。井口以上部分可与泵站合建，工艺布置要求与一般泵站相同；也可与泵站分建，只设井盖，井盖上部设有人孔和通风管。

(2) 井筒。井筒为进水部分以上的一段，又称旱筒。井筒通常用钢筋混凝土浇筑或用砖、块石砌筑而成，用以加固井壁和隔离不良水质的含水层。钢筋混凝土井筒最下端应设置刃脚，用以在井筒下沉时切削土层，刃脚外缘应凸出井筒5～10cm。采用砖石结构的井筒和进水孔井壁、透水井壁，也需加用钢筋混凝土刃脚，刃脚高度不小于1.2m。刃脚通常在现场浇筑而成。

井筒的外形通常呈圆筒形、截头圆锥形、阶梯圆筒形等，如图3-10所示。

圆筒形井筒的优点是：在施工中易于保证垂直下沉；受力条件好，节省材料；对周围土层扰动程度较轻，有利于进水。但圆筒形井筒紧贴土层，下沉摩擦力较大。截

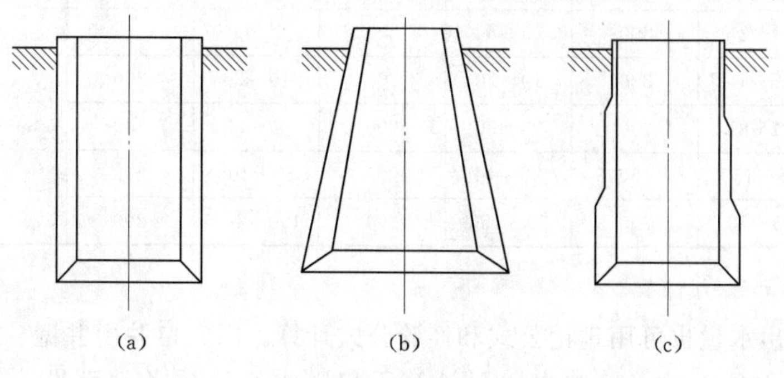

图3-10 大口井井筒外形

(a) 圆筒形；(b) 截头圆锥形；(c) 阶梯圆筒形

头圆锥形井筒的优点是：下沉摩擦力小；井底面积大，进水条件好。但截头圆锥形井筒存在较大缺点：在下沉过程中易于倾斜，井筒倾斜及周围土层塌陷对井壁产生不均匀侧压力；受力条件差，费材料，对周围土层扰动较严重，影响井壁、井底进水；对施工技术要求较高，如遇施工事故拖延工期，将增加工程造价，甚至遗留严重质量问题。

（3）进水部分。进水部分包括井壁进水和井底反滤层。井壁进水是在井壁上做成水平或倾斜的直径为100～200mm的圆形进水孔，或100mm×150mm～200mm×250mm的方形进水孔，孔隙率为15%左右，孔内装填一定级配的滤料层，孔的两侧设置钢丝网，以防滤料漏失。

进水孔中滤料一般为1～3层，总厚度不应小于25cm，与含水层相邻一层的滤料粒径，可按下式计算：

$$\frac{D}{d_i} \geqslant 7 \sim 8 \tag{3-12}$$

式中 D——与含水层相邻一层滤料粒径；

d_i——含水层计算粒径。

当含水层为细砂或粉砂时，$d_i = d_{40}$；中砂时 $d_i = d_{30}$；粗砂时 $d_i = d_{20}$。

相邻滤料之间的粒径比值，一般是上一层为下一层的2～4倍。

井壁进水也可利用无砂混凝土制成的透水井壁。无砂混凝土大口井制作方便，结构简单，造价低，但在粉细砂层和含铁地下水中易堵塞。

从井底进水时，除大颗粒岩石及裂隙岩含水层以外，在一般砂质含水层中，为了防止含水层中的细小砂粒随水流进入井内，保持含水层渗透稳定性，应在井底铺设反滤层。反滤层一般为3～4层，并宜呈弧面形，粒径自下而上逐层增大，每层厚度一般为200～300mm。当含水层为细、粉砂时，应增至4～5层，总厚度为0.7～1.2m；当含水层为粗颗粒时，可设两层，总厚为0.4～0.6m。

井底反滤层滤料级配与井壁进水孔相同或参照表3-6选用。

表3-6　井底反滤层滤料级配　单位：mm

<table>
<tr><th rowspan="2">含水层类别</th><th colspan="2">第一层</th><th colspan="2">第二层</th><th colspan="2">第三层</th><th colspan="2">第四层</th></tr>
<tr><th>滤料粒径</th><th>厚度</th><th>滤料粒径</th><th>厚度</th><th>滤料粒径</th><th>厚度</th><th>滤料粒径</th><th>厚度</th></tr>
<tr><td>细砂</td><td>1～2</td><td>300</td><td>3～6</td><td>300</td><td></td><td></td><td rowspan="5">60～80</td><td rowspan="5">200</td></tr>
<tr><td>中砂</td><td>2～4</td><td>300</td><td>10～20</td><td>200</td><td>10～20</td><td>200</td></tr>
<tr><td>粗砂</td><td>4～8</td><td>200</td><td>20～30</td><td>200</td><td>50～80</td><td>200</td></tr>
<tr><td>极粗砂</td><td>8～15</td><td>150</td><td>30～40</td><td>200</td><td>60～100</td><td>200</td></tr>
<tr><td>砂砾石</td><td>15～30</td><td>200</td><td>50～150</td><td>200</td><td>100～150</td><td>200</td></tr>
</table>

2. 大口井水力计算

大口井出水量也可用理论公式和经验公式计算。因大口井由井壁、井底或井底与井壁同时进水，所以大口井出水量计算不仅随水文地质条件而异，还与进水方式有关。

(1) 完整大口井。按完整管井出水量公式计算。

(2) 井底进水。非完整大口井可从井底进水，对于潜水含水层，当井底至不透水层的距离大于等于井半径，即 $T \geqslant r$ 时，如图 3-11 所示，采用下式计算：

$$Q=\frac{2\pi K S_0 r}{\frac{\pi}{2}+\frac{r}{T}\left(1+1.185\lg\frac{R}{4H}\right)} \tag{3-13}$$

式中 Q——单井出水量，m^3/d；

S_0——对应于出水量时井的水位降落值，m；

K——渗透系数，m/d；

R——影响半径，m；

H——含水层厚度，m；

T——井底至不透水层的距离，m；

r——井的半径，m。

当含水层很厚（$T \geqslant 8r$）时，可用下式计算：

$$Q=AKS_0 r \tag{3-14}$$

式中 A——系数，当井底为平底时 $A=4$，当井底为球形时 $A=2\pi$；

其他符号意义同前。

对于承压含水层，如图 3-12 所示，当承压含水层厚度大于等于井的半径，即 $M \geqslant r$ 时，可用下式计算：

$$Q=\frac{2\pi K S_0 r}{\frac{\pi}{2}+\frac{r}{M}\left(1+1.185\lg\frac{R}{4M}\right)} \tag{3-15}$$

式中 M——承压含水层厚度，m；

其他符号意义同前。

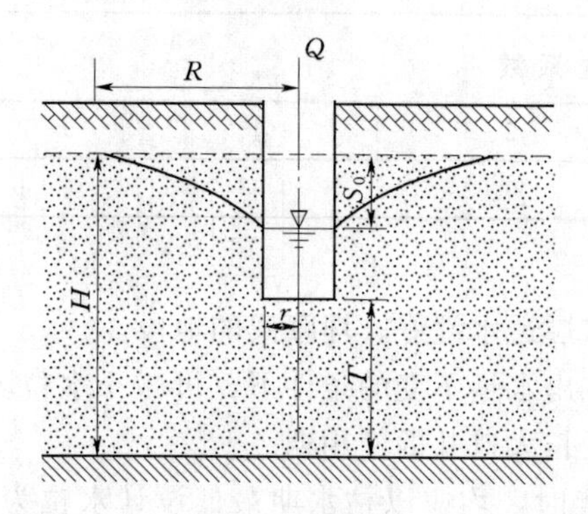

图 3-11 潜水含水层井底进水大口井计算简图

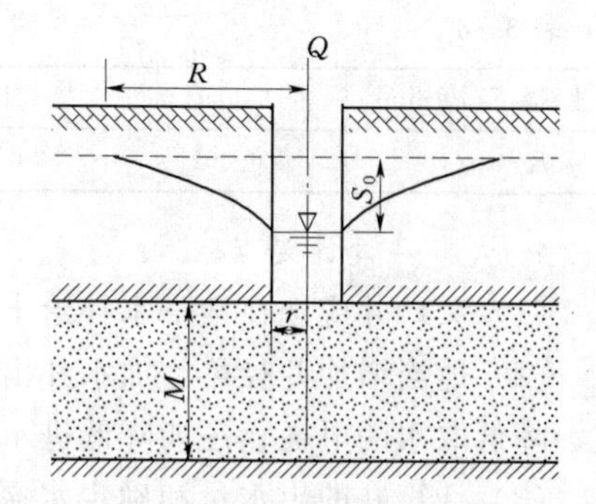

图 3-12 承压含水层井底进水大口井计算简图

当含水层很厚（$M \geqslant 8r$）时，可采用式（3-14）计算。

(3) 井底与井壁同时进水。对于井底与井壁同时进水的大口井出水量的计算，可用分段解法。潜水含水层的出水量可认为是无压含水层中的井壁出水量和承压含水层

中的井底出水量总和，如图 3-13 所示，即用下式计算：

$$Q=\pi KS_0\left[\frac{2h-S_0}{2.3\lg\frac{R}{r}}+\frac{2r}{\frac{\pi}{2}+\frac{r}{T}\left(1+1.182\lg\frac{R}{4H}\right)}\right] \tag{3-16}$$

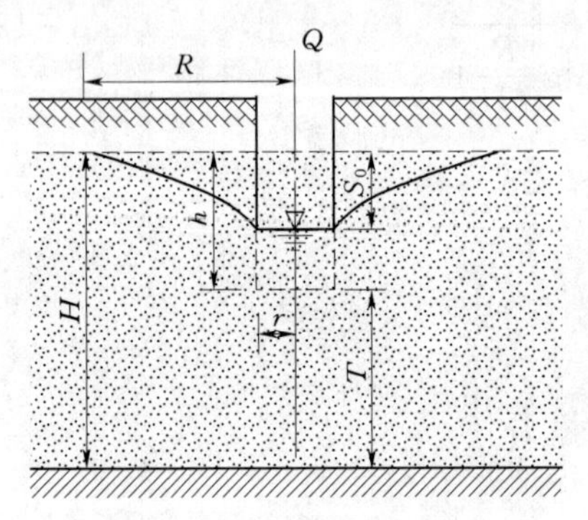

图 3-13　潜水含水层井壁与井底同时进水大口井计算简图

式中符号如图 3-13 所示，h 为潜水水位至大口井井底高差，其他符号意义同前。

3. 大口井进水流速校核

在确定大口井尺寸、进水部分构造及完成出水量计算之后，应校核大口井进水部分的进水流速。井壁和井底的进水流速都不宜过大，以保持滤料层的渗流稳定性，防止发生涌砂现象。

井壁进水孔（水平孔）的允许进水流速校核和管井过滤器相同。对于重力滤料层（斜形孔、井底反滤层），其允许水流速度按下式计算：

$$V_f=\alpha\beta K(1-\rho)(\gamma-1) \tag{3-17}$$

式中　α——安全系数，其值等于 0.7；

β——和进水流向与垂线之间的夹角 φ 有关的经验系数，见表 3-7；

K——滤料层的渗透系数，m/s，见表 3-8；

ρ——滤料层的孔隙率，%，粒径 $d>0.5$mm 时，$\rho=25\%$左右；

γ——滤料层的比重，砂、砾石为 2.65。

表 3-7　β 经验系数

φ/(°)	0	10	20	30	40	45	60
β	1	0.97	0.87	0.79	0.63	0.53	0.38

表 3-8　滤料层渗透系数

滤料粒径 d/mm	0.5～1	1～2	2～3	3～5	5～7
K/(m/s)	0.002	0.008	0.02	0.03	0.039

4. 大口井设计要点

(1) 大口井应选在地下水补给丰富、含水层透水性好、埋藏浅的地段。

(2) 适当增加井径可增加水井出水量，在出水量不变的条件下，可减小水位降落值，降低取水的电耗；还能降低进水流速，延长大口井的使用期。

(3) 计算井的出水量和确定水泵安装高度时，均应以枯水期最低设计水位为准，抽水试验也应在枯水期进行。

(4) 布置在岸边或河漫滩的大口井，应该考虑含水层堵塞引起出水量的降低。

四、辐射井

1. 辐射井的形式与构造

辐射井是由集水井与若干辐射状铺设的水平或倾斜的集水管组合而成，如图

3-14 所示。

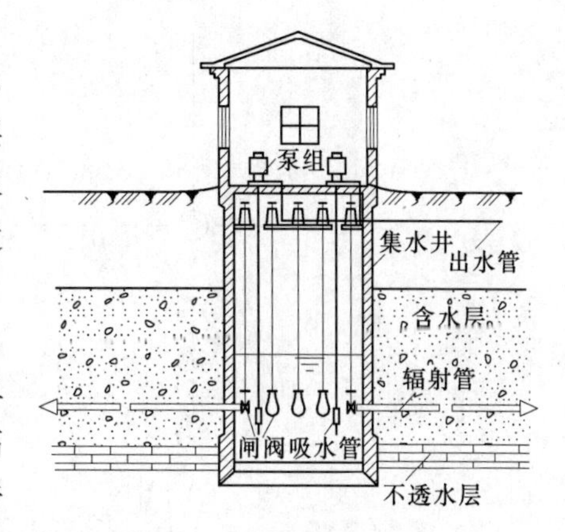

图 3-14　辐射井构造图

辐射井是一种适应性较强的取水构筑物，对于不能用大口井开采的、厚度较薄的含水层或不能用渗渠开采的厚度薄、埋深大的含水层，均可使用辐射井开采。而且，辐射井更适宜开发位于咸水上部的淡水透镜体。

辐射井是一种高效能地下水取水构筑物，能有效开发利用含水层，增加井的出水量，单井产水量居于各类地下水取水构筑物之首，高产辐射井日产水量达 10 万 m^3 以上。辐射井通常由大口井与水平集水管组合而成。辐射井具有管理集中、占地面积小、便于卫生防护等优点，但施工难度较大。

(1) 辐射井按照集水井本身是否取水，可分为两种形式：

1) 集水井底与辐射管同时进水。适用于厚度较大（一般 5～10m）的含水层。缺点是集水管与集水井相互干扰很大。

2) 井底封闭，仅由辐射管集水。这种形式适用于较薄含水层（不大于 5m），辐射管施工和维修比较方便。

(2) 辐射井按照水的补给条件，可分为 3 种形式：

1) 集取地下水的辐射井，如图 3-15 (a) 所示。

2) 集取河流或其他地表水体渗透水的辐射井，如图 3-15 (b)、(c) 所示。

3) 集取岸边地下水和河床地下水的辐射井，如图 3-15 (d) 所示。

(3) 辐射井按辐射管铺设的方式，可分为两种形式：

1) 单层辐射管的辐射井，用于开采一个含水层。

2) 多层辐射管的辐射井，用于含水层较厚或存在两个以上含水层，且水头相差不大时。

集水井的作用是汇集辐射管之来水、安装抽水和控制设备以及作为辐射管施工之场所。集水井的直径由安装抽水设备和辐射管施工要求而定，一般不小于 3m。对于不封底的集水井还兼作取水井用。我国多数辐射井都采用不封底的集水井，以扩大井出水量，但增加了辐射管的施工及维修难度。

集水井通常采用圆形钢筋混凝土井筒，其深度由含水层埋藏深度和沉井施工条件决定，一般情况下，井深可达 30m。

辐射管用以集取地下水，每层根据补给情况采用 4～8 根。为便于进水，最下层距不透水层应不小于 1m。最下层辐射管还应高于井底 1.5m，以利于顶管施工。为减少干扰，各层应有一定间距，当辐射管直径为 100～150mm 时，层间距采用 1～3m。

辐射管的直径和长度视水文地质条件和施工条件而定。直径一般为 75～300mm，当地层补给充足、透水性强时，宜采用大管径。辐射管长度一般在 30m 以内，在无

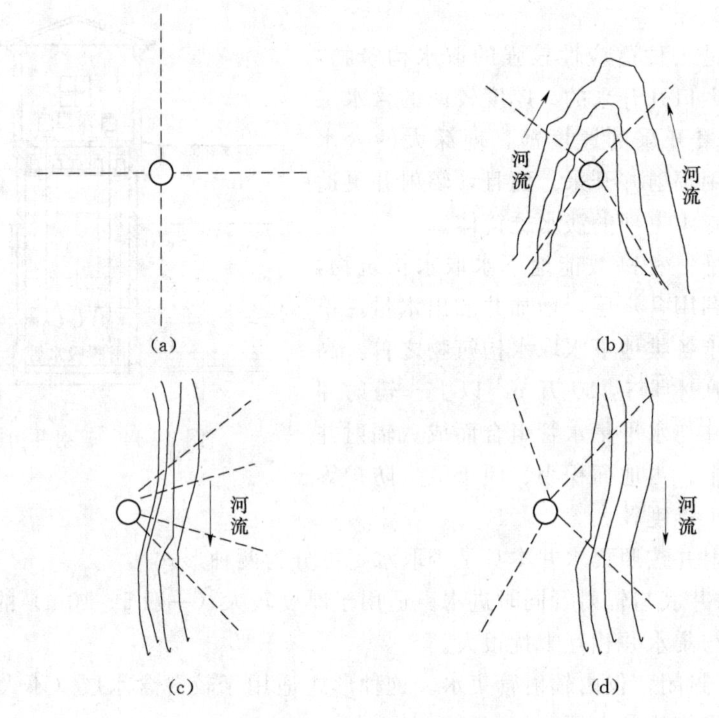

图 3-15 按补给条件分类的辐射井

压含水层中，迎地下水流方向的辐射管宜长一些。

为利于集水和排砂，辐射管应以一定坡度倾向井内。

辐射管一般采用壁厚 6～9mm 的钢管，以便直接顶管施工。当采用套管施工时，亦可采用薄壁钢管、铸铁管及其他非金属管。辐射管进水孔一般采用条孔和圆形孔两种，以圆孔较多。孔径（孔宽）应按含水层颗粒大小和组成确定，参见表 3-5。圆孔按梅花状布置，条孔沿管轴方向错开排列。孔隙率一般为 15%～20%。为防止地表水沿集水井外壁下渗，除在井头采用黏土封填的措施外，在靠近井壁 2～3m 辐射管管段范围内应为不穿孔眼的实管。一般情况下，辐射管的末端应设阀门，以便于施工、维修和控制水量。

由于难以保证辐射管周围充填的滤料层质量，加之辐射管易锈蚀堵塞或漏砂，其使用年限一般不长。若改用高材质辐射管、贴砾集水管或非均匀填料，则可保持稳定的出水量并延长井的使用年限。

受一般辐射状集水管构造与施工条件限制，辐射井通常宜用于颗粒较粗砂层或粗细混杂的砂砾石含水层，而不宜用于细粉砂地层、漂石含量多的含水层。

2. 辐射井水力计算

辐射井出水量计算问题较复杂，影响出水量的除了复杂的水文地质因素（如含水量的渗透性、埋藏深度、厚度、补给条件等）外，尚有其本身工艺因素（如辐射管管径、长度、根数、布置方式等）。现有的辐射井计算公式较多，多数计算公式是由近似计算方法或模型试验法求得的，都有其局限性。因此，应用公式时首先应了解公式

的适用条件，根据实际情况进行修正。

(1) 潜水含水层辐射井半经验公式。如图 3-16 所示，计算公式如下：

$$Q=qn\alpha \tag{3-18}$$

$$q=\frac{1.366K(H^2-h_0^2)}{\lg\frac{R}{0.75l}} \tag{3-19}$$

式中　Q——辐射井出水量，m^3/d；

q——无互相影响时单根辐射管的出水量，m^3/d；

n——辐射管数量，个；

l——辐射管长度，m；

R——辐射井的影响半径，m；

h_0——水位至底板的距离，m；

α——辐射管间的干扰系数，通过各种模拟实验确定，对于水平辐射管的有限厚潜水含水层，可用式（3-20）计算。

$$\alpha=\frac{1.609}{n^{0.8864}} \tag{3-20}$$

式中　n——水平辐射管的水量；

其他符号意义同前。

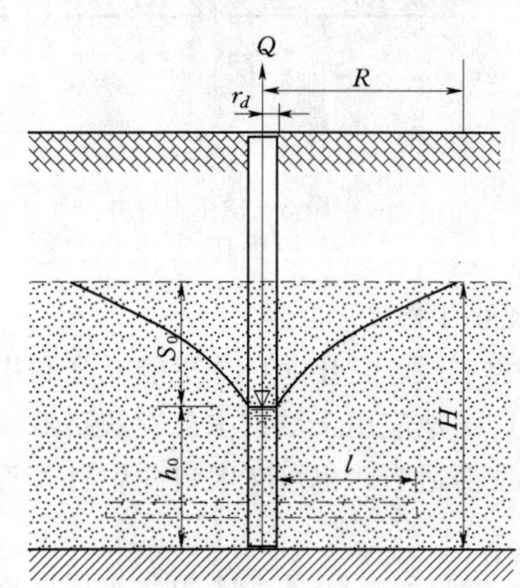

图 3-16　潜水含水层辐射井计算简图

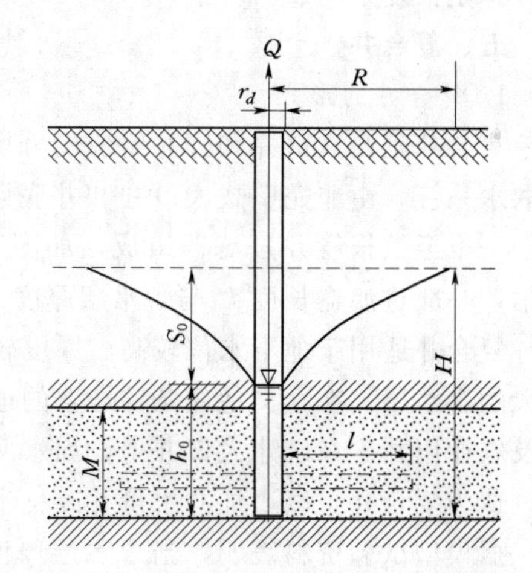

图 3-17　承压含水层辐射井计算简图

(2) 承压含水层辐射井近似公式。如图 3-17 所示，计算公式如下：

$$Q=\frac{2.73KMS_0}{\lg\frac{R}{r_d}} \tag{3-21}$$

式中　r_d——等效大口井半径，m，可用式（3-22）计算；

其他符号意义同前。

$$r_d=l\sqrt[n]{0.25} \tag{3-22}$$

为保证辐射管中的水流汇集至集水井，应计算水流沿辐射管流动的水头损失。因此，集水井中的水位下降值应为

$$S=S_0-h_w \tag{3-23}$$

式中　S_0——辐射井外壁处的水位下降值，m；

h_w——水流沿辐射管流动的水头损失，可用式（3-24）计算。

$$h_w=\left(1+\alpha\frac{\lambda l}{\mu d}\right)\frac{v^2}{2g} \tag{3-24}$$

式中　v——辐射管中之水流速度，可取平均值，m/s；

d——辐射管管径，m；

λ——辐射管的阻力系数；

μ——取决于渗流沿辐射管分布情况的系数，其值为1～3；

α——考虑辐射管孔眼影响的安全系数，其值为3～4。

水流沿辐射管的分布情况与辐射井的出水量、含水层的水力状况与渗透系数以及辐射管的长度、直径、数量以至层数等因素有关，它实际上是水流以最小的能量损失沿含水层、辐射管流动的一种自动调节系统。因此，辐射管的计算是很复杂的。

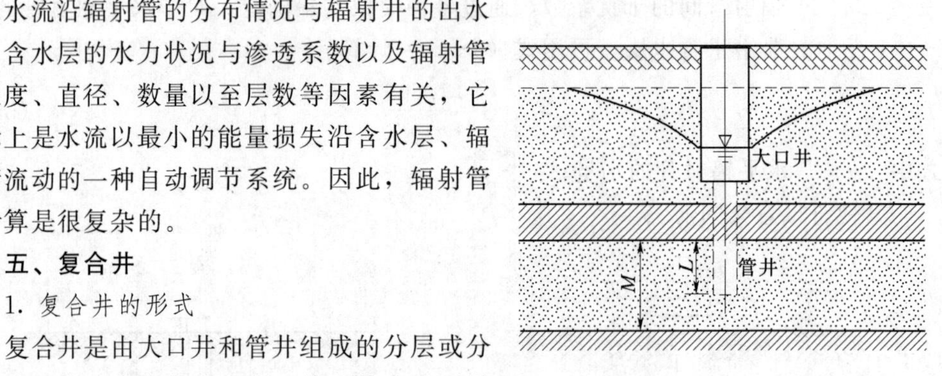

图3-18　复合井

五、复合井

1. 复合井的形式

复合井是由大口井和管井组成的分层或分段取水系统，由非完整式大口井和井底以下设有的一根至数根管井过滤器组成，如图3-18所示，一般过滤器长度L与含水层厚度M之比小于0.75。

复合井适用于地下水位较高、厚度较大的含水层。它比大口井更能充分利用厚度较大的含水层。在水文地质条件适合的地区，广泛地应用于城镇水泥、铁路沿线给水站及农业用井。在已建大口井中，如水文地质条件适当，也可在大口井中打入管井滤管改造为复合井，以增加井水量并改良水质。

据模型试验资料表明，当含水层厚度较厚（$M/r_0=3\sim6$，M为含水层厚度，r_0为大口井半径）或含水层透水性较差时，采用复合井，水量增加较为显著。

2. 复合井的构造

复合井的大口井部分的构造与前述相同。增加复合井的滤管直径，可加大管井部分的出水量，但也增加对大口井井底进水量的干扰程度，故滤管直径不宜过大，一般以200～300mm为宜。

含水层较厚时，以采用非完整滤管为宜，一般$L/M<0.75$（L为滤管长度，M为含水层厚度）。由于滤管与大口井互相干扰，且滤管下端滤流强度较大，故滤管有效长度比管井稍大。

适当增加滤管数目可增加复合井出水量。从模型试验资料知，滤管数目增至3根以上

时，复合井出水量增加甚少，故是否必须采用多滤管复合井，应通过技术经济比较确定。

六、渗渠

1. 渗渠的形式与构造

渗渠是集取浅层地下水或河床渗透水的一种水平地下水取水构筑物。它的基本形式有集水管和集水明渠两种形式，包括在地面开挖、集取地下水的渠道和水平埋设在含水层中的集水管渠，如图 3－19 所示。

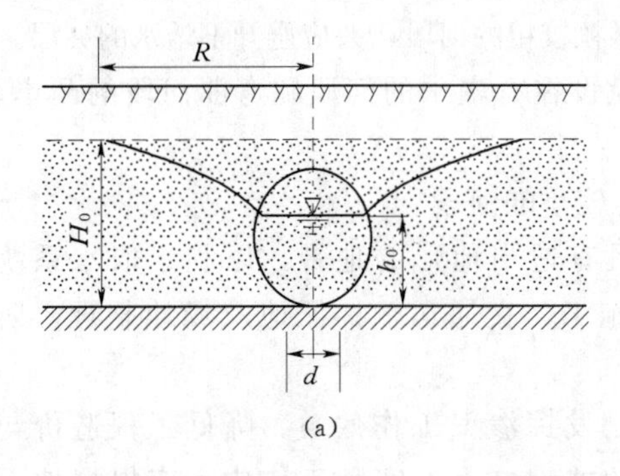

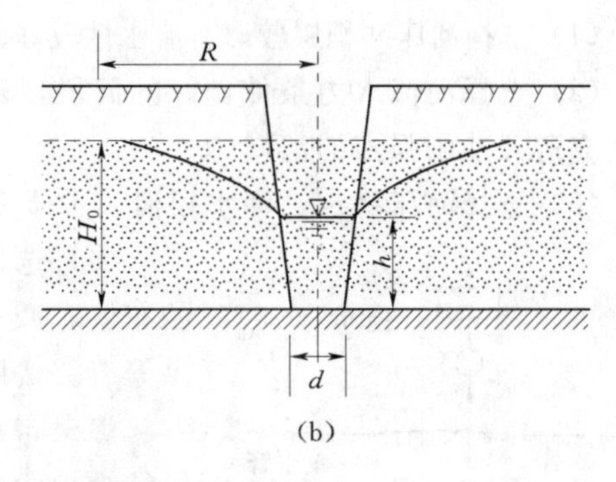

图 3－19　潜水完整渗渠

(a) 集水管；(b) 集水明渠

渗渠适用于开采埋深小于 2m、厚度小于 6m 的含水层。它具有适应性强、有利于河床下部潜水、改善水质等优点，广泛地应用于山间河谷平原或山前冲积平原地带以及其他场合。渗渠主要靠加大长度增加出水量，以此区别于井。渗渠也可分为完整式和不完整式。

明渠集取地下水，可在地面上直接开挖建成，其成本低，适用于开采浅层地下水。但由于明渠集水暴露于地表，水源容易污染。

集水管形式的渗渠，由于埋没在地表以下，受地表污染相对轻，安全可靠，是取水工程中最常用的形式。

渗渠取水系统主要由集水管（渠）、集水井、检查井和泵站组成，如图 3－20 所示。

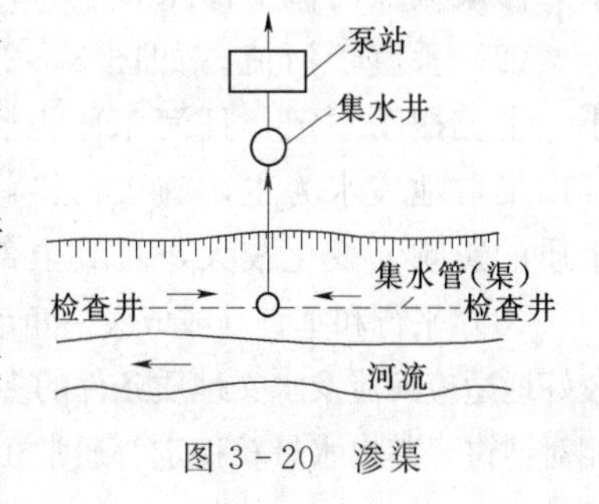

图 3－20　渗渠

集水管既是集水部分，也是向集水井输水的通道。集水管一般由穿孔钢筋混凝土管、混凝土管组成，水量较小时可用穿孔石棉水泥管、铸铁管、陶土管组成，有时也可用砖、石块、预制砌块砌筑或用木框架组合而成。

集水井用以汇集集水管来水，井安装水泵或吸水管，同时兼有调节水量和沉砂作用。集水井的构造尺寸应视其功能需要分别考虑调节、消毒接触停留时间及水泵吸水等要求确定。一般多采用钢筋混凝土结构，常修成圆形，也有矩形的。

为便于检修、清通，应在集水管末端、转角处和变径处设置检查井，直线段每隔 30～50m 设置一个检查井，当集水管径较大时，距离还可以适当增大一些。为防止污染取水水质，地面式检查井应安装封闭式井盖，井顶应高出地面 0.5m。为防止洪水冲开井盖、淤塞渗渠，考虑卫生与安全，检查井应以螺栓固定密封。检查井的宽

度（直径）一般为 1～2m，并设井底沉砂坑。

2. 渗渠的位置选择与布置方式

渗渠位置是否合理直接关系渗渠的出水量、出水水质、出水的稳定性、使用年限以及建造成本等重大问题。渗渠位置的选择是渗渠设计中一个重要而复杂的问题，有时甚至关系工程的成败。选择渗渠位置时应综合考虑水文地质条件和河流的水文条件，要预见到渗渠取水条件的种种变化，主要考虑以下原则：

（1）选择河床冲积层较厚、渗水性较好、颗粒较粗的河段，并应避开不透水的夹层。

（2）选择河流水力条件良好的河段，避免设在有壅水的河段和弯曲河段的凸岸；但也应避开冲刷强烈的河岸。

（3）选择河床稳定、河水较清、水位变化较小的河段。

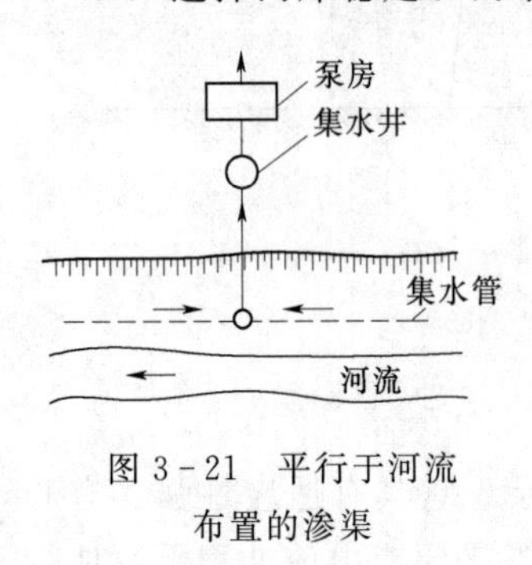

图 3-21　平行于河流布置的渗渠

（4）选择具有适当地形的地带，以利于取水系统的布置，减少施工、交通运输、征地及场地整理、防洪等有关费用。

渗渠布置是发挥渗渠工作效益、降低工程造价与运行维护费用的关键之一。实际工作中，应根据地下水的补给来源、河段地形、水文及水文地质条件、施工条件等而定。一般有下列几种基本的布置方式：

（1）平行于河流。如图 3-21 所示，这种布置方式适用于河床地下水和岸边地下水较充沛，且河床较稳定时。在枯水季节，地下水补给河水，渗渠截取地下水；在丰水季节，河水补给地下水，渗渠截取河流下渗水，全年产水量均衡、充沛，并且施工与维修均较方便。

（2）垂直于河流。如图 3-22 所示，当岸边地下水补给较差，河流枯水期流量小，主流摆动不定，且河床冲积层较薄时，可采用这种布置方式。此种布置方式的渗渠以集取地表水为主，施工与检修均较困难，其出水量与出水水质受河流水位、河水水质的影响，变化较大，且其上部含水层极易淤塞，使出水量迅速减少。

（3）平行和垂直（或成某一角度）组合布置。如图 3-23 所示，这种布置方式的渗渠能较好地适应河流及水文地质条件的多种变化，能较充分地截取岸边地下水和河床地下水，故相对地讲，其出水量较稳定。通常在渗渠总长较大时，才有可能采取这种布置方式。

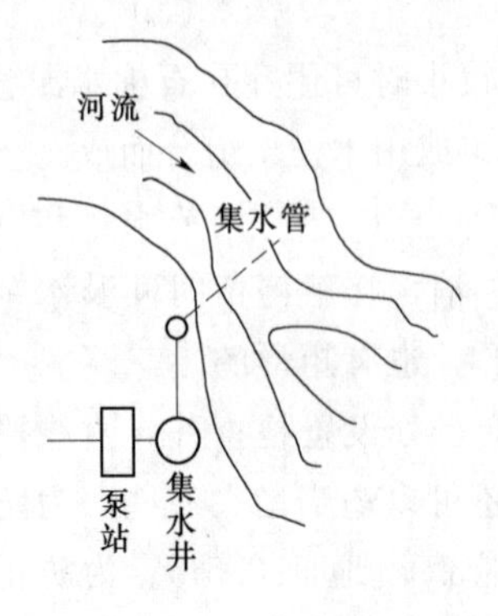

图 3-22　垂直于河流布置的渗渠

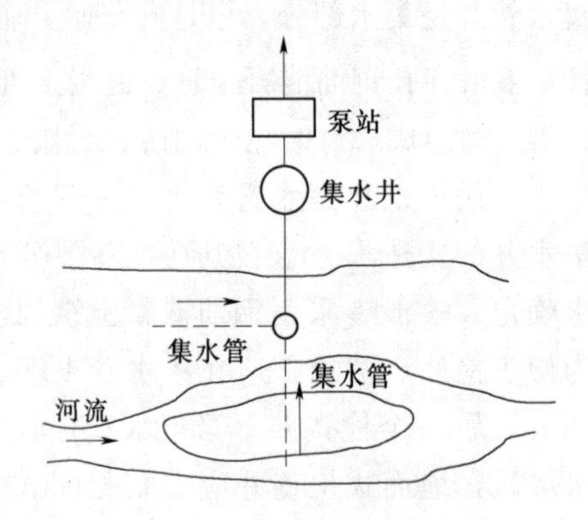

图 3-23　平行和垂直组合布置的渗渠

实际上，在选择渗渠位置时即应同时考虑渗渠的布置方式、系统的组成与构造。可最大限度地截取河床潜流水。

3. 渗渠的水力计算

渗渠水力计算是根据取水量确定管径、管内流速、水深和管底坡度等。渗渠取水量的影响因素很多，不仅与水文地质条件和渗渠的布置方式有关，还与地表水体的水文条件有关。具体计算过程要分为很多种情况，如在计算时要考虑是潜水还是承压水、是完整式还是非完整式、是水平集水管还是倾斜集水管、有无地面水体的补充等，情况比较复杂，具体计算过程可参阅有关文献。渗渠水力计算方法与一般重力流排水管相同。集水管较长时，应分段进行计算。

集水管（渠）中水流通常是非充满的无压流，其充满度（管渠内水深与管渠内径的比值）一般采用0.4～0.8。管内流速应按不淤流速进行设计，最好控制在0.6～0.8m/s，渗渠出水量受地下水位和河水位变化影响，计算时应根据地下水和河水最高水位及最低水位的渗渠出水量校核其管径和最小流速。集水管的设计动水位最低要保持管内有0.5m的水深。当含水层较厚且地下水量丰富时，管渠内水深可再大些。集水管向集水井的最小坡度不小于0.2%。

集水管管径应根据最大集水流量经水力计算确定，一般为600～1000mm。对于小型取水工程，可不考虑进入管中清淤问题，管径可小些，但不得小于200mm。

4. 渗渠的设计

根据我国的工程实践经验，因渗渠取水条件比较复杂，往往面临剧烈的径流变化、游移不定的河流变迁、水流冲刷淹没、水质改变、河床与含水层严重淤积、淤塞等一列问题，致使渗渠取水要比其他地下水取水方式冒更大的风险。在设计时，要根据水文地质条件、施工及其他现场条件等妥善地处理渗渠的形式、构造、位置与布置方式以及正确选择渗渠的主要设计参数。

（1）集水管。集水管常用有孔眼的钢筋混凝土管。钢筋混凝土或混凝土集水管每节长1～2m，内径不小于200mm，若需进入清理，则不应小于600mm。管壁上的进水孔一般为圆孔或条孔。圆孔直径多取20～30mm。为避免填料颗粒堵塞，应使孔眼内大外小，孔眼呈交错排列。孔眼净距应考虑结构构造与强度要求，一般为孔眼直径的2～2.5倍。条形孔宽一般为20mm，孔长为60～100mm，条孔间距纵向为50～100mm，环向为20～50mm。进水孔通常沿管渠上部1/2～2/3周长布置，其总面积一般为管壁开孔部分面积的5%～10%。

无砂混凝土管是用水泥浆胶结砾石而成（内配钢筋）的，一般灰石比取1∶6，水灰比取0.4左右，砾石直径为5～10mm。这种管材制作简单，不需专门预留孔眼，孔隙率较高，可达20%，除无砂混凝土外围须填0.3m厚的粗砂以防孔隙堵塞外，不必再填人工反滤层。

其余管材壁上的孔眼可参照一般混凝土管的要求确定，管段接口方式视管材情况而定。

在集水管外围一般须设人工反滤层，以保持含水层的渗透稳定性。人工反滤层的设计与铺设质量将直接影响渗渠的出水量、水质及其使用年限，应予特别重视。反滤

层应铺设在渗透来水方向。当集取河床渗透水时，只需在集水管上方水平铺设反滤层；当集取河流补给水和地下潜流水时，应在上方和两侧铺设。反滤层的层数、厚度和滤料粒径与大口井井底反滤层相同，一般采用3～4层，每层厚200～300mm，上厚下薄，上细下粗。

（2）检查井。检查井的设置不仅要符合生产运行要求，还应注意安全卫生要求，为此可以考虑全埋式检查井。

（3）集水井。集水井应考虑有足够的空间以沉淀泥沙、消毒和保证水泵吸水管的安装和吸水要求。

第二节　地表水取水构筑物

一、概述

地表水取水系统指由人工构筑物构成的从地表水水体中获取水源的工程系统。地表水取水系统主要由以下部分组成：地表水源、取水构筑物、送水泵站与输水管路。其中，地表水源为系统提供满足一定水质、水量的原水；取水构筑物的任务就是安全可靠地从水源取水；送水泵站与输水管路的任务是将所取的原水安全可靠地向后续工艺送水。在地表水取水工程中，地表水源一般指江河、湖泊等天然的和水库、运河等人工建造的淡水水体。由于地表取水工程直接与地表水水体相联系，水体的水量、水质在各种自然或人为的因素影响下所发生的变化，将对地表取水工程的正常运行及安全可取性产生影响。因此，要使取水构筑物能从地表水水体中按所需的水质、水量安全可靠地取水，了解地表水的取水条件、研究构筑物的位置选择和取水构筑物的类型是十分必要的。

二、地表水取水条件

地表水源以江河为主。因此，分析江河的特征（如江河的径流变化、泥沙运动、河床演变、冰冻情况、水质和地质地形等特征），以及这些特征与取水构筑物的关系，将直接关系取水构筑物合理的设计、施工和运行管理。

江河中的水流及其他特性与建于江河中的取水构筑物是互相作用、互相影响的。一方面，江河的径流变化、泥沙运动、河床演变、冰冻情况、水质、河床地质与地形等一系列因素对于取水构筑物的正常工作条件及其安全可靠性有着决定性的影响；另一方面，取水构筑物的建立又可能引起江河自然状况的变化，从而反过来又影响到取水构筑物本身及其他有关国民经济部门。因此，全面综合地考虑江河的取水条件，对于选择取水构筑物位置、确定取水构筑物形式及构造、取水构筑物的施工与运行管理都具有重要意义。

1. 江河径流变化

取水河段的径流特征值（水位、流量、流速等）是确定取水构筑物位置、构筑物形式及结构尺寸的主要依据。影响江河径流的因素很多，主要有地区的气候、地质、地形、地下水、土壤、植被、湖沼等自然地理条件以及江河流域的面积与形状。考虑取水工程设施时，除须根据上述各种因素了解所在江河的一般径流特征之外，还须掌

握下列有关的流量水位特征值：

（1）江河历年的最小流量和最低水位（通常均以日平均流量和日平均水位为基础，下同）。

（2）江河历年的最大流量和最高水位。

（3）江河历年的月平均流量、月平均水位以及年平均流量和年平均水位。

（4）江河历年春秋两季流冰期的最大、最小流量及最高、最低水位。

（5）具他情况下，如潮汐、形成冰坝冰塞时的最高水位及相应的流量。

此外，还须掌握上述相应情况下的江河的最大、最小和平均水流流速及其在河流中的分布状况。

取水构筑物根据相应规范中规定的设计保证率求得历年最高水位、最大流量、最低水位、最小流量等相应的径流特征值进行设计。

2. 泥沙运动与河床演变

泥沙运动与河床演变是取水工程设计与给水水源运行管理所必须研究掌握的河流另一重要特征。所有在江河中静止和运动的粗细泥沙、大小砾石都称为江河泥沙。根据泥沙在水中的运动状态，分为床沙质、推移质和悬移质3类。

河床上静止的泥沙称为床沙质，是在一定的水流条件下从静止状态转变为运动状态的。这种过程称为泥沙起动，起动时水流垂线上的平均流速——起动流速，是某种性能与形状的河床泥沙开始起动的标志，是研究河流泥沙运动、河床冲刷的重要参数。

在水流作用下沿河底滚动、滑动或跳跃运动的泥沙称为推移质。这类泥沙的粒径较大，其数量通常只占河流断面总输沙率的5%～10%。推移质对河流的演变起着重要的作用。据观察分析，沿河床运动的推移质泥沙，当河流水流速度逐渐减小到泥沙的相应起动流速时，泥沙并不静止下来，直到流速继续减小到某个数值时，泥沙才停止运动。这时的水流平均流速称为泥沙的止动流速。当用自流管或虹吸管取水时，为避免水中泥沙在管内淤积，管中设计流速要求不低于自净流速，不同粒径颗粒的自净流速可根据其相应的止动流速确定。

悬移质是指悬浮于水中，随水流前进的泥沙，是泥沙运动的另一种形式。在平原河流中悬移质可占河流断面总输沙量的90%～95%。悬移质的形成主要是由于水流的紊动作用，向上的紊动作用将泥沙托起送入上层水流以抵消重力作用的影响，但是当紊动作用一旦消失，泥沙受重力或向下紊动作用的影响则沉降。因此，就单个泥沙颗粒而言，其运动与运动轨迹是随机的、不规则的。有时接近水面，有时接近水底。

从总体上讲，由于不同粒径的颗粒受紊动作用与重力作用的影响不同，因此河水中的泥沙分布亦不均匀。一般地讲，沿水流的深度方向，上部泥沙含量小、颗粒细，越往下泥沙含量越大、颗粒越粗。泥沙在整个河流断面或河段内的分布比较复杂，河流的水流结构对悬移质泥沙的分布影响很大。

水流挟沙能力也是研究河流泥沙运动的重要指标。它是指一定水流条件下水流挟带泥沙的饱和数量，也称饱和挟沙量。水流挟沙能力是判断河流河床冲刷或淤积的重要依据。如果水流的实际含沙量大于饱和含沙量，则过多的泥沙将沉积淤积；反之，将产生冲刷。如果水流实际含沙量等于饱和含沙量，则河床将处于相对稳定状态。

河流的泥沙运动实际上是河床与水流互相作用的一种表现形式。泥沙运动不仅是影响河水含沙量及取水构筑物正常工作的重要因素，而且是引起河床演变的直接原因。由于河流的径流情况和水力条件随时间和空间不断地变化着，因此河流的挟沙能力也在不断地改变。这样，就在各个时期和河流的不同地点产生冲刷和淤积，从而引起河床形状的改变——河床演变。

河床输沙不平衡是河床演变的根本原因。当上游来沙量大于本河段的水流挟沙力时，水流没有能力把上游来沙全部带走，便产生淤积，河床升高。当上游来沙量小于本河段的水流挟沙力时，便产生冲刷，河床下降。在一定条件下，河床发生淤积时，淤积速度逐渐减少，直至淤积停止；河床发生冲刷时，冲刷速度逐渐减低，直至冲刷停止。这种现象称为河床和水流的自动调整作用。

如果河流取水构筑物位置选择不当，泥沙的淤积会使取水构筑物取水能力下降，严重时会使整个取水构筑物完全报废。

3. 河流冰冻情况

我国北方大多数河流在冬季都有冰冻现象，河流的冰冻过程对取水构筑物的正常运行有很大的影响。冬季流冰期，悬浮在水中的冰晶及其碎冰屑极易黏附于进水口的格栅上，使进水口严重堵塞，甚至使取水中断，故需考虑防冰措施。流冰易在水流缓慢的河湾和浅滩处堆积，随冰块数量增多、聚集和冻结即逐渐形成冰盖，直至河流完全封冻。河流封冻后，表面冰盖厚度随气温下降逐渐增厚，直至最大值。冰盖厚度在河段中并不均匀，并随河水下降而塌陷，设计取水构筑构时，应视具体情况确定取水口高程位置。春季河流解冻时，通常多因春汛引起的河水上涨使冰盖破裂，形成春季流冰，其强度视当地气候及河流径流特点而定。春季流冰期冰块的冲击、挤压作用往往极强，对取水构筑物的影响很大。有时冰块堆积于取水构筑物附近，可能堵塞取水口。

河流的全部冰冻过程都可能使河流的正常径流情况遭到破坏，使河床变形，因此了解冰冻情况对径流分析与河床演变也有一定的作用。在设计取水构筑物时要收集以下冰情资料：

（1）每年冬季流冰期出现和延续时间，水内冰、底冰的性质（组成、大小、黏结性、上浮速度）及其在河流中的分布情况、流冰期气温及河水温度变化情况。

（2）每年河流的封冻时间、封冻情况、冰层厚度及其在河段上的分布变化情况。

（3）每年春季流冰期出现和延续时间，流冰在河流中的分布运动情况，最大冰块面积、厚度及运动情况（包括下移速度）。

（4）其他特殊冰情。

4. 水质

水质是判断各种水体是否适合作为水源的决定性条件之一。常见的水源水质指标有浑浊度、卫生指标（或细菌指标）、硬度、含盐量、水温、各种污染控制指标。

水源水质主要受两方面因素的影响。自然因素：如各种自然地理条件（气候、地形、土壤、地质构造、植被、湖沼）、径流情况及河流的补给条件等。人为因素：蓄

水库、污水排放、耕地等。选择水源时应根据给水水源的水质要求及上述条件考虑。

三、地表水取水构筑物的位置选择

地表水取水构筑物位置的选择，不仅关系取水构筑物能否在保证水质、水量的前提下安全可靠地供水，而且要力求运行管理方便，投资省，施工简单，工期短。在选择构筑物位置时，必须对水源情况做深入的调查研究，全面掌握河流的特性和各种影响因素，根据取水河段的水文特征、地形、地质、卫生防护等条件全面分析，综合考虑，提出几个可以作为取水构筑物位置的方案，进行技术经济比较。在河流取水条件复杂时，还应进行水工模型试验从而选取安全可靠、经济合理的取水构筑物位置。

在具体选择取水构筑物位置时，主要从以下几个方面考虑。

1. 考虑流域内环境变化对水质、水量的影响以及人为因素对河床稳定性影响

例如取水口上游流域排放的污废水量逐年增加，使河水污染造成水质恶化；新建项目废水的排放，导致河流水质变差；实施环境综合治理，使水质改善；上游森林采伐、草场沙化，使植被覆盖面积减少，引起河流含沙量增高；上游沿岸水土保持工作取得进展，使河流含沙量下降等。大规模农田灌溉系统投入使用，导致径流量下降；修建蓄水构筑物，使径流量年内分配发生改变；大面积植被的改变，使地表径流条件发生变化，导致洪峰流量的改变；开凿运河，引入或引出流量等。

2. 考虑河段具有良好的水力条件

在弯曲河段上宜将取水构筑物布置在的凹岸顶冲点下游处。水流转弯时，在横向环流的作用下，表层水流向凹岸，底层水流向凸岸，造成凹岸冲刷，凸岸淤积。把取水口设在凹岸顶冲点下游处，可避免强烈的冲刷，且能取到清水，不易形成漂浮物堵塞取水口的现象。

在顺直河道上取水时，宜将取水口位置设置在河道的主流近岸处。因为河道主流流速大，不易产生淤积，而且水量充足，水深较大适于建造取水构筑物。如受条件限制，取水口位置需设在凸岸，宜选择直段的终点、凸岸的起点，或者是偏离主流但水力条件尚好的地点——凸岸的起点或终点。

3. 考虑河床的地质地形条件

取水口应选在地形地质条件良好、便于施工的河段。原则上，不宜将水源及取水构筑物设在靠近河汊、沙洲、浅滩及支流入口等河床不够稳定的河段。如需在这些地方设立取水构筑物，应注重调查研究，仔细掌握这些地区的水文特性与河道变化规律。取水口位置避免设在如断层、滑坡、冲积层、流沙层、风化严重的岩层和岩溶发育地段等地质条件不稳定的地段。在河流交汇处应尽量避免设置取水口。因为在该处，无论主流和支流水位的涨落都将造成泥沙的淤积。

4. 考虑水质及河段卫生条件

为避免污染，供生活饮用水的取水构筑物应设在城市和工业企业的上游，污水排放口应在取水构筑物下游的 100～150m 的距离以外。如岸边水质欠佳，则宜从江心取水。

对沿海地区的一些河流应避免潮汐的影响，如咸水倒灌或下游污水回流，使水质恶化。此外，亦须注意由淡、咸水的比重不同而产生的异重流现象的某些危害。对于

冷却用水，应须更多地考虑对水温的要求。

5. 取水口尽量靠近主要用水区

选择取水构筑物位置时，应根据农业规划要求，使取水构筑物尽可能靠近主要用水地区，以减少输水管线长度、节约投资与输水能耗。对长距离输水的大型给水工程系统，选择取水构筑物位置时，应充分考虑输水管线的建设与运行维护条件，诸如穿越河流、洼地、铁路、公路等天然或人工障碍物、占地和拆迁、土石方工程量、施工运输条件、管线高程和管内水压以及管线维护抢修条件等。

6. 考虑河流冰清

应尽可能将取水构筑物设于急流、冰穴、支流入口的上游。应避免浅滩、回流区及其他可能堆积大量冰块的河段，根据流冰在河流中的分布情况，应将取水构筑物设于流冰较少的地点。此外，应回避易被流水冲击的地带。

四、地表水取水构筑物的分类

由于我国幅员广大，自然条件复杂、取水条件多变，因此不仅地表水取水构筑物的形式多种多样，而且在生产实践中有许多创新和发展。地表水取水构筑物，由于水源种类、性质和取水条件的不同，有多种形式：按水源分，有河流、湖泊、水库取水构筑物；按构造形式不同可分为固定式取水构筑物、移动式取水构筑物和山区河流取水构筑物；根据固定式取水构筑物的取水形式，主要有岸边式和河床式；根据移动式取水构筑物的取水形式，分为浮船式和缆车式。此外，在一些特殊场合，还可用到一些其他类型的取水构筑物，如海水取水构筑物等。

五、固定式取水构筑物

固定式取水构筑物由进水间和泵房组成，取水设施将河水引入吸水间，经取水泵站将水提升到输水管线，送至自来水水厂或用户。固定式取水构筑物位置固定不变，具有取水可靠、维护管理简单、适用范围广等优点，但水下工程量较大，施工期长，投资较大。由于水源的水位变化幅度、岸边的地形地质和冰冻、航运等因素，可有多种布置。常见的有岸边式和河床式两大类。

1. 岸边式取水构筑物

直接从岸边进水的固定式取水构筑物，称为岸边式取水构筑物。在我国，该种形式采用比较广泛，适用于下列情况的取水：主流靠近河岸，有稳定的主流深槽，有足够的水深，能保证设计枯水位时安全取水；岸边地质条件好且河床河岸稳定，水力条件好，岸坡较陡，能保证取水构筑物长期稳定工作；便于施工，水中泥沙、漂浮物和冰凌严重，不适于采用自流管取水的河段。

（1）岸边式取水构筑物的分类。根据进水间和泵房的组合情况，岸边式取水构筑物可分为合建式和分建式两类。

1）合建岸边式取水构筑物。把进水间与泵房合建在一起，设在岸边的取水构筑物称为合建岸边式取水构筑物，如图 3-24 所示。水流由进水孔进入进水室，经过格网进入吸水室，然后由水泵抽送至水厂或用户。在进水孔上设有格栅，用以拦截水中粗大的漂浮物，设在进水间的格网用以拦截水中细小的漂浮物。

合建岸边式取水构筑物的优点是构筑物布置紧凑，总建筑面积小，水泵吸水管

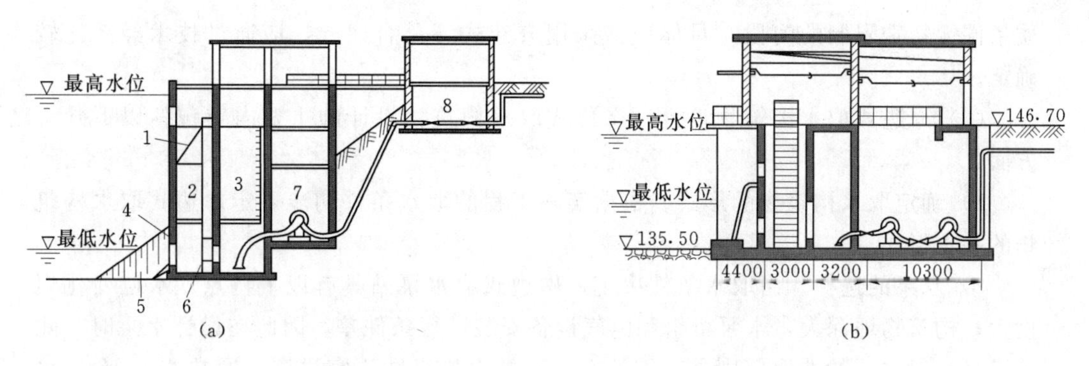

图 3-24　合建岸边式取水构筑物（水位单位：m；其他单位：mm）

(a) 底板呈阶梯式布置；(b) 底板呈水平式布置

1—进水间；2—进水室；3—吸水室；4—进水孔；5—格栅；6—格网；7—泵房；8—闸门井

短，运行管理方便，水泵工作较可靠；但对岸边地质条件有较高要求，土建结构较复杂，施工难度大。

根据岸边的地质条件，可将合建岸边式取水构筑物的底板布置为阶梯式和水平式，如图 3-24 所示。

如果工程地质条件较好，集水井和水泵站可建于不同的标高上，这时在纵剖面上构筑物即呈阶梯状布置，以减少泵站部分的埋深，便于施工。但在一般情况下，水泵需靠真空泵排气启动，运行不太方便。若工程地质条件较差，为避免构筑物的不均匀沉降，或者须要求水泵以灌入式方式启动时，宜将集水井与水泵站建于同一标高，即水平式。这时，须相对增加水泵站部分的埋深，施工较复杂，但结构处理较方便。

以上两种方式均采用卧式水泵。为了缩小泵房面积，减少泵房深度，降低泵房造价，可采取立式泵取水方式。这种方式是在泵房上层设置电机，以利操作，保持良好的通风条件，缺点是安装困难，检修不方便。

对于水位变化幅度很大的河流，如果考虑采用深井泵或潜水泵，也是简化取水构筑物结构、减小面积和体积、便于施工、节约投资的有效途径之一。但深井泵或潜水泵的效率低、运行费高。

2）分建岸边式取水构筑物。当河岸工程地质条件较差，进水间不宜与泵房合建时，或者分建对结构和施工有利时，可考虑采用分建岸边式取水构筑物，如图 3-25 所示。分建岸边式取水构筑物对取水条件的适应性强，土建结构简单，实际应用比较灵活，施工较容易，但操作管理不便，吸水管路较长。

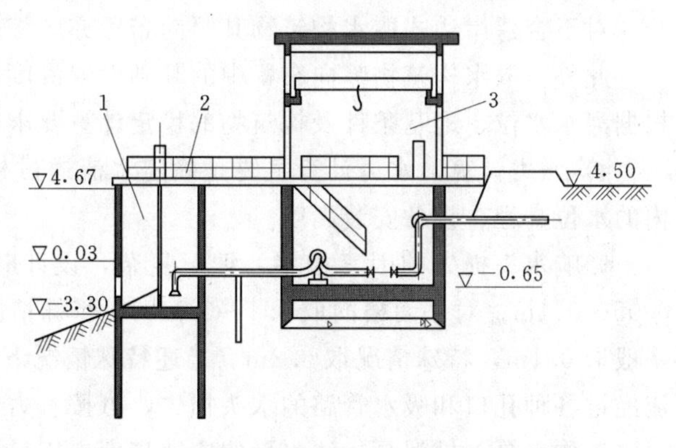

图 3-25　分建岸边式取水构筑物（单位：m）

1—进水间；2—引桥；3—泵房

对于地形条件合适，工程地

质条件无特殊限制的河段，具体应该采用分建式还是合建式，应通过技术经济比较确定。

(2) 岸边式取水构筑物设计。岸边式取水构筑物设计的主要内容包括以下几个方面：

1）确定取水构筑物的形式。根据实际工程的取水条件初步确定岸边式取水构筑物的基本形式。

2）水泵的选择。由取水条件决定，岸边式取水泵站具有以下特点：水位变化幅度大，构筑物埋深大，水泵机组和电气设备安装运行条件差。因此在设计水泵时，除了满足一般水泵的选取原则外，需注意：泵站内机组数不宜过多，通常3～4台；水泵及泵站系统应有较好的调节性能，以适应水位、流量的变化；应注意节能，采用恒速泵时水泵高效率点宜与常水位时的扬程（水位）、流量相对应，有条件时可考虑部分采用调速泵（恒定流量），以节省电能；确定水泵站机组总容量时应充分估计到取水规模发展的可能性。

3）布置取水构筑物。取水构筑物的布置包括平面布置和竖向布置两方面。

平面布置主要考虑取水设计要求和泵站设计要求。从取水设计要求方面考虑，主要是根据水泵的吸水方式、构筑物的形式、取水构筑物的运行管理要求和其他条件，确定构筑物的分隔数（至少不少于两格）、进水孔口数量以及格网的形式和尺寸。从水泵站设计要求方面考虑，主要是根据对泵站的一般设计规定，在满足泵站运行管理条件的基础上，尽量减小并确定泵站面积和尺寸。

取水与泵站的设计要求以及取水构筑物的外形，通常互相影响、互相制约，此外尚有结构形式要求和施工方式等对取水构筑物布置的种种影响。因此，确定取水构筑物的布置是反复的综合分析过程。对合建岸边式取水构筑物，因岸边集水井与泵站是一个整体，通常须在各专业工种之间反复磋商讨论才能确定。

竖向布置包括进水间部分的竖向布置和泵站部分的竖向布置。进水间部分主要同河水位、进水孔口的高程位置、取水构筑物的顶部高程（淹没或非淹没）、起吊设备类型、泵站总体布置要求有关。泵站部分应由总体布置的功能要求、起吊设备的安装高度确定。

对于合建岸边式取水构筑物其竖向布置亦应综合考虑各方面的要求。

此外，取水构筑物竖向布置中的基础设置深度，关系取水构筑物的稳定性，故应根据河水水位、地基条件及构筑物的稳定计算要求确定。

4）水力计算。水力计算主要是确定水流通过格栅、格网等的水头损失及构筑物内的水位高程、设备安装高度。

影响水头损失的因素极多，情况复杂，设计时多采用经验数值。通常对格栅取0.05～0.1m；对平面格网取0.1～0.15m，特殊情况下后者可取0.3m；对回转格网，一般取0.1m，特殊情况取0.3m。上述特殊情况下的数值都是水头损失的极限值。水流经过各种孔口和吸水管路的水头损失，可按水力学公式计算。

工作水泵、排泥泵、清水泵的安装高度，按最低水位时考虑上述水头损失后的相应水位高程确定。

对于轴流式水泵，还须考虑启动时由水的惯性而引起的吸水井内水位波动的影响。

2. 河床式取水构筑物

河床式取水构筑物是通过伸入江河中取水头部取水，然后通过集水管把水引入集水井。河床式取水构筑物适于主流离岸边较远、岸坡较缓、岸边水深不足或水质较差等情况，即岸边无适宜的取水条件。

（1）形式与构造。河床式取水构筑物通常由取水头部、进水管渠、吸水井及泵站组成。河水经取水头部上的进水孔口沿进水管渠流入吸水井，然后由水泵抽取。由于吸水井与取水泵站全设于河岸内，因此构筑物可免受河水冲刷和冰块冲击，冬季保温条件较好，施工亦较方便。但是，因取水头部设于河流中，不仅施工困难，且不便于清理和维修，进水管渠易被泥沙堵塞，故取水系统的工作可靠性较差。吸水井与取水泵站可以合建或分建，其构造和岸边式取水构筑类基本相同。

河床式取水构筑物根据取水头部形式的不同，分为自流管式、虹吸管式和直接吸水式3种形式。

1）自流管式。自流管式取水建筑物如图3-26所示。河水由取水头部取水，在重力作用下，沿自流管进入集水间，经格网后进入水泵吸水间。这种取水方法安全可靠，但土石方开挖量较大。当自流管埋深不大，或在河岸可以开挖隧道铺设自流管时，可以考虑采用自流管取水。当河流水位变化幅度大、洪水历时较长且水中含沙量较高时，为避免在洪水期引入底层含沙量较多的水，可在集水间上开设进水孔或设置自流管，采用分层取水，以便在洪水期引入含沙量较少的表层水。若河流水位变化频繁、高水位历时不长且河流含沙量分层分布比较均匀时，不宜采用分层取水。选择这种方式应注意：洪水期底砂及草情严重、河底易发生淤积、河水主流游荡不定等情况下，最好不用自流管取水。

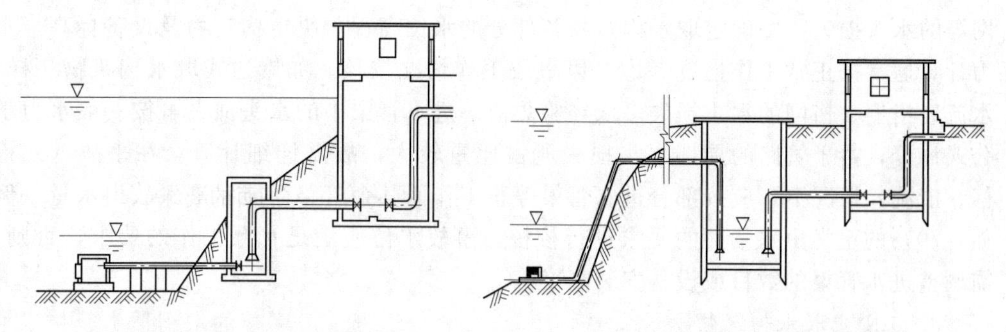

图3-26　自流管式取水建筑物　　　　图3-27　虹吸管式取水建筑物

2）虹吸管式。虹吸管式取水建筑物如图3-27所示。

在河滩宽阔、河岸较高且为坚硬岩石、埋设自流管需开挖大量土石方或管道需要穿越防洪堤时，宜采用虹吸管取水，这种方式将河水吸至集水间，之后由水泵抽走。虹吸管高度最大可达7m，利用虹吸高度，可减少管道埋深、大大减少水下土石方量，缩短工期，降低造价。但采用虹吸引水需设真空引水装置，且要求管路有很好的密封性，对管材及施工质量要求较高，运行管理要求严格。否则，一旦渗漏，虹吸管不仅

不能正常工作，还会使供水可靠性受到影响。

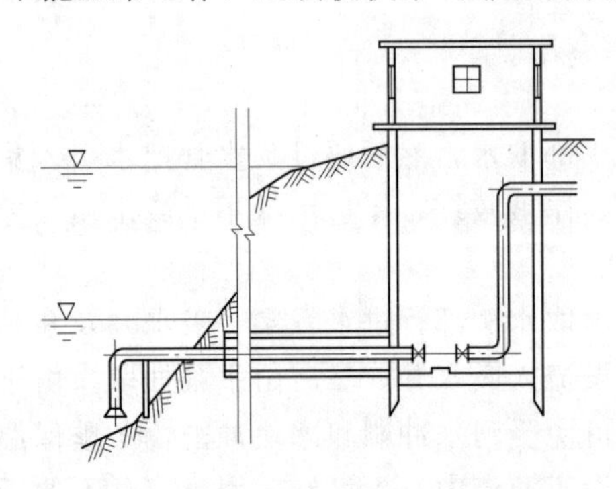

图 3-28　直接吸水式取水建筑物

3）直接吸水式。直接吸水式取水建筑物如图 3-28 所示。

这种方式不设集水间，直接由水泵吸水管伸入河中取水。由于可以利用水泵吸水高度减少泵房高度，又省去了集水间，具有结构简单、施工方便、造价较低等特点，中小型取水工程使用较多。这种引水方式，由于没有经过格网，故只适用于河水水质较好、水中漂浮杂质少、不需设格网时的情况。按水泵泵轴与取水水位的高程关系，在低于取水水位时，情形与自流管相似；高于取水水位时，则与虹吸管引水相似，设计应考虑按自流管或虹吸管处理。

（2）设计问题。河床式取水构筑物的设计程序与岸边式取水构筑物的程序基本相同。

河床式取水系统中，无论是系统的基本形式还是取水头部的类型变化极多，并且可以形成多种多样的组合；不同的系统设计方案的技术经济效果往往存在很大的差异，因此设计时应结合各种具体条件反复进行多方案比较，才能确定切合实际的系统方案。在工程实际中，有时见到的一些较好的系统形式，就是因地制宜应用取水技术的结果。

河床式取水构筑物的附属设备的构造设计在满足工艺设计要求的前提下，应综合考虑结构、建筑、施工安装等多方面的要求。

河床式取水构筑物的水力计算在于确定水流经取水口格网、进水管渠、吸水井格网等的水头损失，并确定取水构筑物各部分的水位高程，决定构筑物及设备标高。水力计算通常按正常工作情况考虑，以事故工作情况校核。如岸边式取水构筑物一样，水流经格栅、格网的水头损失多取经验数值。进水管渠中的水头损失可按一般水力学公式计算，由于管路的局部水头损失所占比重较大，故需详细计算。在事故（或检修、清洗）情况下，应按部分进水管渠停止工作而其余管路尚能保证事故出水量（例如，70%的正常出水量）的要求进行校核。事故水位应满足水泵工作的要求，否则，需调整进水管渠的数目或设备安装高度。

3. 江心式取水构筑物

江心式取水构筑物也称桥墩式或岛式取水构筑物，由取水头部、进水管、集水井和取水泵房组成，常用于岸坡平缓、深水线离岸较远、高低水位相差不大、含沙量不高的江河和湖泊，如图 3-29 所示。

原水通过设在水源最低水位之下的进水头部，经过进水管流至集水井，然后由泵房加压送至水厂。集水井可与泵房分建或合建。当取水量小时，可以不建集水井而由水泵直接吸水。取水头部外壁进水口上装有格栅，集水井内装有滤网以防止原水中的大块漂流杂物进入水泵，阻塞通道或损坏叶轮。江心式取水构筑物在构造上与岸边式

取水构筑物相似，只是进水间与泵房合建于江心。

江心式取水构筑物一般设于河道中，其位置应满足取水要求，并应避开主航道或主流河道。由于江心式取水构筑物位于河中，使原过水断面变窄，河流水力条件、泥沙运动规律均发生了变化，所以在设计前应有充分的估计，避免因各种因素的变化造成取水不利，使构筑物本身不稳定因素增加，对周围尤其是下游构筑物产生不良的影响。江心式取水构筑物结构要求高，施工技术复杂，造价高，管理不便，非特殊情况一般不采用。

4. 斗槽式取水构筑物

斗槽式取水构筑物是在取水口附近设置堤坝，形成斗槽进水，目的在于减少泥沙和冰凌进入取水口。由于斗槽中水的流速较小，故水中泥沙容易沉淀，水内冰易上浮，水面能较快地形成冰盖，并可创造较好的其他取水条件，因此适于河流含沙量较高、冰絮较为严重、取水量要求大的场合。

(1) 形式与构造。斗槽式取水构筑物主要由形成斗槽的堤坝和取水构筑物组成，如图 3-30 所示。

图 3-29　江心式取水构筑物

图 3-30　斗槽式取水构筑物（实景）

按照斗槽伸入河岸的程度，可分为全部伸入河岸或部分伸入河岸及全部在河床内的斗槽。全部伸入河岸的斗槽，适用于河岸平缓、河床宽度不大、主流近岸或岸边水深较大的河流。全部在河床内的斗槽，适用于河床较陡或主流离岸较远，以及岸边水深不足的河流。设计斗槽后，还应注意不影响洪水排泄。部分伸入河岸的斗槽，其适用条件和水流特点介于以上两种形式之间。

此外，按斗槽中水流方向与河水方向的关系有顺流式斗槽、逆流式斗槽、双向式斗槽，如图 3-31 所示。

顺流式斗槽 [图 3-31 (a)] 中水流方向与河流水流方向基本一致。由于斗槽中的水流速度远小于河水流速，当河水沿正向流入斗槽时，其动能转化为势能，在斗槽入口处形成壅水及横向环流，因此，进入斗槽中的主要是河流的上层水。由此可见，顺流斗槽多适用于泥沙含量大而冰冻情况并不严重的河流。

逆流式斗槽 [图 3-31 (b)] 中的水流方向与河流水流方向基本相反。由于河水

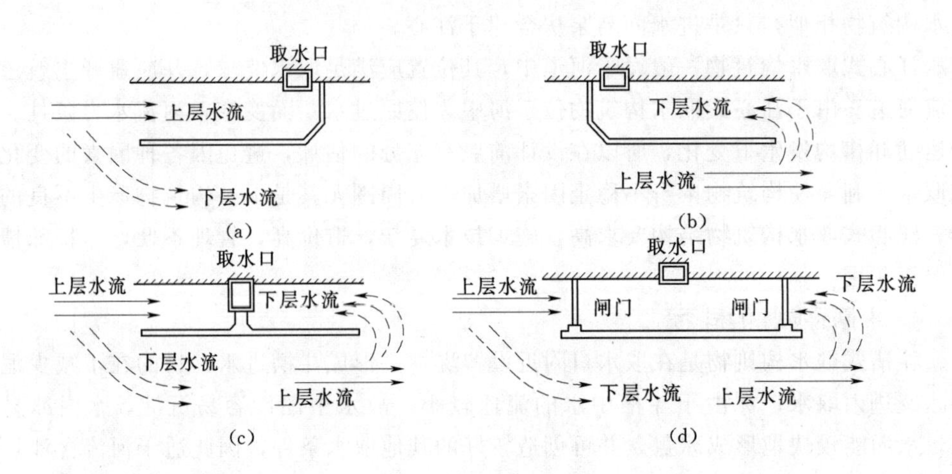

图 3-31　斗槽式取水建筑物

(a) 顺流式斗槽；(b) 逆流式斗槽；(c) 双向式斗槽；(d) 用闸门控制进水的双向式斗槽

的“抽吸”作用，生成与上述情况相反的环流，因此，流入斗槽中的主要是河流的底层水。可见，逆流式斗槽多适用于冰冻情况严重而泥沙含量不大的河流。逆流式斗槽进水口易淤积泥沙，如采取一些特殊措施（设立调节闸板或所谓的自动冲洗进水口），则可较好地防止泥沙进入斗槽。

双向式斗槽［图 3-31 (c)、(d)］由顺流式斗槽与逆流式斗槽组合而成，故兼有上述两种类型斗槽的特点，适用于含沙量大及冰冻情况严重的河流。当夏秋汛期河水含沙量大时，可利用顺流式斗槽进水；当冬季冰凌严重时，可利用逆流式斗槽进水。为此，只需在不同的季节分别启用不同的进水口即可。

按洪水期斗槽堤坝是否被淹没，又可将斗槽分为淹没式及非淹没式两类。虽然淹没式斗槽的造价低，但工作条件较差。

斗槽在河道中的位置对其工作效果的影响很大，通常亦须将斗槽设于取水条件良好的河段。由于斗槽的工程量大、造价高、排泥困难，故在我国少用。

(2) 斗槽计算。斗槽工作室的大小，应根据在河流最低水位时，能保证取水构筑物正常的工作，使潜冰上浮、泥沙沉淀，水流在槽中有足够的停留时间及清洗方便等因素进行计算。

主要设计指标包括以下几个方面：

1) 斗槽底泥沙淤积高度一般为 0.5～1m。

2) 斗槽中冰盖厚度一般为河流冰盖厚度的 1.35 倍。

3) 斗槽中最大设计流速参见表 3-9，一般采用 0.05～0.15m/s。

4) 水在槽中的停留时间应不小于 20min（按最低水位及沉积层为最大的情况计算）。

表 3-9　　斗槽中最大设计流速

取水量/(m^3/s)	<5	5～10	10～15	>15
最大设计流速/(m/s)	≤0.10	≤0.15	≤0.20	≤0.25

5）斗槽尺寸应考虑挖泥船能进入工作。

斗槽具体计算过程可参考相关资料。

（3）斗槽的清淤设施。设计布置时应最大限度地减少河水中泥沙进入斗槽（如在逆流式斗槽的进水口处设置调节闸板，或在进水口前设置底面比斗槽进水口还低的斜槽）。

顺流式斗槽的轴线与水流方向之间的夹角越小越好。

沉积在斗槽中的泥沙应及时清除，以保证斗槽具有正常的过水断面和有效的容积，防止沉淀物腐化和增加清淤困难。当斗槽为双向式有闸板控制时，可以引河水清除淤泥。其他形式则需使用清泥设备。清除斗槽中泥沙的设备可根据斗槽规模的大小，选用射流泵、泥沙泵、挖泥船以及吸泥船等。

六、移动式取水构筑物

在我国西南、中南或华东地区，一部分河道切深大、河岸陡、水位变化幅度大，另一部分河流取水工程的水下施工条件复杂，但是这些地区气候温暖，河流无冰冻现象，因而在城市、工业企业给水及农田灌溉中广泛地采用移动式取水构筑物。

移动式取水构筑物实际上是直吸式取水构筑物的变形，适用于水位变化大的河流。构筑物可随水位升降，具有投资较省、施工简单等优点，但操作管理较固定式麻烦，取水安全性也较差，主要有浮船式和缆车式两种。

1. 浮船式取水构筑物

（1）形式与构造。浮船式取水构筑物如图3-32所示，水泵设在驳船上，直接从河中取水，由斜管输送至岸上。浮船式取水构筑物主要由浮船、联络管、输水斜管、船与岸之间的交通联络设备、锚固设施等组成。水泵的出水管和输水斜管的连接要灵活，以适应浮船的升降和摇摆。根据联络管与岸边输水管的连接方式，常见的有阶梯式和摇臂式两种。图3-32所示为阶梯式，输水斜管沿岸边铺设，迎水面设置阶梯状连接接头以满足不同水位的取水，两接头之间的高差一般取1～2m。这种方式对河床稳定性要求较高，岸坡不能过陡。根据联络管材料，有柔性连接和刚性连接两种方式。如图3-33所示，摇臂式联络管是依靠摇臂管的转动和伸缩来适应不同水位和不同距离处的取水。这种方式可在坡度为60°左右的河岸修建。

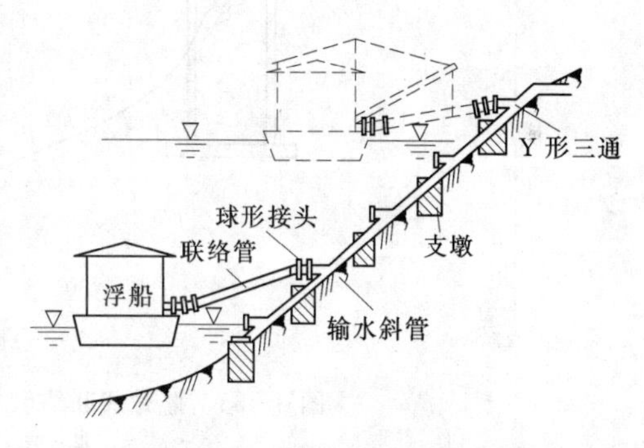

图3-32 浮船式取水构筑物

浮船式取水能随水位涨落而升降，随河流主航道的变迁而移动，因此能方便取到含泥沙量低的表层水，具有灵活性大、适应性强等特点，而且基建费用较低，建设周期短。但是由于浮船取水涨落频繁，需按水位变化调整缆绳或锚链的长度，操作劳动强度大，并需停泵断水，从而影响供水安全。由于浮船式取水构筑物受风浪、航运、漂木及浮筏、河流流量、水位的急剧变化影响较大，稍一疏忽，就有可能发生安全事故，影响安全供水。

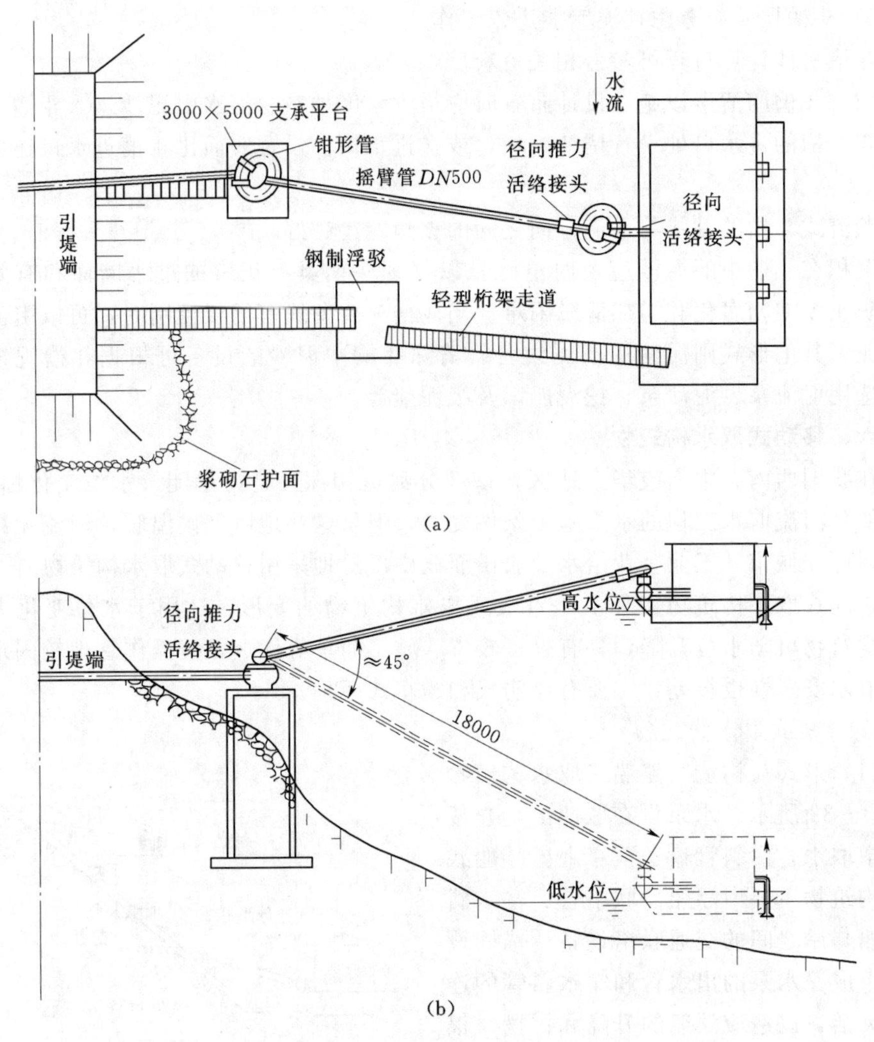

图 3-33　摇臂式联络管的浮船取水（单位：mm）
(a) 平面图；(b) 剖面图

浮船式取水适用河段为：河岸比较稳定，河床冲淤变化不大，岸坡适宜（阶梯式为 20°～30°、摇臂式为 45°～60°），水位变化幅度在 10～35m，枯水期水深不小于 1.5～2m，河水涨落速度应在 2m/h 以内，水流平缓，风浪不大，无漂木浮筏对取水产生影响。

(2) 浮船平衡及稳定性。为保证供水的安全可靠性，浮船应在正常运转、风浪作用、浮船及设备移动等情况下，均能保持平衡与稳定。对浮船的平衡及稳定性要求应通过设备选择与布置、船型选择与船体设计以及平衡与稳定计算实现，并应在实际运行时进行调整。在设计与运行时，应特别注意设备的重量在浮船工作面上的分配和设备的固定。必要时，可专门设置平衡水箱和重物调整平衡。为保证浮船不发生沉船事故，应在船体中设置水密隔舱。

(3) 浮船的锚泊与防护。锚泊应可靠和便于船体位移操作。主要锚泊方式有下列

几种：近岸锚泊、远岸锚泊、多船锚泊。关于锚具、锚链之选择，可参看专门文献。应视实际需要考虑浮船免于被航船、木排撞击，使其附近水体免被污染以及进行浮船警戒的各种防护措施。

河流水位涨落时，浮船须移位和收放锚链。移船方法有人工与机械两种，机械移船是利用船上的电动绞盘，收放船首尾的锚链和缆索，使浮船向岸边或江心移动，移船较方便。人工移船系用人力推动绞盘，耗费劳动较多。

2. 缆车式取水构筑物

缆车式取水构筑物由泵车、坡道、输水斜管、缆绳和卷扬机等组成，如图 3－34 所示。取水泵设在泵车上。当河流水位涨落时，泵车可由牵引设备沿坡道上下移动，以适应水位，同时改换接头。缆车式取水适宜于水位涨落速度不大（如每小时不超过 2m）、无冰凌和漂浮物较少的河流。

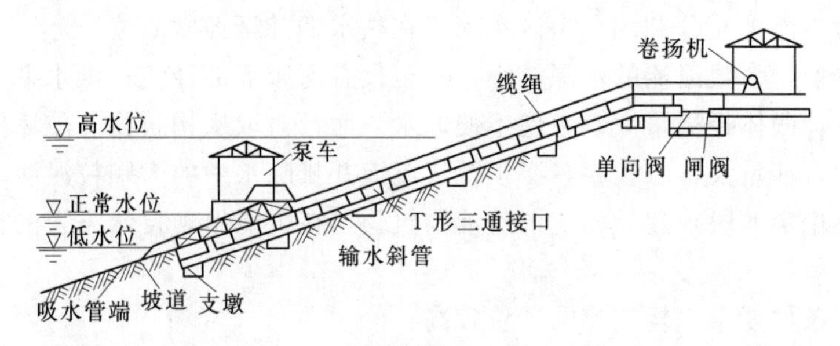

图 3－34　缆车式取水构筑物

缆车轨道的上端应高于最高洪水位，加波浪爬高和 1.5m 的安全高度。下端必须使水泵在规定的枯水位才能正常工作。轨距以保证泵车运行稳定、平衡为原则，一般泵车净高 1.5～4.0m：无吊车时为 3.0m 左右，有吊车时为 4.5m 左右。每部泵车面积小型为 $20m^2$ 以下，大中型为 $25～40m^2$。安装 2～3 台水泵。输水斜管上每隔一定距离设正三通或斜三通叉管，叉管之间的高差一般为 2.0m 左右。

由于洪水季节水源水位涨落频繁，因此缆车取水也要频繁地更换接头位置，操作劳动强度大。同时还要按水位变化用卷扬机调整泵车位置，如为单泵车则需停泵断水，影响供水安全。缆车取水构筑物的位置选择与浮船取水构筑物相同。因此，较浮船式取水构筑物，缆车式取水构筑物略为安全，但目前仍多用于临时取水工程和中小型取水工程项目。

七、山区河流取水构筑物

1. 山区河流的特性及取水条件

利用山区河流作为给水水源在我国具有重要意义。

了解山区河流的特性，对于正确选择取水构筑物的位置、形式及有效地利用山区河流是十分重要的。山区河流通常分为 3 段，即高山区河段、山区河段和山前区河段。虽然各河段的特性各不相同，但是与平原河流相比，它们多具有下列一些共同特性：

(1) 地势落差大而多变，河流的纵比降大，河流上常出现浅滩和瀑布。

(2) 河流的切深大，河谷陡峻，稳定性相对较强；在山前区河段，河流的弯曲性加强，常出现许多不稳定的河汊。

(3) 流量水位的变化幅度大，变化迅速。

(4) 水流急，流速的变化范围大。

(5) 洪水期水流的挟沙量大，推移质多，颗粒粗。

(6) 在寒冷地区，水面不易形成稳定的冰盖，水内冰多，冰期长。

(7) 在林区，河流中的漂浮杂质多。

(8) 自然灾害（如滑坡、塌方、雪崩及泥石流等）出现的机会较多。

由上述特点可见，利用山区河流作为给水水源较平原河流复杂，主要表现在下列几个方面：

(1) 由于河流年径流甚至日径流不均匀以及不便于用蓄水库进行调节，山区河流的水利资源常不能被充分利用。山区小河流在枯水期甚至经常断流。

(2) 枯水期，多数河流的水深较小，甚至仅有河床下部径流；洪水期，水位暴涨暴落，水流急，固体径流量大，不但不便取水，而且对取水构筑物的破坏性强。

(3) 水中含沙量大，颗粒粗，必须就近沉淀并排除水中的大颗粒泥沙。

(4) 在不稳定河段须建立相应的整治构筑物，在可能出现自然灾害的地区须采取防护措施。

(5) 施工条件复杂，构筑物的造价较高。

2. 山区河流取水系统的组成

山区河流取水系统一般由取水构筑物、带有排砂冲洗设施的沉砂池、预沉池、输水与排水渠道及取水泵站等组成。确定取水系统组成及各构筑物的形式时，应充分考虑所在河段的特点，尽可能使取水系统的组成与构筑物的形式简单、工作可靠、构造坚固耐用并能最大限度地利用当地材料。

取水枢纽的布置在山区河流取水工程设计中是个关键问题，它涉及能否有效地防止泥沙、水内冰、漂浮杂质等对取水构筑物的威胁，也是能否保持河床稳定的重要环节。由于各地情况不同，取水枢纽的布置无固定原则可以遵循，而应根据给水系统的总体布置、取水量、河流泥沙组成情况及其他自然条件考虑。此外，应注意下列几点要求：

(1) 必须保证水流能比较集中，平稳和顺利地通过取水和泄水构筑物；同时，应使水流具有将泥沙、水内冰和漂浮杂质自取水口挟走的水流结构，应避免取水构筑物上游河道淤积和下游河床冲刷；必要时，应考虑水流调节问题。

(2) 为了就近沉淀并利用河水冲洗沉淀的泥沙，免于水泵叶轮遭到磨损，沉淀池应设在取水构筑物旁，取水泵站常设在沉砂池以至预沉淀池之后。

(3) 与取水构筑物位置选择问题结合考虑。山区河流取水构筑物位置选择原则上与平原河流的要求基本相同。

为了适应山区河流水位变化的特点，在多数取水构筑物处筑有升水坝，用以抬高枯水期的水位。在个别情况下，可筑坝蓄水或自河道直接取水。

3. 山区河流取水构筑物的形式与构造

由于地形条件复杂，形式多种多样，山区河流取水构筑物按照取水方式可以分为

以下几种形式。

（1）渗透式取水构筑物。在由卵石、砾石及砂组成的山区河流河床下常有丰富的地下水径流。因此，在其他条件适宜的情况下，采用渗透式取水构筑物是适宜的。特别在山前区河段，由于河流发育在冲积锥（扇）地带，河床下部的冲积层较厚（相对于其他河段而言），透水性强，而河流的稳定性较差，在这种情况下采用渗透式取水构筑物能够充分地发挥其优越性。我国东北地区的许多城市即属于这种情况。这类取水构筑物的设计和渗渠类似，具体内容可参考相关章节。

（2）底栏栅式取水构筑物。底栏栅式取水构筑布置如图 3-35 所示。它通过坝顶带栏栅的引水底道取水，由溢流坝、底栏栅、引水廊道、进水闸、冲砂室、沉砂池、防洪护坦等组成。

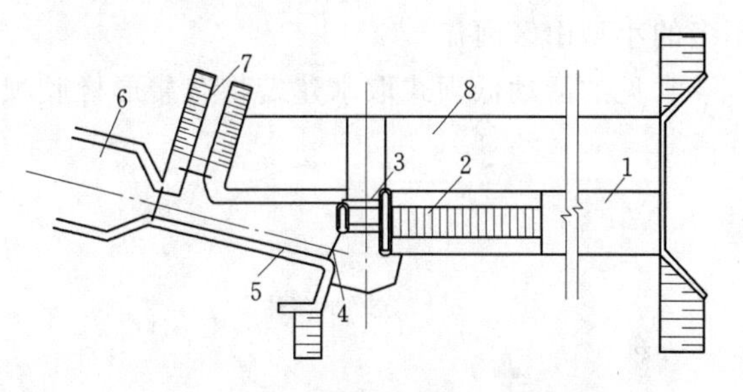

图 3-35　底栏栅式取水构筑物布置
1—溢流坝；2—底栏栅；3—冲砂室；4—进水闸；5—第二冲砂室；6—沉砂池；7—排砂渠；8—防洪护坦

1）溢流坝：抬高水位，但不影响洪水期泄洪，一般堰顶高出河床 0.5m 左右。

2）底栏栅：截留河中较大颗粒的推移质，还有草根、树枝、竹片或冰凌等，使之不得进入引水廊道。

3）引水廊道：位于底栏栅下部，汇集流进底栏栅的全部流量，并引入沉砂池或其他岸边取水渠道。

4）进水闸：进水调节，切换水路，控制冲砂。

5）冲砂室：借助河水将沉砂冲走，也称冲砂渠道。

6）沉砂池：设于岸边，承接引水廊道来水，去除水中部分较大的泥沙颗粒。

7）防洪护坦：设置在栏栅下游，防止冲刷对廊道基础造成的影响。

底栏栅取水是通过溢流坝抬高水位，并从底栏栅顶部流入引水廊道，再流经沉砂池至取水泵房。取水构筑物中的泥沙，可在洪水期时开启相应闸门引水进行冲洗，予以排除。

底栏栅式取水适用于河床较窄、水深较浅、河底纵坡较大、大颗粒推移质特别多的山溪河流，且取水量占河水总量比例较大时的情况，一般建议取水量不超过河道最枯流量的 1/4～1/3。

（3）低坝式取水。低坝可分为固定式和活动式。

固定低坝式取水构筑物如图 3-36 所示，由拦河低坝、冲砂闸、进水闸等组成。

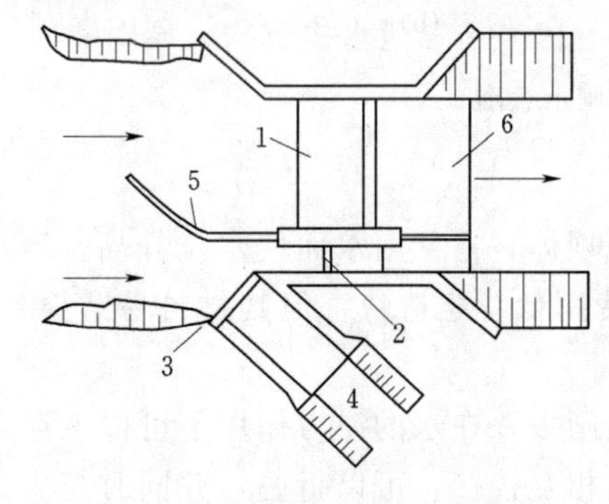

图 3-36　固定低坝式取水构筑物
1—溢流坝；2—冲砂闸；3—进水闸；4—引水明渠；5—导流堤；6—护坦

1）拦河低坝：用于抬高枯水期水位。

2）冲砂闸：设在拦河低坝的一侧，主要作

用是利用坝上下游的水位差将坝上游沉积的泥沙抛至下游。

3）进水闸：将所取河水引至取水构筑物。

枯水期和平水期时，河水将被低坝拦住，部分河水从坝顶溢流，保证有足够的水深，以利于取水口取水，冲砂闸靠近取水口一侧，开启度随流量变化而定，保证河水在取水口处形成一定的流速，以防淤积；洪水期时，则形成溢流，保证排洪通畅。

低坝式取水适用于枯水期流量特别小、取水深度不足、不通船、不放筏且推移质不多的小型山区河流。

常见的活动低坝式取水建筑物有袋形橡胶坝（图 3－37）和浮体闸（图 3－38）。

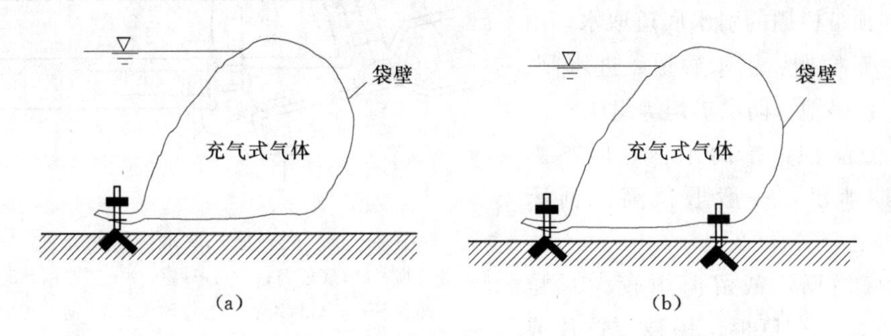

图 3－37　袋形橡胶坝

（a）单锚固；（b）双锚固

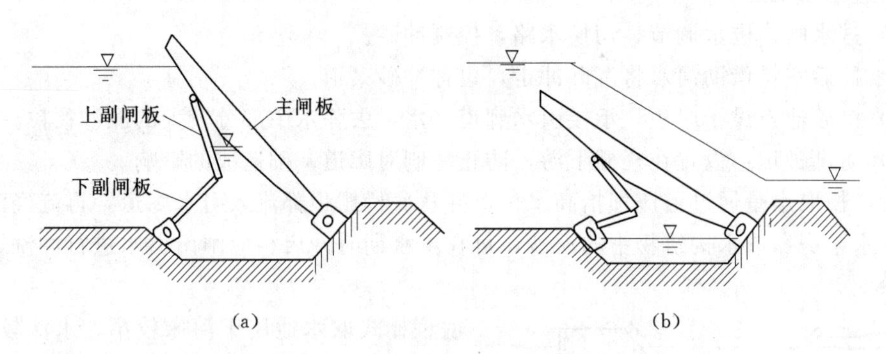

图 3－38　浮体闸升闸和降闸示意图

（a）升闸；（b）降闸

封闭的袋形橡胶坝，在充水或充气时胀高形成坝体，拦截河水而使水位升高。当需泄水时，只要排出气体或水即可。橡胶坝土建费用低、建造快，但其材料易磨损、老化，寿命短，使用受到限制。

浮体闸有一块可以绕底部固定铰旋转的空心主闸板，在水的浮力作用下可以上浮一定高度，起到拦水作用。另外，还有两块副闸板相互铰接，可以折叠，并同时与主闸板铰接起来。当闸腔内充水时，主闸板上浮，低坝形成；当闸腔内的水放出时，主闸板回落，以便泄水。

第三节 调节构筑物

一、概述

调节构筑物是指用于储存和调节水量的构筑物，包括清水池、高位水池、水塔、压力罐等。

资源 3-1

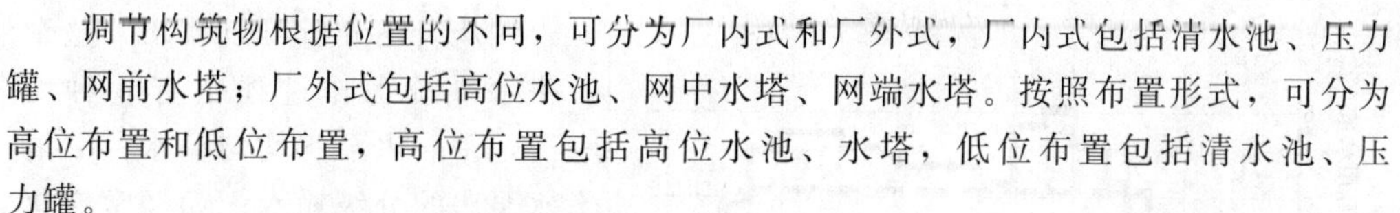

调节构筑物根据位置的不同，可分为厂内式和厂外式，厂内式包括清水池、压力罐、网前水塔；厂外式包括高位水池、网中水塔、网端水塔。按照布置形式，可分为高位布置和低位布置，高位布置包括高位水池、水塔，低位布置包括清水池、压力罐。

调节构筑物具体采用何种布置方式，对配水管网的造价和经常运转费用均有较大影响，设计时要慎重选择，调节构筑物的合理配置，能有效调节产水流量、供水流量与用水流量的不平衡，提高供水保证率、管理的灵活性和供水泵站效率。但投资较高，其位置和型式应根据地形和地质条件、净水工艺、供水规模、居民点分布和管理条件等通过技术和经济比较确定。

调节构筑物的种类、布置方式和适用条件见表 3-10。

表 3-10　调节构筑物的种类、布置方式和适用条件

调节构筑物的种类	布置方式	适用条件
清水池	厂内水位	(1) 取用地表水源的净水厂，需要处理的地下水水厂； (2) 经过技术经济比较，无需在管网内设置调节构筑物； (3) 需要连续供水，并可用水泵调节负荷的水厂； (4) 进水厂内滤池需反冲洗水源
高位水池	厂外水位	(1) 有可利用的地形适宜条件； (2) 调节容量后，可就地取材； (3) 供水区所要求的压力和范围变化不大
水塔	厂内、外高位	(1) 无可利用的地形条件； (2) 用水量变化大，有时不需供水或低峰时无法用水泵调节； (3) 调节容量较小； (4) 厂内水塔可兼做滤池反应洗水箱
压力罐	厂内低位	(1) 无可利用的地形条件； (2) 需连续供水，用水量变化大，供电有保证； (3) 对水压变化有适应性； (4) 对构筑物抗震要求较高地区； (5) 允许供水压力经常波动

二、供水系统中水量的平衡调节

供水系统中各构筑物，由于功能不一，因此工作情况各有差异。

取水构筑物、取水泵房和净化构筑物一般按 24h 均匀工作来考虑（小型供水中常常间断工作），以缩小构筑物和设备的规模，节约建造费用，保证净化构筑物中流量的稳定和净化效果。因此是以最高平均时流量作为依据来设计的（或者以一定时间的平均流量来设计）。

清水泵房为了适应用户用水量不断变化的要求，往往为分级输水，即选用几台水泵，按几种组合方式运转，每种组合在一段时间内输送一定的水量，而一天的输水量等于全日用水量。级数分得越多，可使水泵每小时输水量越接近用水量，但机组组合复杂，增加运行操作的麻烦。所以中小型水厂一般采用一级、二级但不多于三级输水。设计时在考虑水泵机组配合、方便调节、工作效率高的条件下，应使分级输水线尽可能接近用水线。

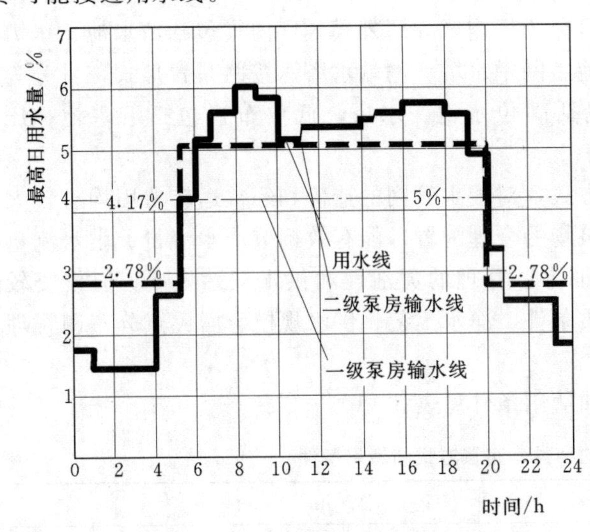

图 3-39　某水厂最高日用水量变化曲线

从上述分析可以看出，整个供水系统工作过程中有 3 种情况，①取水泵房均匀输水；②清水泵房的分级输水；③经常变化的用户用水，如图 3-39 所示。在某一时间内，它们相互之间在水量上是不平衡的。取水泵房的均匀输水不能适应清水泵房分级输水；清水泵房的分组输水不能完全适应用户用水量的变化，产生了水量供求关系上的矛盾。在工程实践中，常常是采用清水池和水塔等调节构筑物，使其达到平衡。

从图 3-39 可以看出，取水泵房输水量为 4.17%（即 100/24=4.17）的水平线。清水泵房为二级输水。5—20 时按 5%输水，其余时间按 2.78%输水。两个泵房的输水量在每一个小时内部是不相等的。建造清水池后可把这一矛盾统一起来，它们之间输水量的差额由清水池来调节。当清水泵房输水量大于取水泵房输水量时，不足的水量从清水池内取用。反之，当取水泵房输水量大于清水泵房输水量时，多余的水量可储存在清水池中，以备不足时取用。

同样，建造水塔可解决清水泵房分组输水与用户用水量之间的矛盾。当用户用水量大于清水泵房输水量时，不足的水量由水塔供给。反之，当清水泵房输水量大于用户用水量时，多余的水量可储存于水塔之中。

清水池调节容量的计算方法很多，现将表 3-11 所列的计算方法说明如下。

表 3-11　　清水池和水塔调节容量计算

时间	取水泵房输水量/%	清水泵房输水量/%	用水量/%	进、出清水池水量/%		进、出水塔水量/%	
				有水塔	无水塔	每小时	累计
(1)	(2)	(3)	(4)	(5)	(6)	(7)	(8)
0—1 时	4.17	2.78	1.70	1.39	2.47	1.08	1.08
1—2 时	4.17	2.78	1.67	1.39	2.50	1.11	2.19
2—3 时	4.16	2.78	1.63	1.38	2.53	1.15	3.34

续表

时间	取水泵房输水量/%	清水泵房输水量/%	用水量/%	进、出清水池水量/%		进、出水塔水量/%	
				有水塔	无水塔	每小时	累计
3—4时	4.17	2.78	1.63	1.39	2.54	1.15	4.19
4—5时	4.17	2.78	2.56	1.39	1.61	0.22	4.17
5—6时	4.16	5.00	4.05	−0.84	0.11	0.95	5.36
6—7时	4.17	5.00	5.14	0.83	−0.97	−0.14	5.22
7—8时	4.17	5.00	5.64	−0.83	−1.47	−0.64	4.58
8—9时	4.16	5.00	6.00	−0.84	−1.84	−1.00	3.58
9—10时	4.17	5.00	5.84	−0.83	−1.67	−0.84	2.74
10—11时	4.17	5.00	5.07	−0.83	−0.90	−0.07	2.67
11—12时	4.16	5.00	6.15	−0.84	−1.99	−1.15	1.52
12—13时	4.17	5.00	5.15	−0.83	−0.98	−0.15	1.37
13—14时	4.17	5.00	5.15	−0.83	−0.98	−0.15	1.22
14—15时	4.16	5.00	5.27	−0.84	−1.11	−0.27	0.95
15—16时	4.17	5.00	5.52	−0.83	−1.35	−0.52	0.43
16—17时	4.17	5.00	5.75	−0.83	−1.58	−0.75	−0.32
17—18时	4.16	5.00	5.83	−0.84	−1.67	−0.83	−1.15
18—19时	4.17	5.00	6.62	−0.83	−2.45	−1.62	−2.77
19—20时	4.17	5.00	4.80	−0.83	−0.63	0.20	−2.57
20—21时	4.16	2.78	3.39	1.38	0.77	−0.61	−3.18
21—22时	4.17	2.78	2.69	1.39	1.48	0.09	−3.09
22—23时	4.17	2.77	2.58	1.40	1.59	0.19	−2.9
23—24时	4.16	2.77	1.87	1.39	2.29	0.90	−2
	100	100	100				

表3-11中（2）、（3）、（4）三项分别列出了以百分数计算的取水泵房、清水泵房的输水量以及用水量。清水池用来调节取水泵房和清水泵房输水量之间的不平衡。又可分成两种情况：一种是管网内无水塔，此时清水泵房的每小时输水量应该等于用水量；另一种情况是有水塔，这时清水泵房可采用分级输水，表中所列为二级输水。

有水塔时的清水池调节容量见（5）项，即等于（2）和（3）项的差值。当取水泵房输水量大于清水泵房输水量时，如0—1时，多余的水量储存在清水池中（4.17−2.78＝1.39），用正号表示。相反，如5—6时，不足的水量从清水池取出，用负号表示（4.16−5.00＝−0.84）。因为一天内取水泵房、清水泵房的输水量都等于100%，所以多余时所储存的水量必定等于不足时取用的水量，也就是（5）项内以百分比计的正号总水量等于负号总水量，其值为12.5%，即为清水池调节容量的百分率。假定该农村最高日用水量为2000m^3，则清水池调节容量应为：2000×12.5%＝250(m^3)。

若管网内无水塔，则清水池调节容量计算见（6）项，它等于（2）和（4）项的差值，按上述同样方法算出的调节容量为17.78%。

水塔调节容量的计算，见表3－11中（3）、（4）、（7）、（8）项，（3）项清水泵房输水量和（4）项用水量之差值记入（7）项，正号表示多余的水储存于水塔，负号表示水塔存水流出补充。（8）项为从0时开始的累计值，（8）项内最大正值和最大负值的绝对值之和，即为水塔的调节容量。该表中即为：5.36%＋3.18%＝8.54%。

通常在设计时，往往缺乏24h的用水变化资料，难以按上述方法计算。因此一般根据经验和实际要求来确定清水池、水塔等调节构筑物的调节容量。

三、清水池

1. 清水池的构造

清水池构造如图3－40所示。清水池有圆形、矩形之分，可以用钢筋混凝土浇筑，也可以用砖、石砌筑。池内安装有进水管、出水管、溢水管、排水管、通风管和必要的闸阀。进水管和出水管应布置在池子的两端，使水在池内流动循环。如清水池容量较大或清水池进、出水管需要放在同一侧的，为防止水流短路，保证水质新鲜和足够的加氯接触时间，可在池内进水管与出水管之间设置导流墙。为便于维护管理，清水池应设人孔和浮筒水位尺。

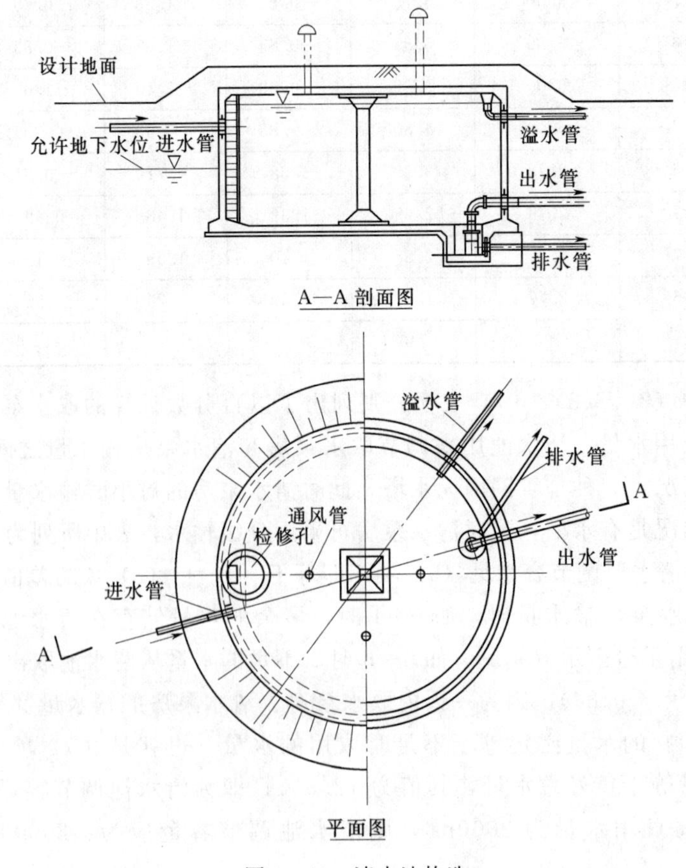

图3－40　清水池构造

为满足水池抗浮与保温要求，池顶应覆土。一般要求厚度为0.3m，若当地冬季气温在－10～－30℃，则覆土厚度要求为0.7m。

2. 清水池有效容量计算

清水池有效容量可按下式计算：

$$W_c = W_1 + W_2 + W_3 + W_4 \tag{3-25}$$

式中 W_c——清水池有效容量，m^3；

W_1——清水池调节容量，m^3，可由用水量曲线和给水量曲线计算求得，当缺乏资料时，按最高日用水量的15%～25%计算；

W_2——水厂自用水量，m^3，当采用水泵冲洗滤池时，一般可按最高日用水量的5%～10%计算；

W_3——消防用水量，m^3；

W_4——安全储量，m^3，一般按最高日用水量的5%考虑，但对于短时间允许暂停供水的情况可不考虑。

式（3－25）中消防用水量可根据供水区对不间断供水的安全要求程度来确定。如果供水区主要是生活用水，对不间断供水的安全要求程度较低，可以停止生活用水将全部水量用于消防灭火。此时，在清水池有效容量计算中，一般可不考虑消防储量。但是为了保证消防用水的需要，应按公安部门消防用水的规定，复核水厂抽升设备的能力及清水池或高位水池的有效容量。

如果供水区对不间断供水的安全要求程度高，则清水池有效容量中计入消防用水量。居住区和工厂可按两小时火灾延续时间的消防用水量计算。

此外清水池有效容量尚需用消毒接触所需要的容量复核。

综上所述，一般情况下，乡镇供水的清水池有效容量，可按最高日用水量的25%～40%来计算。

3. 清水池设计要点

（1）进水管。管径一般按净水构筑物的产水量计算，进水口位置应在池内平均水位以下。

（2）出水管。管径一般按最高日最高时用水量计算。如果出水管为水泵吸水水管，直接自清水池内集水坑吸水，喇叭口距池底的高度不小于0.5m，出水管管径按水泵要求确定。如果出水管直接连接管网，则管径按管网要求确定。

（3）溢流管。又称溢水管，管径一般与进水管相同，管端为喇叭口，与池内最高水位持平，管上不得装闸阀。为防止爬虫等沿溢流管进入池内，管口应装网罩。

（4）排水管。即放空管，管径不得小于100mm，管底应与集水坑底持平。

（5）通气孔及人孔。为保持池内自然通气，在池顶设通气孔，直径一般为200mm，不得拐弯，出口高于覆土0.7m即可。池顶应设人孔，直径一般为700mm，要求盖板严密，高出地面，防止雨水、虫类进入。

（6）池顶覆土。覆土厚度视当地平均室外气温而定，一般在0.3～0.7m之间，气温低则覆土应厚。此外，覆土厚度还应考虑池体抗浮要求。当地下水位较高、池体埋深较大时，覆土厚度按抗浮要求确定。

（7）水位指示。水池内的水位变化，应有就地指示装置。一般可用浮筒水尺或浮标水尺，水尺上标有刻度。如需水位传示，可安装水位传示仪。

4. 清水池配管管径的选择与标准图

为便于设计，现将容积为 50～300m³ 的清水池内各种管道的管径，钢筋混凝土清水池标准，小型砖、石圆形清水池主要技术数据及工程量介绍详见表 3-12～表 3-14。

表 3-12　清水池内各种管道的管径

管道名称	清水池容积/m³				
	50	100	150	200	300
进水管/mm	100	150	150	200	250
出水管/mm	150	200	250	250	300
溢流管/mm	100	150	150	200	250
排水管/mm	100	100	100	100	150

注　1. 溢流管喇叭口直径为管径的 3 倍，长度为管径的 2 倍。
　　2. 一般情况下，出水管即水泵吸水管。

表 3-13　钢筋混凝土清水池标准

主要数据与图号	圆　形					
有效容积/m³	50	100	150	200	250	300
直径/m	4.5	6.4	7.8	9.0	10.0	11.1
高度/m	3.5	3.5	3.5	3.5	3.5	3.5
图号	S811	S812	S813	S814	S815	S816
主要数据与图号	矩　形					
有效容积/m³	50	100	150	200	250	300
长×宽/(m×m)	3.9×3.9	7.8×3.9	11.7×3.9	11.2×5.6	12.4×6.2	13.6×6.8
高度/m	3.5	3.5	3.5	3.5	3.5	3.5
图号	S823	S824	S825	S826	S827	S828

注　表内尺寸为净尺寸，附属物、配件图号为 S821。

表 3-14　小型砖、石圆形清水池主要技术数据及工程量

<table>
<tr><td colspan="4">水池有效容积/m³</td><td>10</td><td>30</td><td>50</td><td>100</td><td>150</td><td>200</td><td>300</td></tr>
<tr><td colspan="4">水池内径 D/m</td><td>2.5</td><td>4.0</td><td>4.5</td><td>6.5</td><td>8.0</td><td>9.0</td><td>11.0</td></tr>
<tr><td colspan="4">池深 H/m</td><td>2.8</td><td>2.8</td><td>3.4</td><td>3.4</td><td>3.4</td><td>3.4</td><td>3.1</td></tr>
<tr><td rowspan="6">主要工程量/m³</td><td rowspan="4">钢筋混凝土</td><td rowspan="2">砖砌体</td><td>$h=0.3$m</td><td rowspan="2">2.7</td><td>6.7</td><td>9.8</td><td>17.7</td><td>26.4</td><td>46.7</td><td>51.4</td></tr>
<tr><td>$h=0.7$m</td><td>7.0</td><td>10.1</td><td>19.4</td><td>27.6</td><td>46.7</td><td>55.9</td></tr>
<tr><td rowspan="2">石砌体</td><td>$h=0.3$m</td><td rowspan="2">3.0</td><td>7.9</td><td>10.2</td><td>19.8</td><td>28.9</td><td>51.0</td><td>54.3</td></tr>
<tr><td>$h=0.7$m</td><td>8.2</td><td>10.3</td><td>21.7</td><td>30.2</td><td>51.0</td><td>59.1</td></tr>
<tr><td rowspan="2">混凝土</td><td rowspan="2">砖砌体</td><td>$h=0.3$m</td><td rowspan="2">1.3</td><td rowspan="2">2.1</td><td rowspan="2">2.7</td><td rowspan="2">5.8</td><td>8.1</td><td>10.4</td><td>16.6</td></tr>
<tr><td>$h=0.7$m</td><td>8.0</td><td>10.3</td><td>16.5</td></tr>
</table>

续表

主要工程量/m^3	混凝土	石砌体	$h=0.3m$	1.2	2.5	3.3	6.6	9.0	11.3	17.3
			$h=0.7m$				6.5	8.9	11.2	17.3
	砖砌体	砖砌体	$h=0.3m$	7.2	12.4	23.9	43.7	54.4	60.4	87.2
			$h=0.7m$				44.1	54.9	61.3	88.6
	石砌体	石砌体	$h=0.3m$	11.7	21.8	41.6	66.6	80.4	90.5	109.2
			$h=0.7m$				67.2	81.3	91.4	110.9

注 1. 放套标准图号为 S848。

2. 池顶荷载按 1.5kPa 计。

3. 表内 h 为池顶覆土厚度，分 0.3m 和 0.7m 两种。

4. 地基承载力 $R>1MPa$。

5. 允许最高地下水位为水池底板面以上 1.0m。

四、水塔

1. 水塔的工作状态

水塔的工作状态与供水量、用水量息息相关。供水量和用水量的关系，决定了水塔的工作状态。当用水量等于供水量时，水塔的储水量不变，水塔处于平衡状态；当用水量大于供水量时，水塔储水量减少，水塔储存的水向管网供水，水塔处于出水状态；当用水量小于供水量时，水塔处于进水状态。当停止供水时，则向管网的供水全部由水塔的储水供给。

2. 水塔的构造

水塔主要由水柜（水箱）、支筒（塔体）、基础和各种管道、闸阀等组成。水柜可分为保温和不保温两种，一般用钢筋混凝土浇筑；支筒可用钢筋混凝土浇筑，也可用砖、石砌筑；基础用混凝土浇筑或用块石砌筑；进、出水管与管网相连接，为节约管材，二管可以合并，也可分别设置。

3. 水塔中水柜有效容量的计算

农村水厂水塔中水柜的有效容量可按下式计算：

$$W_c = W_1 + W_2 \tag{3-26}$$

式中 W_c——水柜有效容量，m^3；

W_1——水塔的调节容量，m^3，可由用水量曲线和给水量曲线计算求得，当缺乏资料时，一般为最高日用水量的 10%～15%；

W_2——水厂自用水量，m^3，当采用水泵冲洗滤池时，一般可按最高日用水量的 5%～10%计算。

农村水塔水柜有效容量的计算中，消防用水量和安全储水量的确定可参考清水池有效容量计算中的规定。

4. 水塔高度的确定

水塔中水柜底部高度 H，应保证在最高日最高时用水量时，管网内控制点具有所要求的自由水压，可按下式计算：

$$H = H_0 + \sum h_f - z \tag{3-27}$$

式中　H——水塔中水柜底部高度，m；

H_0——控制点所要求的自由水压，m；

$\sum h_f$——由水塔至控制点，按最高日最高时用水量计算的全部水头损失，m；

z——水塔地面与控制点地面的高程差，m。

5. 水塔标准图

水塔设计时可根据水塔容量和水塔高度等条件参照水塔标准图设计。现将适于农村的部分水塔标准图的图号和主要参数介绍如下，见表3-15。

表3-15　　水塔标准图号、主要参数

标准图图号	水塔容量/m^3	水塔高度/m	水柜		支筒材料
			保温情况	材料	
S843—1～3 S843—4～6	30 50 80	15、20 15、20 15、20	不保温	钢筋混凝土	钢筋混凝土
S845—(一) S845—(二)	30 50 80	16、20 16、20 20	不保温	钢筋混凝土	砖
S846—(一)	30 50 80	16、20 20 20	保温	钢筋混凝土	砖
S847—(一)	50	20	保温	钢筋混凝土	钢筋混凝土
S849—(一) S849—(二)	15 15	16、20 16、20	保温 不保温	钢筋混凝土	砖

五、高位水池

利用地形，在高地上修建的调节水池为高位水池，也称高地水池。高位水池的作用在于调节配水量，使之适应供水区实时用水量的变化，并可保证管网所需水压。由于利用了有利地形，不必另建支架，所以高位水池的容积可适当加大，在停电时也可保证供水，并可减小配水泵的装机容量和清水池的容积。

高位水池的容积可参考清水池容积计算公式确定，也可按最高日用水量的25%～40%计算。在经常停电的地区，高位水池的容积可适当加大，甚至可达100%的最高日用水量。高位水池的高度计算与水塔相同，池内水深一般为2.5～4m。

高位水池的构造、各种管道的布置以及附属设施的设计，可参考清水池设计，同时还应注意以下几点。

(1) 修建高位水池要尽可能就地取材，如采用砖、石等材料砌筑。

(2) 从水厂送出的水如已经过消毒，高位水池的进、出水管可以合并为一条；否则，应单独设置进、出水管，并在高位水池中加氯消毒。

(3) 由于高位水池的容积比较大，要保证池内水流流畅，防止池内水流形成回流区、死水区，造成水的再次污染。

(4) 在同一供水区域内，若有两个以上分别设置在不同位置的高位水池，池底标

高应经过水力计算确定，并应设置安全可靠的控制水位设备。

(5) 高位水池池顶应安装避雷装置。通气孔与人孔均应有严格的安全措施，池内水位要传示到配水泵房内。

六、压力罐

1. 压力罐的工作原理

压力罐也称气压罐或气压给水设备，是一种利用密闭压力罐内空气的可压缩性来储存和调节水量的装置，具有自动控制管网水压的能力，可代替水塔不间断地向管网供水，适用于城镇住宅小区、高层建筑、村镇给水和喷灌、码头、野外设施等的给水和消防供水。压力罐供水系统工作原理如图3-41所示。

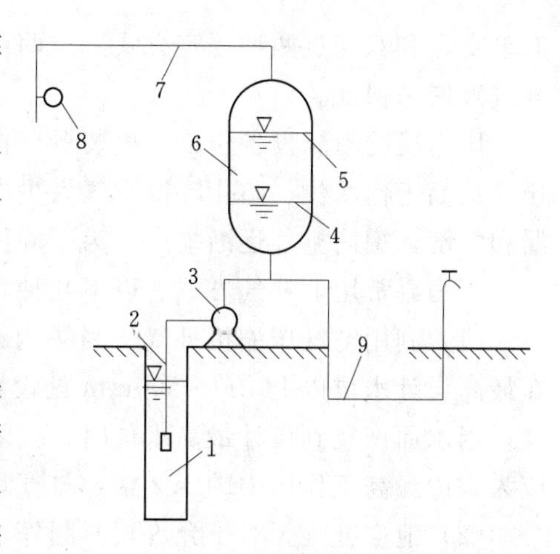

图3-41　压力罐供水系统工作原理

1—管井；2—吸水管；3—水泵；4—最低水位；5—最高水位；6—压力罐；7—压力表管；8—电接点压力表；9—管网

压力罐利用罐内空气的可压缩性来储存和调节水量，一般安装在配水泵与管网之间。水泵启动后向管网供水，多余的水则储存至压力罐内，并使罐内水位上升。罐内空气受到压缩，压力随之增高。当罐内压力达到所规定的上限压力值时，管道与罐顶部相连通的电接点压力表的指针接通上限触点，发出信号，切断电源，水泵停止运行。这时，管网由压力罐供水。随着用户继续用水，罐内水位下降，罐内空气压力也随之下降，当降至所要求的下限压力值时，电接点压力表的指针接通下限触点，继电器动作，水泵重新启动工作，重复上述过程。正常情况下，水泵可在无人控制的情况下工作，并可根据用水量的变化，自行调控开停次数与工作时间，保证向管网连续供水。

2. 压力罐形式与构造

压力罐的给水设备按压力稳定情况分为变压式和恒压式；按压力罐的形式可分为补气式和隔膜式；按罐体形状可分为立式、卧式和球罐。

隔膜式气压罐对隔膜材料性能有以下要求：①能承受一定压力并具有一定的抗张拉强度，能适应反复折叠，具有一定的抗疲劳强度；②具有足够的不透水性和化学稳定性，能在水中长期使用；③对生活饮用水系统，应能满足生活饮用水的卫生要求。

目前常用的隔膜有以下几种形式：

(1) 帽形。我国隔膜式气压罐的起步是由帽形隔膜开始的，这种隔膜呈平面形、碟形，有较大的调节容积。

(2) 囊形。隔膜从帽形发展到囊形是一个很大的进步，既缩小了固定隔膜的法兰，又减少了气体的渗漏量，还延长了补气周期和隔膜的使用寿命。

(3) 折囊式和胆囊形。折囊式隔膜是一种可以折叠的囊形隔膜，膜体较薄，厚度一般为5mm，单支点固定，囊体近似手风琴风箱的折叠形式，可上下移动。还有一种近似瓜瓣的折叠形式，通常为环向折叠变形。胆囊形隔膜，囊的大小与罐体相同，

有单支点和双支点两种固定方式。这两种囊壁无需胀缩变形，水的调节容积靠囊的折叠或舒展来保证。

压力罐的附属设备包括补气装置、排气装置和其他附属装置。补气装置是控制气压级最高工作水位、防止罐内空气太少的措施。气压罐内压缩空气与水接触，由于渗漏和溶解，罐内空气逐渐损失，为了确保给水系统的运行工况，因此需要随时补气。

压力罐常用的补气方式有以下几种：

(1) 利用空气压缩机补气。当罐内最高工作压力时的水位超过设计最高水位时，在最高设计水位以上100～500mm处设置水位电极，启动空压机向罐内补气使水面下降；当水面恢复到设计最高水位时，关闭空气压缩机，停止补气。空压机的工作压力应为罐内最高工作压力的1.2倍，排气量根据气压罐的体积选用。

(2) 泄空补气。对于允许短时间停水，且用水压力不高、对水压稳定性要求不严的小型气压给水设备，可以采用定期泄空罐内存水的方法进行补气。在泄水的同时，要打开设在罐顶的进气阀，使空气补入。将进气阀关闭后再启动水泵，利用水压将罐内空气压缩。

(3) 利用水射器补气。在水泵出水管的旁通管上装设水射器，当需要补气时启动水泵，水射器吸入空气补入罐内。调节出水管上阀门的开启度，即可调节水射器吸入的空气量。如不需要补气时，关闭水射器前阀门。

(4) 利用水泵出水管中积存空气补气。这种补气方式对使用深井泵和潜水泵的最为适宜，卧式泵分为有底阀式及自灌式两种。

(5) 利用水泵吸水管吸入空气补气。这种补气方法是在水泵工作时，打开水泵吸水管上的补气阀门，利用水泵自吸能力补入空气，直到积累空气量达到需要为止。另外，还可以在水泵吸水管上设补气罐、止回阀，当水泵开动时，吸水管内形成负压，将补气罐内的水吸走，空气通过进气阀进入补气罐。停泵后，利用气压罐与补气罐的水位差，把补气罐内的空气补入气压罐。

设置排气装置是控制气压罐最低工作水位、防止罐内空气过多的措施。

其他附属装置包括密闭人孔、玻璃液位计或窥视窗、压力表、安全阀、放气阀和泄水阀。在气压罐的进、出水管口安装有止气阀，以防止罐内空气随水流出；在进气口安装止水阀，以防止罐内的水进入空气压缩机或空气储罐内。

3. 压力罐供水的特点

压力罐可以设在任何高度，具有适应性强、灵活性大的特点，而且便于施工安装，工期短，土建费用较低。由于压力罐是密闭装置，水质不易被污染。压力罐可集中设在室内，便于防冻保温，维护简单，管理方便，节省投资，有利抗震。气压罐压力可以随使用要求改变，移动方便。压力罐的缺点是调节水量很小，一般调节水量约为压力罐总容积的25%～35%。停电后很快即停水。由于供水水压变化较大，可能影响给水配件的使用寿命，耗电较大，对供电的安全性要求较高。如果水泵启停频繁，压力罐的使用寿命将缩短，且其更新费用较大，对加工、检验的要求较高。

隔膜式气压罐因有隔膜呈双室形，气水不相接触，杜绝了空气的溶解和溢出，从而使气体消耗量大为减少，一次充气可长期使用，无需经常补气，不必另设补气设

备，可省去这部分投资，但却增加了隔膜的费用。由于隔膜式气压罐使水和空气完全处于隔离状态，可避免水质被大气污染、减少气压罐的保护容积、降低罐体氧化腐蚀速度。

4. 压力罐的选择

(1) 压力罐的计算。压力罐的计算包括调节容量的计算、总容积的计算和工作压力的计算。

1) 压力罐调节容量的计算。罐内上限压力时水位与下限压力时的水位之间的容量，即为水泵开停一次的压力罐调节容量，其计算公式如下：

$$V_s=\beta\frac{Q}{4n_{\max}} \tag{3-28}$$

式中 V_s——压力罐调节容量，m^3；

Q——罐内平均压力时，水泵的出水量，等于或略大于最高时用水量，m^3/h；

$n_{\max}$——水泵每小时最大启动次数，一般为4～8次/h，不宜超过10次/h；

β——容积附加系数，立式罐为1.1，卧式罐为1.25。

2) 压力罐总容积的计算。在同样调节容量的情况下，压力罐的总容积与最大、最小工作压力有关，也与罐采用自动补气还是人工泄空补气方式有关。

采用自动补气方式的压力罐总容积计算公式如下：

$$V=K\frac{V_s}{1-\alpha} \tag{3-29}$$

其中

$$\alpha=\frac{p_1}{p_2} \tag{3-30}$$

式中 V——压力罐总容积，m^3；

K——容积利用系数，采用1.1；

α——压力比值系数；

p_1——最小工作压力，MPa；

p_2——最大工作压力，MPa。

若采用人工泄空补气时，压力罐总容积计算公式如下：

$$V=10p_1\frac{V_s}{1-\alpha} \tag{3-31}$$

式中 各符号意义同前。

3) 压力罐工作压力的计算。压力罐最低工作压力（即压力罐上电接点压力表的下限压力值），应保证在最高日最高时用水量时，管网中最不利点有足够的自由水压。其计算公式如下：

$$p_{\min}=(H_0+\sum h_f-Z)\times 0.01 \tag{3-32}$$

式中 $p_{\min}$——压力罐最低工作压力（以相对压力计），MPa；

H_0——控制点所要求的自由水压，m；

$\sum h_f$——由压力罐至管网控制点的管道全部水头损失，m；

Z——压力罐内最低水位与控制点地面高差，m。

压力罐最高工作压力，即电接点压力表的上限压力值。该值与水泵性能、压力罐及供水管道允许的工作压力有关，目前农村供水一般不超过0.4MPa。

(2) 压力罐的选择步骤。

1) 按管网水力计算结果确定最低工作压力，并换算成绝对压力 p_1（一个工程大气压为0.1MPa)，根据选泵结果确定 p_2。

2) 按最高日最高时用水量 Q 及选用水泵的种类所允许的最大启动次数 n_{max}，用式 (3-28) 计算压力罐调节容量 V_s。

3) 按压力罐的类型及工作条件，自动补气时，据 V_s 及应用 p_1、p_2 计算的 α 值，用式 (3-29) 计算压力罐总容积 V；人工泄空补气时，可应用式 (3-31) 计算压力罐总容积 V。

4) 根据上面确定的 p_2 及 V 选择标准压力罐，如 V 值较大，可选用两个压力罐，并联工作。

(3) 压力罐的制造要求。

1) 气压罐必须由持有压力容器制造许可证的厂家制造，以免粗制滥造，发生事故。

2) 罐体、封头所用材料，接管的管材、焊条均应符合有关规定的要求。

3) 罐体可冷加工成型，封头可采用整板热加工成型。

4) 组装时，应逐个选配，使其错边量不超过1.5mm，其对接面均应加工成30°～40°钝边V形坡口，接面间隙为2～3mm。

5) 焊接工作应由考试合格的焊工担任，罐体纵焊缝要求两面焊接，外部两遍成型。罐体与封头的对接环缝为单面焊接，两遍成型。全部焊缝应采用全焊透结构。

6) 焊缝应根据由国家质量监督检验检疫总局发布的《固定式压力容器安全技术监察规程》(TSG 21—2016) 要求，进行无损探伤检查。焊缝探伤有超声波、射线、表面（磁粉、着色）等方法，可根据具体情况与技术条件选择适宜的方法。

7) 气压罐制成后应逐个进行耐压试验，试验以水作为介质，试验压力等于1.25倍的设计压力。试压合格的条件是：容器和焊缝无渗漏，容器无可见的异常变形。

【例3-1】 某供水区的最高日最高时用水量 Q 为 $35m^3/h$。从管井中抽水，管井的静水位与罐中最高水位的高程差为15m，当水泵在高时用水情况下连续工作时，最大水位降深5m。经管网水力计算，要求罐的最低供水压力为10m (0.1MPa)，设计考虑最高供水压力为30m (0.3MPa)，泵房内部管道水头损失3m。计算并选择水泵与压力罐。

解: (1) 选泵。

因
$$流量\ Q=35m^3/h$$
$$扬程\ H=15+5+3+30=53(m)$$

故：选用型号为6JD 36×6深井泵，配套电机功率11kW（当 $Q=36m^3/h$ 时，$H=57m$，$n_{max}=6$ 次/h)。

(2) 选罐。

拟采用自动补气式压力罐，应用式 (3-28) 和式 (3-30) 得

$$V_s=\beta\frac{Q}{4n_{\max}}=1.1\times\frac{35}{4\times6}=1.6(\mathrm{m}^3)$$

$$\alpha=\frac{p_1}{p_2}=\frac{0.1+0.1}{0.3+0.1}=0.5$$

应用式（3-29）得

$$V=K\frac{V_s}{1-\alpha}=1.1\times\frac{1.6}{1-0.5}=3.52(\mathrm{m}^3)$$

由此选用83GJ18型压力罐：$D=1600\mathrm{mm}$，$H=2500\mathrm{mm}$，总容积$4.5\mathrm{m}^3$。

第四章　输配水管网与泵站

农村供水工程中的输配水管网是指保证输水到给水区内并且配水到所有用户的全部设施。它包括输水管、配水管网、泵站、水塔和水池等。对输配水管网设计的总要求是：供给用户所需的水量，保证配水管网足够的水压，保证不间断给水。

输水管指从水源到小城镇水厂或者从小城镇水厂到相距较远管网的管线，通常可分为重力输水和压力输水两种形式。输水管用以将水从一级泵站输送到水厂，或将水从水厂输送至管网和个别大用户，在输水过程中不向两侧或很少向两侧分水。它的作用很重要，在某些远距离输水工程中，它的投资很大。配水管网是给水系统的主要组成部分，它和输水管、二级泵站及调节构筑物（水池、水塔等）有密切的联系。配水管网用以将水分配给各用水区域和用户，配水管分布于整个用水区，均为压力流，并且管道内输送的流量和压力都是随着用户用水量的变化而变化。输配水管网要求供给用户所需的水量，并保证配水管网足够的水压，同时保证不间断供水。

第一节　输水管网

一、输水管布置

1. 输水管线选择的一般原则

农村供水工程中的管道部分投资占工程总投资的50%～80%，管道工程布置的变化影响着整体工程投资的大小，其中节约的潜力较大。同时还可以起到降低运行费用、提高工程效益的效果。在进行管道布置时，既要考虑经济因素，更要注意管道的安全运行，而且在两者出现矛盾时，要在确保安全运行条件下，适当照顾经济性原则。

管道在布置时，受很多因素影响，一般应遵循以下原则：

（1）应使管线最短，选用当地管材，施工要方便，尽量少占或不占农田。

（2）使管线沿现状或规划道路敷设，既方便施工又利于维护检修。

（3）尽量减少与道路、河流、桥梁、山谷相交叉，使管线避免穿越滑坡、塌方、岩石、沼泽、高地下水位、流沙、河流淹没与冲刷地区，既降低造价，又便于管理，还可以保证安全供水。有河流分割时，可考虑分区供水自成管网，待发展之后再连成多水源供水管网。

（4）充分利用地形提供的高差，采用重力输水。地形不平坦时应在适当位置设置跌水井或减压井等控制水位措施。

（5）与当地发展建设规划相结合。较大工程可安排成近期和远期工程分步实施的方案，给今后的发展留有余地。

(6) 当前农村的供水管道，一般采用单管输水。如输水较远，在有净水条件的地方，可同时修建相当容量的安全储水池，其容积一般为事故排除时间乘以事故期间用水量。

(7) 长距离输水管道，在隆起点与低凹处，一般应设排气阀与泄水阀（管），泄水管直径一般取输水管直径的1/3左右。此外，长距离输水管道水头损失很大，所需水泵扬程很高，为了避免管中压力过高，并防止水锤对输水管的破坏作用，需要分级加压。措施是在管线适当位置设置中间泵站（加压泵站）和蓄水池，这样既降低了压力又调节了水量，泵站的数目和位置视管道中的压力和地形而定。

(8) 保证供水安全可靠。当输水管线发生故障时，断水时间和范围应减到最低程度。为此，对重要的或标准较高的农村供水工程，应考虑建设双线输水管道或在用水地点建造蓄水池。在实施双线输水时，可以在双线输水管之间装设连通管，把管线分成几个环网，并装设闸门控制事故断水，当输水管道某段发生故障时，水流通过连通管应仍能保证75%的设计流量。

(9) 当地形条件许可时，农村供水可选用开敞式明渠输水。

(10) 在严寒地区，应注意防止管道冻坏。

上述原则难以同时满足，由于长距离输水的投资很大，必须进行技术经济比较选优。

2. 布置

(1) 输水管根数。输水管在整个供水系统中是非常重要的。输水管在布置时需满足的最基本要求是保证不间断输水，因为多数用户特别是工业企业不允许断水，甚至不允许减少水量。为此需平行敷设两条输水管，如只埋设一条输水管，则应在管线终端建造储水池或其他安全供水措施。水池容积应保证供应输水管检修时间内的管网用水。一般说来，管线长、水压高、地形复杂、检修力量差、交通不便时，应采用较大的水池容积。只在管网用水可以暂时中断的情况下，才可只敷设一条输水管。远距离输水时，应慎重对待输水管的条数问题。一般，根据供水系统的重要性、断水可能性、管线长度、用水量发展情况、管网内有无调节水池及其容积大小等因素，确定输水管的根数。

(2) 连通管和阀门布置。连通管的根数应满足断管时事故用水要求。当仅有一根长距离的输水管时，为便于检修，可适当设置一定数量的阀门。阀门的直径一般应与输水管的直径相同。

二、输水管线定线

当水源、水厂和给水区的位置相近时，输水管的定线问题并不突出。但是由于需水量的快速增长以及水源污染的日趋严重，为了从水量充沛、水质良好、便于防护的水源取水，就需要设置从几十公里甚至几百公里外取水的远距离输水管道，输水管线定线就比较复杂。

输水管线在整个输配水系统中是很重要的，其特点是距离长，因此与河流、高地、交通路线等的交叉较多，中途一般没有流量的流入与流出。

输水管有多种形式，常用的有压力输水管和无压输水管。远距离输水时，可按具体情况，采用不同的形式，用得较多的是压力输水管。

多数情况下，输水管线定线时，缺乏现成的地形平面图可以参照。如有地形图时，应先在图上初步选定几种可能的定线方案，然后到现场沿线踏勘了解，从投资、施工、管理等方面对各种方案进行技术经济比较后再做决定。缺乏地形图时，则需在踏勘选线的基础上进行地形测量，绘出地形图，然后在图上确定管线位置。

输水管线定线的要求如下：

（1）输水管道定线时，必须与村镇建设规划相结合，尽量缩短线路长度，减少拆迁，少占农田，便于管道施工和运行维护，保证供水安全。

（2）选线时，应选择最佳的地形和地质条件，有条件时沿现有道路或规划道路敷设，以便施工和检修，减少与铁路、公路和河流的交叉。

（3）尽量利用有利地形，考虑重力输水或部分重力输水以减少能耗费，管线避免穿越河谷、滑坡、岩层、沼泽、高地下水位和河水淹没与冲刷地区，以降低造价和便于管理。

（4）对于少数较发达的小村镇，当不允许间断供水时，应设两条或两条以上的输水管线；对于大多数小村镇，当允许间断供水时，可只设一条输水管，并建造一定容积的储水池或水塔进行水量调节。

（5）输水管的输水方式可分为两类：第一类是水源低于给水区，例如取用江河水时，需要采用泵站加压输水，根据地形高差、管线长度和水管承压能力等情况，有时需在输水途中再设置加压泵站；第二类是水源高于给水区，例如取用蓄水库水时，有可能采用重力管输水。远距离输水时，地形往往有起有伏，采用加压泵站的较多。重力管的定线比较简单，可敷设在水力坡线以下，并且尽量按最短的距离供水。

（6）输水管的最小坡度应大于 $1/5D$，D 为输水管的直径，以毫米（mm）计。输水管坡度小于 1∶1000 时，应每隔 0.5～1km 装设排气阀。即使在平坦地区，埋管时也应人为地做成上升和下降的坡度，以便在管坡顶点设排气阀，及时排除管内空气，利于管线检修。管坡低处设泄水阀及泄水管。排气阀一般以每公里设一个为宜，在管线起伏处应适当增设。管线埋深应按当地条件决定，在严寒地区敷设的管线应注意防止冰冻。

第二节　配　水　管　网

一、配水管网的布置原则和要求

配水管网的布置应遵循以下原则：

（1）根据用水要求，管线应保证各用户有足够的水量与水压。

（2）在地形平坦且供水范围不大时，可采用统一配水管网，即全区用一个给水管网供水；反之，可考虑采用分压供水管网。

（3）在供水到户的条件下，尽量使管线最短。

（4）结合村镇发展规划，留有充分的发展余地将配水管道分期建成高标准管网。

（5）管网中的干管水流方向应与供水水流方向一致。配水干管应在规划路面以下，沿村中主要街道布置，干管两侧最好有用水大户（可接四通）。

（6）在粮仓、学校、饲养场、公共场所等处应设消火栓，并与干管连接。

（7）配水管道应有一定纵坡，并在最低处安装泄水阀，以便冬季防冻泄水。配水管道最高处安装排气阀或水龙头，以防气阻影响配水。

（8）农村供水工程中，输水管道一般比较短，遵循上述原则布置即可满足要求。对长距离输水管的布置，特别是山丘区长输水管，要全部符合上述原则是难的，在总体上应以投资省、符合总体规划要求，能确保安全供水，运行费用低为主要原则。而要达到这一要求，也是不容易的。工程实践中，往往会出现以下不利因素：穿越障碍物和良田多，拆迁量大；不能结合现有道路布置；需深挖方、开凿隧洞、增设加压泵站等；在局部地段遇到山嘴地段的处理问题等。布置管道时需综合考虑以上不利因素。

二、配水管网的布置与特点

配水管网布置常采用树状管网和环状管网两种形式，如图 4-1 所示。树状管网的干管和配水管的布置呈树枝状，从树干到树梢越来越细，干管向供水区延伸，管线的管径随用水量的减少而逐渐缩小。这种管网的管线长度最短，构造简单，供水直接，投资最省。但当管网中任一段管线损坏时，管段下游的其他管线就将断水，因此，供水不够安全。另外，在树状管网的末端，因用水量已经很小，管中的水流缓

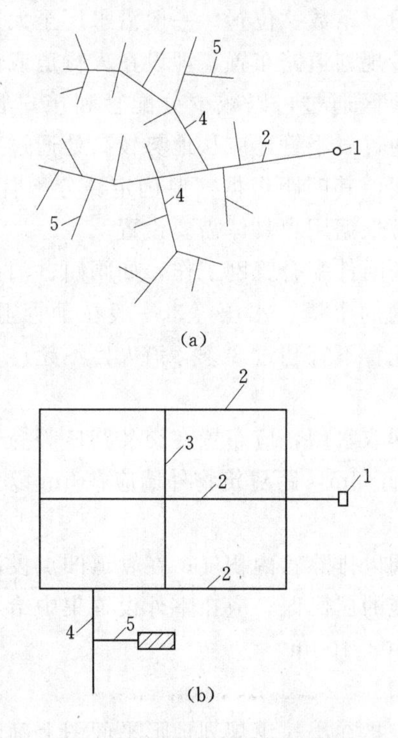

图 4-1 配水管网的布置形式

（a）树状管网；（b）环状管网

1—泵站；2—干管；3—连接管；4—分配管；5—接户管

慢，甚至停滞不流动，因此水质容易变坏，有可能出现浑水和红水现象。但是树状管网的管线总长度较短，初期投资较省，所以，在允许间断供水的农村、乡镇或经济条件较差的地区，可以采用这种布置形式。

环状管网布置呈闭合环状，是将管线连成环状，管线中的水流四通八达。当任意一段管线损坏时，可以关闭附近的阀门与其余管线隔开，然后进行检修。水还可以从另外管线供应用户，可以缩小断水范围，从而增加供水可靠性。一般经济条件较好的小村镇或供水要求较高不允许断水的工业区，均应采用环状管网。环状管网还具有降低水头损失、节省能量、缩小管径以及减少水锤威胁等优点，有利于安全供水。但环状管网的管线长度较树状管网长，需用较多材料，增大建设投资，故环状管网的造价明显比树状管网高。

给水管网必须有充足的输配水能力，工作安全可靠，经济实用。因此，在农村给水管网工程规划布置时，往往将树状管网和环状管网结合起来进行布置。根据具体情况，在小村镇的主要供水区或中心地区采用环状管网，边远地区或管网末梢采用树状管网；或者近期采用树状管网，将来再逐步发展成为环状管网，这样比较经济合理。具体布置时主要是考虑干管定线，这是控制全局的管线，并不包括全部管线，如配水管和接户管道等。配水管是把干管的水量配送到接户管和消火栓上的管道，配水管的直径由消防水量决定，通常配水管的最小管径为100～150mm。接户管是连接配水管与用户的管线，实际上是进入建筑物的进水管。

首先要确定干管的走向、条数、位置。一般沿水厂至大用户和主要用水区方向平行敷设几条干管，干管应沿规划道路布置，埋设在人行道或慢车道下。干管尽量从用水量大、两侧均需供水的地区通过，以减少分配管和接户管的长度。避免沿河、广场、公园等不用水的地区通过。干管还应从地势较高处通过，以减小管中压力。

连接管设在两干管之间，其间距根据需要确定。分配管、接户管的布置在干管、连接管布置好之后进行，常根据用户具体需要设置。

管网上应设一定数量的附件配合管网工作，如阀门、消火栓等。阀门在管网中设置最为普遍，用以调节管网的水量、水压等。一般在干管上每隔400～600m设1个阀门，两阀门间接出的分配管不宜超过3条、消火栓不超过5个。分配管的始端均应设置阀门。

消火栓供消防时从管网取水用，应布置在交叉路口等易于寻找的地方，间距不大于120m，距车行道边不大于2m，距建筑物外墙应在5m以上。装设消火栓的管道其管径不应小于100mm。

在管道凸点应设排气阀以排除管内积气；在管道凹点设泄水阀及泄水管，以泄水检修。无给水排水卫生设施的居民区，应在室外设置集中给水龙头，供居民取水。室外给水龙头的服务半径为50～100m。

三、配水管网定线

小村镇配水管网定线是指在小村镇规划地形平面图上确定管线的走向和位置。定线时一般只限于管网的干管及干管之间的连接管，不包括从干管到用户的分配管和接到用户的进水管。由于给水管线一般敷设在街道下，就近供水给两侧用户，所以管网

的形状常随小村镇的总平面布置图而定。

配水管网的定线应考虑以下要求：

(1) 满足用户对水量和水压的要求，考虑施工维修方便，尽量缩短管线长度，尽量避免管线在高级路面或重要道路下通过。定线时，干管延伸方向应和二级泵站输水到水池、水塔、大用户的水流方向一致。以最短的距离布置一条或数条干管，干管位置应从用水量较大的街区通过。干管的间距，可根据街区情况，采用500～800m。从经济上来说，给水管网的布置采用一条干管接出许多支管，形成树状网，费用最省，但从供水可靠性着想，以布置几条接近平行的干管并形成环状网为宜。

(2) 干管和干管之间的连接管使管网形成环状网。连接管的作用在于局部管线损坏时，可以根据它重新分配流量，从而缩小断水范围，较可靠地保证供水。连接管的间距可根据街区的大小考虑在800～1000m之间。

(3) 在供水范围内的道路下需敷设分配管，以便把干管的水送到用户和消火栓。分配管直径至少为100mm，主要原因是通过消防流量时，分配管中的水头损失不致过大，以免火灾地区的水压过低。

(4) 小村镇内的工厂、学校、医院等用水均从分配管接出，再通过房屋进水管接到用户。一般建筑物用一条进水管，用水要求较高的建筑物或建筑群，有时在不同部位接入两条或数条进水管，以增加供水的可靠性。

(5) 设置分段分区检修阀门。一般情况下，干管上的阀门应设在支管的下方，以便阀门关阀时尽量减少对支管的影响。支管与干管相接处，应在支管上设置阀门。

(6) 暂时缓建或在规划中拟建的管线，应在干管上预留接口，以便扩建时接管。

(7) 树状管网的末端应装泄水阀门，以便放空管段中的存水，保证水质。

四、管材及管网附属构筑物

1. 管材

农村供水系统中的压力管道多采用塑料管，即硬聚氯乙烯、聚乙烯和聚丙烯给水管，亦可采用铸铁管、钢管、自应力混凝土管或预应力钢筒混凝土管。重力流管道多采用混凝土管或钢筒混凝土管。

(1) 常用管材及规格。常用管材及规格见表4-1。

表4-1　　常用管材及规格

管材名称			管径/mm	标准、规格编号	工作压力/MPa	管长/m
塑料管	硬聚氯乙烯管		20～1200	GB/T 10002.1—2023	0.6、1.0	4～6
	聚乙烯管		16～160	GB/T 13663.2—2018	0.4、0.6	≥4
	聚丙烯管	轻型管	15～200	GB/T 18742.2—2017	0.15、1.0	
		重型管	8～65		0.25、1.6	
铸铁管	连续铸铁管		75～900	GB/T 13295—2019	0.45	4
			75～1500		0.75	4～6
	砂型铸铁管		75～900		0.45	4～6
			75～1500		0.75	4～6
	离心铸铁管		150～500		1.0	5～6

续表

管材名称		管径/mm	标准、规格编号	工作压力/MPa	管长/m
铸铁管	连续铸铁管	75～450	GB/T 13295—2019	4、5、6	
		500～1200			
	砂型铸铁管	200～450			5、6
	离心铸铁管	500～1000			
钢管	直缝焊接钢管	150～1800	GB/T 21835—2008		8～12.5
	螺旋焊接钢管	219～1420			
	镀锌焊接钢管	8～150	GB/T 3091—2015		4～9
	不镀锌焊接钢管		GB/T 3092—2017		4～10
	水煤气钢管	6～150	GB/T 28708—2012		4～12
	热轧无缝钢管	32～600			3～12.5
自应力混凝土管		100～800	GB/T 4084—2018	0.2、0.4、0.5、0.6、0.8	3～4
预应力钢筒混凝土管	内衬式	400～1400	GB/T 19685—2017		5～6
	埋置式	1000～4000			

（2）常用管材的选择。常用管材的选择见表4-2。

表4-2　常用管材的选择

管材名称	接口		连接配件方式	优缺点及适用条件
	形式	性质		
塑料管	承插口 黏结 螺纹 法兰	胶圈柔性 刚性	（1）直接连接标准塑料配件； （2）白铁配件； （3）铸铁配件	（1）质轻、耐腐蚀、不结垢； （2）管内光滑、水头损失小； （3）安装方便、密封安全可靠； （4）价格较低、适用村镇给水； （5）强度较低、冷热伸缩性较大
铸铁管	承插口 法兰口	刚性 柔性 半柔性	标准铸铁配件连接	（1）防腐蚀能力较钢管强，需进行一般防腐处理； （2）较钢管质脆、强度差； （3）有标准配件，适用于支管和配件较多的管线； （4）接口较麻烦，劳动强度大
钢管	焊接 法兰 丝扣	刚性	（1）标准铸铁配件连接； （2）钢配件连接； （3）白铁配件连接	（1）强度和工作压力较高； （2）敷设方便； （3）耐腐蚀性差，内外均需进行较强的防腐处理； （4）造价较高

（3）塑料管。

1）部分聚乙烯管（PE管）、聚丙烯管（PP管）规格分别见表4－3、表4－4。

2）部分硬聚氯乙烯管（PVC－U管）规格（以低密度为例）见表4－5。

（4）混凝土管规格。部分混凝土管规格（以自应力式为例）见表4－6。

（5）铸铁管规格。钢筋铸铁管规格（以0.4MPa承插式、0.75MPa承插式为例）分别见表4－7、表4－8。

表4－3　　　　聚乙烯管规格

外径/mm	壁厚/mm	长度/m	近似重量		外径/mm	壁厚/mm	长度/m	近似重量	
			kg/m	kg/根				kg/m	kg/根
5	0.5	≥4	0.007	0.028	40	3.0	≥4	0.321	1.28
6	0.5		0.008	0.032	50	4.0		0.532	2.13
8	1.0		0.020	0.080	63	5.0		0.838	3.35
10	1.0		0.026	0.104	75	6.0		1.20	4.80
12	1.5		0.046	0.184	90	7.0		1.68	6.72
16	2.0		0.081	0.324	110	8.5		2.49	9.96
20	2.0		0.104	0.416	125	10.0		3.32	13.3
25	2.0		0.133	0.532	140	11.0		4.10	16.4
32	2.5		0.213	0.852	160	12.0		5.12	20.5

注　该表摘自《给水用聚乙烯（PE）管道系统 第2部分：管材》（GB/T 13663.2—2018）。

表4－4　　　　聚丙烯管规格

管型	尺寸/mm		壁厚/mm	推荐使用压力/MPa				
	公称直径	外径		20℃	40℃	60℃	80℃	100℃
轻型管	15	20	2	≤1.0	≤0.6	≤0.4	≤0.25	≤0.15
	20	25	2					
	25	32	3					
	32	40	3.5					
	40	51	4					
	50	65	4.5					
	65	76	5					
	80	90	6					
	100	114	7	≤0.6	≤0.4	≤0.25	≤0.15	≤0.1
	125	140	8					
	150	166	8					
	200	218	10					

续表

管型	尺寸/mm		壁厚/mm	推荐使用压力/MPa				
	公称直径	外径		20℃	40℃	60℃	80℃	100℃
重型管	8	12.5	2.25	≤1.6	≤1.0	≤0.4	≤0.4	≤0.25
	10	15	2.5					
	15	20	2.5					
	25	32	3					
	32	40	5					
	40	51	6					
	50	65	7					
	65	76	8					

注　该表摘自《冷热水用聚丙烯管道系统 第2部分：管材》(GB/T 18742.2—2017)。

表4-5　　硬聚氯乙烯管材规格与公称压力表

公称外径 d_N/mm	壁厚 e/mm 公称压力 P_N			公称外径 d_N/mm	壁厚 e/mm 公称压力 P_N		
	0.6MPa	0.8MPa	1.0MPa		0.6MPa	0.8MPa	1.0MPa
50		2.0	2.4	225	5.5	6.9	8.6
63	2.0	2.5	3.0	250	6.2	7.7	9.6
75	2.3	2.9	3.6	280	6.9	8.6	10.7
90	2.8	3.5	4.3	315	7.7	9.7	12.1
110	2.7	3.4	4.2	355	8.7	10.9	13.6
125	3.1	3.9	4.8	400	9.8	12.3	15.3
140	3.5	4.3	5.4	450	11.0	13.8	17.2
160	4.0	4.9	6.2	500	12.3	15.3	19.1
180	4.4	5.5	6.9	560	13.7	17.2	21.4
200	4.9	6.2	7.7				

注　该表摘自《给水用聚氯乙烯(PVC-U)管材》(GB/T 10002.1—2023)。

表4-6　　自应力钢筋混凝土管规格

公称直径/mm	管外径/mm	管壁厚/mm	长度/mm	公称直径/mm	管外径/mm	管壁厚/mm	长度/mm
100	150	25	3080	250	320	35	3080
150	200	25	3080	300	380	40	4088
200	260	30	3080				

注　该表摘自《自应力混凝土管》(GB/T 4084—2018)。

表4-7　　0.4MPa承插式铸铁管规格

公称直径/mm	实际内径/mm	实际外径/mm	管壁厚/mm	有效长度/(mm/根)	每根总重/kg
75	75	93	9	3000	58.5
100	100	118	9	3000	75.5

续表

公称直径/mm	实际内径/mm	实际外径/mm	管壁厚/mm	有效长度/(mm/根)	每根总重/kg
125	125	143	9	4000	119.0
150	151	169	9	4000	143.0
200	201.2	220	9.4	4000	196.0
250	252	271.2	9.8	4000	254.0
300	302.4	322.8	10.2	4000	315.0

注 该表摘自《水及燃气用球墨铸铁管、管件和附件》(GB/T 13295—2019)。

表 4-8 **0.75MPa 承插式铸铁管规格**

公称直径/mm	实际内径/mm	实际外径/mm	管壁厚/mm	有效长度/(mm/根)	每根总重/kg
75	75	93	9	3000	58.5
100	100	118	9	3000	75.5
125	125	143	9	4000	119.0
150	150	169	9.5	4000	149.0
200	200	220	10	4000	207.0
250	250	271.6	10.8	4000	277.0
300	300	322.8	11.4	4000	348.0

注 该表摘自《水及燃气用球墨铸铁管、管件和附件》(GB/T 13295—2019)。

(6) 钢管和镀锌钢管规格。钢管和镀锌钢管规格见表 4-9。

表 4-9 **钢管和镀锌钢管规格**

公称直径/mm	外径/mm	普通钢管		加厚钢管	
		壁厚公称尺寸/mm	理论重量/(kg/m)	壁厚公称尺寸/mm	理论重量/(kg/m)
8	13.5	2.25	0.62	2.75	0.73
10	17.0	2.25	0.82	2.75	0.97
15	21.3	2.75	1.26	3.25	1.45
20	26.8	2.75	1.63	3.50	2.01
25	33.5	2.25	2.42	4.00	2.91
32	42.3	2.25	3.12	4.00	3.78
40	48.0	3.50	3.84	4.25	4.58
50	60.0	3.50	4.88	4.50	6.16
65	75.5	3.75	6.64	4.50	7.88
80	88.5	4.00	8.34	4.75	9.18
100	114.0	4.00	10.85	5.00	13.44
125	140.0	4.50	15.04	5.50	18.24
150	165.0	4.50	17.81	5.50	21.63

注 该表摘自《低压流体输送用焊接钢管》(GB/T 3091—2015)。

2. 管网附件

(1) 闸阀是指关闭件(闸板)由阀杆带动,沿阀座密封面做升降运动的阀门,如图 4-2 (a) 所示。闸阀具有流体阻力小、开闭所需外力较小、介质的流向不受限制等优点;但外形尺寸和开启高度都较大,安装所需空间较大,水中有杂质落入阀座后阀不能关闭严密,关闭过程中密封面间的相对摩擦容易引起擦伤现象。

(2) 蝶阀是指启闭件(蝶板)绕固定轴旋转的阀门,如图 4-2 (b) 所示。蝶阀具有操作力矩小、开闭时间短、安装空间小、重量轻等优点;蝶阀的主要缺点是蝶板占据一定的过水断面,增大水头损失,且易挂积杂物和纤维。

(3) 止回阀是指启闭件(阀瓣或阀芯)借介质作用力,自动阻止介质逆流的阀门,如图 4-2 (c) 所示。根据启闭件动作方式不同,可进一步分为旋启式止回阀、升降式止回阀、消声止回阀、缓闭止回阀等类型。

(4) 排气阀用来排除集积在管中的空气,以提高管线的使用效率,如图 4-2 (d) 所示。在间歇性使用的给水管网末端和最高点、给水管网有明显起伏可能积聚空气的管段的峰点,应设置自动排气阀。

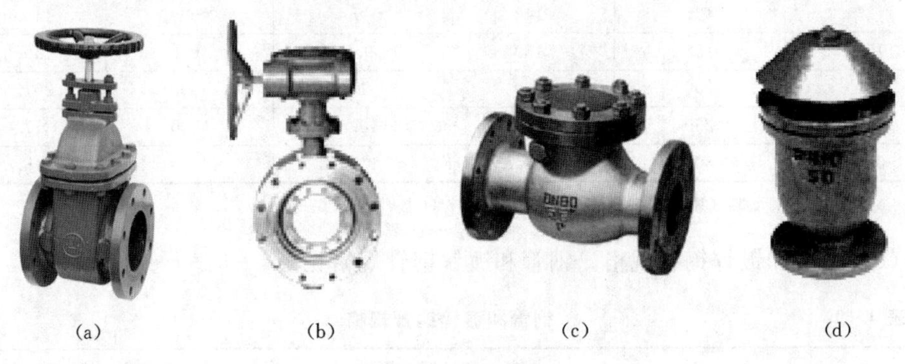

(a) (b) (c) (d)

图 4-2 工程常见阀门

(a) 闸阀;(b) 蝶阀;(c) 止回阀;(d) 排气阀

(5) 消火栓是安装在给水管网上,向火场供水的带有阀门的标准接口,是市政和建筑物内消防供水的主要水源之一,如图 4-3 所示。室外消火栓有双出口和三出口两种形式,出水口直径有 65mm、80mm、100mm 和 150mm 4 种规格。至少一个出水口直径不小于 100mm。安装间距不超过 120m。

图 4-3 工程消火栓

消火栓与市政供水管网的连接形式如下:

1) 位于主水管旁,引水平专用分支管并设控制阀门连接消火栓。

2) 消火栓设立在非专用于消火栓的分支管道上,与主控阀安装在一个井室内。

3) 直接在输配水管道上加三通,消火栓直立于管道上。

消火栓有两种类型:地上式消火栓和地下式消火栓。

地上式消火栓部分露出地面，目标明显、易于寻找、出水操作方便，适应于气温较高地区，但容易冻结、易损坏，有些场合妨碍交通，容易被车辆意外撞坏，影响市容。

地上式消火栓有两种型号：一种是 SS100，另一种是 SS150。SS100 消火栓的公称通径为 100mm，一个 100mm 的出水口，两个 65mm 的出水口；SS150 消火栓的公称通径为 150mm，一个 150mm 的出水口，两个 65mm 或 80mm 的出水口。

地下式消火栓隐蔽性强，不影响城市美观，受破坏情况少，寒冷地带可防冻，适用于较寒冷地区。但目标不明显，寻找、操作和维修都不方便，容易被建筑和停放的车辆等埋、占、压，要求在地下消火栓旁设置明显标志。地下消火栓有两种型号：SX65 和 SX100。

地下式消火栓一般需要与消火栓连接器配套使用。消火栓连接器主要由本体、闸体、快速接头等零部件组成，其材质为铸造铝合金。

地上式消火栓和地下式消火栓的详细参数见表 4－10。

表 4－10　地上式消火栓和地下式消火栓参数表

消火栓种类	型号	公称压力/MPa	进水口		出水口	
			口径/mm	数量/个	口径/mm	数量/个
地上式	SS100－1.0	1.0	100	1	65	2
					100	1
	SS100－1.6	1.6	100	1	65	2
					100	1
	SS150－1.0	1.0	150	1	65、80	2
					150	1
	SS150－1.6	1.6	150	1	65、80	2
					150	1
地下式	SX65－1.0	1.0	100	1	65	2
	SX65－1.6	1.6	100	1	65	2
	SX100－1.0	1.0	100	1	65	1
					100	1
	SX100－1.6	1.6	100	1	65	1
					100	1
	SX100－1.0	1.0	100	1	100	1
	SX100－1.6	1.6	100	1	100	1

3. 管网附属构筑物

（1）阀门井。阀门井用于安装管网中的阀门及管道附件。阀门井的平面尺寸应满足阀门操作和安装拆卸各种附件所需的最小尺寸。井深由水管埋设深度确定。但井底到水管承口或法兰盘底的距离至少为 0.10m，法兰盘和井壁的距离宜大于 0.15m，从承口外缘到井壁的距离应在 0.30m 以上，以便于接口施工。

阀门井有圆形与方形两种，一般采用砖砌，也可用石砌或钢筋混凝土建造。

（2）支墩。承插式接口的管线，在弯管处、三通处、水管尽端的盖板上以及缩管处，都会产生拉力，接口可能因此松动脱节而使管线漏水，因此在这些部位须设置支墩以承受拉力和防止事故。但当管径小于300mm或转弯角度小于10°且水压力不超过980kPa时，因接口本身足以承受拉力，可不设支墩。

4. 调节构筑物

（1）水塔。水塔一般采用钢筋混凝土或砖石等建造，主要由水柜、塔架、管道和基础组成。进、出水管可以合用，也可分别设置。为防止水柜溢水和将柜内存水放空，须设置溢水管和排水管，管径可和进、出水管相同。溢水管上不设阀门。排水管从水柜底接出，管上设阀门，并接到溢水管上。

（2）水池。给水工程中，常用钢筋混凝土水池、预应力钢筋混凝土水池和砖石水池，一般做成圆形或矩形。

水池应有单独的进水管和出水管，安装位置应保证池内水流的循环。此外应有溢水管，管径和进水管相同，管端有喇叭口、管上不设阀门。水池的排水管接在集水坑内；管径一般按2h内将池水放空计算。容积在1000m^{3}以上的水池，至少应设两个检修孔。

第三节　输配水管网水力计算及优化

一、输配水管道水力计算

（一）管段计算流量

管网布置完毕后，各管段的平面位置已确定，但管径尚未确定。必须确定出各管段的计算流量，从而推求出管径。为此，引进比流量、沿线流量、节点流量几个概念，以最终求得管段计算流量。

1. 比流量

在管网的干管和分配管上，接有许多用水户。既有工厂、机关、旅馆等用水量大的用户，也有数量很多但用水量较小的用户。干管配水情况较为复杂，如图4-4所示，从图中可看出，在该管线上，沿线分配出的流量有分布较多的小用水量q_1、q_2、…，也有少数大用户的集中流量Q_1、Q_2、…。若按实际流量情况确定管径，则该管线的管径变化将非常频繁，计算也相当麻烦，工程中也无必要，实际计算时将沿线配水流量加以简化。目前，在给水工程中常用的计算管段沿线流量的方法为比流量法。该法是对管段实际配水情况进行简化后再计算沿线流量的方法。为了简化实际情况，假定整个管网的用水量除集中大用户（如大的工厂、机关、旅馆等）所用水量外，小用户的用水量q_1、q_2等均匀分布在全部干管上，因此，管网各管段单位长度的配水流量相等，这种单位长度管线上的配水量称为长度比流量，其大小可用下式计算：

$$q_s=\frac{Q_h-\sum Q_j}{\sum L} \tag{4-1}$$

式中　q_s——长度比流量，L/(s·m)；

Q_h——管网最高日最高时用水量，L/s；

$\sum Q_j$——大用户集中用水量总和，L/s；

$\sum L$——干管总长度（当管段穿越广场、公园等两侧无用户的地区时，其计算长度为零；当管段沿河等地敷设只有一侧配水时，其计算长度为实际长度的一半），m。

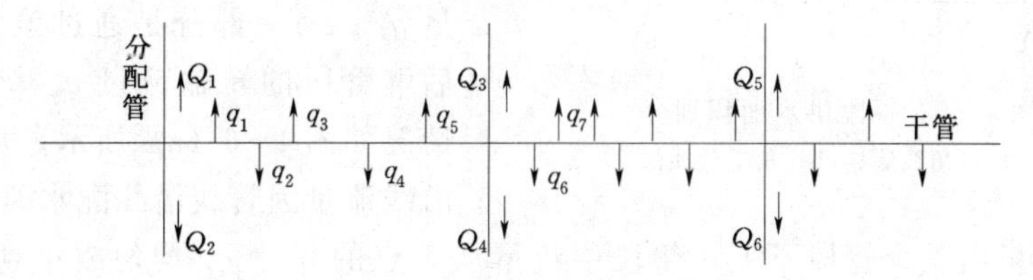

图 4-4　干管配水情况

用长度比流量描述干管沿线配水情况存在一定缺陷，因为它忽略了沿线供水人数和用水量的差别，所以，不能反映各管段的实际配水量。为此，提出另一种计算方法是面积比流量法，认为管网总用水量减去所有大用户的集中流量后均匀分布在整个用水面积上，则单位面积上的用水量称为面积比流量，可用下式计算：

$$q_A=\frac{Q_h-\sum Q_j}{\sum A} \tag{4-2}$$

式中　q_A——面积比流量，L/(s·km^2)；

$\sum A$——用水区总面积，km^2；

Q_h、$\sum Q_j$ 意义同前。

面积比流量法计算结果要比长度比流量法符合实际，但计算较麻烦。

2. 沿线流量

配水管网中的节点，一般是指不同管径或不同材质的管线交接点或两管交点或集中向大用户供水的点。两节点之间的管线称为管段。管段顺序连接形成管线。起点和终点重合的管线称为管网的环。

沿线流量是管网中连接两节点的管段两侧用户所需的流量，即某一管段沿线配出的流量总和。可用比流量计算其大小：

$$q_L=q_sL \quad 或\ q_L=q_AA \tag{4-3}$$

式中　q_L——沿线流量，L/s；

q_s——长度比流量，L/(s·m)；

q_A——面积比流量，L/(s·km^2)；

L——管段计算长度，m；

A——管段承担的供水面积，km^2。

管段供水面积可用对角线法或角平分线法划分，如图 4-5 所示。一般供水区域较方正时采用前者，狭长时用后者。

3. 节点流量

管网中凡有集中流量接出的点或管段的交点，管道中流量都会发生突变，这些点

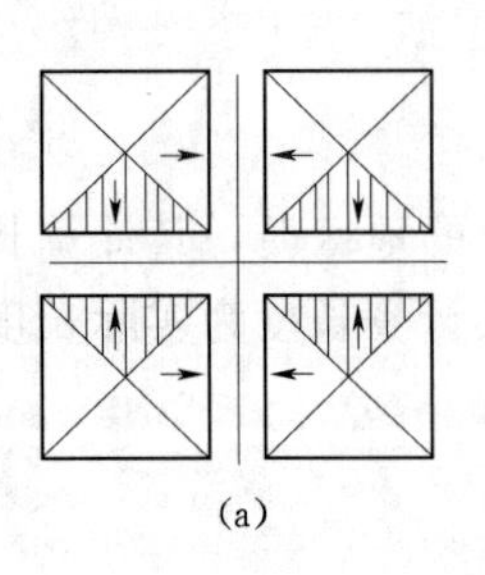

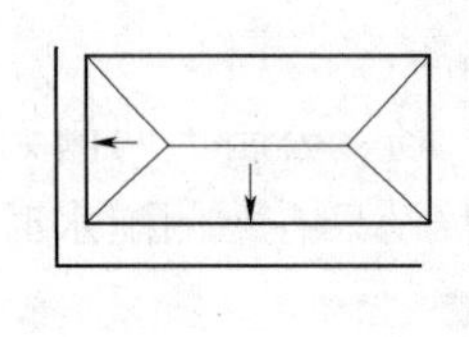

(a)　　　　(b)

图 4-5　管段供水面积划分

(a) 对角线法；(b) 角平分线法

称为节点，两节点间的连续管段划分为计算管段。节点流量是为了计算方便对管段的沿线流量进一步简化的结果。

管网中任一管段的流量由两部分组成：一部分是该管段沿线配出的沿线流量 q_L；另一部分是通过该管段转输到后继管段的转输流量 q_t。管段输配水情况如图 4-6 (a) 所示。从图中看出：沿线流量因管线沿线配水而均匀减小至零，转输流量沿整个管段不变。管段中流量从 1 点的 q_L+q_t 均匀减小到 2 点的 q_t。这种沿线变化的流量不便于用来确定管径和水头损失，需进一步简化。简化的方法是，将沿线流量折算为从该管段两端节点流出的流量。认为从节点 2 流出 aq_L，从节点 1 流出 $(1-a)q_L$，如图 4-6 (b) 所示，因而管段 1—2 中有一沿程不变的折算流量 q_t+aq_L。折算的原理是，折算流量 q_t+aq_L 所产生的水头损失应等于实际沿线变化的流量 q_x 所产生的水头损失。

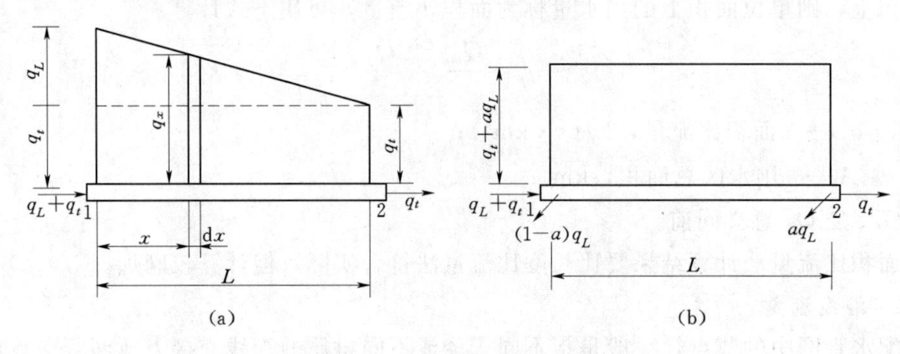

图 4-6　沿线流量折算成节点流量

(a) 简化前管段流量；(b) 简化后管段流量

简化前距 1 节点 x 距离处管中流量 q_x 为

$$q_x=q_t+\frac{L-x}{L}q_L$$

式中　各符号意义同前。

则简化前管段 1—2 的水头损失为

$$h=\int_0^L aq_x^2\mathrm{d}x=\frac{1}{3}aq_L^2\left[\left(\frac{q_t}{q_L}+1\right)^3-\left(\frac{q_t}{q_L}\right)^3\right]L \tag{4-4}$$

式中　a——管段的比阻。

简化后管段 1—2 的水头损失为

$$h=aL(q_t+aq_L)^2 \tag{4-5}$$

令式 (4-4) 等于式 (4-5)，得

$$a=\sqrt{\left(\frac{q_t}{q_L}\right)^2+\frac{q_t}{q_L}+\frac{1}{3}}-\frac{q_t}{q_L}$$

简化后的 a 称为折算系数，由上式可见，它不是定值，随 q_t/q_L 变化而变化。

当 $q_t/q_L=0$ 时，$a=0.577$。

当 $q_t/q_L=100$ 时，$a=0.5004$。

为了方便计算，一般取 $a=0.5$。因此，管段沿线流量 q_L 折算成节点流量，只需将该管段的沿线流量平半分配于管段始、末端的节点上。

由沿线流量折算到节点处的流量称为沿线节点流量，某一节点连接几个管段就有几个管段向该节点折算的沿线节点流量。大用户集中流量可直接移至附近节点，称为集中节点流量。则节点流量 Q_i 包括沿线节点流量和集中节点流量：

$$Q_i=\frac{1}{2}\sum q_s L+Q_j \tag{4-6}$$

必须指出，沿线流量是指管段沿线配出的用户所需流量，节点流量是以沿线流量折算得出的并且假设是在节点集中流出的流量。经折算后，可以认为管网内所有的用水量都是从节点上流出的，且所有节点流量之和等于 Q_h。

4. 管段计算流量

管段计算流量是确定管段直径进行水力计算时所依据的流量。由管段的沿线流量和通过本管段转输到以后各管段的转输流量组成。在确定了各节点的节点流量的基础上，通过管段流量分配确定。

(1) 树状管网管段计算流量的确定。首先按最高日最高时管网用水量计算管网各节点的节点流量，然后在管网的各管段上标出水流方向，对于树状管网从水源供水到各节点，各管段只有一个唯一的方向，因此，管网中任一管段的流量等于该管段以后（顺水流方向）所有节点流量的总和，如图 4-7 所示，2—3 管段的流量为 $q_{2-3}=q_3+q_7+q_4+q_5+q_8+q_9+q_{10}$，而管段 4—5 的流量为 $q_{4-5}=q_5$。

(2) 环状管网管段计算流量的初步确定。环状管网的流量分配比较复杂，因各管段的流量与以后各节点的流量没有直接的联系，不能像树状管网一样通过求节点流量代数和的方法确定管段计算流量。而且，各管段的计算流量并不唯一，也就是说环状管网可以有许多不同的流量分配方案。

初步确定环状管网管段计算流量时，应重点满足两个条件：其一应保证供给用户所需的水量，其二应满足节点流量平衡条件。

节点流量平衡条件也称节点水流连续条件，是指流向任一节点的流量必须等于流

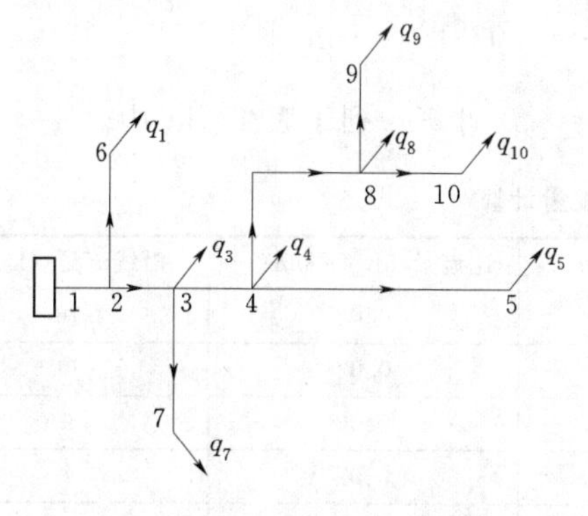

图 4-7　树状管网的流量分配

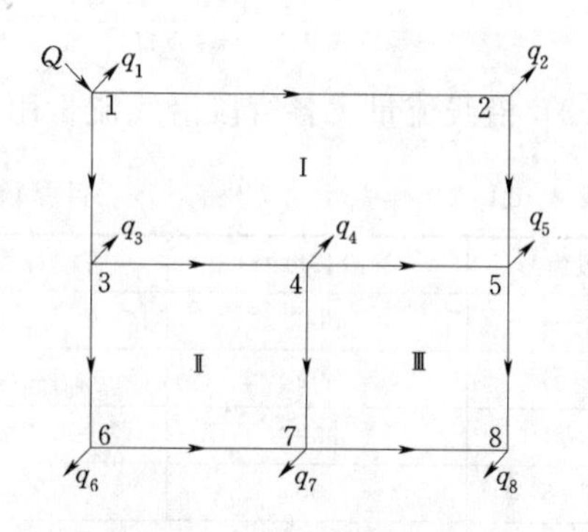

图 4-8　环状管网流量分配

离该节点的流量。显然节点流量为流离节点的流量之一。用式（4-7）表示为

$$q_i+\sum q_{ij}=0 \tag{4-7}$$

式中　q_i——节点 i 的节点流量，L/s；

q_{ij}——与 i 节点相连的从节点 i 到节点 j 的管段中的流量，L/s。

在计算时一般假定流离节点的管段流量为正，流向节点的管段流量为负，如图4-8所示，节点4的流量平衡条件为 $q_4+q_{4-5}+q_{4-7}-q_{3-4}=0$。

初步确定环状管网各管段流量时，可按下面的步骤进行：

1）按照最高日最高时的管网用水量，确定管网各节点的节点流量。

2）按照管网的主要供水方向，初步拟定各管段的水流方向。

3）按节点流量平衡条件，依次分配各管段的流量，一般主要干管分配较大的流量，分配管分配较小的流量。

为管网各管段分配流量后，由此流量即可确定各管段的管径，并通过水力计算进一步对初步分配的流量进行调整，以确定最终的管段流量。

【例 4-1】 某村镇树状管网干管布置及各管段长度如图4-9所示，最高日最高时用水量 $Q_h=80$L/s，其中大用户集中节点流量为20L/s，分布在4、5节点上，各10L/s。管段3—4、3—5单侧供水，其余均为两侧供水。试求：①干管的长度比流量；②各管段沿线流量；③各节点流量；④各管段计算流量。

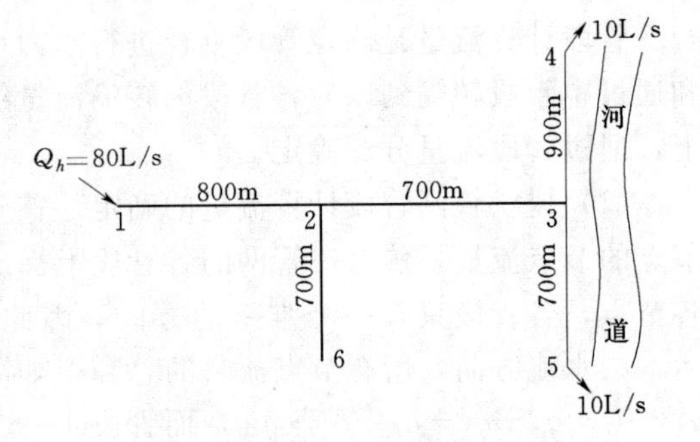

图4-9　管段流量计算例题

解：（1）长度比流量。干管的总计算长度为

$$\sum L=L_{1-2}+L_{2-3}+\frac{1}{2}L_{3-4}+\frac{1}{2}L_{3-5}+L_{2-6}=800+700+\frac{1}{2}\times 900$$
$$+\frac{1}{2}\times 700+700=3000(\text{m})$$

干管长度比流量为

$$q_s=\frac{Q_h-\sum Q_j}{\sum L}=\frac{80-20}{3000}=0.02[\text{L/(s·m)}]$$

（2）沿线流量。各管段沿线流量用式 $q_L=q_sL$ 计算，列于表4-11中。

表 4-11　　各管段沿线流量计算

管段编号	管段长度/m	管段计算长度/m	比流量/[L/(s·m)]	沿线流量/(L/s)
1—2	800	800	0.02	16
2—3	700	700	0.02	14
3—4	900	900×1/2=450	0.02	9
3—5	700	700×1/2=350	0.02	7
2—6	700	700	0.02	14

(3) 节点流量。节点流量用式 $Q_i=\frac{1}{2}\sum q_s L+Q_j$ 计算，列于表 4-12 中。

表 4-12　节 点 流 量 计 算

节点	集中节点流量/(L/s)	沿线节点流量/(L/s)	节点总流量/(L/s)
1		16×1/2=8	8
2		(16+14+14)×1/2=22	22
3		(14+9+7)×1/2=15	15
4	10	9×1/2=4.5	14.5
5	10	7×1/2=3.5	13.5
6		14×1/2=7	7
合计	20	60	80

(4) 管段计算流量。树状管网管段计算流量为其下游所有节点流量之和，计算列于表 4-13 中。

表 4-13　管 段 计 算 流 量

管段编号	管段下游节点	管段计算流量/(L/s)
1—2	2、3、4、5、6	22+15+14.5+13.5+7=72
2—3	3、4、5	15+14.5+13.5=43
3—4	4	14.5
3—5	5	13.5
2—6	6	7

(二) 管径

通过上面的管段流量分配计算后，各管段的流量就可以作为已知条件用来计算管径。管段的直径由管段的设计流量和流速确定，它们之间的关系为

$$q=Av \tag{4-8}$$

式中　q——管段的设计流量，m^3/s；

A——管段的断面积，m^2；

v——流速，m/s。

直径为 d 的圆管，其断面积为 $A=\frac{\pi d^2}{4}$，于是式 (4-8) 可写为

$$d=\sqrt{\frac{4q}{\pi v}} \tag{4-9}$$

式中　d——管径，m；

q——管段的设计流量，m^3/s；

v——流速，m/s。

从式 (4-9) 中可知，管径大小和流量、流速都有关系。如果流量已知，还不能确定管径，必须先定流速，确定流速的几种方法见表 4-14。

表 4-14　　流速的确定条件

条件	流速值
最高和最低允许流速	(1) 为防止发生水锤现象，最大流速不超过 2.5～3.0m/s； (2) 当输送浑水时，避免管内淤积的最小流速为 0.6m/s
经济流速	(1) 经济流速是指一定年限（投资偿还期）内管网造价和管理费用之和为最小的流速； (2) 因各地的管网造价和电费、用水规律都不尽相同，所以各村镇供水的经济流速不可能完全一致，一般大管径的经济流速大于小管径的经济流速
界限流速	因标准管径的规格限制，从经济流速求得管径不一定是标准管径，还应选用相近的标准管径。也就是说，每种标准管径不只对应一个经济流速，而是一个经济流速的界限，在界限流速范围内，这一管径都是经济的
平均经济流速	(1) 缺乏经济流速资料时，可以平均经济流速为依据，根据管段流量从水力计算表找出合适的管径； (2) 平均经济流速值：中、小管径 $d=100\sim400$mm 时为 0.6～1.0m/s；大管径 $d>400$mm 时为 0.9～1.4m/s

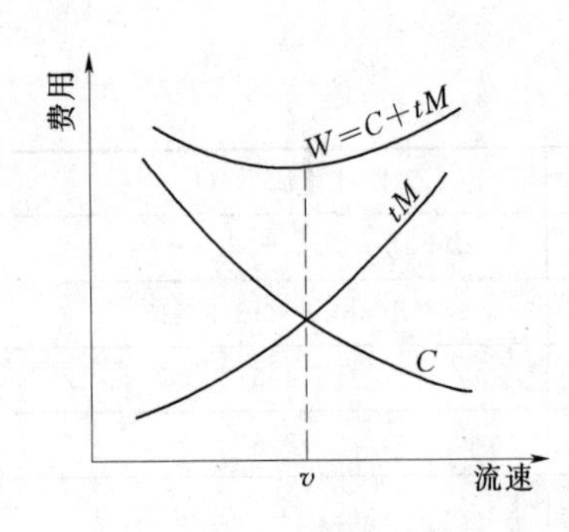

图 4-10　流速和费用的关系

式（4-9）清楚地反映出，管段设计流量已定时，管径和流速的平方根成反比，流速取得小些，管径增大，管网造价将随之增加，但管段的水头损失减小，运行费用降低。流速取得大些，管径减小，管网的造价虽然降低，但管段的水头损失却增大，导致运行费用增加。因此，一般按一定年限 t 内（称为投资偿还期）管网造价和管理费用（主要是电费）为最经济的流速来确定管径。

图 4-10 为流速和费用的关系。随着流速增加，管径减小，管网造价 C 降低。而 t 年管理费用 tM（M 为年管理费用）增大。因为在比较各种方案时，总是以 $C+tM$ 作为比较的基础，如将不同流速时相应的造价和管理费用的纵坐标加起来，据以绘出总费用 $W=C+tM$ 的曲线，则相应于最小 W 值的流速 v 就是经济流速。

影响经济流速的因素很多，如管道材料、施工条件、动力费用、投资偿还期等。应该按当地的具体条件选定。经济流速值可参考表 4-15 和表 4-16 等资料选用。

表 4-15　　经济流速范围

管道种类	流速/(m/s)	管道种类	流速/(m/s)
室外长距离管道、末端管道	0.5～0.75	水泵出水管	1.5～2.0
水泵吸水管	1.0～1.20	起端支管	0.75～1.0

表 4-16　　经济流速

d/mm	100	150	200	250	300	400	450	500	600	700	800	900	1000
北京	0.66	0.75	0.83	0.88	0.94	1.03	1.07	1.11	1.17	1.23	1.28	1.33	1.36
上海	0.84	0.94	1.09	1.23	1.27	1.43	1.49	1.59	1.71	1.81	1.91	2.00	2.09

也可采用界限流量的方法来确定各管段的管径，各管径的界限流量见表 4－17。

表 4－17　　界限流量表

管径/mm	界限流量/(L/s)	管径/mm	界限流量/(L/s)
100	<9	500	145～237
150	9～15	600	237～355
200	15～28.5	700	355～490
250	28.5～45	800	490～685
300	45～78	900	685～822
400	78～145	1000	822～1120

（三）水头损失

管网各管段里的水流是紊流状态的。水流在管道内流动时，要克服管壁和管道附件对它的摩擦力和内部分子相对运动所产生的摩擦力。因而要消耗一部分机械能，这部分能量的损失表现为压力水头的下降，通称为水头损失。可分为沿程水头损失和局部水头损失两部分。

水流在断面不变的直管道中流动时，由于黏滞性而产生的摩擦力均匀分布在全部流程上，称为沿程阻力。克服沿程阻力所损失的水头也是沿程均匀分布，随着流程的延长而增加，称为沿程水头损失。在水力学中，能量损失多以单位重量的液体所损失的能量来表示，记作 h_f。

水流固体边界的形状和大小在局部地区发生变化，或遇到局部障碍时（如测量设备、闸门、三通、弯头等），流速的方向、大小相应发生变化，水流出现较强的紊乱、波动和撞击作用。有时主流脱离边壁而形成漩涡，这些都使内摩擦增加，从而增大液体运动的阻力，这种阻力称为局部阻力。为克服局部阻力而消耗的能量是在局部范围内发生的，称作局部水头损失，常以符号 h_j 表示。

在水流内部，两种能量损失是相互影响的，但在计算时，把两种损失视为互不干扰、各自独立发生的。即把某一流程上的总能量损失 h_w 认为是沿程损失 h_f 和局部损失 h_j 的叠加，这就是能量的叠加原理。即

$$h_w=h_f+h_j \tag{4-10}$$

确定管网中的水头损失也是管网设计的重要任务。知道了管道的设计流量和管径，便可以计算水头损失。

在给水管网计算中，主要考虑沿管段长度的水头损失，管件和附件的局部水头损失通常忽略不计。只有在短管如水泵站内的管道或取水结构的重力进水管等才考虑局部阻力损失。沿程水头损失通常用达西公式表示，适用于压力流、无压流，圆形断面、非圆形断层流和紊流等一切均匀流。由水力学中得到水头损失计算公式为

$$h_f=\lambda\frac{L}{d}\frac{v^2}{2g} \tag{4-11}$$

式中　L——管段长度，m；

　　　d——管道直径，m；

v——管中流速，m/s；

λ——阻力系数，依管材而定。

将式（4－9）中 v 解出代入式（4－11）得

$$h_f=\lambda\frac{L}{d}\frac{16q^2}{2\pi^2 d^4 g}=\frac{8\lambda}{g\pi^2 d^5}Lq^2 \tag{4-12}$$

或

$$i=\frac{8\lambda}{g\pi^2 d^5}q^2 \tag{4-13}$$

式中　i——单位长度水力损失，m/m；

q——管道设计流量，m^3/s。

式（4－12）和式（4－13）为计算水头损失的基本公式。

目前国内外使用较广泛的一些水头损失计算公式介绍如下。

1. 舍维列夫公式（水温10℃）

适用于旧铸铁管和旧钢管。

当 $v\geqslant 1.2$m/s 时

$$h_f=0.001736\frac{q^2 L}{d^{5.3}} \tag{4-14}$$

当 $v<1.2$m/s 时

$$h_f=0.00148\frac{q^2 L}{d^{5.3}}\left(1+\frac{0.688d^2}{q}\right)^{0.3} \tag{4-15}$$

2. 谢才公式

各管段水头损失计算也可以采用谢才公式。

$$v=c\sqrt{Ri} \tag{4-16}$$

式中　R——水力半径，m；

i——水力坡度；

c——谢才系数，$m^{1/2}/s$。

由式（4－16）有

$$i=\frac{v^2}{Rc^2} \tag{4-17}$$

圆形管道的水力半径 $R=\frac{d}{4}$，$v=\frac{4q}{\pi d^2}$，代入式（4－17）得

$$i=\frac{4v^2}{dc^2}=\frac{64q^2}{\pi^2 c^2 d^5} \tag{4-18}$$

令 $K_0=\frac{64}{\pi^2 c^2}$，则式（4－18）变为

$$i=K_0\frac{q^2}{d^5} \tag{4-19}$$

或

$$h_f=K_0\frac{q^2 L}{d^5} \tag{4-20}$$

3. 巴甫洛夫斯基公式

$$c=\frac{1}{n}R^y \tag{4-21}$$

$$y=2.5\sqrt{n}-0.13-0.75\sqrt{R}(\sqrt{n}-0.10) \tag{4-22}$$

式中　n——管壁的粗糙系数；

y——n 和 R 的函数。

将式（4-21）代入 K_0 式得

$$K_0=\frac{64}{\pi^2}\frac{n^2 4^{2y}}{d^{2y}}=6.485\frac{n^2 4^{2y}}{d^{2y}} \tag{4-23}$$

将式（4-23）代入式（4-19）和式（4-20）得

$$i=6.485\frac{n^2 4^{2y}}{d^{2y+5}}q^2 \tag{4-24}$$

$$h_f=6.485\frac{n^2 4^{2y}}{d^{2y+5}}L \tag{4-25}$$

4. 曼宁公式

曼宁将水力半径 R 的指数定为常数 1/6，代入 K_0 式得

$$K_0=10.294\frac{n^2}{d^{0.33}} \tag{4-26}$$

将式（4-26）代入式（4-19）和式（4-20）得

$$i=10.294\frac{n^2 q^2}{d^{5.33}} \tag{4-27}$$

$$h_f=10.294\frac{n^2 q^2 L}{d^{5.33}} \tag{4-28}$$

从式（4-25）和式（4-28）可以看出，计算管段水头损失的普遍公式形式为

$$h_f=K\frac{q^2 L}{d^m} \tag{4-29}$$

5. 海曾-威廉公式

该公式在美国使用较为普遍。

$$i=10.68\frac{q^{1.852}}{c^{1.852}d^{4.87}} \tag{4-30}$$

$$h_f=10.68\frac{q^{1.852}L}{c^{1.852}d^{4.87}} \tag{4-31}$$

式中　c——常数，取决于管材的粗糙度，见表 4-18。

表 4-18　　海曾-威廉公式中 c 值的确定

管材种类	c 值	管材种类	c 值
塑料管	150	木管、混凝土管	120
石棉水泥管、涂沥青或水泥的铸铁管	130	旧铸铁管和钢管	100
新铸铁管或焊接钢管	130		

上述各项计算水头损失的公式，都是在特定条件下总结出来的经验公式，都有其局限性。实际应用时其计算结果有时相差较大，因此应根据实际情况和有关规定确定采用具体公式。

资源 4-1

实际工作中，可利用现成的水力计算表格查出水头损失，以提高工作效率。使用这些表格时要注意不同管材采用不同表格。查表时可根据管长、管径和流量求出流速和水头损失，或根据流量和管径求出流速和水头损失等。各管水力计算表详见资源 4-1。

局部水头损失计算公式为

$$h_j = \sum \zeta \frac{v^2}{2g} \tag{4-32}$$

式中　v——管中流速，m/s；

　　ζ——局部阻力系数，查表 4-19 取得。

表 4-19　　　　局部阻力系数表

管件名称与变化形式			阻力系数
弯头	标准铸铁 90°弯头		20
	标准铸铁 45°弯头		10
	标准可锻铸铁 90°弯头		50
异径管	渐缩，由大口流向小口		10
	渐放，由小口流向大口		5
等径三通	转弯	由中口向直管流水（用中口流速计算）	75
		由直管向中口流水（用直管流速计算）	75
		由中口向直管两头同时流水（用直管流速计算）	75
		两头直管同时向中口流水（用中口流速计算）	150
	直流	中口不进水不出水	5
		中口同时进水（用管件后流速计算）	40
		中口同时出水（用管件前流速计算）	40
进口（流出水池，突然缩小）			25
出口（流入水池，突然扩大）			50
闸阀（全开）			5
闸阀（半开）			100
滤水网（无底阀）			150
滤水网（有底阀）			300

一般可取局部水头损失为沿程水头损失的 5%～10%，或将管件的局部阻力损失折成等直径的圆管当量长度表示。

（四）输水管道的水力计算方法及步骤

从水源到小村镇水厂或工业企业自备水厂的输水管设计流量，应按最高日平均时供水量加自用水量确定。当远距离输水时，输水管的设计流量应计入管网泄漏损失水量。

向管网输水的管道设计流量，当管网内有调节构筑物时，应按最高日最高时用水条件下，由水厂所负担供应的水量确定；当无调节构筑物时，应按最高日最高时供水量确定。

输水管的基本任务是保证不间断输水。多数用户特别是工业企业不允许断水，甚至不允许减少水量，因此，输水管须平行敷设两条或敷设一条输水管同时建有相当容量的蓄水池，以备输水管发生故障时不致中断供水。

输水管的计算就是要确定管径、水头损失以及输水管的分段数，输水管应和管网同时平差。

发生事故时，为保证通过事故要求的水量，应当将平行的输水管分成几段，每段有连通管连接，如发生事故，只关闭损坏的一段而不是将输水管的全部管线关掉，那么，供水量不致减少过多，分段数越多，减少的水量越少。

输水管分段数根据输水管损坏时流量的变化而定。输水管与水泵是联合工作的，当正常工作时，泵站及输水管的水头损失之和为某定值，水泵的供水量即是所要求的水量，如输水管有一段损坏，则水头损失增加，使水泵的总扬程升高、水泵出水量减小，此时，水泵所供的流量要满足事故时所要求的流量。计算所得的事故时的流量与正常流量的比值，即为事故时所要保证的百分数，以此来检验输水管的分段数是否恰当。

1. 重力供水时的压力输水管

水源在高地时（例如取用蓄水库水时），若水源水位和水厂内处理构筑物水位的高差足够，可利用水源水位向水厂重力输水。

设计时，水源输水量 Q 和位置水头 H 为已知，可据此选定管渠材料、大小和平行工作的管线数，水管材料可根据计算内压和埋管条件决定。平行工作的管渠条数，应从可靠性要求和建造费用两方面来比较。如用一条管渠输水，则发生事故时，在修复期内会完全停水，但如增加平行管渠数，则当其中一条损坏时，虽然会增加建造费用，但是可以提高事故时的供水量。

以下研究重力供水时，由几条平行管线组成的压力输水管系统，在事故时所能供应的流量。设水源水位标高为 Z，输水管输水至水处理构筑物，其水位为 Z_0，这时水位差 $H=Z-Z_0$，称为位置水头。该水头用以克服输水管的水头损失。

假定输水量为 Q，平行的输水管线为 n 条，则每条管线的流量为 $\frac{Q}{n}$，设平行管线的直径和长度相同，则该系统的水头损失为

$$h=S\left(\frac{Q}{n}\right)^2=\frac{S}{n^2}Q^2 \tag{4-33}$$

式中 S——每条管线的摩擦阻力。

当一条管线损坏时，该系统中其余 $n-1$ 条管线的水头损失为

$$h_a=S\left(\frac{Q_a}{n-1}\right)^2=\frac{S}{(n-1)^2}Q_a^2 \tag{4-34}$$

式中 Q_a——管线损坏时须保证的流量或允许的事故流量。

因为重力输水系统的位置水头已定，正常时和事故时的水头损失都应等于位置水头，即 $h=h_a=Z-Z_0$。但是正常时和事故时输水系统的摩擦阻力却不相等，即 $s\neq s_a$，由式（4-33）、式（4-34）得事故时流量为

$$Q_a=\left(\frac{n-1}{n}\right)Q=\alpha Q \tag{4-35}$$

平行管线数为 $n=2$ 时，则 $\alpha=0.5$，这样事故流量只有正常供水量的一半。如只有一条输水管，则 $Q_a=0$，即事故时流量为零，不能保证不间断供水。

实际上，为提高供水可靠性，常采用简单而造价增加不多的方法，即在平行管线之间用连接管相接。当管线某段损坏时，无需整条管线全部停止工作，而只需用阀门关闭损坏的一段进行检修，采用这种措施可以提高事故时的流量。图 4-11（a）表示有连接管时两条平行管线正常工作时的情况。图 4-11（b）表示一段损坏时的水流情况。设平行管线数为 2，连接管数为 2，则正常工作时水头损失为

$$h_a=S\left(\frac{Q_a}{2}\right)^2\times 2+S\left(\frac{Q_a}{2-1}\right)^2=\left(\frac{S}{2}+S\right)Q_a^2=\frac{3}{2}SQ_a^2 \tag{4-36}$$

因此，事故时和正常工作时的流量之比为

$$\frac{Q_a}{Q}=\alpha=\sqrt{\frac{3/4}{3/2}}=0.7 \tag{4-37}$$

按照《城市供水管网漏损控制及评定标准》（CJJ 92—2002）中的事故用水量规定：其为设计水量的 70%，即 $\alpha=0.7$，所以为保证输水管损坏时的事故流量，应敷设两条平行管线，并用两条连接管将平行管线分成 3 段。

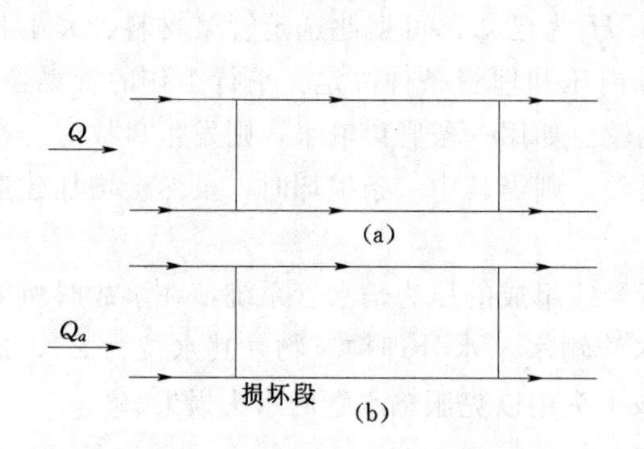

图 4-11　重力输水系统

（a）正常工作时；（b）事故时

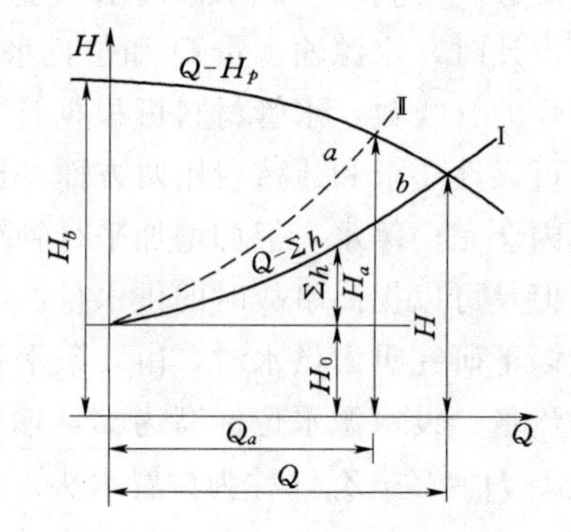

图 4-12　水泵和输水管特性曲线

2. 水泵供水时的压力输水管

水泵供水时，流量 Q 受到水泵扬程的影响。同样，输水量变化也会影响输水管起点的水压。由此，水泵供水时的实际流量，应由水泵特性曲线 $H_p=f(Q)$ 和输水管特性曲线 $H_0+\sum h=f(Q)$ 求出。

图 4-12 表示水泵特性曲线 $Q-H_p$ 和输水管特性曲线 $Q-\sum h$ 的联合工作情况，Ⅰ为输水管正常工作时的 $Q-\sum h$ 特性曲线，Ⅱ为事故时的 $Q-\sum h$ 特性曲线。

当输水管任一段损坏时，阻力增大，使曲线的交点从正常工作时的 b 点移到 a 点，与 a 点相对应的横坐标即表示事故时流量 Q_a。水泵供水时，为保证管线损坏时的事故流量，输水管的分段数计算方法如下。

设输水管接入水塔，这时，输水管损坏只影响进入水塔的水量，直至水塔放空无

水时，才影响管网用水量。

输水管 $Q-\sum h$ 特性方程表示为

$$H=H_0+(S_p+S_d)Q^2 \tag{4-38}$$

设两条不同直径的输水管用连接管分成 n 段，则任一段损坏时的水泵扬程为

$$H_a=H_0+\left(S_p+S_d-\frac{S_d}{n}+\frac{S_1}{n}\right)Q_a^2 \tag{4-39}$$

式中　H——正常工作时水泵的总扬程，m；

H_a——事故情况时水泵的总扬程，m；

H_0——水泵静扬程，等于水塔水面与泵站吸水井水面的高差，m；

S_p——泵站内部管线的摩擦阻力；

S_d——两条输水管的当量摩擦阻力；

S_1——每条输水管的摩擦阻力；

n——输水管分段数，输水管之间只有一条连接管时，分段数为 2，其余依次类推；

Q——正常工作时流量；

Q_a——事故情况时流量。

两条输水管的当量摩擦阻力 S_d 可按下式计算：

$$\frac{1}{\sqrt{S_d}}=\frac{1}{\sqrt{S_1}}+\frac{1}{\sqrt{S_2}}$$

$$S_d=\frac{S_1S_2}{(\sqrt{S_1}+\sqrt{S_2})^2} \tag{4-40}$$

式（4-39）中忽略了连通管的阻力，因两条输水管相距较近，且连通管管径较大，所产生的损失较小，故予以忽略。

在正常情况下水泵特性曲线方程为

$$H_p=H_b-SQ^2 \tag{4-41}$$

事故情况下，输水管任意一段损坏时，水泵的特性曲线方程为

$$H_a=H_b-SQ_a^2 \tag{4-42}$$

式中　H_p——水泵扬程；

Q——正常工作时流量；

H_b——水泵流量为零时的扬程；

Q_a——事故情况时流量；

S——水泵的摩擦阻力。

解联立方程式（4-38）和式（4-41），得正常情况时水泵的输水量：

$$Q=\sqrt{\frac{H_b-H_0}{S+S_p+S_d}} \tag{4-43}$$

解联立方程式（4-39）和式（4-42），得事故情况时水泵的输水量：

$$Q_a=\sqrt{\frac{H_b+H_0}{S+S_p+S_d+(S_1-S_d)\frac{1}{n}}} \tag{4-44}$$

由式（4－43）和式（4－44），得事故时和正常时的流量比例为

$$\alpha=\frac{Q_a}{Q}=\sqrt{\frac{S+S_p+S_d}{S+S_p+S_d+(S_1-S_d)\frac{1}{n}}} \tag{4-45}$$

按事故用水为设计水量的70%，即$\alpha=0.7$的要求，为保证事故用水量所需的分段数为

$$n=\frac{(S_1-S_d)\alpha^2}{(S+S_p+S_d)(1-\alpha^2)}=\frac{0.96(S_1-S_d)}{S+S_p+S_d} \tag{4-46}$$

【例4－2】 某小城镇从水源泵站到水厂敷设两条铸铁输水管，每条输水管长度为12400m，管径分别为250mm和300mm，如图4－13所示。水泵特性曲线方程为

$$H_p=141.3-0.0026Q^2$$

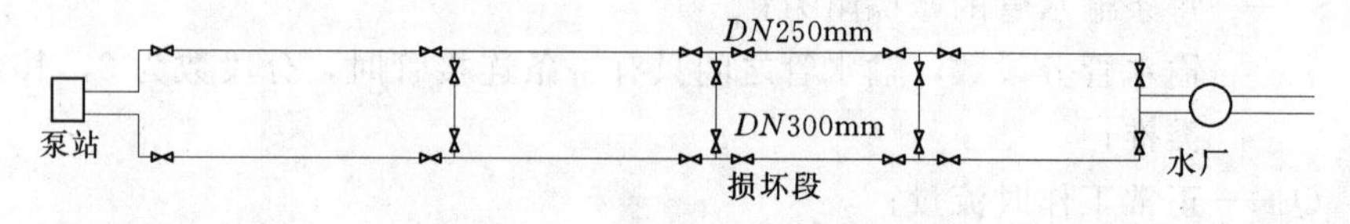

图4－13 输水管分段计算

泵站内部管线的摩擦阻力为$S_p=0.00021$，管径为250mm和300mm的输水管摩擦阻力分别为$S_1=0.034\mathrm{m\cdot s^2/L^2}$和$S_2=0.013\mathrm{m\cdot s^2/L^2}$。

假定DN300mm输水管的一段损坏，试求事故流量为70%设计水量时的分段数，以及事故时和正常工作时的流量比。

解： 两条输水管的当量摩擦阻力为

$$S_d=\frac{0.013\times0.034}{(\sqrt{0.013}+\sqrt{0.034})^2}=0.005(\mathrm{m\cdot s^2/L^2})$$

分段数为

$$n=\frac{(0.034-0.005)\times0.7^2}{(0.0026+0.00021+0.005)(1+0.7^2)}=3.6$$

设分成4段，即$n=4$，得事故时的流量为

$$Q_a=\sqrt{\frac{141.3-40.0}{0.0026+0.00021+0.005+(0.034-0.005)\times\frac{1}{4}}}=82.0(\mathrm{L/s})$$

正常工作时流量为

$$Q=\sqrt{\frac{141.3-40.0}{0.0026+0.00021+0.005}}=113.9(\mathrm{L/s})$$

事故时和正常工作时的流量比为

$$\alpha=\frac{82.0}{113.9}=0.72$$

大于规定的$\alpha=0.7$的要求。

（五）配水管网水力计算方法及步骤

配水管网水力计算的目的在于，通过科学计算，确定管网各节点流量、水压，各

管段流量、管径，并进一步确定水塔的高度和水泵的扬程。由此可见，配水管网水力计算的过程也是配水管网设计的过程，通过这个过程不仅可以保证管网建成后能安全可靠运行，为管网各用户提供所需的水量和水压，而且也可保证整个给水系统运行于经济状态。

1. 树状管网的水力计算

树状管网是村镇给水系统最常应用的管网形式，其水力计算比较简单，主要原因是树状管网中每一管段的流量容易确定，而且管网中每一管段有唯一的管段流量。树状管网水力计算的步骤和方法简述如下：

(1) 根据管网最高日最高时用水量和管网布置情况计算管网比流量，并进一步确定各节点的节点流量。

(2) 根据管网节点流量和各管段的相互联系，进行管网的流量分配，确定各管段的计算流量。

(3) 选定离供水水泵或水塔较远或地形较高的点为控制点，控制点到供水水泵或水塔的管线为管网干线，根据干线上各管段的管段计算流量和经济流速选定其管径。

(4) 将控制点的地面标高加上该点的服务水头得控制点水压标高，在此基础上，加上各管段的水头损失得到干管管线上各节点的水压标高。

(5) 将干线上各管段的水头损失相加求出干线的总水头损失，进而求得水泵的设计扬程和水塔高度。

(6) 干管管线计算后，可得到干线上各节点包括接出支线处节点的水压标高（节点处地面标高加计算出的自由水压），因此在计算支管线时，其起点水压标高已知，而支管线终点的水压标高等于终点的地面标高与其最小服务水头之和。支管线起点和终点的水压标高差为支管线中的水流提供了克服水头损失的能量，它除以支管线总长度，得到支管线水力坡度（单位管线长度上的水压降），再根据支管线每一管段的流量并参照此水力坡度选定支管线各管段采用的标准管径。一般要求支管线每管段的水力坡度（由所选管径确定）小于整个支管线的水力坡度。

【例 4-3】 某村镇用水人口 5.5 万人，最高日用水量定额为 150L/(人·d)，各节点要求的最小服务水头为 16m，管网采用 24h 供水，节点 4 接某工厂，该工厂工业用水量为 $400m^3/d$，两班工作制，时变化系数 $K_{时}=1.6$。该镇地形平坦，地面标高为 5m，管网布置如图 4-14 所示。试确定管网各管段的管径，各节点水头（水压标高）和水塔高度及水泵扬程。

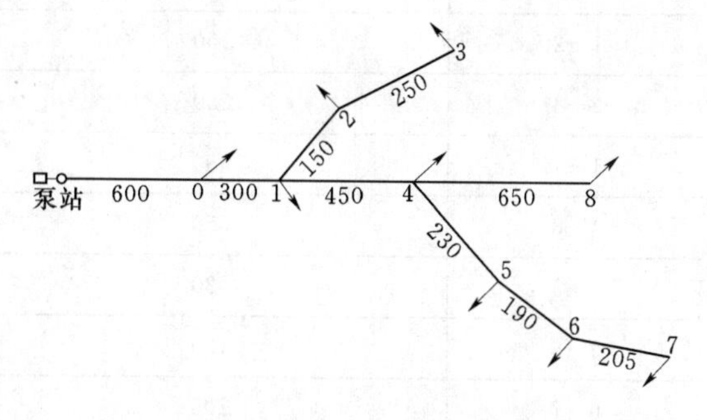

图 4-14　树状管网计算图（单位：m）

解：(1) 管网总用水量。最高日生活用水量：

$$55000\times0.15=8250(m^3/d)=95.48(L/s)$$

工业用水量：

$$400/16=25(m^3/h)=6.94(L/s)$$

（2）管网设计用水量。要求配水管网在最高日最高时仍能满足用户的水量要求，故应以最高日最高时的用水量作为管网的设计用水量，故设计用水量为

$$95.48\times1.6+6.94=159.71(L/s)$$

（3）计算比流量、节点流量（表4-20）和沿线流量（表4-21）。管线总长$\sum l=$3025m，集中流量为6.94L/s。

$$q_s=(159.71-6.94)/(3025-600)=0.063[L/(m\cdot s)]$$

其中600m为不配水的干管长度。

表4-20　　节点流量计算表

节点标号	节点流量/(L/s)
0	0.5×18.9=9.45
1	0.5×(18.9+9.45+28.35)=28.35
2	0.5×(9.45+15.75)=12.6
3	0.5×15.75=7.88
4	0.5×(28.35+40.95+14.49)+6.94=48.84
5	0.5×(14.49+11.97)=13.23
6	0.5×(11.97+12.92)=12.45
7	0.5×12.92=6.46
8	0.5×40.95=20.48

表4-21　　沿线流量计算表

管段号	管段长度/m	管段沿线流量/(L/s)
0—1	300	300×0.063=18.9
1—2	150	150×0.063=9.45
2—3	250	250×0.063=15.75
1—4	450	450×0.063=28.35
4—8	650	650×0.063=40.95
4—5	230	230×0.063=14.49
5—6	190	190×0.063=11.97
6—7	205	205×0.063=12.92

（4）进行流量分配，确定各管段计算流量（表4-22）。

（5）选定管网控制点，并计算干管水头损失（表4-23）。

因该镇用水区地形平坦，故控制点选在离泵站最远的节点8，其节点水头为5+16=21(m)。

表 4-22　　管段计算流量表

管段标号	管段计算流量/(L/s)
6—7	6.46
5—6	6.46+12.45=18.91
4—5	6.46+12.45+13.23=32.14
4—8	20.48
1—4	(6.46+12.45+13.23)+20.48+48.84=101.46
2—3	7.88
1—2	7.88+12.6=20.48
0—1	101.46+20.48+28.35=150.29

根据各管段计算流量和经济流速选定各管段管径，并进行水力计算。管材选用铸铁管，沿程水头损失按舍维列夫公式计算：

$$h_f=0.001736\frac{Q^2}{D^{5.3}}L \tag{4-47}$$

式中　h_f——沿程水头损失，m；

Q——管段计算流量，m^3/s；

D——管径，m；

L——管段长度，m。

局部水头损失按沿程水头损失的10%计算。

表 4-23　　干管水力计算表

管段编号	管段流量/(L/s)	选用管径/mm	沿程水头损失/m	总水头损失/m
水塔—0	159.74	450	1.83	2.01
0—1	150.29	450	0.81	0.89
1—4	101.46	400	1.03	1.14
4—8	20.48	200	2.40	2.64

(6) 干管上各节点的水压标高。

节点8：21m。

节点4：21+2.64=23.64(m)。

节点1：23.64+1.14=24.78(m)。

节点0：24.78+0.89=25.67(m)。

水塔：25.67+2.01=27.68(m)。

(7) 支管线的允许水力坡度及其水力计算。

1—3支管线的允许水力坡度：(24.78−16−5)/(150+250)=0.00945。

4—7支管线的允许水力坡度：(23.64−16−5)/625=0.004224。

选择支管管径和选择干管线管段管径不同，选择时除了考虑经济流速和管段流量外，最重要的是应保证支管线的水头损失小于允许水头损失，即实际采用的水力坡度

小于等于允许的水力坡度。

表 4-24　　支管线水力计算表

管段编号	计算流量/(L/s)	选用管径/mm	水力坡度	水头损失/m
1—2	20.48	200	0.0036	0.553
2—3	7.88	150	0.0025	0.63
4—5	32.14	250	0.0028	0.64
5—6	18.91	200	0.00315	0.60
6—7	6.46	150	0.00166	0.34

(8) 确定水塔高度和水泵扬程。根据水塔高度和水泵扬程的计算式可得

水塔高度　　$H_t=22.68\text{m}$

水泵设计扬程　　$H=29.98\text{m}$

根据水泵的设计流量 159.71L/s，即 574.96m^3/h，可选用 3 台型号为 IB150—125—315 的离心泵，其扬程为 32m，单台泵流量为 200m^3/h。

2. 环状管网的水力计算

(1) 环状管网计算原理。在环状管网中，节点流量已知时，为满足供水要求，通过管网各管段的流量可以有许多流量分配的方案，这是因为管网各环不仅包括串联管路，而且也包括并联管路，如改变一条管段的管径，则所有管段的流量随之改变。

计算环网时，各管段的管径和流量皆为未知数，为了求出这些未知数，就要找出必要数量的方程式。根据环网水流运动的规律，能够得到环网计算两个必须满足的基本条件，由此列出求解这些未知数的方程式：

1) 流入任意节点的各管段流量之和等于自该节点流出的各管段流量之和再加上节点流量。设流量流离节点为正，流入节点为负，即 $q_i+\sum q_{ij}=0$。

2) 在环网的任一闭合环内各管段水头损失的代数和等于零。设水头损失顺时针方向为正，逆时针方向为负，即$\sum h_{ij}=0$ 或$\sum s_{ij}q_{ij}^n=0$。

根据环网计算的两个基本条件，在闭合环网内每一个节点都有一个方程式，即 $q_i+\sum q_{ij}=0$（节点流量平衡）；而每一个闭合环也有一个方程式，即$\sum h_{ij}=0$（环网管路水头平衡）。但节点流量平衡最后一个方程式 $q_i+\sum q_{ij}=0$，不是独立方程式，可以由其他方程式组合而来，因而节点流量平衡方程式的数目比节点数少 1，所以环网可以建立方程式的数目等于环数加上节点数减 1。

设 P 表示管段数，J 表示节点数（包括泵站、水塔等水源节点），L 表示环数，无论管网有任何形状，下列的关系是不变的，即

$$P=J+L-1 \tag{4-48}$$

式 (4-48) 的关系是欧拉根据凸多边形的顶、面和边线理论推导而来的，即在一个环状管网中，管段数等于环数加节点数减 1。

例如图 4-15 所示为一个六环的管网 q_i、其沿线流量设在各节点流量为 q_{ij}，管网中水流方向如图所示。

在此情况下，节点数 $J=8$，管段数 $P=13$，$L=6$，按式 (4-48) 得

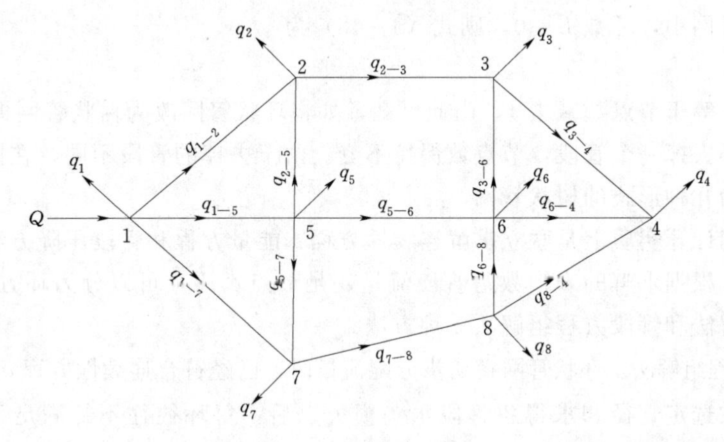

图 4-15　环网计算

$$P=J+L-1=8+6-1=13$$

所以可写出 7 个 $q_i+\sum q_{ij}=0$ 的方程式：

节点 1　　$-Q+q_{1-2}+q_{1-5}+q_{1-7}+q_1=0$

节点 2　　$-q_{1-2}-q_{2-5}+q_{2-3}+q_2=0$

…　　…

节点 7　　$-q_{1-7}-q_{5-7}+q_{7-8}+q_7=0$

还可以写出 6 个 $\sum h_{ij}=0$ 或 $\sum s_{ij}q_{ij}^n=0$ 的方程式：

环Ⅰ　　$s_{1-2}q_{1-2}^2-s_{2-5}q_{2-5}^2-s_{1-5}q_{1-5}^2=0$

环Ⅱ　　$s_{2-5}q_{2-5}^2+s_{2-3}q_{2-3}^2-s_{3-6}q_{3-6}^2-s_{5-6}q_{5-6}^2=0$

…　　…

环Ⅵ　　$s_{6-8}q_{6-8}^2+s_{6-4}q_{6-4}^2-s_{8-4}q_{8-4}^2=0$

上题可列出 7 个节点方程式和 6 个环方程式，总计为 13 个方程式，13 个管段，13 个未知数，本题可解。

管网计算时，节点流量、管段长度、管径和阻力系数等为已知，需要求解的是管网各管段的流量或水压，所以 P 个管段就有 P 个未知数。由式（4-48）可知，环状网计算时必须列出 $J+L-1$ 个方程，才能求出 P 个流量。

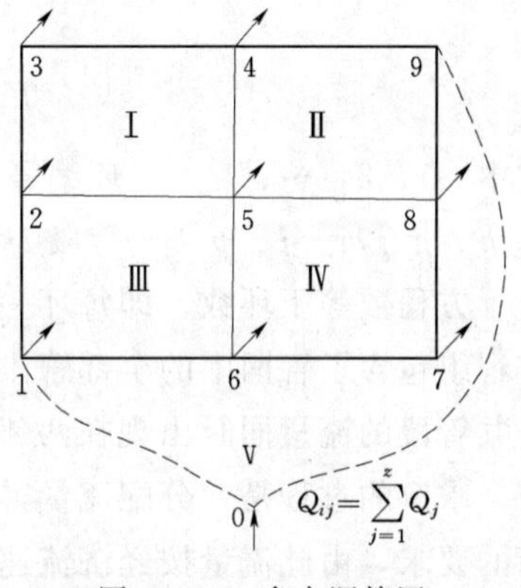

图 4-16　多水源管网

又如图 4-16 所示的管网，在高峰供水时，泵站 1 和水塔 9 同时向管网供水，可视为多水源环状网。泵站 1 和水塔 9 都是节点，计算时可增加虚管段 0—1 和 0—9，构成虚环，这样就将多水源的管网改为只由虚节点 0 供水的单水源管网。可以看出，所增加的虚环数等于增加的虚管段数减 1。这样该环状网共有 14 条管段（包括 2 条虚管段），10 个节点（包括虚节点 0）和 5 个环（其中一个为虚环），仍满足式（4-48）的关系。

在树状管网中，环数 $L=0$，则式（4-48）为

$$P=J-1 \tag{4-49}$$

即管段数等于节点数减去1，由此可知，如将环状管网改为树状管网即去掉 L 个管段，每个环去掉一个管段，节点数保持不变。由于去掉的管段不同，在同一个环网中可以转化为几种形式的树状管网。

给水管网计算实质上是联立求解连续性方程、能量方程和管段压降方程。在管网水力计算时，根据求解的未知数是管段流量还是节点水压，可以分为环方程组解法、节点方程组解法和管段方程组解法3种方法。

1）环方程组解法。环状管网在初步分配流量时，已经符合连续性方程 $q_i+\sum q_{ij}=0$ 的要求。但在选定管径和求得各管段水头损失以后，每环往往不能满足 $\sum h_{ij}=0$ 或 $\sum s_{ij}q_{ij}^n=0$ 的要求。因此解环方程的环状网计算过程，就是在按初步分配流量确定的管径基础上，重新分配各管段的流量，反复计算，直到同时满足连续性方程组和能量方程组为止，这一计算过程称为管网平差。换言之，平差就是求解 $J-1$ 个线性连续性方程组和 L 个非线性能量方程组，以得出 P 个管段的流量。一般情况下，不能用直接法求解非线性能量方程组，而须用逐步近似法求解。解环方程有多种方法，现在最常用的解法是哈代-克罗斯法，此法与洛巴切夫法相同。原理如下：L 个非线性能量方程可表示为

$$\left.\begin{aligned}\sum(s_{ij}q_{ij}^n)_1=0\\ \sum(s_{ij}q_{ij}^n)_2=0\\ \cdots\\ \sum(s_{ij}q_{ij}^n)_L=0\end{aligned}\right\} \tag{4-50}$$

或表示为

$$\left.\begin{aligned}F_1(q_1,q_2,q_3,\cdots,q_h)=0\\ F_2(q_g,q_{g+1},\cdots,q_j)=0\\ \cdots\\ F_L(q_m,q_{m+1},\cdots,q_p)=0\end{aligned}\right\} \tag{4-51}$$

式中　1、2、…、L——环编号；

h、g、m、j、p——管段 ij 的编号。

方程数等于环数，即每环一个方程，它包括该环的各管段流量，但是式（4-51）方程组包含了管网中的全部管段流量。函数 F 有相同形式的 $\sum s_{ij}|q_{ij}|^{n-1}q_{ij}$ 项，两环公共管段的流量同时出现在两邻环的方程中。

求解的过程是，分配流量得各管段的初步流量 $q_{ij}^{(0)}$ 值，分配时须满足节点流量平衡的要求，由此流量按经济流速选定管径。

然后对初步分配的管段流量 $q_{ij}^{(0)}$ 增加校正流量 Δq_i（i 为环编号）。再将 $q_{ij}^{(0)}+\Delta q_i$ 代入式（4-51）中计算，目的是使管段流量逐步趋近于实际流量。

代入得

$$\left.\begin{aligned}&F_1[q_1^{(0)}+\Delta q_1,q_2^{(0)}+\Delta q_2,\cdots,q_h^{(0)}+\Delta q_h]=0\\&F_2[q_g^{(0)}+\Delta q_g,q_{g+1}^{(0)}+\Delta q_{g+1},\cdots,q_j^{(0)}+\Delta q_j]=0\\&\cdots\\&F_L[q_m^{(0)}+\Delta q_m,q_{m+1}^{(0)}+\Delta q_{m+1},\cdots,q_p^{(0)}+\Delta q_p]=0\end{aligned}\right\}$$

将函数 F 展开，略去高阶无穷小，保留线性项得

$$\left.\begin{aligned}&F_1[q_1^{(0)},q_2^{(0)},\cdots,q_h^{(0)}]+\left(\frac{\partial F_1}{\partial q_1}\Delta q_1+\frac{\partial F_1}{\partial q_2}\Delta q_2+\cdots+\frac{\partial F_1}{\partial q_h}\Delta q_h\right)=0\\&F_2[q_g^{(0)},q_{g+1}^{(0)},\cdots,q_j^{(0)}]+\left(\frac{\partial F_2}{\partial q_g}\Delta q_g+\frac{\partial F_2}{\partial q_{g+1}}\Delta q_{g+1}+\cdots+\frac{\partial F_2}{\partial q_j}\Delta q_j\right)=0\\&\cdots\\&F_L[q_m^{(0)},q_{m+1}^{(0)},\cdots,q_p^{(0)}]+\left(\frac{\partial F_L}{\partial q_m}\Delta q_m+\frac{\partial F_L}{\partial q_{m+1}}\Delta q_{m+1}+\cdots+\frac{\partial F_L}{\partial q_p}\Delta q_p\right)=0\end{aligned}\right\}\tag{4-52}$$

式（4-52）中的第一项和式（4-51）形式相同，只是用流量 $q_{ij}^{(0)}$ 代替 q_{ij}，因为两者都是能量方程，所以均表示各环在初步分配流量时的管段水头损失代数和，或称为闭合差 $\Delta h^{(0)}$：

$$\sum h_i^{(0)}=\sum s_{ij}\left|q_{ij}^{(0)}\right|^{n-1}q_{ij}^{(0)}=\Delta h_i^{(0)}$$

式中　i——环编号，闭合差 $\Delta h^{(0)}$ 越大，说明初步分配流量和实际流量相差越大。

式（4-52）中，未知量是校正流量 Δq_i（$i=1$，2，…，L），它的系数是$\dfrac{\partial F_i}{\partial q_{ij}}$，即相应环对管段流量的偏导数。按初步分配的流量 $q_{ij}^{(0)}$，相应系数为 $ns_{ij}[q_{ij}^{(0)}]^{n-1}$。

由上求得的是 L 个线性的 Δq_i 方程组，而不是 L 个非线性的方程组。

$$\left.\begin{aligned}&\Delta h_1+ns_1[q_1^{(0)}]^{n-1}\Delta q_1+ns_2[q_2^{(0)}]^{n-1}\Delta q_2+\cdots+ns_h[q_h^{(0)}]^{n-1}\Delta q_h=0\\&\Delta h_2+ns_g[q_g^{(0)}]^{n-1}\Delta q_g+ns_{g+1}[q_{g+1}^{(0)}]^{n-1}\Delta q_{g+1}+\cdots+ns_j[q_j^{(0)}]^{n-1}\Delta q_j=0\\&\cdots\\&\Delta h_L+ns_m[q_m^{(0)}]^{n-1}\Delta q_m+ns_{m+1}[q_{m+1}^{(0)}]^{n-1}\Delta q_{m+1}+\cdots+ns_p[q_p^{(0)}]^{n-1}\Delta q_p=0\end{aligned}\right\}\tag{4-53}$$

综上所述，管网计算的任务是解 L 个线性方程，每一方程表示一个环的校正流量，求解的是满足能量方程时的校正流量 Δq_i。由于初步分配流量时已经符合连续性方程，所以求解以上线性方程组时必然同时满足 $J-1$ 个连续性方程。此后即可采用迭代法求解，但是环数很多的管网，计算是繁琐的。

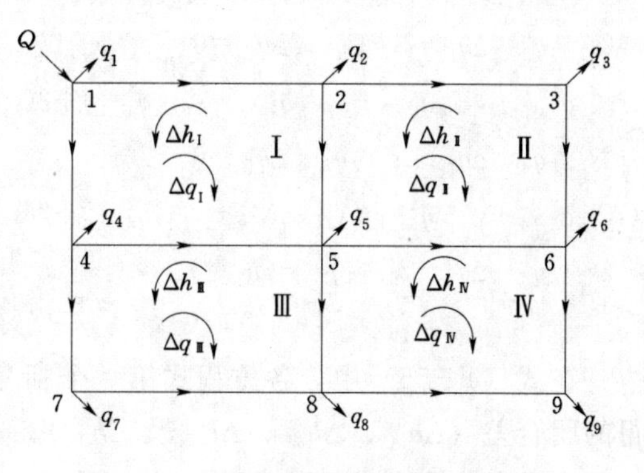

图 4-17　环状管网的校正流量计算

为了求解式（4-53）的线性方程组，哈代-克罗斯和洛巴切夫同时提出了各环的管段流量用校正流量 Δq_i 调整的迭代方法，现以图 4-17 所示的四环管

网为例，说明解环方程组的方法。

设节点流量已确定，各管段分配的流量 q_{ij} 已拟定，根据 q_{ij} 求得了所有管段的管径 D_{ij} 及摩擦阻力 s_{ij} 皆为已知。取水头损失公式 $h=sq^n$ 中的 $n=2$，可写出 4 个能量方程，以求解 4 个未知的校正流量 Δq_{I}、Δq_{II}、Δq_{III}、Δq_{IV}。

在初步分配流量求出所有管段的水头损失后，就可以计算环中闭合差的数值 Δh_i：

$$\left.\begin{aligned}\Delta h_{\mathrm{I}}&=s_{1-2}q_{1-2}^2+s_{2-5}q_{2-5}^2-s_{4-5}q_{4-5}^2-s_{1-4}q_{1-4}^2\\\Delta h_{\mathrm{II}}&=s_{2-3}q_{2-3}^2+s_{3-6}q_{3-6}^2-s_{5-6}q_{5-6}^2-s_{2-5}q_{2-5}^2\\\Delta h_{\mathrm{III}}&=s_{4-5}q_{4-5}^2+s_{5-8}q_{5-8}^2-s_{7-8}q_{7-8}^2-s_{4-7}q_{4-7}^2\\\Delta h_{\mathrm{IV}}&=s_{5-6}q_{5-6}^2+s_{6-9}q_{6-9}^2-s_{8-9}q_{8-9}^2-s_{5-8}q_{5-8}^2\end{aligned}\right\}\tag{4-54}$$

为了使每环的闭合差 $\Delta h=0$，就必须校正环内各管段的流量分配，校正流量为 Δq，其方向和 Δh 的方向相反，校正后应使 $\Delta h=0$；在引入校正流量后，各环的闭合差应近于零。即

$$\left.\begin{aligned}\Delta h'_{\mathrm{I}}&=s_{1-2}(q_{1-2}+\Delta q_{\mathrm{I}})^2+s_{2-5}(q_{2-5}+\Delta q_{\mathrm{I}}-\Delta q_{\mathrm{II}})^2-s_{4-5}(q_{4-5}-\Delta q_{\mathrm{I}}+\Delta q_{\mathrm{III}})^2\\&\quad-s_{1-4}(q_{1-4}-\Delta q_{\mathrm{I}})^2=0\\\Delta h'_{\mathrm{II}}&=s_{2-3}(q_{2-3}+\Delta q_{\mathrm{II}})^2+s_{3-6}(q_{3-6}+\Delta q_{\mathrm{II}})^2-s_{5-6}(q_{5-6}-\Delta q_{\mathrm{II}}+\Delta q_{\mathrm{I}})^2\\&\quad-s_{2-5}(q_{2-5}-\Delta q_{\mathrm{II}}+\Delta q_{\mathrm{I}})^2=0\\\Delta h'_{\mathrm{III}}&=s_{4-5}(q_{4-5}+\Delta q_{\mathrm{III}}-\Delta q_{\mathrm{I}})^2+s_{5-8}(q_{5-8}+\Delta q_{\mathrm{III}}-\Delta q_{\mathrm{IV}})^2-s_{7-8}(q_{7-8}-\Delta q_{\mathrm{III}})^2\\&\quad-s_{4-7}(q_{4-7}-\Delta q_{\mathrm{III}})^2=0\\\Delta h'_{\mathrm{IV}}&=s_{5-6}(q_{5-6}+\Delta q_{\mathrm{IV}}-\Delta q_{\mathrm{II}})^2+s_{6-9}(q_{6-9}+\Delta q_{\mathrm{IV}})^2-s_{8-9}(q_{8-9}-\Delta q_{\mathrm{IV}})^2\\&\quad-s_{5-8}(q_{5-8}-\Delta q_{\mathrm{IV}}+\Delta q_{\mathrm{III}})^2=0\end{aligned}\right\}\tag{4-55}$$

将式（4-55）按二项式定理展开，并略去 Δq_i^2 及（$\Delta q_k\Delta q_m$）项，整理后得方程如下：

$$\left.\begin{aligned}&(s_{1-2}q_{1-2}^2+s_{2-5}q_{2-5}^2-s_{4-5}q_{4-5}^2-s_{1-4}q_{1-4}^2)+2(s_{1-2}q_{1-2}+s_{2-5}q_{2-5}-s_{4-5}q_{4-5}-s_{1-4}q_{1-4})\Delta q_{\mathrm{I}}\\&-2s_{2-5}q_{2-5}\Delta q_{\mathrm{II}}-2s_{4-5}q_{4-5}\Delta q_{\mathrm{III}}=0\\&(s_{2-3}q_{2-3}^2+s_{3-6}q_{3-6}^2-s_{5-6}q_{5-6}^2-s_{2-5}q_{2-5}^2)+2(s_{2-3}q_{2-3}+s_{3-6}q_{3-6}-s_{5-6}q_{5-6}-s_{2-5}q_{2-5})\Delta q_{\mathrm{II}}\\&-2s_{2-5}q_{2-5}\Delta q_{\mathrm{I}}-2s_{5-6}q_{5-6}\Delta q_{\mathrm{IV}}=0\\&(s_{4-5}q_{4-5}^2+s_{5-8}q_{5-8}^2-s_{7-8}q_{7-8}^2-s_{4-7}q_{4-7}^2)+2(s_{4-5}q_{4-5}+s_{5-8}q_{5-8}-s_{7-8}q_{7-8}-s_{4-7}q_{4-7})\Delta q_{\mathrm{III}}\\&-2s_{4-5}q_{4-5}\Delta q_{\mathrm{I}}-2s_{5-8}q_{5-8}\Delta q_{\mathrm{IV}}=0\\&(s_{5-6}q_{5-6}^2+s_{6-9}q_{6-9}^2-s_{8-9}q_{8-9}^2-s_{5-8}q_{5-8}^2)+2(s_{5-6}q_{5-6}+s_{6-9}q_{6-9}-s_{8-9}q_{8-9}-s_{5-8}q_{5-8})\Delta q_{\mathrm{IV}}\\&-2s_{5-6}q_{5-6}\Delta q_{\mathrm{II}}-2s_{5-8}q_{5-8}\Delta q_{\mathrm{III}}=0\end{aligned}\right\}\tag{4-56}$$

在式（4-56）中，各方程式第一个括号内的项就是首次分配流量时在每环中所得的闭合差（Δh_{I}、Δh_{II}、Δh_{III} 及 Δh_{IV}）。未知数 Δq_i 下的脚标与环的编号相对应，Δq_i 系数式子是 $2\sum(s_{ij}q_{ij})$，式中 s_{ij} 及 q_{ij} 为相应于该环管段的摩擦阻力及分配的流

量。把 Δh_i 及 $2\sum(s_{ij}q_{ij})$ 代入式（4-56）得

$$\left.\begin{aligned}&\Delta h_{\mathrm{I}}+2\sum(s_{ij}q_{ij})_{\mathrm{I}}\Delta q_{\mathrm{I}}-2s_{2-5}q_{2-5}\Delta q_{\mathrm{II}}-2s_{4-5}q_{4-5}\Delta q_{\mathrm{III}}=0\\&\Delta h_{\mathrm{II}}+2\sum(s_{ij}q_{ij})_{\mathrm{II}}\Delta q_{\mathrm{II}}-2s_{2-5}q_{2-5}\Delta q_{\mathrm{I}}-2s_{5-6}q_{5-6}\Delta q_{\mathrm{IV}}=0\\&\Delta h_{\mathrm{III}}+2\sum(s_{ij}q_{ij})_{\mathrm{III}}\Delta q_{\mathrm{III}}-2s_{4-5}q_{4-5}\Delta q_{\mathrm{I}}-2s_{5-8}q_{5-8}\Delta q_{\mathrm{IV}}=0\\&\Delta h_{\mathrm{IV}}+2\sum(s_{ij}q_{ij})_{\mathrm{IV}}\Delta q_{\mathrm{IV}}-2s_{5-6}q_{5-6}\Delta q_{\mathrm{II}}-2s_{5-8}q_{5-8}\Delta q_{\mathrm{III}}=0\end{aligned}\right\}\tag{4-57}$$

式（4-57）中得到方程的数目等于管网环数线性方程式的数目，所以可求出未知的修正流量 Δq_i。

为了进一步求出修正流量 Δq_i 值，就必须解具有 n 个未知数的 n 个线性方程组，当环数很多因而有很多方程式时，解这些方程式是很繁重的。因此，哈代-克罗斯和洛巴切夫运用以下的逐次近似法，来解所得到的方程式组。

如果忽视环与环之间的相互影响，即每环调整流量时，不考虑邻环的影响，在已得的方程式中，除了环的自由项 Δh_i 及与自由项脚标相同的修正流量 Δq_i 的项以外，其他各项均略去，这样，环网的研究就没有相邻环互相牵涉的关系。式（4-57）可以写成以下形式：

$$\left.\begin{aligned}&\Delta h_{\mathrm{I}}+2\sum(s_{ij}q_{ij})_{\mathrm{I}}\Delta q_{\mathrm{I}}=0\\&\Delta h_{\mathrm{II}}+2\sum(s_{ij}q_{ij})_{\mathrm{II}}\Delta q_{\mathrm{II}}=0\\&\Delta h_{\mathrm{III}}+2\sum(s_{ij}q_{ij})_{\mathrm{III}}\Delta q_{\mathrm{III}}=0\\&\Delta h_{\mathrm{IV}}+2\sum(s_{ij}q_{ij})_{\mathrm{IV}}\Delta q_{\mathrm{IV}}=0\end{aligned}\right\}\tag{4-58}$$

在经过两次的逐次近似之后，可求出未知的校正流量值，其公式为

$$\left.\begin{aligned}&\Delta q_{\mathrm{I}}=-\Delta h_{\mathrm{I}}/2\sum(s_{ij}q_{ij})_{\mathrm{I}}\\&\Delta q_{\mathrm{II}}=-\Delta h_{\mathrm{II}}/2\sum(s_{ij}q_{ij})_{\mathrm{II}}\\&\Delta q_{\mathrm{III}}=-\Delta h_{\mathrm{III}}/2\sum(s_{ij}q_{ij})_{\mathrm{III}}\\&\Delta q_{\mathrm{IV}}=-\Delta h_{\mathrm{IV}}/2\sum(s_{ij}q_{ij})_{\mathrm{IV}}\end{aligned}\right\}\tag{4-59}$$

首次求出的 Δq_i，是依据初步流量分配 q_{ij} 及其相应的 Δh_i 所得。用这样求得的校正流量做第一次修正，就得到管网真实流量分配的第一步近似值，以后再用同一公式修正第一步的近似值，来决定第二次的 Δq_i。如第二次修正后流量仍没有把闭合差消除，那么，还应进行第三次修正，直至满足要求。

2）节点方程组解法。节点方程是用节点水压 H（或管段水头损失）表示管段流量 q 的管网计算方法。在计算之前，先拟定各节点的水压，此时已经满足能量方程 $\sum h_{ij}=0$ 的条件。管网平差时，使连接在节点 i 的各管段流量满足连续性方程，即 $J-1$ 个 $q_i+\sum s_{ij}^{-\frac{1}{2}}h_{ij}^{\frac{1}{2}}=0$ 的条件。

应用水头损失公式 $h_{ij}=s_{ij}q_{ij}^2$ 时，管段流量 q_{ij} 和水头损失 h_{ij} 之间的关系为

$$q_{ij}=s_{ij}^{-\frac{1}{2}}\left|h_{ij}\right|^{-\frac{1}{2}}h_{ij}\tag{4-60}$$

或

$$q_{ij}=s_{ij}^{-\frac{1}{2}}\left|H_i-H_j\right|^{-\frac{1}{2}}(H_i-H_j)\tag{4-61}$$

节点方程的解法是将式（4-61）代入 $J-1$ 个连续性方程中：

$$q_i+\sum q_{ij}=q_i+\sum\left(\frac{H_i-H_j}{s_{ij}}\right)^{\frac{1}{2}}=0\tag{4-62}$$

并以节点 H_i 为未知量解方程得出各节点的水压。

这时，环中各管段的 h_{ij} 已经满足能量方程 $\sum h_{ij}=0$ 的条件，然后求出各管段的流量 q_{ij}，核算该环内各管段的节点流量 $q_i+\sum s_{ij}^{-\frac{1}{2}}h_{ij}^{\frac{1}{2}}$ 值是否等于零，如不等于零，则求出节点水压校正值 ΔH_i：

$$\Delta H_i=\frac{-2\Delta q_i}{\sum\frac{1}{\sqrt{s_{ij}h_{ij}}}}=\frac{-2(q_i+\sum q_{ij})}{\sum\frac{1}{\sqrt{s_{ij}h_{ij}}}} \tag{4-63}$$

当水头损失式为 $h=sq^n$ 时，节点的水压校正值为

$$\Delta H_i=\frac{-\Delta q_i}{\frac{1}{n}\sum(s_{ij}^{-\frac{1}{n}}h_{ij}^{-\frac{1}{n}})} \tag{4-64}$$

式中　Δq_i——任意节点的流量闭合差，负号表示初步拟定的节点水压使正向管段的流量过大。

求出各节点的水压校正值 ΔH_i 后，修改节点的水压，由修正后的 H_i 值求得各管段的水头损失，计算相应的流量，反复计算，以逐步接近真正流量和水头损失，直至满足连续性方程和能量方程为止。

应用哈代-克罗斯迭代法求解节点方程时，步骤如下：

a. 根据泵站和控制点的水压标高，假定各节点的初始水压，所假定的水压越符合实际情况，则计算时收敛越快。

b. 由 $h_{ij}=H_i-H_j$ 和 $q_{ij}=\left(\frac{h_{ij}}{s_{ij}}\right)^{\frac{1}{2}}$ 的关系式求得管段流量。

c. 假定流向节点管段的流量和水头损失为负，离开节点的流量和水头损失为正，验算每一节点的管段流量是否满足连续性方程，即进出该节点的流量代数和是否等于零，如不等于零，则按式（4-63）求出校正水压 ΔH_i 值。

d. 除了水压已定的节点外，按 ΔH_i 校正每一节点的水压，根据新的水压，重复上述步骤计算，直到所有节点的进出流量代数和达到预定的精确度为止。

3）管段方程组解法。管段方程组可用线性理论法求解，即将 L 个非线性的能量方程转化为线性方程组，方法是使管段的水头损失近似等于：

$$h=[s_{ij}(q_{ij}^{(0)})^{n-1}]q_{ij}=r_{ij}q_{ij} \tag{4-65}$$

式中　s_{ij}——水管摩擦阻力；

$q_{ij}^{(0)}$——管段的初始假设流量；

r_{ij}——系数。

因连续性方程为线性，将能量方程化为线性后，共计 $J+L-1$ 个线性方程，即可用线性代数法求解。因为初始假设流量 $q_{ij}^{(0)}$ 一般并不等于待求的管段流量 q_{ij}，所得结果往往不会是精确解，所以必须将初始假设流量加以调整。设第一次调整后的流量为 $q_{ij}^{(1)}$，重新计算各管段的 s_{ij}，检查是否符合能量方程，如此反复计算，直到前后两次计算所得的管段流量之差小于允许误差时为止，即得 q_{ij} 的解。线性理论法不需要初始假设流量，第一次迭代时可设 $s_{ij}=r_{ij}$，即全部初始流量 $q_{ij}^{(0)}$ 可等于1，经过二

次迭代后，流量可采用以前二次解的 q_{ij} 平均值。

（2）环状管网计算。

1）哈代-克罗斯法。从式（4-59）可写出任意环的校正流量的通式：

$$\Delta q_i = -\frac{\Delta h_i}{2\sum |s_{ij}q_{ij}|} \tag{4-66}$$

应注意，式（4-66）中 Δq_i 和本环的闭合差 Δh_i 的符号相反，Δh_i 是该环内各管段的水头损失代数和。

水头损失与流量为非平方关系时，即在 $n \neq 2$ 时的情况下，校正流量公式为

$$\Delta q_i = -\frac{\Delta h_i}{n\sum |s_{ij}q_{ij}^{n-1}|} \tag{4-67}$$

式（4-67）中，分母总和项内是该环所有管段的 $s_{ij}q_{ij}$ 绝对值之和。

计算时，可在管网示意图上注明闭合差 Δh_i 和校正流量 Δq_i 的方向与数值。因为 Δq_i 和 Δh_i 的符号相反，所以闭合差 Δh_i 为正时，用顺时针方向的箭头表示，反之用逆时针方向的箭头表示。校正流量 Δq_i 的方向和闭合差 Δh_i 的方向相反。

如图 4-18 所示的管网，设初始分配流量求出的两环闭合差都是正的，即

$$\Delta h_{\text{I}} = (h_{1-2} + h_{2-5}) - (h_{1-4} + h_{4-5}) > 0$$

$$\Delta h_{\text{II}} = (h_{2-3} + h_{3-6}) - (h_{2-5} + h_{5-6}) > 0$$

在图 4-18 中，闭合差 Δh_{I} 和 Δh_{II} 用顺时针方向的箭头表示。因闭合差 Δh_{I} 的方向是正，则校正流量 Δq_i 的方向为负，在图上用逆时针方向的箭头表示。

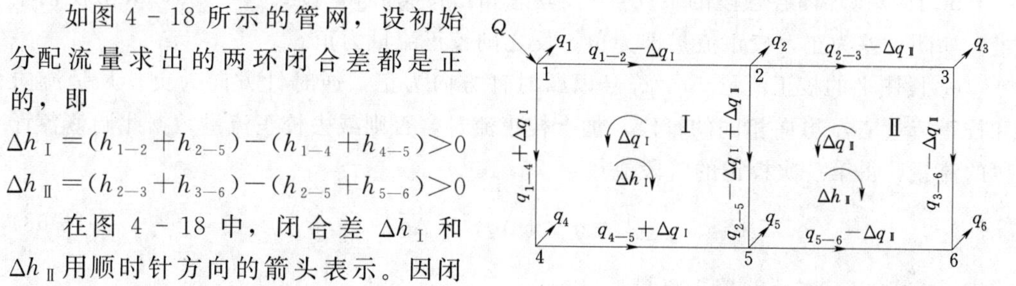

图 4-18　两环管网的流量调整

校正流量为

$$\Delta q_{\text{I}} = -\frac{\Delta h_{\text{I}}}{2(s_{1-2}q_{1-2} + s_{2-5}q_{2-5} + s_{1-4}q_{1-4} + s_{4-5}q_{4-5})}$$

$$\Delta q_{\text{II}} = -\frac{\Delta h_{\text{II}}}{2(s_{2-3}q_{2-3} + s_{3-6}q_{3-6} + s_{2-5}q_{2-5} + s_{5-6}q_{5-6})}$$

调整管段的流量时，在环Ⅰ内，因管段 1—2 和管段 2—5 的初始分配流量与 Δq_1 方向相反，须减去 Δq_1，管段 1—4 和管段 4—5 则加上 Δq_1；在环Ⅱ内，管段 2—3 和管段 3—6 的流量须减去 Δq_{II}，管段 2—5 和管段 5—6 则加上 Δq_{II}，因公共管段 2—5 同时受到环Ⅰ和Ⅱ校正流量的影响，调整后流量为 $q_{2-5} = q_{2-5} - \Delta q_1 + \Delta q_{\text{II}}$。由于初始分配流量时，已经符合节点流量平衡条件，即满足了连续性方程，所以每次调整流量时能自动满足此条件。

流量调整后，各环闭合差将减小，如仍不符合精度要求，应根据调整后的新流量求出新的校正流量，继续进行管网平差。在平差过程中，某一环的闭合差可能改变符号，即从顺时针方向改为逆时针方向，或相反。有时闭合差的绝对值反而增大，这是因为推导校正流量公式时，略去了 Δq_i^2 和 Δq_k、Δq_m 项以及各环相互影响的结果。

上述计算方法称哈代-克罗斯迭代法，也称洛巴切夫法。具体计算过程见例4-4。它是最早和应用最广泛的管网分析方法，目前有一些计算机程序仍基于这一方法。

综上所述，可得解环方程组的步骤如下：

a. 根据小村镇的供水情况，拟定环状网各管段的水流方向，按每一节点满足$q_i+\sum q_{ij}=0$的条件，并考虑供水可靠性要求分配流量，得初步分配的管段流量$q_{ij}^{(0)}$。这里i、j表示管段两端的节点编号。

b. 由$q_{ij}^{(0)}$计算各管段的摩擦阻力系数s_{ij}和水头损失$h_{ij}^{(0)}$。

c. 假定各环内水流顺时针方向管段中的水头损失为正，逆时针方向管段中的水头损失为负，计算该环内各管段的水头损失代数和$\sum h_{ij}^{(0)}$，如$\sum h_{ij}^{(0)}\neq 0$，其差值即为第一次闭合差$h_{ij}^{(0)}$。

如$\sum h_{ij}^{(0)}>0$，说明顺时针方向各管段中初步分配的流量多了些，逆时针方向管段中分配的流量少了些；反之，如$\sum h_{ij}^{(0)}<0$，则顺时针方向管段中初步分配的流量少了些，而逆时针方向管段中的流量多了些。

d. 计算每环内各管段的$|s_{ij}q_{ij}^{(0)}|$及其总和$\sum|s_{ij}q_{ij}^{(0)}|$，按式（4-66）求出校正流量。如闭合差为正，校正流量即为负，反之则校正流量为正。

e. 设图上的校正流量Δq_1符号以顺时针方向为正，逆时针方向为负。凡是流向和校正流量Δq_1方向相同的管段，加上校正流量，否则减去校正流量，据此调整各管段的流量，得第一次校正的管段流量：

$$q_{ij}^{(1)}=q_{ij}^{(0)}+\Delta q_s^{(0)}+\Delta q_n^{(0)} \tag{4-68}$$

式中　$\Delta q_s^{(0)}$——本环的校正流量；

$\Delta q_n^{(0)}$——邻环的校正流量。

按此流量再行计算，如闭合差尚未达到允许的精度，再从第二步起按每次调整后的流量反复计算，直到每环的闭合差达到要求为止。手工计算时，每环闭合差要求小于0.5m，且大环闭合差小于1.0m。电算时，闭合差的大小可以达到任何要求的精度，但可考虑采用0.01～0.05m。

【例4-4】 某小村镇具有7个环的环状管网，如图4-19所示，水塔位于水泵和管网之间，所以水由管网的一边输入，最高日最高时用水量为612m³/h，其中工业企业等大用户用水量为226.8m³/h，所需自由水头为157kPa（16m水柱）。

解：(a) 求节点流量。最高时用水量612m³/h，即170L/s，其中大用户为63L/s，分别在以下节点流出：节点3，5.0L/s；节点7，40.0L/s；节点12，15.0L/s；节点15，3.0L/s。管网各管段长度标注于图中，该镇全部地区人口密度、给水排水卫生设施相同，可认为所有管段具有同一的比流量。

$$q_s=\frac{170-63}{10700}=0.01[\text{L}/(\text{s}\cdot\text{m})]$$

据此流量计算管段沿线流量，再由沿线流量计算节点流量，计算结果见表4-25。

表 4-25　　　　　　　　　　节点流量计算表

节点编号	1	2	3	4	5	6	7	8	9	10	11	12	13	14	15
节点流量/(L/s)	6.5	6.5	5.0	11.0	6.0	8.5	5.0	6.5	5.0	10.5	5.5	10.5	8.0	6.5	6.0
集中流量/(L/s)			5.0				40.0					15.0			3.0

(b) 流量分配。根据用水情况，假定各管段的流向。因用水大户集中在节点 3、7、12 及节点 15，所以整个管网的供水方向应为由节点 1 以最短的途径供到这些节点，按每一节点水量平衡的条件（$q_i+\sum q_{ij}=0$），进行管段流量分配，考虑两条干线 1—2—8—9—11—12—13—7 与 1—10—15 大致平行，多分配些流量；考虑管段损坏时能够互换如 8—4—2 及 9—10 管段也多分配些流量，管段流量初步分配结果如图 4-19 所示。

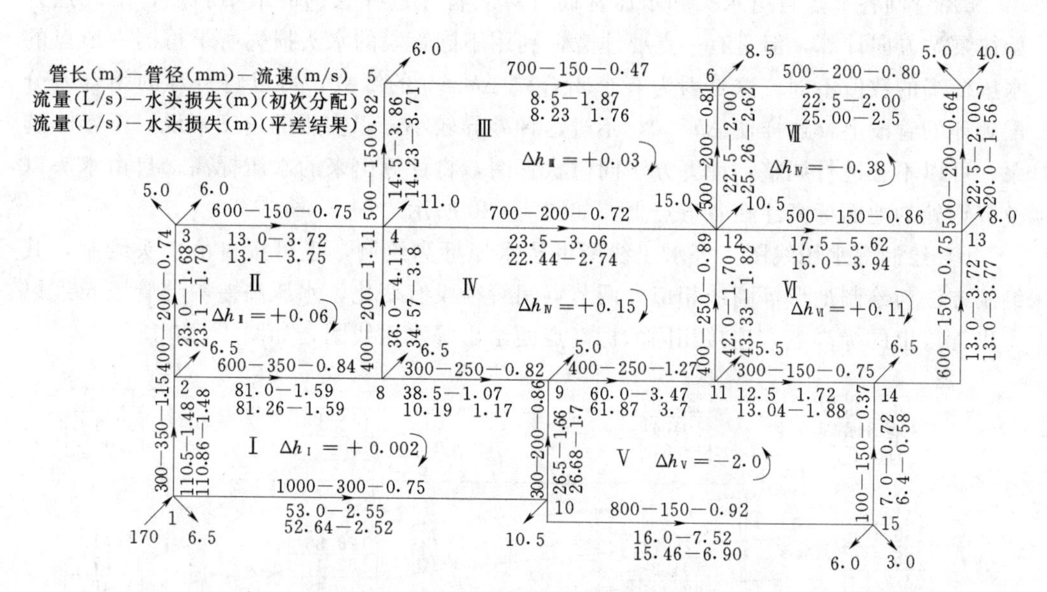

图 4-19　环网计算（最高时用水）

(c) 确定管径和水头损失。初步分配各管段的流量后，管径按界限流量确定。该小村镇的经济因素为 $f=0.8$，则单独管段的折算流量为

$$q_0=\sqrt[3]{fq_{ij}}=0.93q_{ij} \tag{4-69}$$

例如管段 1—2，折算流量为 0.93×110.5=102.8(L/s)，从界限流量表得管径为 DN400mm（实际选用 DN350mm）；管段 2—8，折算流量为 0.93×81.0=75.3(L/s)，得管径为 DN350mm；至于干管之间的连接管管径，考虑到干管事故时，连接管中可能通过较大的流量以及消防流量的需要，将连接管段 5—6 及管段 15—14 等的管径适当放大为 DN150mm。

按所求得的管径管段长度及分配的流量，可用式（4.70）计算水头损失：

$$h = alq^2 = sq^2 \tag{4-70}$$

在平差计算的过程中大多数管段直径是不变的，所以管网各管的流量经过修正后，得出新的分配流量时，摩擦阻力 s 的数值仍然不变，也可通过查水力计算表求得水力坡度值 i，该值乘以管段长度即得管段的水头损失。水头损失除以流量即得 $s_{ij}q_{ij}$，可减少部分计算工作。

(d) 管网平差。水力计算工作可参考相关资料平差格式进行。计算时应注意两环之间的公共管段，以管段 2—8 为例，初步分配流量为 81.0L/s，但同时受到环Ⅰ和环Ⅱ校正流量的影响，环Ⅰ的第一次校正流量为＋0.2L/s，顺时针方向校正流量方向和管段 2—8 的流向相同，环Ⅱ的第一次校正流量为＋0.3L/s，顺时针方向校正流量方向和管段 2—8 的流向相反，因此第一次调整后的管段流量为：81.0＋0.2－0.31＝80.89(L/s)。

以上完成了管网的平差计算，还要继续进行下列工作：

a) 管网各节点自由水头和水压标高计算。首先选择管网的最不利点，由此点开始往泵站方向计算，但是有一点要注意，利用不同管段的水头损失所求得同一节点的水压标高的数值不同，这是因为有个闭合差 $\Delta h \neq 0$ 的缘故，可以将每环的闭合差分配到环的管段上，这样使 $\Delta h = 0$，不过这种差异较小，以实用的角度来说，不影响选泵，可以不必进行调整，计算方法同树状管网，将计算出来的水压标高、自由水头以及节点处的地面标高注在各节点上，如图 4-20 所示。

b) 绘制等水压线图。等水压线图可按水压标高绘制，也可按自由水头绘制，其绘制方法与绘制地形等高线相似，两节点间管径没有变化，水压高差等分管段长度以定出管段上的标高点，连接相同的标高点便给出等水压线图，如图 4-20 所示。

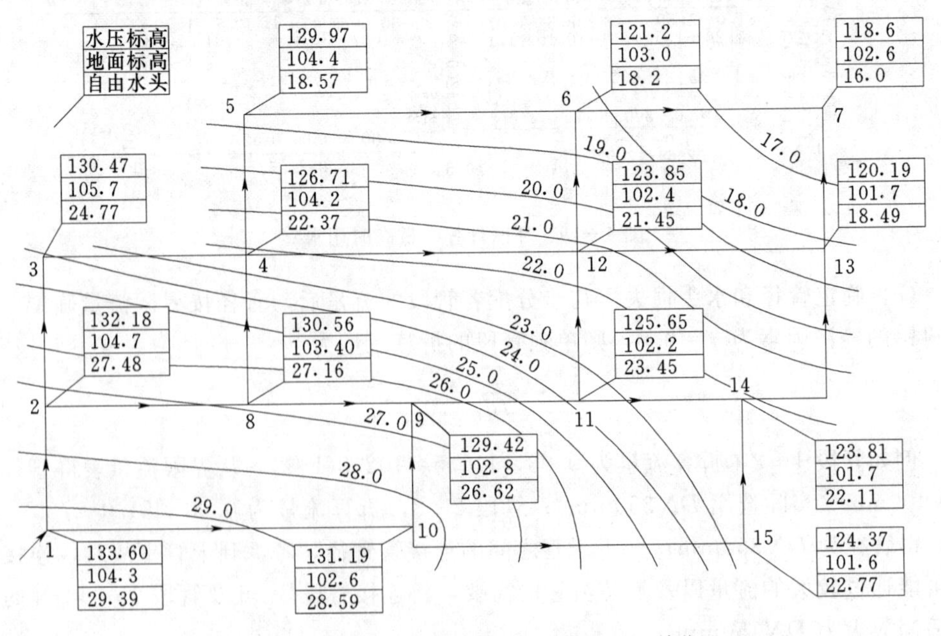

图 4-20　管网水压标高及自由水头等压线（单位：m）

等水压线图表明了在这种供水情况下管网水压分布的情况，根据它可以判断各处的水压是否满足要求，或者是过高还是过低，水压线过密的地区表示水头损失过快、管径偏小，应予调整。因此水压线对管网的运行、管理有很好的参考价值。

c）水塔高度及水塔容积计算。有了管网平差的结果才能计算水塔高度、根据同时发生火灾处数，在水塔的水柜中加上消防用水的容积。水塔高度由距水塔较远且地形较高的控制点 7 确定。该点所需服务水压为 16m，地面标高为 102.6m。设水塔位于节点 1 处，地面标高为 104.3m，从水塔到控制点 7 的水头损失取 1—10—9—11—14—13—7 和 1—2—8—4—12—6—7 两条干线的平均值，因此水塔高度为

$H_i = H_c + Z_c + h_n + Z_t = 16 + 102.6 + (2.52 + 1.7 + 3.7 + 1.88 + 3.77 + 1.56 + 1.48 + 1.59 + 3.8 + 2.74 + 2.62 + 2.5)/2 - 104.3 = 29.23(m)$

本例的水塔位置是在二级泵站和管网之间，它将管网和泵站分隔开来，形成水塔和管网联合工作、泵站和水塔联合工作的情况：在一天内的任何时刻，水塔供给管网的流量等于管网的用水量。管网水量的变化对泵站工作并无直接的影响，只有在用水量变化引起水塔水位变动时，才对泵站供水情况产生影响。例如水塔的进水管接至水塔的水柜底部时，水塔水位变化就会影响水泵的工作情况，此时应按水泵特性曲线对水泵流量的可能变化进行分析。

d）水泵总扬程及总水量的计算。由管网最不利点开始，经管网和输水管算到二级泵站，求出水泵的总扬程及总水量，以备泵站选择水泵之用。管网有几种计算情况就应当有几组流量、扬程的数据。

本例题是前置水塔的情况，仅仅平差计算了最高时的情况，还有最高时加消防和事故时的情况必须进行校核计算，以求出在后两种情况下水泵的总扬程和总流量，发生事故时，由水泵满足设计的供水要求。

这两种校核情况是利用最高时计算出的管径，即管径不变、拟定节点流量和重新分配流量。在消防时，各节点上最高时的节点流量不变，再加上消防流量，根据火灾同时发生的次数，选择可能发生火灾的节点，在这些节点上各加一处消防流量，此后便重新分配流量，计算方法与上例相同。在重要管段上发生断管停水等重大事故时，可允许减少供水量，如减到 70%，在这种情况下，各节点的出流量可按最高时各节点出流量的 70%出流，然后再进行流量分配和管网平差。

2）最大闭合差的环校正法（安德烈雪夫简化法）。安德烈雪夫简化法可不必逐环平差，而选择闭合差大的重点环或构成大环进行平差，因此，计算工作可以简化。

首先分析按初步流量分配所求得的管网各环闭合差的大小及方向，然后按选定的环路进行流量修正，在那些过载的管段上减去一个校正流量，节点流量仍保持平衡。不同的闭合环其校正流量也应不同，有时需重复几次，逐步降低整个环网的闭合差，直到各环达到需要的精度为止。

a. 简化计算法原理。安德烈雪夫简化法虽然也可以用来逐环平差，但是多用于闭合差大的环重点平差和多环形成的大环平差。计算原理就是在闭合差 Δh 的数值超

过允许值的环中，选择闭合差方向相同的各小环（基环）构成大环，大环的闭合差等于各小环的闭合差之和，如果对大环进行平差计算，那么，对小环也起了平差的作用，促使小环的闭合差缩小。

如图 4－21 所示的两小环Ⅰ、Ⅱ和由小环构成的大环Ⅲ，环Ⅰ和环Ⅱ的闭合差方向相同，都是顺时针方向，可以得出小环和大环之间的关系：

$$\sum h_{\mathrm{I}} = h_{1-2} + h_{2-5} - (h_{1-4} + h_{4-5})$$
$$\sum h_{\mathrm{II}} = h_{2-3} + h_{3-6} - (h_{2-5} + h_{5-6})$$
$$\sum h_{\mathrm{III}} = h_{1-2} + h_{2-3} + h_{3-6} - (h_{1-4} + h_{4-5} + h_{5-6}) = \sum h_{\mathrm{I}} + \sum h_{\mathrm{II}}$$

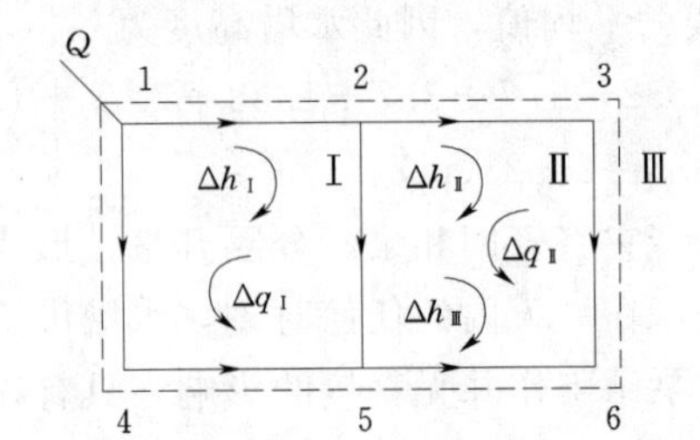

图 4－21 闭合差方向相同的小环和大环

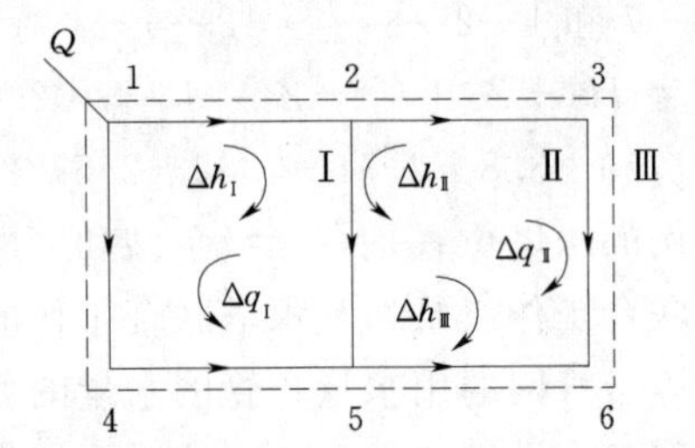

图 4－22 闭合差方向相反的两个小环

大环Ⅲ的闭合差等于环Ⅰ与环Ⅱ闭合差之和。

因此，只要修正大环Ⅲ各管段的流量，即在大环顺时针的管段减去校正流量，而在逆时针管段增加校正流量，使大环Ⅲ的闭合差减小，则小环Ⅰ、Ⅱ的闭合差都会随之降低。

如果不作大环平差，而作小环Ⅰ的平差，设环Ⅰ的校正流量为 Δq_1，那么，得到新的闭合差：

$$\sum h'_{\mathrm{I}} = \sum h_{\mathrm{I}} - 2\sum |sq| \Delta q_{\mathrm{I}} = \Delta h_{\mathrm{I}} - 2\sum |sq| \Delta q_{\mathrm{I}}$$
$$\sum h'_{\mathrm{II}} = -h_{2-5} + 2(sq)_{2-5}\Delta q_{\mathrm{I}} - h_{5-6} + h_{2-3} + h_{3-6}$$
$$= \sum h_{\mathrm{II}} + 2(sq)_{2-5}\Delta q_{\mathrm{I}} = \Delta h_{\mathrm{II}} + 2(sq)_{2-5}\Delta q_{\mathrm{I}}$$

由于两环的闭合差都是正号，可见环Ⅰ的闭合差下降，但环Ⅱ的闭合差反而增大。假设环Ⅰ和环Ⅱ的闭合差方向相反，如图 4－22 所示，小环与大环的闭合差如上推导，可以看出大环Ⅲ的闭合差等于环Ⅰ的闭合差与环Ⅱ的闭合差的差值。这时，如果校正大环各管段的流量，则会增加与大环闭合差异号的环Ⅱ的闭合差，同时减小与大环闭合差同号的环Ⅰ的闭合差。

如此看来，小环闭合差异号时不宜作大环平差，但是可作一个环的重点平差；如Ⅰ环作平差：

$$\sum h'_{\mathrm{I}} = \sum h_{\mathrm{I}} - 2\sum |sq| \Delta q_{\mathrm{I}} = \Delta h_{\mathrm{I}} - 2\sum |sq| \Delta q_{\mathrm{I}}$$
$$\sum h'_{\mathrm{II}} = -h_{2-5} + 2(sq)_{2-5}\Delta q_{\mathrm{I}} - h_{5-6} + h_{2-3} + h_{3-6}$$
$$= \sum h_{\mathrm{II}} + 2(sq)_{2-5}\Delta q_{\mathrm{I}} = -\Delta h_{\mathrm{II}} + 2(sq)_{2-5}\Delta q_{\mathrm{I}}$$

如图 4－22 所示，Δh_{I} 顺时针为正值，Δh_{II} 逆时针为负值，因为作了环Ⅰ平差，使Ⅱ环的闭合差也减小。

使用简化法平差计算时，应当注意将闭合差方向相同且数值相差不大的相邻小环

构成大环，进行平差；环数较多的管网可能会形成几个大环，此时，应先计算闭合差最大的环。在简化法平差计算中，除运用大环平差外，还可用在闭合差方向不同的相邻环，选择其中闭合差较大的环进行平差，该环本身闭合差缩小，对其邻环的闭合差也会降低。

b. 校正流量值的计算。校正流量值可以按式（4-66）计算求出：

$$\Delta q_i = -\frac{\Delta h_i}{2\sum|s_{ij}q_{ij}|}$$

因为在平差过程中，各闭合环的$\sum|s_{ij}q_{ij}|$变化很小（这是由于s_{ij}不变，q_{ij}在某个方向的管段增加，在另一方向的管段则减小），所以可以假定在每一个所考虑的闭合环内，在顺次进行的平差中存在着以下关系：

$$\frac{\Delta q_{\mathrm{I}}}{\Delta h_{\mathrm{I}}} = \frac{\Delta q'_{\mathrm{I}}}{\Delta h'_{\mathrm{I}}} = \frac{\Delta q''_{\mathrm{I}}}{\Delta h''_{\mathrm{I}}} \tag{4-71}$$

因此，可按式（4-66）拟定校正流量，进行试探性的平差，在决定了Δh_{I}和Δq_{I}之后，便可按上列比值求得下一次平差的校正流量值。

在闭合环上各管段的长度和管径相差不大的情况下，求修正流量可用下列简单公式计算：

$$\Delta q = -\frac{q_a \Delta h}{2\sum|h|} \tag{4-72}$$

式中 q_a——闭合环路各管段流量的平均值；

Δh——闭合差，m；

$\sum|h|$——闭合环路上所有管段的水头损失的绝对值之和，m。

式（4-72）中的$\sum|h|$可以写为

$$\sum|h| = \sum|s_{ij}q_{ij}^2|$$

为简化计算，以q_a代表其中一个q_{ij}，则得

$$\sum|h| = q_a\sum|s_{ij}q_{ij}| \tag{4-73}$$

校正流量值公式为

$$\Delta q = -\frac{\Delta h}{2\sum|s_{ij}q_{ij}|}$$

将等号右边分子分母各乘以q_a，则得

$$\Delta q = -\frac{q_a\Delta h}{2q_a\sum|s_{ij}q_{ij}|} = -\frac{q_a\Delta h}{2\sum|h|} \tag{4-74}$$

应用简化法计算需要有一定的技巧与经验，手工计算较复杂的管网时，有经验的计算人员可用这种方法缩短计算时间。

3）多水源管网计算。前面讨论的内容，主要是单水源管网的计算方法。但是随着小村镇现代化水平的发展，由于用水量的增长，往往逐步发展成为多水源（包括泵站、水塔、高位水池等也看作是水源）的给水系统。多水源管网的计算原理虽然和单水源相同，但有其特点。因这时每一水源的供水量，随着供水区用水量、水源的水压

以及管网中的水头损失而变化，从而存在各水源之间的流量分配问题。

由于小村镇地形和保证供水区水压的需要，水塔可能布置在管网末端的高地上，这样就形成对置水塔的给水系统。如图 4－23 所示的对置水塔系统，可以有两种工作情况：①最高用水时，因这时二级泵站供水量小于用水量，管网用水由泵站和水塔同时供给，即成为多水源管网，两者有各自的供水区，在供水区的分界线上水压最低，从管网计算结果可得出两水源的供水分界线经过 8、12、5 等节点，如图 4－23 中虚线所示；②最大转输时，在一天内若干小时因二级泵站供水量大于用水量，多余的水通过管网转输入水塔储存，这时就成为单水源管网，不存在供水分界线。

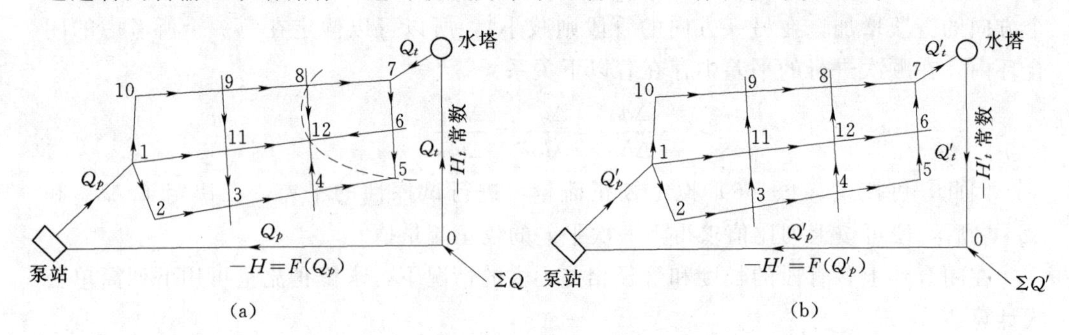

图 4－23　对置水塔的工作情况

(a) 最高用水时；(b) 最大转输时

应用虚环的概念，可将多水源管网转化成为单水源管网。所谓虚环是将各水源与虚节点用虚线连接成环，如图 4－23 所示。它由虚节点 0（各水源供水量的汇合点）、该点到泵站和水塔的虚管段以及泵站到水塔之间的实管段（例如泵站—1—2—3—4—5—6—7—水塔的管段）组成。于是多水源的管网可看成是只从虚节点 0 供水的单水源管网。虚管段中没有流量，不考虑摩擦阻力，只表示按某一基准面算起的水泵扬程或水塔水压。

从上可见，两水源时可形成一个虚环，同理，三水源时可构成两个虚环，因此虚环数等于水源（包括泵站、水塔等）数减 1。

虚节点的位置可以任意选定，其水压可假设为零。从虚节点 0 流向泵站的流量 Q_p，即为泵站的供水量。在最高用水时，水塔也供水到管网，此时虚节点 0 到水塔的流量 Q_t，即为水塔供水量。最大转输时，泵站的流量为 Q'_p，经过管网用水后，以转输流量 Q'_t 从水塔经过虚管段流向虚节点 0。

最高用水时虚节点 0 的流量平衡条件为

$$Q_p+Q_t=\sum Q \tag{4-75}$$

也就是各水源供水量之和等于管网的最高时用水量。

水压 H 的符号规定如下：流向虚节点的管段，水压为正，流离虚节点的管段，水压为负，因此由泵站供水的虚管段，水压 H 的符号常为负。最高用水时虚环的水头损失平衡条件为

$$-H+\sum h_p-\sum h_t-(-H_t)=0 \tag{4-76}$$

式中　H——最高用水时的泵站出水水压，m；

$\sum h_p$——从泵站到分界线上控制点的任一条管线的总水头损失，m；

$\sum h_t$——从水塔到分界线上控制点的任一条管线的总水头损失，m；

H_t——水塔的水位标高，m。

最大转输时的虚节点流量平衡条件为

$$Q_p' = Q_t' + \sum Q' \tag{4-77}$$

式中　Q_p'——最大转输时的泵站供水量，L/s；

Q_t'——最大转输时进入水塔的流量，L/s；

$\sum Q'$——最大转输时管网用水量，L/s。

这时，虚环的水头损失平衡条件为（图 4-24）

$$-H' + \sum h' + H_t' = 0 \tag{4-78}$$

式中　H'——最大转输时的泵站出水水压，m；

$\sum h'$——最大转输时从泵站到水塔的水头损失，m；

H_t'——最大转输时的水塔水位标高。

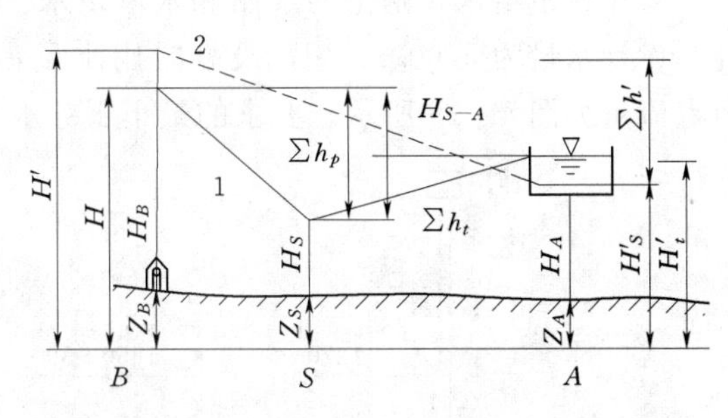

图 4-24　对置水塔管网的水头损失平衡条件
1—最高用水时；2—最大转输时

多水源环状管网的计算考虑了泵站、管网和水塔的联合工作情况。这时，除了 $J-1$ 个节点 $q_i+\sum q_{ij}=0$ 方程外，还有 L 个环的 $\sum s_{ij}q_{ij}^n=0$ 方程和 $S-1$ 个虚环方程，S 为水源数。

管网平差计算时，虚环和实环看作是一个整体，即不分虚环和实环同时计算。闭合差和校正流量的计算方法和单水源管网相同，管网计算结果应满足下列条件：①进出每一节点的流量（包括虚流量）总和等于零，即满足连续性方程 $q_i+\sum q_{ij}=0$；②每环（包括虚环）各管段的水头损失代数和为零，即满足能量方程 $\sum s_{ij}q_{ij}^n=0$；③各水源供水至分界线处的水压应相同，就是说从各水源到分界线上控制点的沿线水头损失之差应等于水源的水压差，见式（4-76）和式（4-78）。

4）管网计算时的水泵特性方程。在管网计算中，一般用近似的抛物线方程表示水泵扬程 H 和流量 Q 的关系，称为水泵特性方程，如下：

$$H_p = H_b - sQ^2 \tag{4-79}$$

式中　H_p——水泵扬程；

H_b——水泵流量为 0 时的扬程；

s——水泵摩擦阻力；

Q——水泵流量。

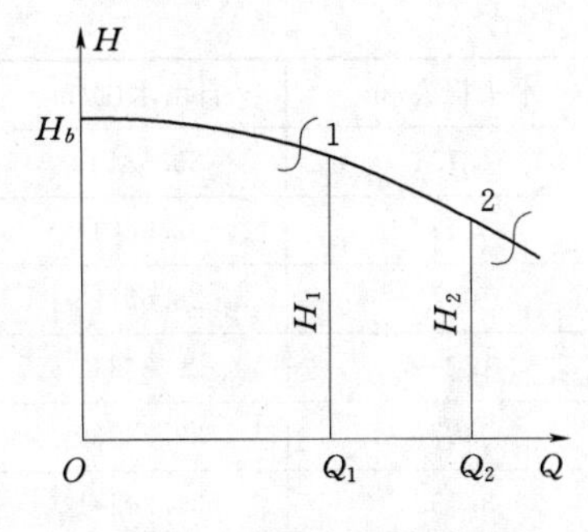

图 4-25　求离心泵特性方程

为了确定 H_b 和 s 值，可在离心泵特性曲线上的高效率范围内任选两点，例如图 4-25 中的 1、2 两点，将 Q_1、Q_2、H_1、H_2 和流量为零时的扬程 H_b 值代入式（4-79）中，得

$$H_1 = H_b - sQ_1^2$$

$$H_2 = H_b - sQ_2^2$$

解得

$$s = \frac{H_1 - H_2}{Q_2^2 - Q_1^2} \tag{4-80}$$

$$H_b = H_1 + sQ_1^2 = H_2 + sQ_2^2 \tag{4-81}$$

当几台离心泵并联工作时，应绘制并联水泵的特性曲线，据以求出并联时的 H_b 和 s 值。

【例 4-5】 最高用水时多水源管网计算。

某小村镇给水管网由两泵站和水塔供水。全村镇地形平坦，地面标高按 15.00m 计。设计水量为 50000m³/d，最高时用水量占最高日用水量的 5.92%，即 822L/s。节点流量如图 4-26 所示。要求的最小服务水头为 24m。

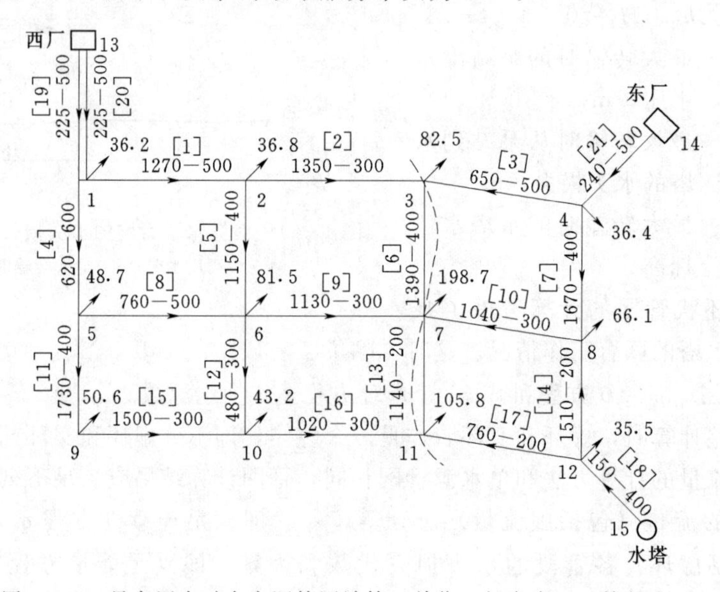

图 4-26　最高用水时多水源管网计算（单位：长度为 m；管径为 mm）

解： 节点和管段编号见图 4-26，迭代精度为 0.01m，根据有关计算机程序得出的电算结果见表 4-26。

表 4-26　　多水源管网计算结果

节点或管段编号	流量/(L/s)	速度/(m/s)	水头损失/m	自由水压/m
[1]	152.074	0.77	1.751	33.83135
[2]	52.8492	0.75	3.422	32.08014
[3]	−135.1793	0.69	−0.708	28.65798
[4]	304.7244	1.08	1.299	29.36617
[5]	62.4247	0.50	0.878	32.53239
[6]	105.5282	0.84	3.032	31.20241
[7]	91.4212	0.73	2.734	25.62625

续表

节点或管段编号	流量/(L/s)	速度/(m/s)	水头损失/m	自由水压/m
[8]	171.3195	0.87	1.330	26.63252
[9]	73.7377	1.04	5.576	30.10113
[10]	−32.6511	0.46	−1.006	28.51755
[11]	84.7067	0.67	2.431	24.05737
[12]	78.5064	1.11	2.685	27.27201
[13]	13.2171	0.42	1.569	34.64651
[14]	−7.3299	0.23	−0.639	30.35598
[15]	34.1067	0.48	1.584	27.40000
[16]	69.4130	0.98	4.460	
[17]	−23.1698	0.74	−3.215	
[18]	−66.0008	0.53	−0.128	
[19]	−246.5000	1.26	−0.815	
[20]	−246.5000	1.26	−0.815	
[21]	−262.9998	1.34	−0.990	

注　管段流量 ij 从小编号节点 i 流向大编号 j 时为正，反之则为负。例如管段［3］的水流方向从节点4流到节点3，所以流量加负号。

管网计算时已将用水量折算成从节点流出的节点流量，所以各水源的供水分界线必须通过节点。从图4-26可以看出，供水分界线通过节点3、7、11。在分界线处，管网的压力最低，而在3个节点中，节点11的压力最低，为24m，因此可以保证控制点所需的最小服务水头。

东厂流量为263.0L/s，水压为30.36m，选用10SA—6J水泵3台，其中1台备用。西厂出水管2条，总流量为493.0L/s，水压为34.65m，选用105A—6J水泵4台，其中1台备用，水塔水柜底高度为27.4m。

5）管网的核算条件。管网的管径和水泵扬程，按设计年限内最高日最高时的用水量和水压要求决定。但是用水量是发展的也是经常变化的，为了核算所定的管径和水泵能否满足不同工作情况下的要求，就需进行其他水量条件下的计算，以确保经济合理供水。通过核算，有时需将管网中个别管段的直径适当放大，也有可能需要另选合适的水泵。

管网的核算条件如下：

a. 消防时的流量和水压要求。消防时的管网核算，是以最高时用水量确定的管径为基础，然后按最高用水时另行增加消防时的管段流量和水头损失。计算时只是在控制点另外增加一个集中的消防流量，如按照消防要求同时有两处失火时，则可从经济和安全等方面考虑。将消防流量一处放在控制点，另一处放在离二级泵站较远或靠近大用户和工业企业的分点处。虽然消防时比最高用水时所需服务水头要小得多，但因消防时通过管网的流量增大，各管段的水头损失相应增加，按最高用水时确定的水泵扬程有可能不够消防时的需要，这时须放大个别管段的直径，以减小水头损失。个别情况下因最高用水时和消防时的水泵扬程相差很大，须设专用消防泵供消防时使用。

b. 最大转输时的流量和水压要求。设对置水塔的管网，在最高用水时，由泵站和水塔同时向管网供水，但在一天内抽水量大于用水量的一段时间里，多余的水经过管网送入水塔内储存，因此这种管网还应按最大转输时的流量来核算，以确定水泵能否将水送入水塔。核算时节点流量须按最大转输时的用水量求出。因节点流量随用水量的变化成比例增减，所以最大转输时的各节点流量可按下式计算：

$$\text{最大转输时节点流量}=\frac{\text{最大转输时用水量}}{\text{最高时用水量}}\times\text{最高用水时该节点的流量}$$

然后按最大转输时的流量进行分配和计算，平差方法和最高用水时相同。

c. 最不利管段发生故障时的事故用水量和水压要求。管网主要管线损坏时必须及时检修，在检修时间内供水量允许减少。一般按最不利管段损坏而需断水检修的条件，核算事故时的流量和水压是否满足要求。至于事故时应有的流量，在小村镇为设计用水量的70%，工业企业的事故流量按有关规定确定。

经过核算不能符合要求时，应在技术上采取措施。如当地给水管理部门有较强的检修力量，损坏的管段能迅速修复，且断水产生的损失较小时，事故时的管网核算要求可适当降低。

【例4-6】 最大转输时管网核算。

最大转输时的管网计算流量，等于最高日内二级泵站供水量与用水量之差为最大值的1h流量。根据该小村镇的用水量变化规律，得最大转输时的流量为246.7L/s，转输时的节点流量如图4-27所示。

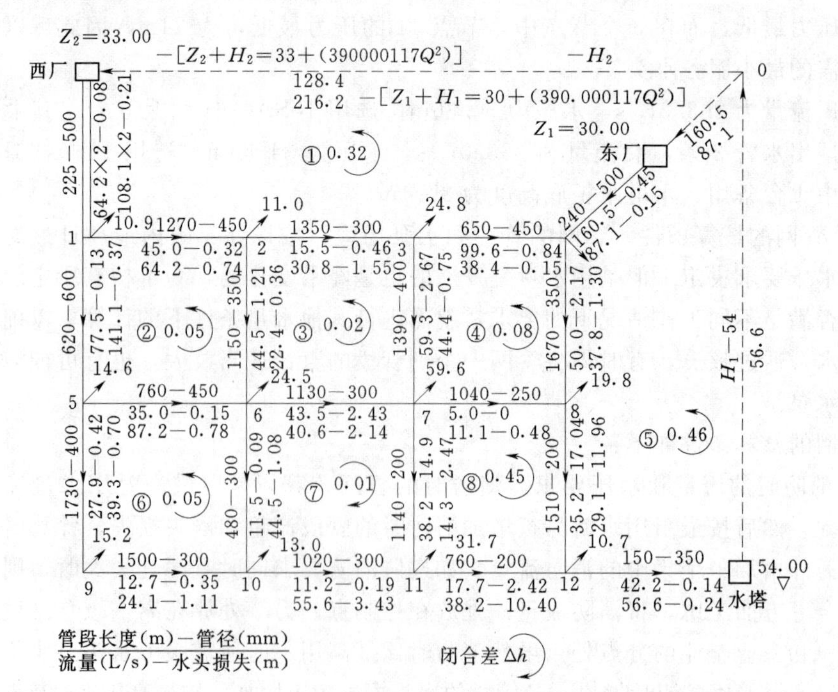

图4-27　最大转输时多水源管网计算

本例题主要核算按最高用水时选定的水泵扬程能否在最大转输时供水到水塔，以及此时进水塔的流量。

解：根据虚环概念用手工计算，虚节点为0，3条虚管段分别从虚节点向两泵站及水塔连接，虚管段的流量和水压符号规定如图4-20所示。水塔的水位标高为5（地面标高27.0m，从地面到水塔水面的高度27.0m）。

按最高用水时选定的离心泵特性曲线方程为

$$H_p=39.0-0.000117Q^2$$

泵站的水压等于水泵扬程 H_p 加吸水井水面标高（西厂水面标高为33.0m，东厂为30.0m），即

西厂　　　　$Z_2+H_2=33.0+(39.0-0.000117Q^2)$

东厂　　　　$Z_1+H_1=30.0+(39.0-0.000117Q^2)$

图4-27的计算结果显示，经过多次校正后，各环闭合差已满足要求。最大转输时西厂供水量为216.2L/s，东厂供水量为87.1L/s，转输到水塔的水量为56.6L/s，从西厂到水塔的管线水头损失平均为

$$0.21+(0.37+0.70+1.11+3.43+10.40+0.74+1.55-0.15+1.30+11.96)/2+0.24=16.16(m)$$

西厂泵站输入水塔所需扬程为

$$54.0+16.16=70.16(m)$$

实际扬程为

$$Z_2+H_2=33.0+(39.0-0.000117Q^2)=33.0+(39.0-0.000117\times108.1^2)=70.63(m)$$

经过核算，东厂和西厂按最高用水时选定的水泵，在最大转输时都可以供水到水塔。

二、优化设计方法

（一）输水管网管线布设优化设计

对输水管网而言，优化目标可是以下3种条件之一：①管网线路最短；②总投资最少；③在一定运行时期内效益最好。

在以上3种优化目标中可以认为管网线路最短和使用工程总投资最省目标是一致的。管网在一定运行时期内效益最好，一般是在工程设计中考虑到所建工程的运用年限，力争在有效运用时期内使工程获取最大的效益或工程投资回收年限最短。对于管网工程总投资最少，由于一般工程建设时间较短，所以多采用静态法进行投资估算，然后进行比较。对管网在一定运行期内效益最好的管网建设方案比较，由于要涉及工程运用的一定使用年限，一般计算时期较长，所以应采用动态法进行投资计算。

管网管线布设优化计算是在方案的各管段投资或管线长度已经计算完毕后进行的。管网线路优化计算是典型的动态规划法求解的问题。动态规划法的基本原理是美国数学家贝尔曼（R. Bellman）提出的“最优化原理”。动态规划法求解最优化问题是将所研究的事物，根据时间和空间特性，将其发展或演变过程分为若干阶段，而且在每一个阶段都可做出某种决策，从而使整个过程取得最优的效果，这样一种求解过程为多阶段决策过程。所有多阶段决策过程，都可以看作是阶段、状态和决策以及它

们之间的相互关联的综合。

介绍动态法的书籍很多，动态规划法可解决各种各样的问题，但动态规划法的常规计算方法多数要通过编制程序，由计算机来完成计算。针对农村供水工程，通常输水管线方案较少，且问题较单一，现仅通过实例介绍一种简便、实用，同时也满足动态规划法最优化原理的求解方法——标号法。

【例 4-7】 如图 4-28 所示，现要由水源地 1（取水点），引水到用水点 10（即供水点）。在输水途中将经过三级中转站，第一级中转站可以在地点 2、3、4 中任选一点，第二级中转站可以在地点 5、6、7 中任选一点。任何两个地点之间的管道铺设长度表示在图 4-28 中接点连线上。现拟选择一条由水源 1 到用水点 10 的最短输水线路。

我们可以按由起始点到第一级中转站和相邻的各中转站将此问题划分成 4 个阶段，如图 4-28 所示。

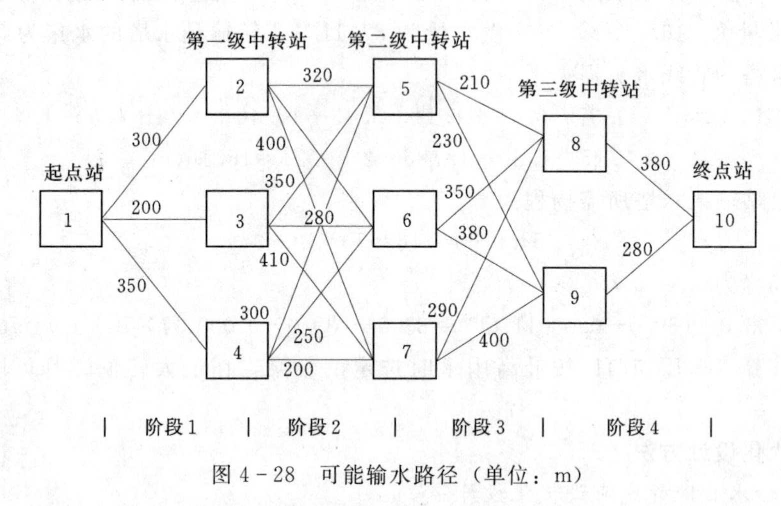

图 4-28　可能输水路径（单位：m）

在介绍标号法求解方法之前，首先了解一下最优化原理。最优化原理作为整个过程的最优策略（即选择），具有这样的性质，即不论初始状态和初始决策（即方案的确定）如何，对于初始决策所构成的状态来说，其余留的所有决策，必须构成一个最优策略。标号法的求解过程完全遵循最优化原理，该方法是在每个节点上方用数字表示该点到最终点 10 的最少投资。直线连接的点表示该点到最终点 10 的最优路线。图中双线表示由取水点 1 到终点 10 的最短线路。

标号法计算步骤如下：

（1）现标出离终点最近的一段（即阶段 4）。由 8、9 点到 10 点分别只有唯一线路，则可将线段上数字分别写在该点上方。

（2）在标下一段（即阶段 3）时正要标号的某点到该标号的各点的线段上，分别加上已标号点上方的数字，且取其最小者，这就是某点到终点 10 的最短距离。将距离数字填入对应点上方，并且连线将对应两接点连接起来，表示某点到终点的最短路线，其余非最短距离的支路就被舍去了。被舍去的支路，在下一段计算时就不起作用了。

(3) 继续按逆推过程计算，一直计算到初始点（1点），该节点上方数字即为引水点（1点）到供水点（10点）的最短线路长度。

此处采用标号法，是从后向前标号的，该求解过程称为逆序解法。

对于最优线路问题，由于它两端都是固定的，且线路上的数字表示的两点间的距离是不变的，所以该问题也可以采用从前向后逐步计算并标号的方法，称作顺序解法。经计算证明，两种计算方法的结果是相同的。下面采用逆序解法求解例4-7。

解： 首先画出优化计算的全部节点位置，见图4-29。

(1) 先分别在节点8、9上方和右方标出阶段4节点8、9到终点10的管线距离数字和所经路线，如图4-29所示。

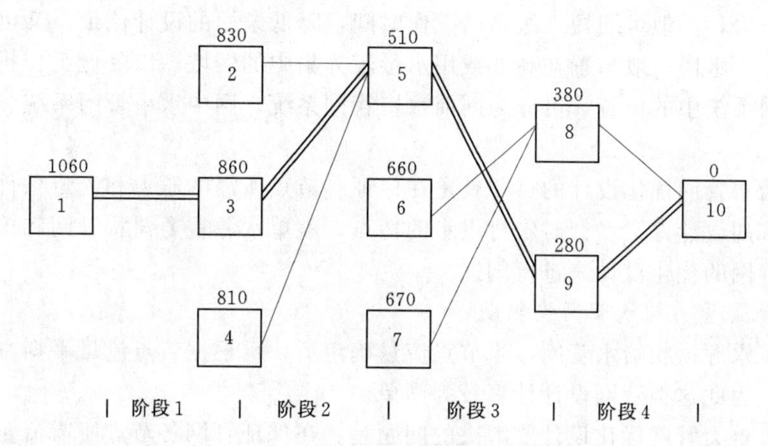

图4-29　标号法管线布设优化计算图

(2) 计算阶段3节点5、6、7到节点10的距离，然后取其最小者填入节点上方，并绘出相关路线。具体计算过程为取计算节点到前一相关节点线路数据再加上前一节点上方数据。

节点5：
$$L_{5-10}=\begin{Bmatrix}210+380\\230+280\end{Bmatrix}=510(\mathrm{m})$$

节点6：
$$L_{6-10}=\begin{Bmatrix}350+380\\380+280\end{Bmatrix}=660(\mathrm{m})$$

节点7：
$$L_{7-10}=\begin{Bmatrix}290+380\\400+280\end{Bmatrix}=670(\mathrm{m})$$

节点5到终点10的最短路线为：5→9→10，距离为510m。

节点6到终点10的最短路线为：6→9→10，距离为660m。

节点7到终点10的最短路线为：7→8→10，距离为670m。

阶段3结果也标在图4-29中，见阶段3，即节点5、6、7处。

(3) 分别计算阶段2节点2、3、4到节点10的距离，并取最小者填入对应节点上方。计算过程与第2步相同，结果填入图4-29中。

(4) 继续采用上述方法，求节点1到10的距离。其结果为$L_{1-10}=1060$m。

最短路线为1→3→5→9→10，距离为1060m。将结果标在图4-29中，并将全程

最短路线画成双实线。节点1上方的数据即为最短距离。

（二）树状给水管网系统优化设计

树状给水管网一般投资较小，广泛用于村镇供水。在工矿企业给水系统建设初期，一般也采用树状管网，以后随着用水规模的不断扩大，由树状管网逐步发展成为环状管网。

树状管网形式较多，不同的形式具有不同的特点，其适用条件也不相同。当水源位置较高时，可采用重力树状管网系统，这种系统工程投资和运行费较低。在大多数情况下采用泵站加压管网系统供水，这类系统按照在系统中是否设置水塔，又可分为无水塔泵站加压管网系统和有水塔泵站加压管网系统。设置水塔的目的是调节管网中的流量和压力，不但可缩短二级泵站工作时间，降低泵站的设计流量，又可保证系统所需的水压。水塔一般布置在高处或用水量较为集中的区域，以降低工程投资，根据水塔在管网系统中的位置，可分为网前水塔管网系统、网中水塔管网系统和对置水塔管网系统。

树状给水管网优化设计的目的就是在保证各节点所需的压力和流量条件下，寻求系统最经济的设计方案。针对农村供水的特点，就单水源重力树状管网和单水源泵站加压树状管网的优化设计来进行阐述。

1. 单水源重力树状管网优化设计

对于单水源树状给水管网，当节点流量确定后，可根据节点流量平衡方程计算各管段流量，因此这类管网设计计算较为简单。

单水源重力管网优化设计要解决的问题是：在保证管网各节点所需流量和服务水压的条件下，确定系统中各管段尺寸的最优值，使管网投资最小。

（1）优化设计数学模型。

1）目标函数。按照管道不冲不淤流速确定备选管径组后，以重力树状管网投资最小为目标函数。

$$\min P=\sum_{i=1}^{N}\sum_{j=1}^{M(i)}C_{ij}x_{ij} \tag{4-82}$$

式中　P——重力树状管网投资，元；

N——管段数；

$M(i)$——第i管段的备选管径数；

C_{ij}——第i管段中的第j种标准管径管道单价，元/m；

x_{ij}——第i管段中选用的第j种标准管径的管长，m。

2）约束条件。

a. 管长约束。每一管段各标准管径管长之和等于该管段长。

$$\sum_{j=1}^{M(i)}x_{ij}=L_i \quad (i=1,2,\cdots,N) \tag{4-83}$$

式中　L_i——管段长，m。

b. 压力约束。要求各节点水压标高均不得低于该节点服务水压标高。

$$\sum_{i=1}^{I(k)}\sum_{j=1}^{M(i)}J_{ij}x_{ij}\leqslant E_0-E_k \quad (k=1,2,\cdots,K) \tag{4-84}$$

式中　k——节点序号；

K——节点总数；

$I(k)$——水源至第 k 点的管段数；

E_0——水源水面高程，m；

E_k——节点服务水压标高，m；

J_{ij}——管道水力坡度。

c. 非负约束。

$$x_{ij} \geqslant 0 \tag{4-85}$$

（2）模型求解。以上是一个线性规划问题，优化变量为 x_{ij}，可用单纯形法计算。

（3）计算实例。

【例 4-8】 某单水源重力给水树状管网布置如图 4-30 所示。采用钢筋混凝土管，管道单价见表 4-27，管道的粗糙系数 $n=0.013$，要求节点服务水压为 12m，管网节点地面高程数据见表 4-28，当水源水面高程 $E_0=60$m 时，确定单水源重力给水树状管网优化设计方案。

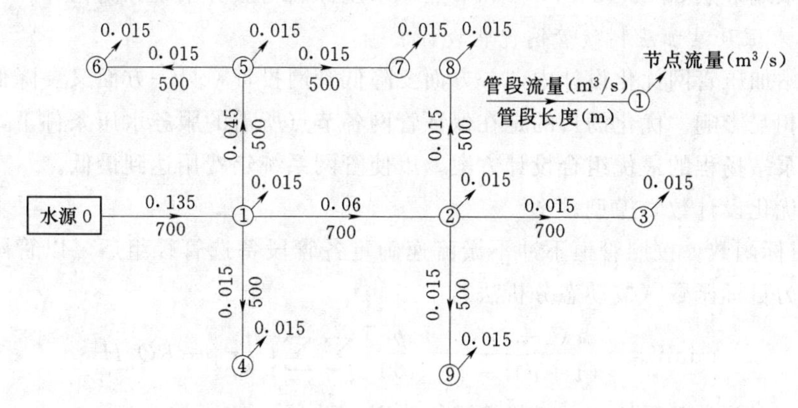

图 4-30　某单水源重力给水树状管网计算图（单位：m）

表 4-27　　管道单价

管径/m	0.1	0.15	0.2	0.25	0.3	0.35	0.4	0.5
单价/(元/m)	25.0	30.8	38.7	42.0	55.2	64.0	83.2	103.2

表 4-28　　节点水压标高

节点序号	1	2	3	4	5	6	7	8	9
地面高程/m	35.00	34.00	32.00	34.00	32.00	31.00	33.00	34.00	31.00
服务水压标高/m	47.00	46.00	44.00	46.00	44.00	43.00	45.00	46.00	43.00
水压标高/m	53.98	50.85	44.00	46.00	49.85	43.00	45.00	46.00	43.00

确定各管段备选管径组（表 4-29），计算管道水力坡度。将有关数据代入单水源重力管网优化设计数学模型，共计 25 个优化变量（管长变量）和 18 个约束条件（9 个管长约束和 9 个压力约束），利用单纯形法求出各管段最优管径及其管长（表 4-29），管网投资为 201042.4 元。

表 4-29　　各管段备选管径组及其优化计算结果　　单位：m

管段序号	管段	备选管径组管径	选用管径/最优长度
1	0—1	0.25、0.3、0.35、0.4、0.5	0.35/700
2	1—2	0.2、0.25、0.3、0.35	0.25/76　0.3/624
3	2—3	0.1、0.15	0.15/700
4	1—4	0.1、0.15	0.1/42　0.15/458
5	1—5	0.15、0.2、0.25、0.3	0.2/96　0.25/404
6	5—6	0.1、0.15	0.1/26　0.15/474
7	5—7	0.1、0.15	0.15/500
8	2—8	0.1、0.15	0.15/500
9	2—9	0.1、0.15	0.1/40　0.15/460

根据优化结果，计算出各节点的水压标高（表 4-28），各节点均满足压力约束，且在管网末端节点 3、4、6、7、8 和节点 9 水压标高与服务水压标高相等。

2. 单水源泵站加压树状管网优化设计

在泵站加压管网优化设计中，一方面要降低管网投资，另一方面又要降低泵站能耗，二者相互影响。优化的目的是在保证管网各节点所需的服务水压条件下，寻求管段尺寸和泵站扬程的最优组合设计方案，以使管网系统年费用达到最低。

（1）优化设计数学模型。

1）目标函数。按照管道不冲不淤流速确定各管段备选管径组后，以管网系统年费用最小为目标函数（按动态分析法）：

$$\min W=\left[\frac{e(1+e)^t}{(1+e)^t-1}+\frac{p}{100}\right]\sum_{i=1}^{N}\sum_{j=1}^{M(i)}C_{ij}x_{ij}+RQ_pH \tag{4-86}$$

式中　W——单水源泵站加压树状管网年费用，元/a；

t——投资偿还期，a；

e——年利率，%；

p——年折旧费及大修费扣除百分数，%；

Q_p——泵站设计流量，m^3/s；

H——泵站设计扬程，m；

R——动力费用系数。

其中

$$R=\frac{86\times10^3 b\sigma}{\eta} \tag{4-87}$$

式中　b——供水能量不均匀系数；

σ——电费，元/(kW·h)；

η——泵站效率。

2）约束条件。

a. 管长约束。

$$\sum_{j=1}^{M(i)} x_{ij} = L_i \quad (i=1,2,\cdots,N) \tag{4-88}$$

式中　L_i——管段长，m。

b. 压力约束。

$$\sum_{i=1}^{I(k)}\sum_{j=1}^{M(i)} J_{ij}x_{ij} - H \leqslant E_0 - E_k - h \quad (k=1,2,\cdots,K) \tag{4-89}$$

式中　h——泵站吸水管水头损失，m。

c. 管道承压力约束。管道实际压力不应大于管道承压力，对于各节点有

$$\sum_{i=1}^{I(k)}\sum_{j=1}^{M(i)} J_{ij}x_{ij} - H \geqslant E_0 - e_k - 102H_c - h \quad (k=1,2,\cdots,K) \tag{4-90}$$

式中　e_k——节点地面高程，m；

H_c——管道承压力，MPa。

对于泵站出口有

$$H \leqslant 102H_c + h \tag{4-91}$$

d. 非负约束。

$$x_{ij} \geqslant 0 \tag{4-92}$$

$$H \geqslant 0 \tag{4-93}$$

(2) 模型求解。以上是一个线性规划问题，优化变量为 x_{ij} 和 H，可用单纯形法计算。

(3) 计算实例。

【例 4-9】 某单水源泵站加压树状管网布置如图 4-31 所示。采用钢筋混凝土管，管道单价见表 4-27，管道粗糙系数 $n=0.013$，管道承压力为 0.4MPa。要求节点服务水压为 12m，管网各节点地面高程见表 4-30，$p=5\%$，$t=20$ 年，$h=0.2$m，$b=0.3$，$e=8\%$，$\sigma=0.2$ 元/(kW·h)，$\eta=0.7$；当水源水面高程 $E_0=30.2$m 时，确定单水源泵站加压树状管网优化设计方案。

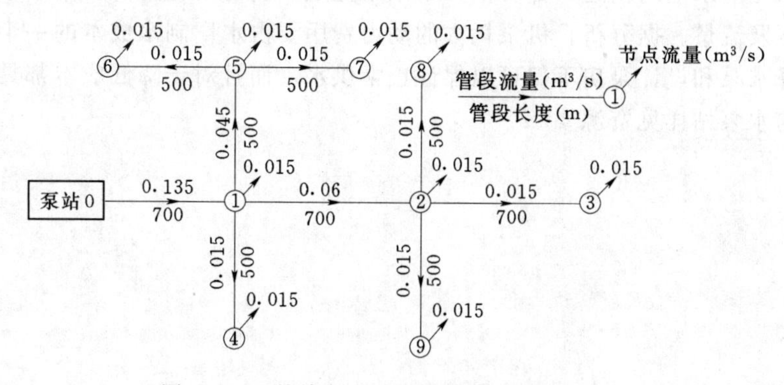

图 4-31　某单水源泵站加压树状管网计算图

表 4-30　　节点水压标高

节点序号	1	2	3	4	5	6	7	8	9
地面高程/m	35.00	34.00	32.00	34.00	32.00	31.00	33.00	34.00	31.00
服务水压标高/m	47.00	46.00	44.00	46.00	44.00	43.00	45.00	46.00	43.00
水压标高/m	52.70	50.85	44.00	46.00	49.85	43.00	45.00	46.00	43.00

确定各管段备选管径组（表 4-31）。

表 4-31　　各管段备选管径组及其优化计算结果　　单位：m

管段序号	管段	备选管径组管径	选用管径/最优长度
1	0—1	0.25、0.3、0.35、0.4、0.5	0.4/700
2	1—2	0.2、0.25、0.3、0.35	0.3/314　0.35/386
3	2—3	0.1、0.15	0.15/700
4	1—4	0.1、0.15	0.1/24　0.15/476
5	1—5	0.15、0.2、0.25、0.3	0.25/500
6	5—6	0.1、0.15	0.1/26　0.15/474
7	5—7	0.1、0.15	0.15/500
8	2—8	0.1、0.15	0.15/500
9	2—9	0.1、0.15	0.1/40　0.15/460

计算管道水力坡度，将有关数据代入单水源泵站加压管网优化设计数学模型，利用单纯形法，求出各管段最优管径及其管长（表 4-31），泵站最优扬程为 25.64m，管网年费用为 58823.4 元/a。

根据优化结果，计算管网各节点水压标高（表 4-30）。

第四节　泵　站

泵站不仅是供水系统的重要组成部分，也是供水工程设计的重要内容。农村水厂自水源取水至清水池的输送，都要依靠水泵来完成。同时，输配水管网中也需要水泵来调节水压及流量。据分析，机泵耗去的动力费用要占水厂制水成本的一半以上。所以合理选择水泵和设计泵房不仅可以保证正常供水，而且对于降低成本都具有重要意义。水泵与水泵站详见资源 4-2。

资源 4-2

第五章　水 厂 与 水 处 理

第一节　水 厂 总 体 设 计

水厂总体设计的主要任务就是水厂选址，确定工艺流程，合理组合与布置水厂内的各种构筑物，特别是净水构筑物，以满足净水工艺流程、操作、生产管理和物料运输等方面的要求。

一、厂址选择

水厂是整个给水系统的重要组成部分，它与取水、输水、配水和管网布局各工程之间有着密切的联系，因此厂址的确定受到上述诸多因素的影响。农村水厂的选址，应在整个给水系统设计方案中全面规划、综合考虑，进行多方案比较，根据各方案的优缺点做综合评价。

资源 5-1

通常，选择厂址时应考虑以下几个原则：

（1）厂址选择应结合村镇建设规划的要求，靠近用水区，以减少配水管网的工程造价。当取水点远离用水区时，水厂一般应靠近用水区。

（2）厂址应选择在工程地质条件较好的地方。一般选在地下水位较低、地基承载力较大、湿陷性等级不高、岩石较少的地层。

（3）少占农田或不占农田，且留有适当的发展余地。

（4）应选环境保护条件较好的地方，其周围卫生条件应符合《生活饮用水卫生标准》（GB 5749—2022）中规定的卫生防护要求。

（5）应选择在不受洪水威胁的地方，否则应考虑防洪措施。

（6）选择在交通方便、靠近电源的地方，并考虑排泥、排水的方便。

（7）当地形有适当坡度可以利用时，输配水管线（网）应优先考虑重力流。

二、水厂的分类及其组成

水源种类不同，水厂的规模及水厂内各种构筑物的类型及其组合将有很大不同。一般根据取用水源的不同，可把水厂分为取用地下水源的地下水水厂和取用地面水源的地表水水厂。

取用地下水，一般不需大量的构筑物，水厂比较简单，不必单设，可与取水构筑物、调节构筑物等结合，形成一个综合式取水枢纽。

地面水源，一般水质不一定能符合饮用水的卫生要求，故均需设置地表水水厂，以对原水进行净化处理。通常，规模较大的城镇地表水水厂主要由 5 个基本部分组成，见表 5-1。

表 5-1 水厂的组成

组成部分	主要内容
生产构筑物	系指水源水经净化处理可达到水质标准要求的一系列设施，一般包括混合反应设备、絮凝池、澄清池、沉淀池、滤池、加氯间及氯库、清水池、泵房、配水井、变配电站、冲洗设施、排污泵房等
辅助生产建筑物	系指保证生产构筑物正常运转的辅助设施，一般包括值班室、控制室、化验室、仓库、维修间、材料仓库、危险品仓库、锅炉房、车库等
附属生活建筑物	系指水厂的行政管理和生活设施，一般包括办公用房、宿舍、食堂、浴室等
各类管道	包括各种净水构筑物间的生产管线（管道或渠道）、加药管道、水厂自用水管道、供暖管道、排污管道、雨水管道以及排洪沟和电缆沟等
其他设施	包括厂区道路、绿化布置、照明、围墙和厂门等

注 本表适用于以地表水为水源的水厂；以地下水为水源的水厂可适当简化。

生产构筑物均可露天布置。北方寒冷地区需有采暖设备，可采用室内集中布置。集中布置比较紧凑、占地少、便于管理，但结构复杂、管道立体交叉多、造价较高。

三、净水工艺流程的选择与设计

（一）净水工艺类型及其适用条件

在对水厂进行总体布置和设计之前，以及在对水厂内供水处理的各种净水构筑物进行具体设计时，都必须首先确定水厂所需要选用的净水方法及净水工艺流程。由于各地水源种类不同，水质差异甚大，因此必须针对当地水源的水质状况，选择适宜的净化工艺，以使净化后的水质符合《生活饮用水卫生标准》（GB 5749—2022）中的规定。可供选用的净化工艺见表 5-2，可单项选择，也可若干项组合选择，以取得理想的净化效果。

表 5-2 净化工艺的选择

净化对象	微滤	预氯化	预沉淀	曝气	化学氧气	混凝沉淀	慢滤	快滤	臭氧氧化	二氧化碳	活性炭吸附
浊度	√		√			√	√	√			
色度		√				√		√	√		√
臭和味		√		√		√	√	√	√		√
铁和锰		√		√	√	√		√			
细菌		√				√	√	√	√	√	

每种工艺又有不同形式的净水构筑物。净水方法和净水工艺流程的选择与设计将极大地影响水厂的总体布置和各种净水构筑物设计的经济合理性。

目前，常用的净水工艺类型及其相应的净水构筑物和适用条件可参见表 5-3。

表 5-3　净水工艺类型及其相应的净水构筑物和适用条件

净水工艺		构筑物名称	适用条件		出水悬浮物含量/(mg/L)
			进水含沙量/(kg/m³)	进水悬浮物含量/(mg/L)	
高浊度水沉淀	自然沉淀	天然预沉池 平流式或辐射式预沉池	10～30		≈200
高浊度水沉淀	混凝沉淀	平流式或辐射式预沉池 斜管预沉池	10～120		
高浊度水沉淀	澄清	水旋澄清池	<60～80		一般小于 20
高浊度水沉淀	澄清	机械搅拌澄清池	<20～40		一般小于 20
高浊度水沉淀	澄清	悬浮澄清池	<25		一般小于 20
一般原水沉淀	混凝沉淀	平流式沉淀池		一般小于 5000，短时间内允许 10000	一般小于 10
一般原水沉淀	混凝沉淀	斜管（板）沉淀池		500～1000，短时间内允许 3000	一般小于 10
一般原水沉淀	澄清	机械搅拌澄清池		一般小于 5000，瞬时允许 5000～10000	一般小于 10
一般原水沉淀	澄清	水力循环澄清池		一般小于 5000，瞬时允许 5000	一般小于 10
一般原水沉淀	澄清	脉冲澄清池		一般小于 3000，瞬时允许 5000～10000	一般小于 10
一般原水沉淀	澄清	悬浮澄清池（单层）		一般小于 3000	一般小于 10
一般原水沉淀	澄清	悬浮澄清池（双层）		3000～10000	一般小于 10
一般原水沉淀	气浮	平流式气浮池		一般小于 100，原水中含有藻类以及密度小的悬浮物质	一般小于 10
一般原水沉淀	气浮	竖流式气浮池		一般小于 100，原水中含有藻类以及密度小的悬浮物质	一般小于 10
一般原水沉淀	普通快滤	快滤池或双阀滤池		一般不大于 15	
一般原水沉淀	普通快滤	双层或多层滤料滤池		一般不大于 15	
一般原水沉淀	普通快滤	虹吸滤池		一般不大于 15	
一般原水沉淀	普通快滤	无阀滤池		一般不大于 15	
一般原水沉淀	普通快滤	移动罩滤池		一般不大于 15	
一般原水沉淀	普通快滤	压力滤池		一般不大于 15	
一般原水沉淀	接触过滤（微絮凝过程）	接触双层滤池		一般不大于 70	
一般原水沉淀	接触过滤（微絮凝过程）	接触压力滤池		一般不大于 70	
一般原水沉淀	接触过滤（微絮凝过程）	接触式无阀滤池		一般不大于 70	
一般原水沉淀	接触过滤（微絮凝过程）	接触式普通滤池		一般不大于 70	
	微滤	微滤机	原水中含藻类、纤维素、浮游物时		
	氧化	臭氧接触池	原水有臭味，受有机污染较重	一般不大于 5	
	氧化	臭氧接触塔	原水有臭味，受有机污染较重	一般不大于 5	
	吸附	活性炭吸附塔	原水有臭味，受有机污染较重	一般不大于 5	
	消毒	漂白粉	小型水厂		
	消毒	液氯	有条件供应液氯地区		
	消毒	氯胺	原水有机物较多		
	消毒	次氯酸钠	限于产品规格，目前适用于小型水厂		
	消毒	二氧化氯	国外使用较多，国内尚无使用		

（二）净水工艺流程的选择与设计

设计水厂时，净水工艺流程的选择应与净水方法和净水工艺的选择同时或交叉进行。工艺流程的设计主要根据：①水源水质特点；②用户对水质的要求；③水量大小的要求；④有关水处理的试验资料；⑤水厂地区可能具备的条件等因素合理确定。具体设计水厂的净水工艺流程时，应主要解决以下几个方面的问题。

（1）净水工艺的处理项目和处理的设计标准包括以下两个方面的内容。

1）确定需要处理的水质项目。一般来说，凡是原水水质不符合用水水质指标的项目都应进行处理。但有时会遇到某个不合格的水质项目，处理相当困难且花费较大，而对使用的危害也不太明确（如生活饮用水中的硬度），就需要具体分析，可能不必单独处理。另外，有时原水水质超过指标的时间只是暂时的或者短期的，如果处理麻烦，也可权衡轻重，考虑是否需要处理。

2）确定处理的设计标准。当原水水质变化很大时，必须合理地确定其中某一数值，以作为处理的依据和设计标准。例如，河流水含沙量变化较大，若选用高含沙量设计，就有可能会加大沉淀池，增加投药量和排泥水量，从而使投资大为增加；若降低设计标准，选用较低的含沙量设计，并事先考虑到发生高含沙量时可能采取的具体技术措施，就有可能选定适宜大小的沉淀池，从而使水厂总体布置设计趋于合理，并使投资降低。

（2）净水工艺的处理方案。净水工艺处理方案的确定，主要是指对水厂原水水质的处理方法、处理药剂、处理设备和处理程序的选定而言。它的主要内容包括：①选择处理方案及处理设备；②选择处理的药剂；③按用水的水质、水量特点进行合理的流程组合；④特殊要求的处理流程和措施。

水厂净水处理方案可依据其他水厂的净水处理经验、净水处理试验资料和用户对水质要求的严格程度确定。药剂的选择也要根据当地具体情况确定。例如，硫酸亚铁是一种工业副产品，有些地方很容易得到，价格较低，可以尽量多采用；但对一些含铁量限制很严的工业（如造纸、纺织、印染等）用水就不允许采用铁盐作混凝剂。

（3）净水工艺流程设计。应考虑在流程上和材料上保证净水处理效果稳定而可靠的措施。有了正确的净水处理方案，不一定能完全保证稳定的净水处理效果，还应根据水厂的具体条件和用户对水质的要求，制定妥善的操作规程和有效的管理措施。

净水工艺流程的设计要考虑各种净水处理构筑物间的高程关系，一般包括重力式流程和压力式流程两类。重力式流程关系中，各净水构筑物间的高差必须根据构筑物间的水头损失确定。

净水工艺流程设计只要选用适当的计量仪表装置和水质检验设备，就可以随时了解水厂各净水构筑物及最后出厂的出水量、水质及原材料消耗、劳动生产率、成本、利润等技术经济指标。各种装置和设备的自动化不仅可以减轻管理工作，更重要的是可以严格控制净水工艺流程的顺利进行，防止差错。

资源 5－2

净水工艺流程设计还应考虑综合利用及环境保护方面的可能性。

（三）适宜于农村供水水处理的净水工艺流程形式

根据各地农村供水的实践经验，比较适宜于农村供水水处理的净水工艺流程方式

主要有以下几种。

(1) 符合卫生标准的原水。

1) 当原水中浊度较低，悬浮物含量小于 25mg/L，瞬时不大于 100mg/L，水质变化不大，且无藻类滋生时，可选用以下工艺流程：

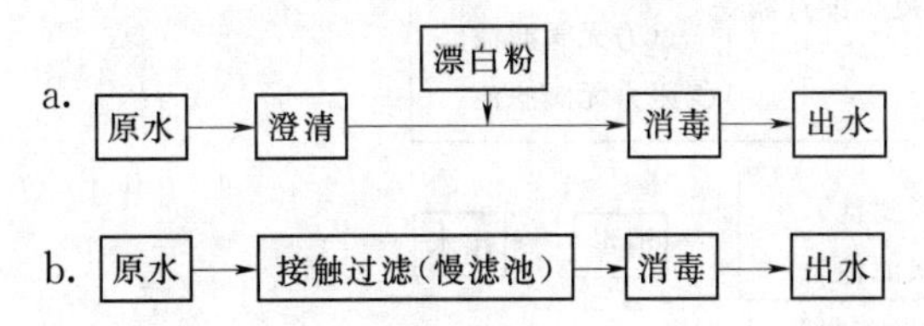

2) 当原水中悬浮物含量小于 50mg/L，瞬时不大于 100mg/L 时，可选用以下工艺流程：

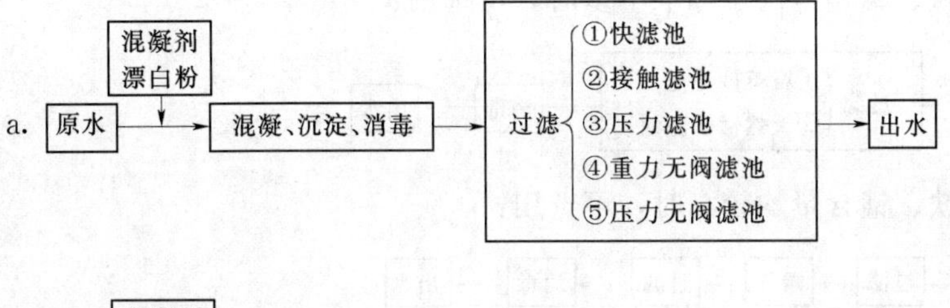

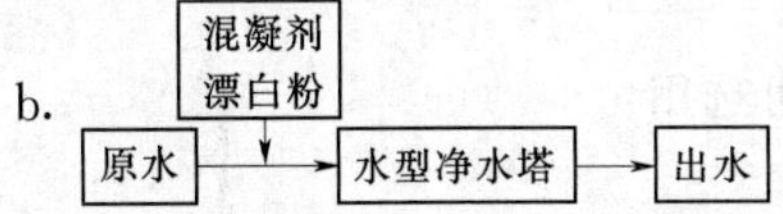

3) 当原水中浊度较高，悬浮物含量大于 100mg/L，瞬时不大于 300mg/L，或山区河流，浊度通常较小，但洪水时含有大量泥沙时，可选用以下工艺流程：

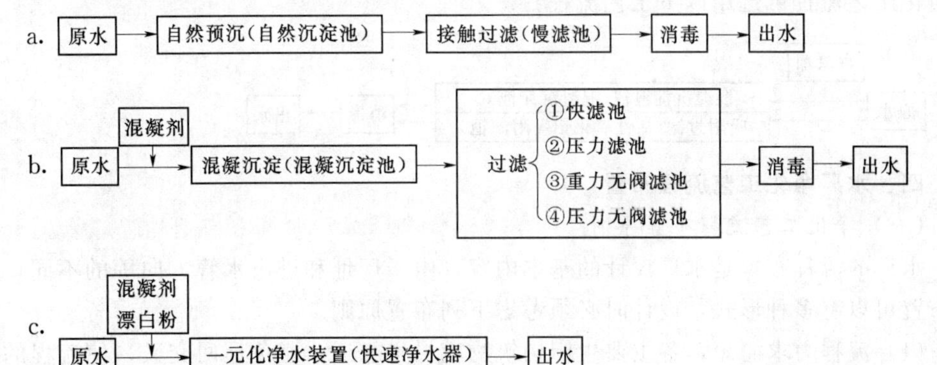

(2) 对于水库、湖泊等水源，其浊度往往较低，但含藻类较多，故应在除浊的同时除藻，可选用以下净水工艺流程：

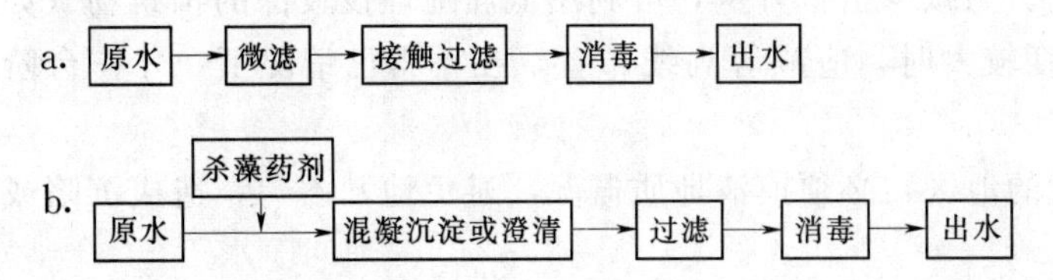

(3) 严重污染的原水。当原水受到较为严重的污染，含有微量有机质，而又无其他水源可供选用时，可选用如下净水工艺流程：

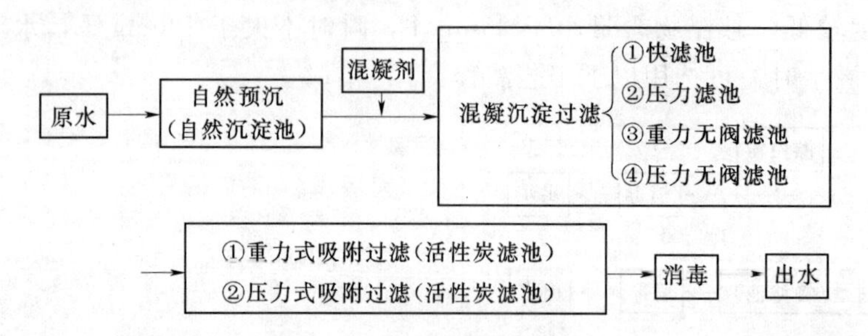

(4) 去除原水中铁和锰的工艺流程（特殊处理）。为去除原水中的铁和锰，可选用如下工艺流程：

1) 当原水中铁、锰含量高于标准不多时，可选用：

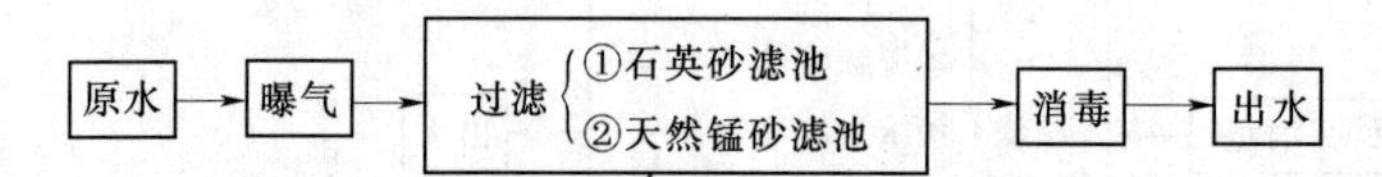

2) 当原水中铁、锰含量均较高时，可选用：

原水 → 曝气 → 过滤 → 曝气 → 过滤 → 消毒 → 出水

3) 当原水中铁含量较高、锰含量不高时，可选用：

原水 → 曝气 → 过滤 → 消毒 → 出水

(5) 去除原水中氟的净化工艺流程。当地下水源中氟化物含量超过标准时，除氟的净化工艺流程可选用以下工艺流程：

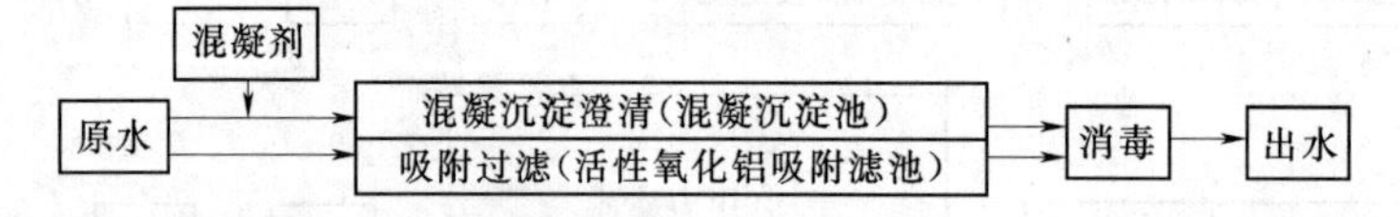

四、水厂净化工艺流程布置

(一) 净化工艺流程布置原则

水厂的流程布置是水厂设计的基本内容，由于厂址和进出水管方向等的不同，流程布置可以有多种形式，设计时必须考虑下列布置原则。

(1) 流程力求简短，各主要生产构筑物应尽量靠近，避免迂回交叉，使流程的水头损失最小。

(2) 尽量利用现有地形。当厂址位于丘陵地带、地形起伏较大时，应考虑流程走向与各构筑物的埋设深度。为减少土石方量，可利用低洼地埋设较深的构筑物（如清水池等）。如地形自然坡度较大时，应顺等高线布置，在不得已情况下，才作台阶式布置。

在地质条件变化较大的地区，必须摸清地质概况，避免地基不匀，造成沉陷或增加地基处理工程量。

（3）注意构（建）筑物的朝向，如滤池的操作廊、二级泵房、加氯间、化验室、检修门、办公楼等有朝向的要求，尤其是二级泵房，电机散热量较大，布置时应考虑最佳方位和符合夏季主导风向的要求。

（4）考虑近期与远期的结合。当水厂明确分期建设时，既要有近期的完整性，又要有分期的协调性。一般有两种处理方式：一种是独立分组的方式，即同样规模的两组净化构筑物平行布置；另一种是在原有基础上做纵横扩建。

（二）工艺流程布置类型

水厂工艺流程布置通常有3种基本类型：直线型、折角型、回转型，如图5－1所示。

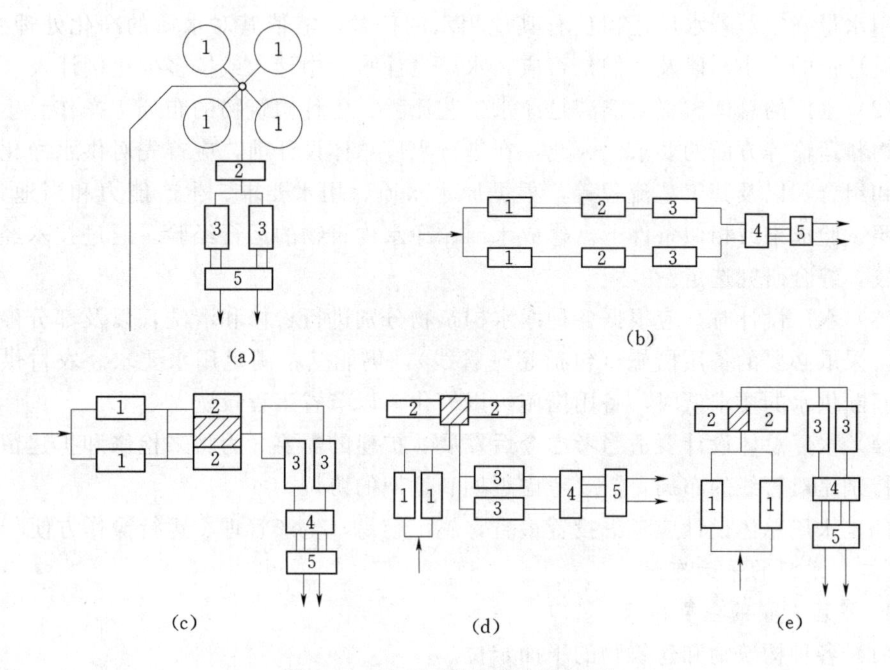

图5－1　水厂工艺流程布置类型

（a）、（b）直线型；（c）、（d）折角型；（e）回转型

1—沉淀（澄清）池；2—滤池；3—清水池；4—吸水井；5—二级泵房

（1）直线型。直线型为常用的布置方式，从进水到出水整个流程呈直线状。这种布置生产联络管线短，管理方便，有利于扩建，特别适用于大、中型水厂，如图5－1（a）、（b）所示。

（2）折角型。当进出水管的走向受地形条件限制时，可采用此种布置。折角型的转折点一般选在清水池或吸水井处，使沉淀池和滤池靠近，便于管理，但应注意扩建时的衔接问题，如图5－1（c）、（d）所示。

（3）回转型。回转型适用于进出水管在同一方向的水厂。回转型有多种型式，但布置时近远期结合较困难。此种布置在山区小水厂或小型农村水厂应用较多。可根据地形从清水池将流程回转；也可通过沉淀池或澄清池的进出水管方位布置将流程回转，如图5－1（e）所示。

近年来有些农村水厂的流程布置，将构筑物连成集成式。这种布置方式占地小，管理方便，投资低，是今后发展的方向。

五、水厂总体布置

水厂工艺流程布置确定以后，即可进行水厂的总体布置，将各项生产和辅助设施进行组合。水厂总体布置的基本内容包括水厂的平面布置和高程布置。

（一）水厂总体布置的基本原则

水厂总体布置设计的基本原则如下。

（1）水厂的规模要能满足设计用水量的需要。一般，水厂的设计水量应按最高日设计用水量（其中包括10%～20%的未预计水量）和消防用水量以及5%～10%的水厂自用水量确定。若水厂还担负有其他用水的任务，需依其对水质的净化处理要求，确定设计量的大小，以及它们是否应在水厂设计水量中计入或按多少比例计入。

（2）水厂的总体布置要能满足净水工艺流程、各种构筑物的布局、操作、生产管理和物料运输等方面的要求。因此，在进行水厂总体设计前，应首先对供水净化处理方法和组合，以及其工艺流程等，根据原水水质、用水要求、生产能力和当地条件，并参照试验成果或相似条件下已建成水厂、净水构筑物的运行经验，通过技术经济方案比较，综合研究选定。

（3）水厂设计时，应根据各种净水构筑物分别进行检修和清洗，以及部分停止工作时，采取必要的备用措施（包括超越管线），仍能基本满足用水要求。农村供水中对不间断供水的要求低时，备用措施可以简化，以节省工程投资。

（4）水厂总体设计要适当考虑今后发展、扩建的需要。为将来检修和扩建留出余地。特别是对管线的布局，需要考虑近期和远期的协调。

（5）水厂总体设计应考虑投资最省，施工容易，生产管理、运行操作方便。

（二）水厂的平面布置

1. 平面布置的主要内容

（1）各种构筑物和建筑物的平面定位。

（2）各种管道、管道节点和闸阀等附件的布置。

（3）排水管、渠和检查井的布置。

（4）供电、控制、通信线路的布置。

（5）围墙、道路和绿化布置等。

2. 平面布置要求

进行水厂平面布置时，一般应考虑下述几点要求。

（1）按功能分区，配置得当，主要指生产、辅助生产和生活各部分的布置应分区明确，而又不过度分散。应考虑水厂扩建，留有适当的扩建余地。对分期建造的水厂，应考虑分期施工方便。

（2）布置紧凑。水厂各种构筑物的平面布局一般均应按流程顺序排列。为减少水厂占地面积和连接管（渠）的长度，并便于操作管理，应使它们的布局尽量紧凑。若有可能，应尽量把生产关系密切、需集中管理和控制的构筑物在平面上或高程上组合起来，成为组合式构筑物，以节省占地和空间。如二级泵房应尽量靠近清水池。但各

构筑物之间也应留出必要的施工间距、道路和铺设管线所需要的宽度。

(3) 充分利用地形，以节省土地，减少挖填土方工程量和施工费用。例如，沉淀池和澄清池应尽量布置在地势较高处，而清水池等要求高程低的构筑物则应尽量布置在地势较低处。又如，对于水厂的生产排水、生活排水及净水构筑物的放空等，应尽量使其能靠重力自流排出和放空。

(4) 各构筑物之间连接管（渠）线简单、短捷，避免不必要的迂回、拐弯、重复和用水泵提升。这样可使净水过程中的水头损失最小，管线也简单。管线应尽量避免立体交叉；尽量避免把管线埋设在构筑物下面，以方便施工和检修。此外，还应根据供水的要求程度，设置必要的超越管线。

(5) 构筑物应设置必要的排空管与溢流管，以便某一构筑物停产检修时能及时泄空和安全生产。

(6) 注意构筑物的朝向和风向。加氯间和氯库应尽量设置在水厂主导风向的下风向，泵房和其他建筑物尽量布置成南北向。

(7) 其他方面的考虑。如：厂区内应有适当的堆砂、翻砂和堆放配件的场地；卫生防护和安全保护措施的考虑；道路、动力线及管路等其他辅助工程的相互照应等。

（三）水厂的高程布置

1. 水头损失

由于农村水厂规模小，各构筑物间的水流应尽量采取重力式。为保证各构筑物之间水流为重力流，必须使前后构筑物之间的水面保持一定高差。这一高差即为流程中的水头损失。水头损失包括构筑物本身、连接管道、计量设备等，应通过计算确定，并留有余地。

资源 5-3

2. 竖向布置

当各项水头损失确定以后，便可进行构筑物竖向布置。构筑物竖向布置与厂区地形、地质条件及所采用的构筑物形式有关。考虑竖向流程布置时，应注意下列几个问题：

(1) 当厂区地面有自然坡度时，竖向流程从高到低，宜与地形坡向一致。

(2) 当地形比较平坦时，清水池的竖向位置要适度，防止埋深过大或露出地面过高。

(3) 当采用普通快滤池时，其竖向位置应照顾到清水池的埋深。

(4) 当采用无阀滤池时，应注意前置构筑物（如絮凝池、沉淀池或澄清池）的底板是否会高于地面。

(5) 注明各构筑物的绝对标高。

总之，各构筑物的竖向布置，应通过各构筑物之间的水面高差计算确定。

3. 构筑物标高计算顺序

(1) 确定河流取水口的最低水位。

(2) 计算取水泵房（一级泵房）在最低水位和设计流量条件下的吸水管水头损失。

(3) 确定水泵轴心标高及泵房底板标高。

(4) 计算出水管水头损失。

(5) 计算取水泵房至混合池、絮凝池或澄清池的水头损失。

(6) 确定混合池、絮凝池、沉淀池本身的水头损失。

(7) 计算沉淀池与滤池之间连接管的水头损失。

(8) 确定滤池本身的水头损失。

(9) 计算滤池至清水池连接管的水头损失。

(10) 由清水池最低水位计算送水泵房(二级泵房)水泵轴心标高。

(四) 辅助建筑物和水厂的其他设施

1. 辅助建筑物

当水厂的主要构筑物布置确定以后，即可布置水厂的生产性和生活性的辅助建筑物。应特别注意，按其功能分区、分块集中，尽量靠近，以利管理。例如，将办公室、值班室、食堂、锅炉房等建筑物组合成为一个生活区；将维修车间、仓库、车库等组合成为维修区等，可节约用地和投资。

2. 水质化验设备

资源5-4

检验水质的化验设备，应按《生活饮用水卫生标准》(GB 5749—2022)规定的化验项目确定。但根据我国农村当前实际情况，农村水厂或净水站、供水站的水质检验项目一般只进行浑浊度和游离性余氯两项内容，因此所需要化验设备较少，通常仅配备1～2台比光浊度仪、余氯比色器和少量的试管、量杯、滴定管等玻璃器皿。至于大肠菌群、细菌等项目的检验，则由当地卫生防疫组织，配合水厂进行定期检查。县、地区所在地的水厂和规模较大的水厂，应设有单独的水质检验室，需配置的主要化验设备可参考有关规范和手册选定。

3. 水厂绿化

绿化是水厂设计中的一个组成部分，是美化水厂环境的重要手段，由草地、绿篱、花坛、树木(乔木、灌木)等配合组成。可在建筑物的前坪、道路与构筑物之间的带状空地等处设绿篱、花坛、种植草皮，还可建筑喷水池、花架、假山等美化环境，并在厂区道路两侧栽树，既美化环境，还可增加经济收入。

4. 道路

通向一般建筑物的道路应铺设人行道，以满足厂内工作人员步行交通和小型物件人力搬运的需要，宽度一般为1.5～2.0m。厂区内各主要建筑物或构筑物之间的连通道路应铺设车行道。车行道一般为单车道，宽4m左右，常布置成环状，以便车辆回转，或在路的尽端结合建筑物的前坪设置回车场；单车道的转弯半径为6～7m。车行道断面结构一般采用沥青油渣路面和混凝土路面。人行道断面结构则多采用泥结碎石路面、煤渣路面和水泥路面等。

水厂道路应考虑雨水的排除，纵坡宜采用1%～2%，最小纵坡为0.4%，山区或丘陵宜控制在6%～8%。

5. 围墙

水厂周围应设置围墙，其高度不宜小于2.5m。

（五）工程实例

在实践中，由于农村水厂的规模差异较大，加之工程内容随水源水质不同，因此设计时应针对工程的具体条件和内容进行统筹考虑。现介绍一典型水厂的实例供设计时参考。

【例 5-1】 图 5-2 为以水库水为水源的水厂平面布置。水库水引入净水厂，经混合、絮凝、沉淀后进入滤池，经过高位水池供水。

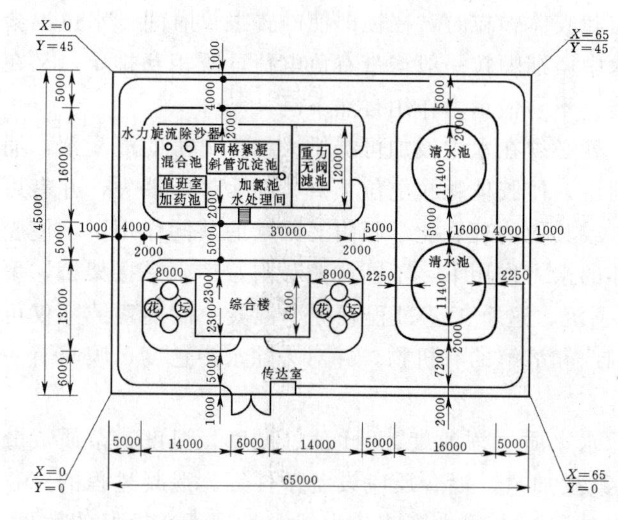

构筑物及附属建筑物尺寸一览表

名　称	尺寸	个数
水力旋流除沙器	ϕ0.9×2.6m^3	1
混合池	ϕ1.5×3.0m^3	1
网格絮凝沉淀池	10.7×3.7×5.15m^3	1
重力式无阀滤池	5.65×2.9×4.5m^3	1
清水池	ϕ11.4×3.62m^3	2
综合楼	(2～18)m×8.4m×6m	1
水处理间	30.0m×12.0m×6m	1
储药间	3.3m×2.5m×3m	1
传达室	2m×4m×3m	1

说明：

1. 本水厂为1个系列，其净水能力为2600m^3/s。
2. 厂区内道路主路宽5m，辅路宽4m。
3. 厂区占地2925m^2（约4.39亩），其中构建筑物占21.4%（约占地625m^2），道路占41.0%（约占地1200m^2），绿化占37.6%（约占地1100m^2）。
4. 水厂外北部山体设护坡，并在水厂围墙外设防洪沟。
5. 水厂围墙内四角定位坐标(0,0)点相当于经纬坐标(118°55′,44°05′)，施工中以测量坐标为准。
6. 单位：坐标为m，其余均为mm。

图 5-2　以水库水为水源的水厂平面布置

六、水厂规划设计程序

农村水厂建设同其他工程项目类似，详见资源 5-5 或参考《新编农村供水工程规划设计手册》。

资源 5-5

第二节　水　质　净　化

一、概述

天然水均含有各种杂质。水的净化就是用不同的净化工艺，去除原水中的悬浮物质、胶体物质以及有碍感官和对人体健康有害的溶解物质，使净化后的水质达到生活饮用水的标准。

悬浮、胶体和溶解 3 种状态的杂质是根据其在水中存在的颗粒大小划分的。悬浮杂质的颗粒直径大于 1×10^{-3}mm，其中以泥沙占绝大部分，还有虫类、原生动物、藻类、细菌、重金属氧化物、油脂及不溶解的有机物质等。胶体杂质的颗粒直径介于 $1\times10^{-3}\sim1\times10^{-6}$mm 之间，其中绝大部分为细小的黏土颗粒，也还有细菌、病毒、有机物、重金属氢氧化物、高分子化合物（如蛋白质）、腐殖质胶体等。溶解杂质的颗粒直径小于 1×10^{-6}mm，如存在于水中的钙、镁、钠、铁、锰、氟等离子，二氧化碳、硫化氢、氧等分子，以及一些有机物质等。

水的净化方法很多。农村供水中常用的净化方法是混凝、沉淀或澄清、过滤和消

资源 5-6

毒 4 大类工艺步骤。主要任务是去除原水中的悬浮杂质、胶体杂质和细菌，也可去除一小部分溶解杂质，以保证水质卫生。而每种工艺又有不同形式的净水构筑物。设计选用时，应根据原水水质和对水质的要求，经经济技术比较后确定。

二、混凝

（一）混凝原理

浑浊水若静止一段时间，其中一些粗大较重的颗粒就会自然沉淀下来，水则逐渐澄清；若水中含有细小的黏土颗粒和胶体颗粒时，往往即使静置很长时间，水也不会澄清或澄清极为缓慢。原因是，水中微细颗粒一般均带有负电荷，既相互排斥，又在水中不断地做布朗运动，相当稳定，不易借重力作用自然下沉。

为使水中细微颗粒迅速沉淀，就必须在水中投加可提供大量正离子的混凝剂，涌入带负电荷的胶体扩散层乃至吸附层，使胶体颗粒电位下降，相斥势能消失，并有可能在范德华引力、分子间的氢键，或其他物理、化学吸附等因素的共同作用下，使胶体颗粒失稳、脱稳；又在搅拌水体的水力作用下，不断碰撞吸附，产生黏接架桥，聚集成絮凝绒体物（矾花），而逐渐下沉，这个工艺过程就称为混凝。混凝絮绒不仅可吸附悬浮颗粒，还能吸附一部分细菌和溶解的有机物，并对去除水中色度、嗅味有一定作用。

资源 5-7

影响混凝效果的因素主要有原水水质（浑浊度、pH 值、碱度、温度、杂质成分和浓度等）、使用的混凝剂种类及其投加量、混合反应设备条件等。混凝过程的完善程度对以后的净水工艺（沉淀、过滤等）有很大影响。为使混凝过程有较好的效果，技术上应结合原水水质，选用性能良好的混凝剂和助凝剂；创造适宜的水力条件，保证混凝过程各阶段的作用高效能顺利进行。

（二）混凝剂和助凝剂的种类及作用原理

1. 混凝剂

适用于农村自来水厂的混凝剂主要有硫酸铝、碱式氯化铝、三氯化铁和硫酸亚铁等。上述各种混凝剂产品，均不得使净化后的水质对人体健康产生有害影响。

（1）硫酸铝。硫酸铝 [$Al_2(SO_4)_3 \cdot 18H_2O$] 产品分精制和粗制两种，腐蚀性都很小。前者是白色块状或粉末状，杂质少，含无水硫酸铝 50%～52%；后者是灰色块状或粉末状，含有 20%～30%的高岭土等不溶性杂质，无水硫酸铝含量仅 20%～30%，但其制造方便，价格便宜。

我国民间习惯使用的明矾是硫酸铝和硫酸钾的复盐，化学式为 $Al_2(SO_4)_3 \cdot K_2SO_4 \cdot 24H_2O$，由于 K_2SO_4 基本上不起凝聚作用，所以用明矾作凝聚剂时投加量较多。

硫酸铝加至水中，离解为铝离子和硫酸根离子：

$$Al_2(SO_4)_3 = 2Al^{3+} + 3SO_4^{2-}$$

铝离子起水解作用，生成氢氧化铝胶体：

$$Al^{3+} + 3H_2O = Al(OH)_3 \downarrow + 3H^+$$

$Al(OH)_3$ 是带正电荷的胶体，它能与水中黏土等带负电荷的杂质胶体因异性而互相吸引，并通过架桥黏附水中杂质，作为接触介质起着极重要的作用。

用硫酸铝去除原水的浑浊度时，适宜水温 20～40℃，低温时，絮粒轻而松散，处理效果较差。当 pH 值为 4～7 时，主要去除水中有机物；当 pH 值为 5.7～7.8 时，主要去除水中悬浮物；当 pH 值为 6.4～7.8 时，处理浊度高、色度低的水。

（2）碱式氯化铝。碱式氯化铝又称聚合氯化铝或羟基氯化铝，化学式为 $Al_n(OH)_mCl_{3n-m}$，是一种无机高分子铝盐凝聚剂，国内水厂广泛采用。这种凝聚剂的优点是：絮凝时间短效果好，沉淀速度快，净化效率较高，耗药量少，过滤性能好，出水水质好，原水浊度高时效果儿为显著；pH 值适用范围广，pH 值为 5.0～9.0 时都可适用，且对原水碱度降低少；低温水效果也较好；设备简单，使用操作方便，腐蚀性小，投药操作方便，劳动条件好。缺点是价格较高。

引起聚氯化铝形态多变的基本成分是 OH^- 离子，衡量聚氯化铝中 OH^- 离子的指标叫盐基度，通常将其定义为聚氯化铝分子中 OH^- 与 Al^{3+} 的当量百分比［〔OH〕/〔Al〕×100(%)］。碱式氯化铝的凝聚效果与盐基度关系密切。原水浑浊度越高，使用盐基度高的碱式氯化铝，其凝聚沉淀效果越好。目前我国产品的盐基度控制在 60% 以上。碱式氯化铝的外观状态与盐基度、制造方法、原料、杂质成分及含量等有关。不同盐基度下碱式氯化铝的外观见表 5-4。

表 5-4　　不同盐基度下碱式氯化铝的外观

盐基度/%	状态	
	液体	固体
<30		晶状体
30～60		胶状体
40～60	淡黄色透明液	
>60	无色透明液	玻璃状或树脂状，不易潮解，易保存
>70		

（3）三氯化铁。三氯化铁（$FeCl_3 \cdot 6H_2O$）是具有金属光泽的深棕色粉状或粒状团体，易溶于水，含杂质少。

三氯化铁加至水中，离解为铁离子和氯离子：

$$FeCl_3 = Fe^{3+} + 3Cl^-$$

铁离子起水解作用，生成氢氧化铁胶体：

$$Fe^{3+} + 3H_2O = Fe(OH)_3 \downarrow + 3H^+$$

氢氧化铁胶体和氢氧化铝胶体一样，在凝聚过程中起着重要的接触介质作用。

用三氯化铁作凝聚剂的优点是：易溶解、易混合，渣滓少；受水温影响小，适应的 pH 值范围较广（pH 值=5～9），结成的矾花大而重且不易破碎，沉淀速度快，因此净水效果较好，处理高浊度低温的原水效果显著。缺点是：容易吸湿潮解，价格较贵，腐蚀性较强，对金属和混凝土均腐蚀；出水含铁量一般较高，溶解时产生对人体有刺激性的烟气。

（4）硫酸亚铁。硫酸亚铁（$FeSO_4 \cdot 7H_2O$）又称绿矾，是半透明的绿色结晶状颗粒，通常利用钢铁、机械等工厂的废硫酸及废铁屑加工制成，因此货源充足，价格便宜。絮粒形成得快而且稳定，易沉淀，运用范围较广，受水温影响小。适宜 pH 值为 8.1～9.6。硫酸亚铁水解后形成 $Fe(OH)_2$，易离解，使处理后的水含铁量高，影响水质，因此用硫酸亚铁作凝聚剂时，往往同时投加适量的氯气，即通常所说的“亚铁氯化”法，其化学反应式为

$$6FeSO_4 \cdot 7H_2O + 3Cl_2 = 2Fe_2(SO_4)_3 + 2FeCl_3 + 42H_2O$$

反应产生的硫酸铁和三氯化铁分别水解，生成难溶的氢氧化铁胶体，黏附架桥形成矾花。

2. 助凝剂

当单独使用混凝剂不能取得良好的混凝效果时，为加强混凝效果，促进和完善水的混凝过程，常需使用助凝剂。其具体作用有：①调整混凝过程处理水的 pH 值和碱度，提供较好的混凝条件；②改善絮粒结构，加大矾花的粒度、比重和沉重度，以利下沉，且不易破碎；③氧化等其他作用，可改善混凝过程。但助凝剂本身不起混凝作用，只能在胶体颗粒稳定性破坏后，利用其黏度，生成较大、较重絮粒，促进水的混凝过程。

助凝剂可分为以下 4 类：

（1）碱类，当原水呈酸性或碱性不足时，用来调整原水的 pH 值和碱度，以满足絮凝过程的需要，同时还可去除水中的 CO_2。属于此类助凝剂的有石灰和氢氧化钠（商品名烧碱）等。

（2）矾花核心类，用以增加矾花的重量和强度，如投加黏土以及在水温低时投加活化硅酸（如活化水玻璃）等。

（3）氧化剂类，用以破坏影响凝聚的有机物并将两价铁氧化为三价铁，以促进凝聚作用，如氯等。

（4）高分子化合物类，如聚丙烯酰胺，处理高浊度的水时用它作助凝剂，效果特别显著。

资源 5-8

（三）混凝剂的制备与投加

向原水中投加混凝剂的方法有干投法和湿投法两种，农村多为中小型水厂，常采用湿投法。湿投法设备一般由溶药池、溶液池、定量控制设备、投加装置等组成。其任务是先将混凝剂加水溶解，配成一定浓度的溶液，然后再按需要处理的水量进行定量投加。湿投法利于药剂与原水充分混合，不易堵塞入口，便于调节、计量与操作。投药流程如下：

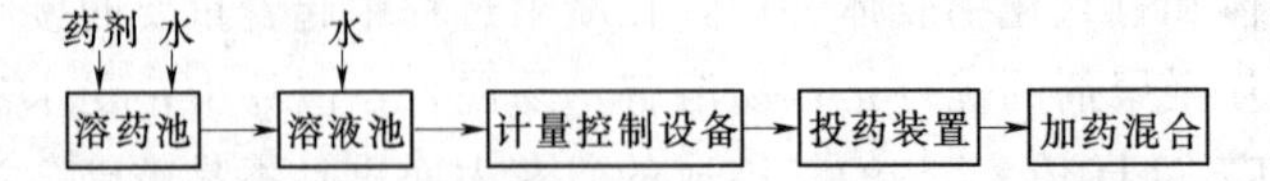

1. 混凝剂的调制设备

（1）溶药池。混凝剂的溶解在溶药池内进行。小型农村水厂由于混凝剂用量很少，可以不用机械搅拌，直接将混凝剂倒于溶药池中，加入清水，人工搅拌，使药剂充分溶解。

溶药池一般采用钢筋混凝土池体，内壁需进行防腐处理，也可采用耐酸陶土缸或

符合塑料产品标准的硬质聚氯乙烯材料。加药管应采用橡皮管或塑料管。

溶药池容积相当于溶液池的20%～30%。溶药池的高度以1m左右为宜，以便于人工操作，并减轻劳动强度。

溶药池底坡坡度应不小于0.02，池底应有直径不小于100mm的排渣管。池壁需设超高，防止搅拌溶液时溢出。

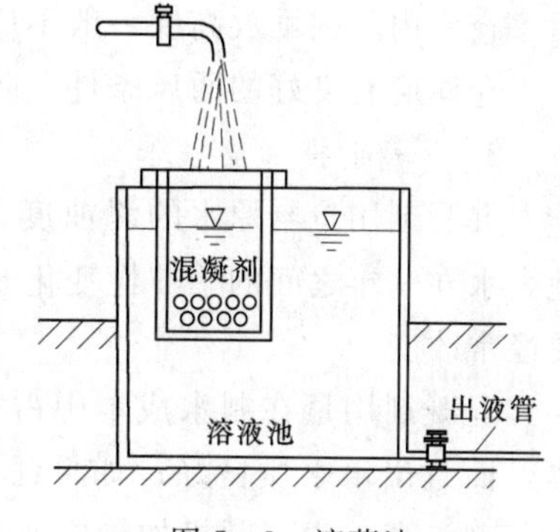

图5-3 溶药池

混凝剂用量较少时，溶药池可兼作溶液池使用。亦可按如图5-3所示，在溶液池上部设置淋浴斗以代替溶药池，使用时将混凝剂放入淋浴斗中，经水力冲溶后的药剂溶液即流入溶液池内。

(2) 溶液池。混凝剂溶解后即流入溶液池中，加水配成一定浓度的溶液（一般为1%～5%），以便准确投加。

溶液池容积可按下式计算：

$$V=\frac{uQ}{1000bn} \tag{5-1}$$

式中 V——溶液池容积，m^3；

u——混凝剂最大用量，mg/L；

Q——需要处理的水量，m^3/d；

b——混凝剂溶液浓度，一般为1%～5%；

n——每日配制次数，农村水厂每日1次或隔日1次。

溶液池一般需有两个，以便清洗及交替使用。

溶液池一般为高架式设置，以便靠重力投加药剂。池底坡度不小于0.02，底部设排空管，上部设溢流管。池周围应设工作台。

(3) 加药间。混凝剂调制设备放于加药间内。加药间宜设在投药点附近，并与药剂仓库毗邻。加药间药液池边应设工作台，工作台宽度以1～1.5m为宜。

1) 加药间可根据具体情况设置简易的机械搬运设备。

2) 各种管线宜布置在管沟内，给水管常用镀锌钢管，加药管常用塑料管及橡皮管，排渣管常用塑料管或陶土管。

3) 加药间室内地坪坡度不小于0.005，并坡向集水坑。

4) 寒冷地区应有防冻措施，采暖时加药间的室内温度可按15℃设计。

5) 加药间内应有冲洗、排渣设施。

6) 加药间内应保持良好的通风。

(4) 药剂仓库。药剂仓库应与加药间建在一起。当水厂规模较小时，由于药剂用量少，可不单独设置药剂仓库，而堆放在加药间内。

水厂应有固定的混凝剂储备量，根据药剂来源可靠程度及运输条件等，一般可按最大投加量的15～30d用量考虑。

仓库内药剂堆放高度一般不应超过1.5m。

仓库应有良好的通风条件，防止药剂受潮水解。

2. 混凝剂投加量

混凝剂用量与原水的浑浊度、pH值、水温、碱度、有机物含量等有密切关系，地表水在一年之间的季节性变化非常明显，尤其是浑浊度，因此混凝剂的投加量也需要经常改变。

资源5-9

混凝剂用量在制水成本中占有一定比例，混凝剂投加量合适，不仅可以节约成本，而且出水水质良好；如果任意投加混凝剂，不但不能保证出厂水水质，还会造成药剂浪费。混凝剂投加量应通过试验确定，投加量试验的具体方法见资源5-9。

3. 定量控制

投药时应有计量装置，以控制药量，确保净化效果的稳定性。计量装置可采用衡位箱和苗嘴、孔板等孔口出流计量装置（图5-4和图5-5）。其原理是一定浓度的药液，通过浮球阀进入衡位箱。衡位箱借浮球阀的作用保持箱中水位稳定。在稳定水面下一定深度处装设苗嘴，苗嘴在稳定水头作用下，其出流投药量即可稳定。各种口径苗嘴，在不同作用水头下的流量需事先率定。

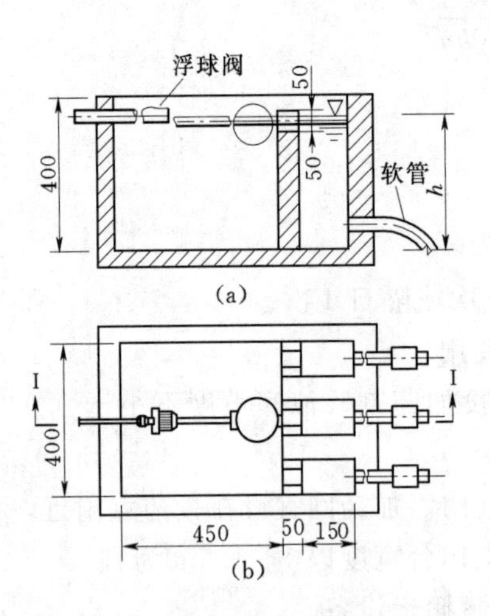

图5-4　孔口计量（单位：cm）
（a）Ⅰ—Ⅰ剖面；（b）平面

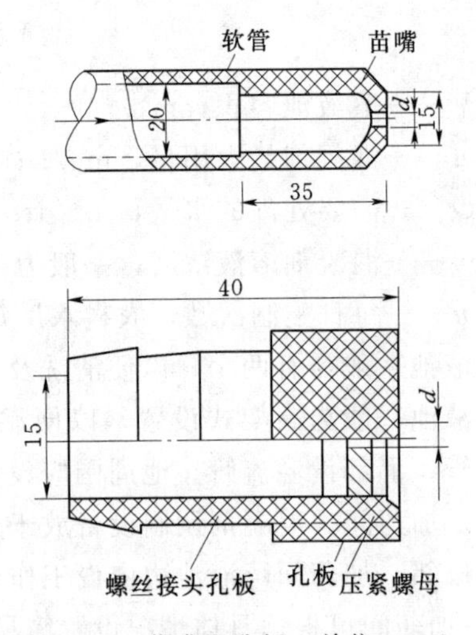

图5-5　苗嘴和孔板（单位：cm）

小型水厂可采用浮杯计量（图5-6），以代替衡位箱和苗嘴、孔板。浮杯浮在液面上，可随液面升降，使杯底输液管入口始终与液面保持一固定水头h，从而保证输出药液的流量稳定不变。如要变更流量，只需变换出流孔径。浮杯计量的优点是，设备比较简单，适用于储液池变水位加注；缺点是水位较低时易产生出液管压扁或上浮等现象，影响投加量的准确性，浮杯计量装置的形式有埋设式（图5-6）、孔塞式和锥杆式。

农村供水中尚可采用更简单的计量装置，如采用虹吸式定量控制瓶（马利奥特瓶）和下口式定量控制瓶等（图5-7）。条件较好时可采用转子流量计和计量泵等。

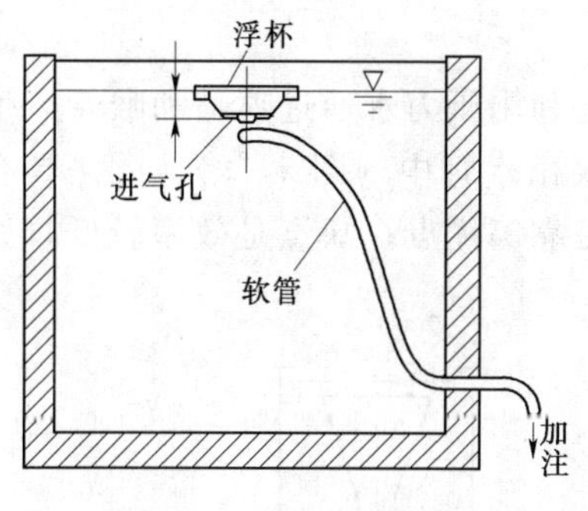

图 5-6 埋设式计量装置

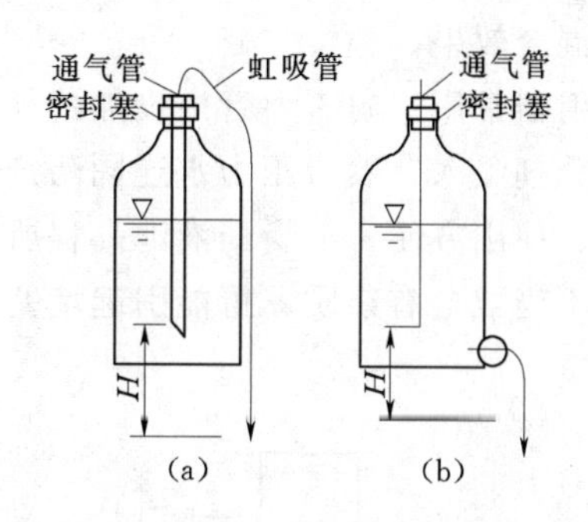

图 5-7 小型定量控制设备

(a) 虹吸式定量控制瓶；(b) 下口式定量控制瓶

4. 混凝剂投加

向原水中投加调制好的混凝剂溶液时，投药地点应优先选择在泵前投加，将混凝剂加注到取水泵吸水管中或吸水管喇叭口处。当取水泵距净化构筑物过远时，也可采用泵后投加，将混凝剂加在水泵出水管或絮凝池进口处，但应采取措施，保证快速混合。在水泵出水管处加药，须设加压投药设备，可采用水射器或计量泵投加。上述几种投药方式可归纳为重力投加和压力投加两类。

资源 5-10

(1) 泵前重力投加。泵前重力投加混凝剂溶液适用于农村中小型水厂。药剂加在泵前吸水管或吸水管喇叭口处，如图 5-8 所示。为了防止空气进入水泵吸水管内，须设一个装有浮球阀的水封箱，使水泵吸水管中经常充满水。此法优点是设备简单，混合充分，效果较好，且可节约混凝剂用量；缺点是水泵叶轮易受混凝剂腐蚀。当取水泵距离水厂较远（500m 以上）时，不宜采用泵前投加方法。

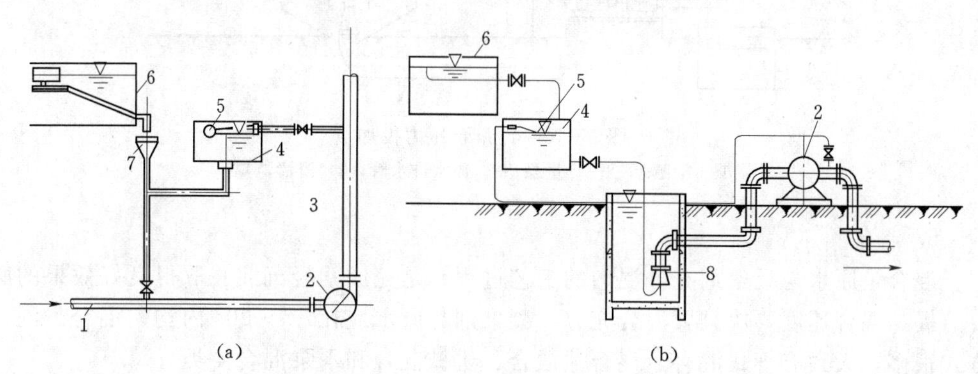

图 5-8 泵前重力投加

(a) 吸水管处投加；(b) 吸水管喇叭口处投加

1—水泵吸水管；2—水泵；3—出水管；4—水封箱；5—浮球阀；6—溶药池；7—漏斗；8—吸水喇叭口

(2) 泵后水射器压力投加。泵后水射器压力投加混凝剂的方法适用于各种规模的水厂。当取水泵站距离水厂较远时，为防止过早在管道内结成矾花，从而影响原水进入絮凝池后的凝聚效果，可将混凝剂加至水泵后面的出水管中。从加药点到絮凝池至少需有相当于 50 倍压力管直径的距离，或能达到 0.3～0.4m 水头损失的管道长度，

以保证混合效果。

资源 5-11

水射器常用于向压力管内投加药剂，其原理是利用压力水通过喷嘴和喉管产生的负压将药剂吸入，然后压力水连同药剂加注到水泵出水管中（图 5-9）。此法具有设备简单、使用方便、不受药液池高程所限、工作可靠等优点；缺点是效率较低，如药液浓度不当或含有杂质，可能引起堵塞。

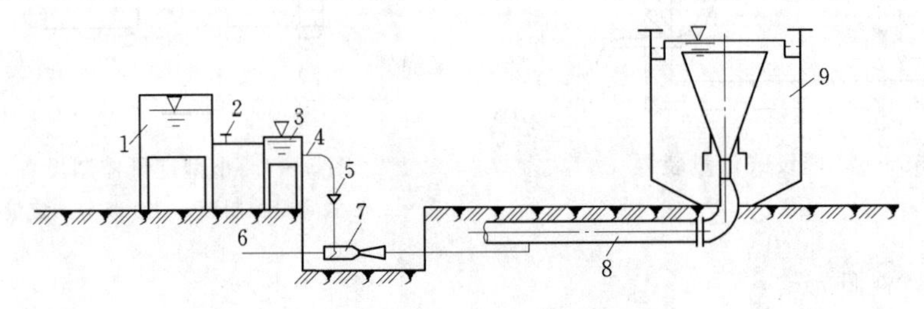

图 5-9 水射器压力投加

1—溶液池；2、4—阀门；3—投药箱；5—漏斗；6—高压水管；7—水射器；8—原水进水管；9—澄清池

（3）计量泵压力投加。计量泵压力投加适用于大中型水厂。计量泵在药液池内直接吸取药液，加至压力水管内（图 5-10）。其优点是可以定量投药，不受压力管压力所限；缺点是价格较贵，泵易引起堵塞，维护比较麻烦。

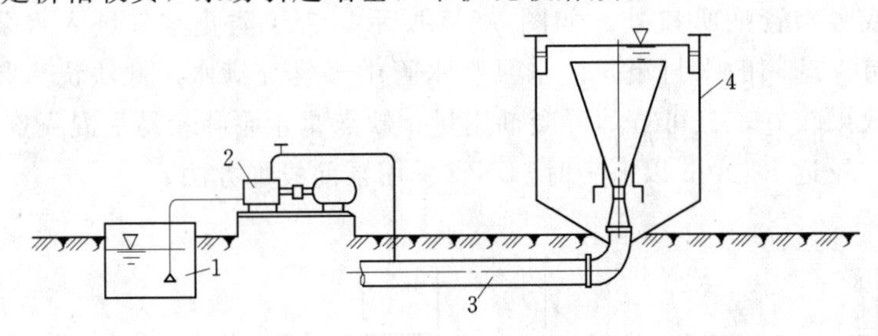

图 5-10 计量泵压力投加

1—溶液池；2—计量泵；3—原水进水管；4—澄清池

5. 混合

混合是原水与凝聚剂充分混匀的工艺过程，是完成絮凝沉淀并取得良好效果的必要前提。混合速度要快且要混合充分，凝聚剂与原水应在 10～30s 内均匀混合。混合方式很多，大致有管式混合、混合池混合、机械混合和水泵混合 4 类。

管式混合是利用水厂进水管的水流，通过管道或管件、孔板式及文氏等混合器，以产生局部阻力，使水流发生湍流，而使水体与药剂充分混合。它适用于流量变化不大的水厂，设备简单，不占地；但流量减小时，有可能在管中发生反应沉淀，一般反应效果较差，水头损失较大。

混合池混合通常有穿孔式、隔板式、跌水式和涡流式等多种形式，适用于大中型水厂，混合效果较好，但占地面积较大，某些混合池要带入大量气体。

机械混合采用最多的是桨板式，适用于各种规模水厂，混合效果较好，水头损失较小，但需耗能，管理维护较复杂。

水泵混合是在泵前投加药液，通过水泵叶轮高速旋转来完成混合过程。它设备简单，混合充分，效果较好，不需另外消耗功能，在农村供水中最常用。

（四）絮凝

将混凝剂加到浑浊的原水中并经过快速混合之后，很快就会出现细小的矾花，为使矾花迅速下沉，需要凝聚大到一定尺寸，并要求矾花质地密集，不易破碎。但在混合阶段，由于水流强烈紊动，矾花难以继续结合，因此需要有一个水流缓慢、便于矾花凝聚的絮凝阶段，这个阶段一般是在絮凝池内完成。

资源 5 12

絮凝池种类很多，主要分为水力絮凝池与机械絮凝池两大类。前者简单，但不能适应流量的变化；后者能进行调节，适应流量变化，但机械维修工作复杂。水力絮凝池有隔板式、旋流式和涡流式等数种；机械絮凝池分为立式和卧式两种。根据农村自来水厂规模小和间歇工作的特点，比较适用的絮凝池有穿孔旋流絮凝池、网格絮凝池、折板絮凝池等数种，可根据原水水质、水量、净化工艺、高程布置、沉淀池型式等因素确定。絮凝池应尽量与沉淀池连在一起，避免已形成的絮粒在流过它们之间连接的管、渠时被粉碎，而降低沉淀效果。

资源 5-13

1. 旋流式絮凝池

旋流式絮凝池具有构造简单、容积小、水头损失小和便于布置等优点。水从池底部由喷嘴沿池壁切线方向流入池内后，在池内旋转上升，然后从上部出水管流入沉淀池（图 5-11）。旋流式絮凝池池数一般不少于 2 个；反应时间采用 10～15min；池内水深 H 与直径 D 之比为 10：9；出口流速 2～3m/s，喷嘴设在池底，水流沿切线方向流入。

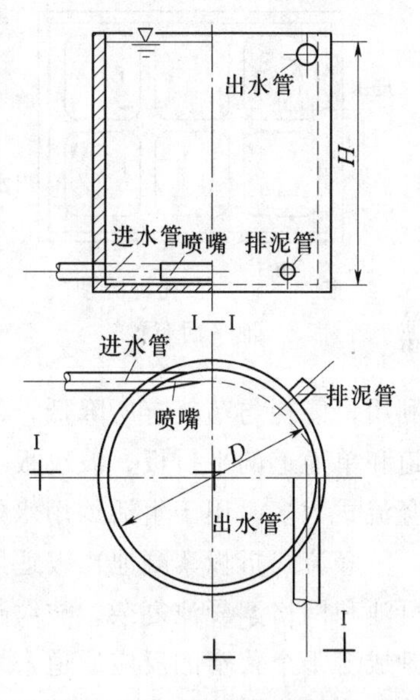

图 5-11 旋流式絮凝池

旋流式絮凝池虽具有上述优点，但反应效果不太理想。近年来，已发展成为旋流式孔室絮凝池。

2. 穿孔旋流絮凝池（旋流式孔室絮凝池）

穿孔旋流絮凝池系由竖流式隔板絮凝池改进而来，系多级旋流反应的一种，通常分成 6～12 个方格，方格四角抹圆，每格之间由上下对角交错的圆孔相通，圆孔断面积从第一格至末一格逐渐加大，使流速逐渐变小。水由第一格底部沿切线方向经收细的进水管口喷入而造成旋流，如图 5-12 和图 5-13 所示。

这种絮凝池经在众多农村水厂使用，效果良好。小型池子可用砖、石砌筑，隔板可用活动木板，池底做成略有倾斜的平底，设置一个排泥管，清理池子时可将木隔板拉起，这样不仅施工容易，且造价便宜。穿孔旋流絮凝池的缺点是絮凝时间略长，水头损失较大，水池施工和管理比较麻烦。

设计数据指标及示例见资源 5-14。

资源 5-14

3. 网格絮凝池

网格絮凝池也是在竖流式隔板絮凝池的基础上发展起来的，由数个相同平面面积

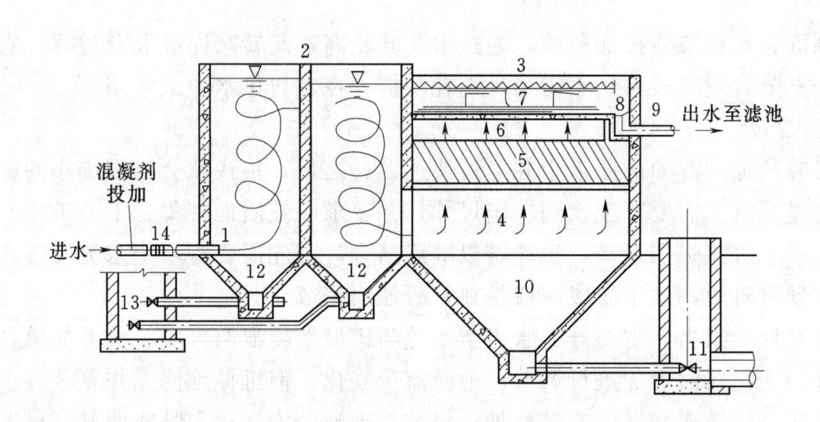

图 5-12　穿孔旋流絮凝池流程示意

1—进水管喷嘴；2—穿孔旋流絮凝池；3—斜管沉淀池；4—配水区；5—斜管；6—清水区；7—三角堰集水槽；8—总集水槽；9—出水管；10—沉淀池泥斗；11—沉淀池排泥快开闸；12—絮凝池泥斗；13—絮凝池排泥旋塞阀；14—管道混合器（泵前及其他混合可不用）

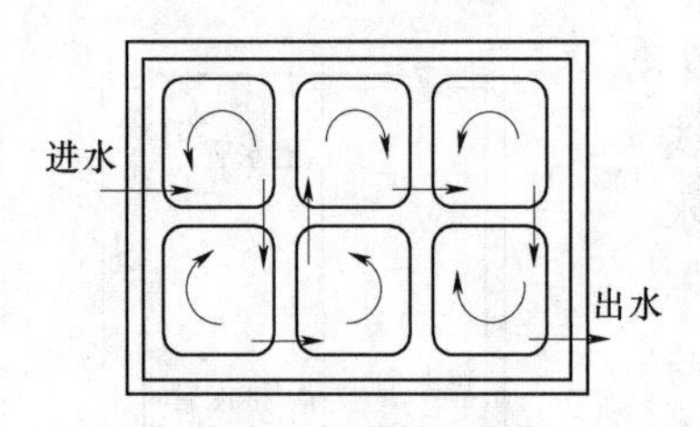

图 5-13　穿孔旋流絮凝池平面布置

资源 5-15

和池深的竖井组成，仅适用于中小型水厂，具有絮凝时间短、效果好、水头损失小等优点；但因池子分格较多，且每格面积小而池深大，故施工比较麻烦。设计数据指标及示例见资源 5-15。

4. 折板絮凝池

折板絮凝池是近十多年在国内发展起来的一种新型絮凝池，它是利用在池中加设一些扰流单元以达到絮凝所要求的紊流状态，使能量损失得到充分利用，能耗与药耗有所降低，停留时间缩短。折板絮凝具有多种形式，常用的有多通道和单通道的平折板、波纹板等。折板絮凝池可布置成竖流式或平流式，目前以采用竖流式为多。用于生活饮用水处理的折板材质应为无毒。折板絮凝池要有排泥设施。

竖流式折板絮凝池比较适用于中小型水厂。但就池子结构而言，仍比穿孔旋流絮凝池和网格絮凝池复杂。波纹板絮凝池是利用平行组装的波形板组填料，将絮凝池分割成若干个狭窄的反应通道，水流呈推流式，靠进口水头差强制水流通过通道。

折板絮凝池的分段数不宜少于三段，絮凝过程中的速度应逐渐降低。折板布置可分别采用相对折板、平行折板和平行直板，折板夹角采用 90°角，折板宽度采用 0.5m，折板长度采用 0.8～1.0m，如图 5-14 所示。

各段的 G 和 T 值可参照下列数据：

第一段（相对折板）　$G=100s^{-1}$，$T\geqslant120s$

第二段（平行折板）　$G=50s^{-1}$，$T\geqslant120s$

第三段（平行直板）　$G=25s^{-1}$，$T\geqslant120s$

总絮凝时间为 6～15min。

资源 5-16

折板絮凝池各段水头损失计算公式见资源 5-16。

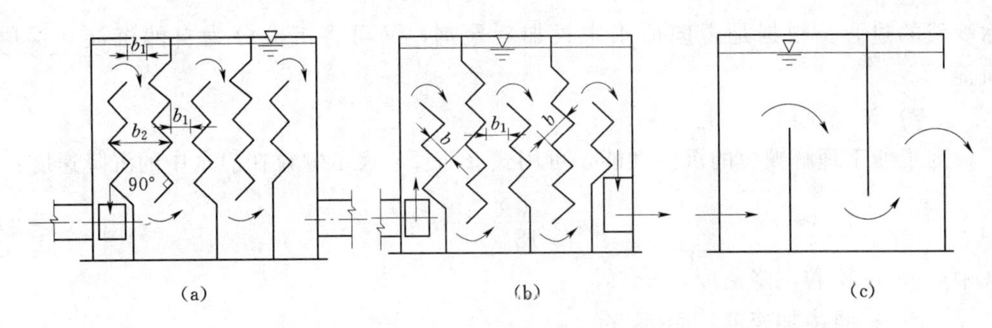

图 5-14　折板絮凝池布置图

(a) 相对折板；(b) 平行折板；(c) 平行直板

5. 涡流式絮凝池

涡流式絮凝池（图 5-15）为一倒置的圆锥体，水从底锥处流入形成涡流扩散后，逐渐上升，随着锥体面积不断增大，反应流速逐步由大变小。这种变流速反应有利于絮粒形成。涡流式絮凝池具有反应时间短、容积小、便于布置和造价低等优点。但高度较大时设置不便，小锥角加工也较困难。农村出水量小的水厂，可用硬聚氯乙烯焊制。涡流式絮凝池常与竖流式沉淀池合建。

资源 5-17

6. 机械式絮凝池

机械式絮凝池（图 5-16）是在絮凝池内安装低速转动的搅拌桨或叶轮，造成一定的搅拌强度，促进完成反应过程。根据搅拌轴的安装位置，又分为水平轴和垂直轴两种形式。水平轴通常用于大型水厂，垂直轴一般用于中小型水厂。因其可通过调整转速来调节搅拌强度；转速可随流量和水温的变化进行调整，故反应效果较好，水头损失较小，对水质、水量的变化适应性较强。机械式絮凝池反应时间一般为 15～20min。缺点是需要一套传动装置，维修较复杂。出水量较小时，可建成圆形池。

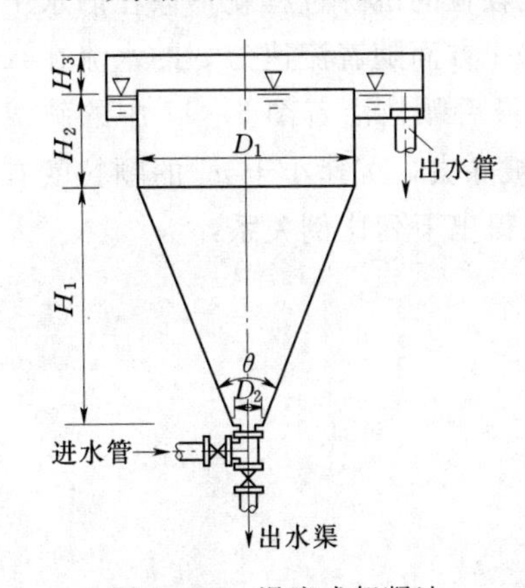

图 5-15　涡流式絮凝池

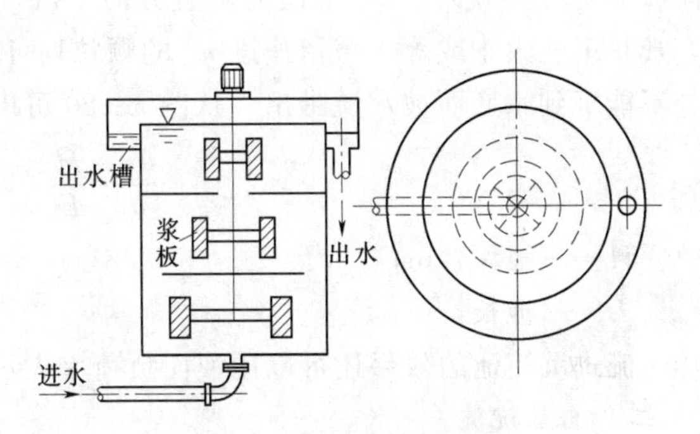

图 5-16　机械式絮凝池

絮凝池形式有很多。以上仅介绍我国常用的或正在推广应用的一些型式。每种絮凝池各有其优缺点，不同形式的絮凝池可以组合应用以相互补充，取长补短。

三、沉淀

沉淀是使原水中的泥沙或絮凝后生成的矾花颗粒依靠重力作用从水中分离而使浑

资源 5-18

水变清的过程。根据是否向原水中投加凝聚剂，又可将沉淀分为自然沉淀和混凝沉淀。

（一）沉淀原理

为了便于理解颗粒的沉淀性能，可用式（5-2）表示颗粒在静水中的沉降速度：

$$v=\frac{g}{18}\frac{\rho-\rho_0}{\mu}d^2 \tag{5-2}$$

式中　v——颗粒沉降速度，cm/s；

g——重力加速度，cm/s^2；

ρ——颗粒的密度，g/m^3

ρ_0——水的密度，g/m^3；

μ——水的动力黏滞系数，g/(cm·s)；

d——颗粒直径，cm。

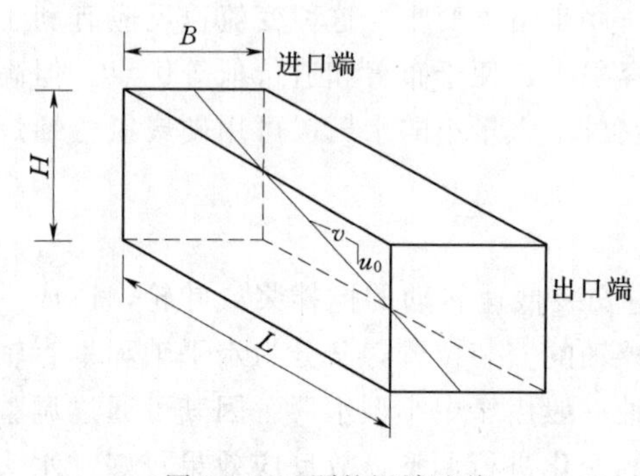

图 5-17　颗粒沉淀迹线

由式（5-2）可以看出，颗粒的沉降速度 v 随颗粒密度的增大而增大，并与颗粒直径 d 的平方成正比，因此粒径较大和较重的颗粒容易沉淀。式（5-2）同时说明，欲增大沉降速度，提高沉降效率，必须设法增大颗粒的直径和密度，这就是在水处理过程中采用絮凝沉淀的理论根据，因为投加凝聚剂后，原水中细小的悬浮杂质和胶体颗粒便凝聚成颗粒大而重的矾花。

在平流式沉淀池中，水在不停地流动，絮凝形成的矾花其大小和形状随时都在变化，因此颗粒的沉降过程就不像在静水中那样简单。通常假设进入平流式沉淀池的所有颗粒，一方面随着流速为 v 的水流在水平方向流动，另一方面以 u_0 沉速沿垂直方向下沉，最后颗粒沿着图 5-17 中的斜线下沉，凡是沉速大于或等于截留速度 u_0 的颗粒均可被除去，沉速小于 u_0 的颗粒就有一部分不能沉到水底而被水流带出。从图 5-20 可以得出下列比例关系：

$$\frac{u_0}{v}=\frac{H}{L} \tag{5-3}$$

资源 5-19

式中　H——池深，m；

L——池长，m。

平流式沉淀池的效果还可以用液面负荷率表示。

（二）自然沉淀

当原水浑浊度瞬时超过 10000 度，致使常规净化构筑物不能承担时，应在原水进入净化构筑物之前，采用自然沉淀方式增设预沉池。

当原水浑浊度经常超过 500 度、瞬时超过 5000 度，或者供水保证率较低时，也可将河水引入天然池塘或人工池塘，进行自然沉淀，池塘还可兼作储水池。

自然沉淀根据沉淀池内的水是否流动可分为下述两种。

(1) 静置间歇沉淀法。将原水放满自然沉淀池静置，水中悬浮杂质自然下沉而澄清。其沉淀时间与原水水质有关，一般采用 8～12h，处理高浊度水则应适当延长静置时间。如沉淀池兼有储水作用，其有效容积应按静置沉淀和储水量两者要求确定。为保证出水，应修建两座池（或分两格），每座有效容积不小于一个村庄最高日总用水量。隔日放水一次，保证出水水质。一般采用人工清泥。沉淀池有效水深一般为 1.5～3.0m；超高采用 0.3m。大型露天水池，需设置防浪高度。池底应留有 0.3～0.5m 的存泥深度。沉淀池面积按最高日用水量及水深计算求得。

(2) 流动沉淀法。原水缓慢流过沉淀池，水中悬浮杂质靠重力下沉到池底，从而使流出沉淀池的水澄清。由于自然沉淀过程中悬浮颗粒沉降速度很小，故池内水流速度不宜太大，一般采用 1.8～3.6m/h；水在沉淀池内停留时间约 8～12h；池的长宽比不宜小于 4。

（三）混凝沉淀

根据水在池中流动的方向不同，可分为平流式、竖流式及斜板（或斜管）沉淀池等类型。应根据水质、水量、水厂平面和高程布置要求，并结合絮凝池结构等因素选择沉淀池形式。

1. 平流式沉淀池

平流式沉淀池是一个长方形的池子，中间有一些隔墙，构造比较简单，可用砖、石砌筑，造价较低，管理方便，沉淀效果稳定，对进水浑浊度有较大的适应能力，在农村比较容易施工。这种池子的缺点是占地面积大，排泥困难。平流式沉淀池多用于中大型水厂；对于小城镇或农村水厂，采用平流式沉淀池的目前不多。

资源 5-20

平流式沉淀池由进水区、沉淀区、存泥区和出水区 4 部分组成，如图 5-18 所示。

(1) 进水区。进水区位于平流式沉淀池的前部，其作用是将絮凝池的水引入沉淀池。絮凝池的出水速度一般为 0.1～0.2m/s，进入沉淀池后由于水流断面扩大，流速突然减小到 10～20mm/s，因而搅动了沉淀池进口处的水流，使矾花不易下沉，进水区的布置就是设法尽量减少进水水流对颗粒沉降的干扰，为此要求：进水均匀地分布在沉淀池整个断面上，防止因分布不匀而产生股流或偏流；减少进水的搅动，使矾花易于沉淀，并防止池底存泥冲起。

为达到上述目的，通常在平流式沉淀池进水端设置穿孔花墙（图 5-19），穿孔花墙设计要点及计算公式见资源 5-21。

资源 5-21

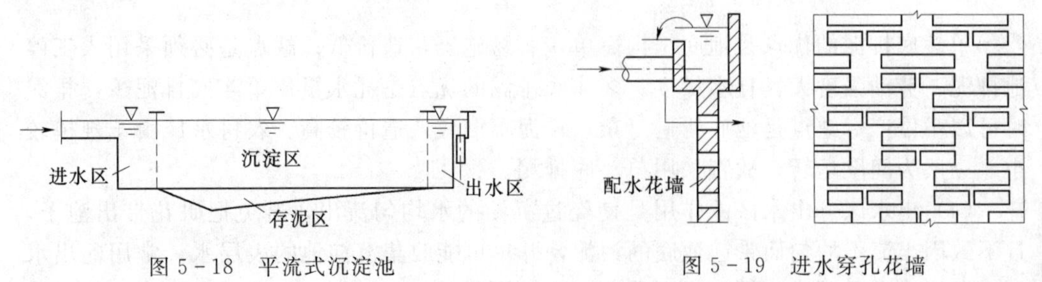

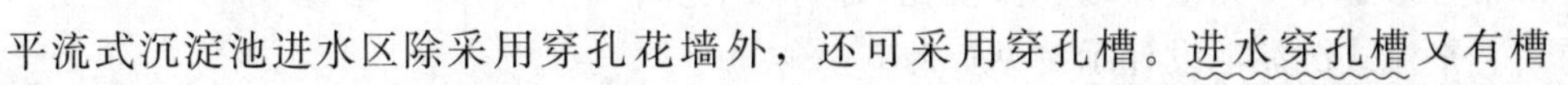

图 5-18　平流式沉淀池　　图 5-19　进水穿孔花墙

资源 5-22

平流式沉淀池进水区除采用穿孔花墙外，还可采用穿孔槽。进水穿孔槽又有槽

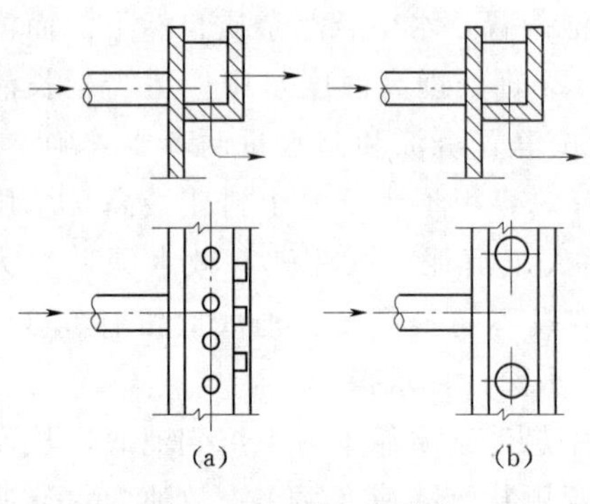

图5-20　进水穿孔槽

壁、槽底同时进水和仅从槽底进水两种型式（图5-20）。

（2）沉淀区。沉淀区是沉淀池的主体，沉淀作用就在这里进行。沉淀池的沉淀效果常受水流状态（层流或紊流）和水流稳定性的影响，判别这两种水力条件的重要指标为雷诺数 Re 和弗劳德数 Fr。

一般认为，在平流式沉淀池中，当雷诺数 $Re \geqslant 500$ 时，水流呈紊流状态；$Re < 500$ 时，呈层流状态。一般平流式沉淀池的 Re 为4000～15000，显然处于紊流状态，此时水流不是直线前进的，还存在上下左右的脉动速度，而且还有小的涡流，不利于颗粒沉淀，通常采取降低水力半径 R 的办法降低雷诺数 Re。在平流式沉淀池中，弗劳德数一般控制在 1×10^{-5}～1×10^{-4} 之间，出水浑浊度低于20度。当弗劳德数 $Fr > 1\times10^{-5}$ 时，能够把相对密度不同的水流混为一体，使分流现象减轻以至消失，大大提高水流的稳定性，通常也采取降低水力半径的办法提高弗劳德数。

资源5-23

沉淀区设计要点及计算公式见资源5-23。

（3）存泥区。存泥区的作用是积存下沉的污泥，其构造与排泥方法有关。农村水厂主要采用人工排泥，故要求沉淀池底在纵横方向均应有坡度或做成斗形底，使存泥区的积泥易于集中排除。

当原水中悬浮物含量不高且又允许停池排泥时，可采用单斗底，池底纵坡采用2%～3%，横坡采用5%；单斗底位置距池起端1/3～1/5池长处。当原水中悬浮物含量较高时，可采用多斗底，如图5-21所示，利用池内水位与排泥管出口处水位差，定期开启排泥管阀门，依靠水压的重力作用将各斗底内的污泥排走。小斗底接近方形，斗底斜角以采用45°为宜。

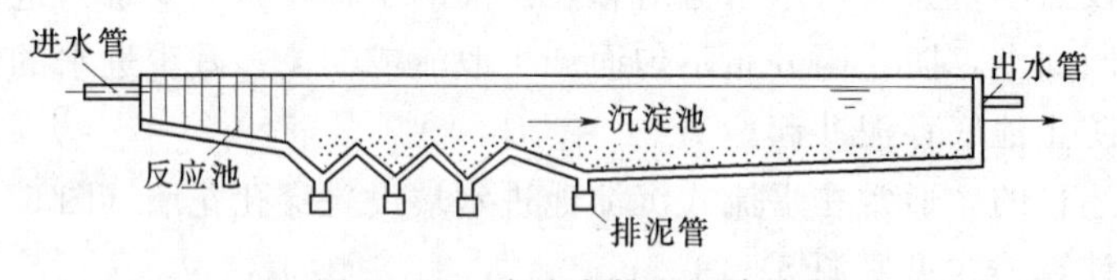

图5-21　多斗底排泥沉淀池

单斗底排泥的优点是池底结构简单，容易施工，造价低；缺点是必须采用人工停池排泥，劳动强度大，耗水量多。多斗底排泥的优点是耗水量比单斗底排泥少，排泥时可以不停产；缺点是池底构造复杂，排泥不彻底，造价较高。农村水厂由于规模较小，一般为间歇运转，故宜采用单斗底排泥。

资源5-24

（4）出水区。出水区的作用是使经过沉淀的水均匀流出，避免把矾花带出池子，且不致因出流不均匀而带起池底的污泥，并尽可能收集沉淀池的表层水。常用的出水口布置形式有平顶溢流堰和淹没孔口两种，见图5-22。

平流式沉淀池设计示例见资源5-24。

2. 竖流式沉淀池

竖流式沉淀池为水在池中自下向上流动，水中絮粒靠重力而垂直下沉，清水则从顶部集水槽流出。絮粒下沉，只有在池内水流的上升速度小于絮粒沉降速度时，才能完成沉淀过程。由于絮粒沉降速度较小，则要求水的上升速度更小，因此产水率较低。但该池管理简便，占地面积小，排泥方便，故小型水厂仍可作为一种传统沉淀工艺应用。为提高容积利用率和沉淀效果，一般将反应室架设在沉淀池中部，图 5-23 即为带涡流反应室的锥底竖流式沉淀池。

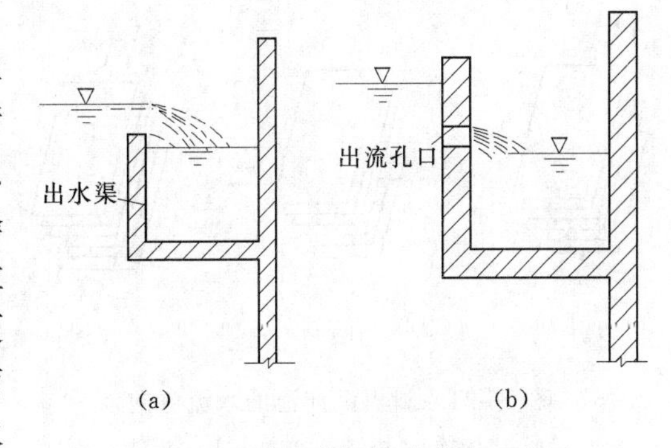

图 5-22　平流式沉淀池出水口布置

(a) 平顶溢流堰；(b) 淹没孔口

资源 5-25

3. 斜板（管）沉淀池

斜板或斜管沉淀池，是一种在沉淀池内装置许多间隔较小的平行倾斜板或直径较小的平行倾斜管的新型沉淀池，是国内 20 世纪 70 年代在多层多格沉淀池的基础上发展起来的。其特点是沉淀效率高、池体小和占地少。但因容积小，沉淀时间短，要求反应充分和排泥通畅，故必须加强管理。目前因材质和加工等问题，价格较高。不仅可用于新建沉淀池，还可用作老厂挖潜改造的有效措施。

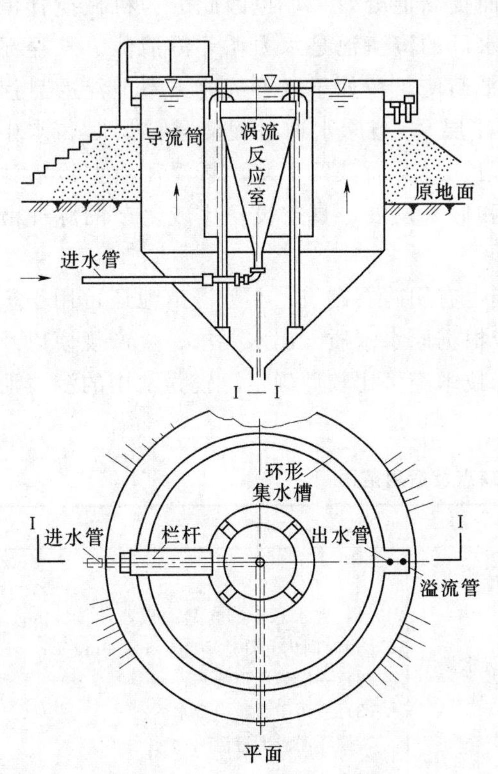

图 5-23　竖流式沉淀池（带涡流反应室）

斜板（管）沉淀池按原水通过斜板（管）的水流方向和沉淀物的运动方向划分为上向流、侧向流和下向流 3 种，如图 5-24 所示。上向流又称异向流、逆向流，水由斜板（管）底部进水，沿斜板（管）向上流动，由上部出水，而沉淀物则沿斜板（管）向下运动，由下部滑出，水与沉淀物运动方向相反，目前国内多采用这种形式。下向流又称同向流，水与沉淀物均沿斜板（管）自上向下流动，两者运动方向一致。下向流沉淀池的液面负荷比上向流可提高 3～5 倍。侧向流又称横向流、平向流，由斜板侧向进水，沿水平方向流动，而沉淀物沿斜板向下滑出，两者运动力向相互垂直，这种沉淀池应用较少。

资源 5-26

（1）斜板（管）沉淀池的基本工作原理见资源 5-26。

资源 5-27

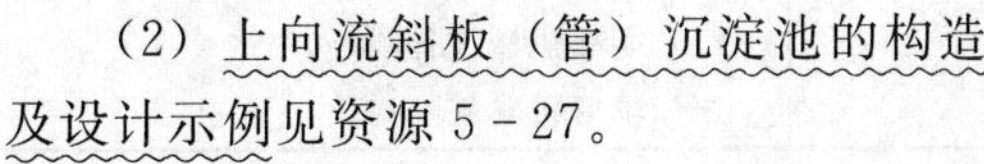

（2）上向流斜板（管）沉淀池的构造及设计示例见资源 5-27。

资源 5-28

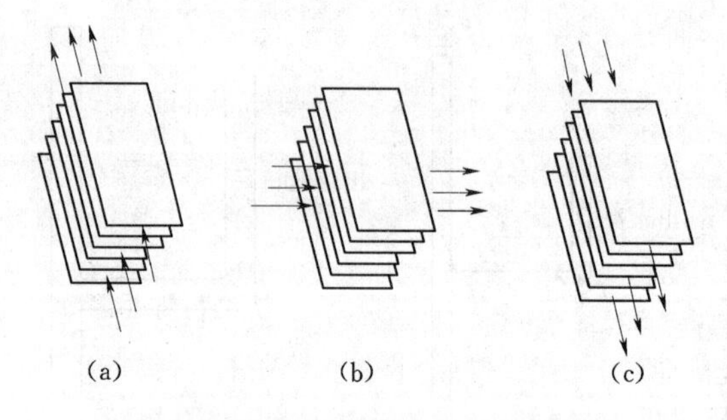

图 5-24 斜板沉淀池的水流方向
(a) 上向流；(b) 侧向流；(c) 下向流

(3) 参考图集。

(四) 澄清池

澄清池是利用池中积聚的活性泥渣与原水中的杂质颗粒相互碰撞接触、吸附结合，然后又与水分离，使原水得以较快的澄清。澄清池是综合絮凝和泥水分离过程的净水构筑物，其作用和最终效果都与沉淀池相似。沉淀池可以间歇运行，而澄清池则必须连续运转。

澄清池能重复利用有吸附能力的絮粒来净化原水，故可充分发挥混凝剂的净水效能，节约混凝剂用量，提高澄清效果，并具有生产能力高、占地少和处理效果好等优点；但结构较复杂，要求具有较高水平的操作管理技术，特别是当原水的水量、水质、水温及混凝剂等因素变化时，对净化效果有显著影响。当供水规模较大，供水区域包括集镇、且有一定数量的乡镇企业昼夜生产用水时，农村水厂方可考虑选用澄清池。小型农村供水工程中一般应用不多。

按泥渣的情况澄清池一般分为循环（回流）泥渣型和悬浮泥渣型（泥渣过滤）两大类。循环泥渣型澄清池是利用机械或水力的作用，使部分活性泥渣循环回流，以增加与水中杂质接触碰撞和吸附的机会从而提高混凝效果，也因此分为机械搅拌澄清池和水力循环澄清池；比较适用于农村水厂的澄清池是水力循环澄清池。悬浮泥渣型澄清池是利用上升水流与絮粒的重力平衡使絮粒处于既不沉淀又不上浮的悬浮状态，从而形成泥渣悬浮层（或称絮粒悬浮层）。当原水通过泥渣悬浮层时，水中杂质有充分机会与絮粒碰撞接触，并被吸附、过滤而截留下来。悬浮泥渣型澄清池有应用较早、构造比较简单的悬浮澄清池和后来发展、真空设备比较复杂的脉冲澄清池。

澄清池一般采用钢筋混凝土结构，个别也有用砖石砌筑，小型澄清池还可用钢板制成。澄清池的种类、形式很多，其选择应根据原水水质、出水要求、生产规模以及水厂布置、地形、地质、排水等条件，进行技术经济比较后确定。较为常用的澄清池及其一般优缺点和适用范围见表 5-5。

表 5-5 常用澄清池的优缺点及适用范围

类型	优缺点	适用条件
机械搅拌（加速）澄清池	优点： (1) 处理效率高，单位面积产水量较大； (2) 适应性较强，处理效果较稳定； (3) 采用机械刮泥设备后，对高浊度水（进水悬浮物含量大于 3000mg/L）处理也具有一定适应性。 缺点： (1) 需要机械搅拌设备； (2) 维修较麻烦	(1) 进水悬浮物含量一般小于 5000mg/L，短时间内允许达 5000～10000mg/L； (2) 一般为圆形池子； (3) 适用于大、中型水厂； 属循环泥渣型澄清池

续表

类型	优 缺 点	适 用 条 件
水力循环澄清池	优点： （1）无机械搅拌设备； （2）构造较简单。 缺点： （1）投药量大； （2）要消耗较大的水头； （3）对水质、水温变化适应性较差	（1）进水悬浮物含量一般小于2000mg/L，短时间内允许达5000mg/L； （2）一般为圆形池子； （3）适用于中、小型水厂； 属循环泥渣型澄清池
脉冲澄清池	优点： （1）虹吸式机械设备较简单； （2）混合充分，布水较均匀； （3）池深较浅便于布置，适用于平流式沉淀池改建。 缺点： （1）真空式需要一套真空设备，较为复杂； （2）虹吸式水头损失较大，脉冲周期较难控制； （3）操作管理要求较高； （4）对原水水质和水量变化适应性较差	（1）进水悬浮物含量一般小于3000mg/L，短时间内允许达5000～10000mg/L； （2）可建成圆形、矩形或方形池子； （3）适用于大、中、小型水厂； 属悬浮泥渣型澄清池
悬浮澄清池（无穿孔底板）	优点： （1）构造较简单； （2）能处理高浊度水（双层式加悬浮层底部开孔）； （3）型式较多 缺点： （1）需设气水分离器； （2）对进水量、水温等因素较敏感，处理效果不如加速澄清池稳定； （3）双层式时，池深较大	（1）进水悬浮物含量小于3000mg/L时宜用单层池，在3000～10000mg/L时宜用双层池； （2）可建成圆形或方形池子； （3）一般流量变化每小时不大于10%；水温变化每小时不大于1℃； 属循环泥渣型澄清池

水力循环澄清池介绍见资源5-29。

资源5-29

四、过滤

（一）原理

原水经过混凝沉淀或澄清处理后，大部分悬浮杂质已被去除，水的浑浊度约降低到20mg/L以下，一部分细菌也已去除，但还达不到饮用水的标准。为进一步提高水质，去除沉淀池出水中残留的细小悬浮颗粒及微生物，还必须进行过滤。当水源水的浑浊度很低时，也可直接过滤。利用过滤的方法使水得到净化的原理包括两种作用：①隔滤作用，当水中悬浮杂质颗粒大于砂层孔隙时，因不能通过而被阻留下来；②接触絮凝作用，当水流通过滤料层时，砂粒起接触介质的作用，使水中微细颗粒与砂粒碰撞接触，杂质颗粒与细小的绒体被吸附在砂粒表面上。

按照过滤速度的不同，构筑物分为慢滤池和快滤池两类。快滤池中又包括普通快滤池、双层或三层滤料滤池、接触滤池、重力式或压力式无阀滤池、自动虹吸滤池、移动式钟罩滤池等。选择滤池时应根据过滤水量、经济和物资供应条件、施工技术水平、操作管理能力、工艺流程的高程布置等因素，通过技术经济比较，确定滤池型式。比较适用于农村给水工程的滤池有慢滤池、普通快滤池、接触滤池、重力式无阀滤池、自动虹吸滤池等数种。

上述各种滤池之所以能够使水澄清，主要依靠滤料。慢滤池、普通快滤池和无阀滤池常用的滤料为石英砂，接触滤池所用的滤料为石英砂及无烟煤，其性能应符合水处理用滤料标准。

无论采用哪一种滤料，都必须有一定的颗粒级配，即各种大小不同的颗粒在滤料中所占的百分数。颗粒大小用粒径表示，通常利用不同孔眼的筛子来确定滤料的粒径。例如一般快滤池中装填的石英砂能通过每英寸 18 目（即每英寸长度包括 18 个孔眼，每个孔眼的净空为 1mm）的筛子，而截留在每英寸 36 目（孔径为 0.5mm）筛上的颗粒，其最大粒径为 1mm，最小粒径为 0.5mm。生产上就是用这两种筛子来筛分滤料的。为了更明确地选用滤料，只有最大粒径和最小粒径还不够，因为没有说清楚大小颗粒所占的比例，所以还必须考虑滤料的均匀程度，于是采用 K_{80} 作为指标：$K_{80}=\dfrac{d_{80}}{d_{10}}$，称为“不均匀系数”，其中 d_{10} 叫有效直径，是指一定重量的滤料用一套筛子过滤时，按重量计算有 10% 滤料通过的筛孔直径；而 d_{80} 是指按重量计算有 80% 滤料通过的筛孔直径。不均匀系数一般大于 1，K_{80} 越大，表示粗细颗粒尺寸相差越大，颗粒越不均匀，这时过滤和冲洗都很不利。而 K_{80} 越接近于 1，表明土越均匀，过滤和反冲洗效果越好，但滤料价格会提高。

确定滤料“不均匀系数”的方法是进行筛分析，即取滤料 300g 左右，于 105℃ 烘干到重量不变，从中称取 100g 左右，用一组标准筛子过滤，称出留在各个筛子上滤料的重量，并计算通过筛子的滤料重量，见表 5-6。然后以筛孔作横坐标，以通过筛孔的滤料重量的百分率作纵坐标，绘出滤料筛分析曲线，从图 5-25 中纵坐标上的 10% 和 80% 各点，画出横坐标的平行线，与筛分析曲线相交，再从交点向横坐标引垂线，即可求得这部分滤料的颗粒级配为

$$d_{10}=0.53\text{mm},d_{80}=1.06\text{mm}$$

于是

$$K_{80}=\frac{1.06}{0.53}=2.0$$

表 5-6　滤料筛分析记录

筛目数目/目	筛孔孔径/mm	留在筛上的滤料重/g	通过筛孔的滤料重	
			重量/g	百分率/%
10	1.68	0	100	100
12	1.41	1.5	98.5	98.5
14	1.91	5.6	92.9	92.9
16	1.00	17.8	75.1	75.1
24	0.71	36.7	38.4	38.4
32	0.50	33.4	5.0	5.0
60	0.25	3.2	1.8	1.8
80	0.18	1.0	0.8	0.8

（二）慢滤池和粗滤池

慢滤池构造比较简单，通常可用砖、石砌筑，并用水泥砂浆抹面防渗。池内铺有

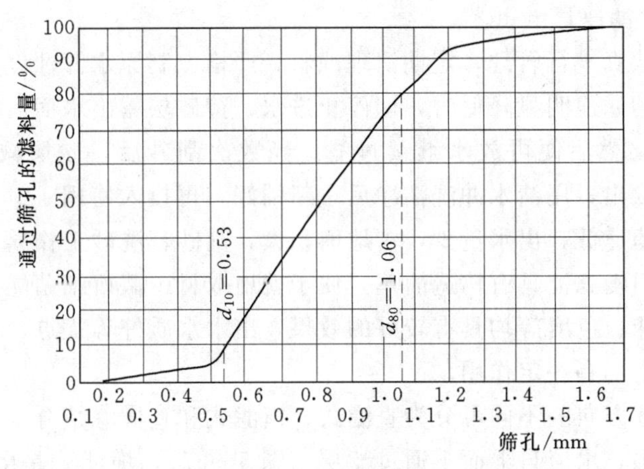

图 5-25　滤料筛分析曲线

粒径 0.3～1.0mm、不均匀系数 $K_{80}\leqslant 2.0$、厚 800～1200mm 的石英砂，下面为厚 450mm 的卵石或砾石承托层，其组成见表 5-7。池底设排水系统或不设排水系统。滤池面积区间为 10～15m²，可不设集水管，采用底沟集水，并以 1%的坡度向集水坑倾斜。当滤池面积较大时，可设置穿孔集水管，管内流速一般采用 0.3～0.5m/s。进水处设有穿孔花墙（图 5-26）。滤层表面以上水深一般采用 1.2～1.5m，滤池超高 0.3m，滤池长宽比为 1.25∶1～2.0∶1，池壁应高出地面，且池顶应加盖，以防止地面水流入而污染水质。

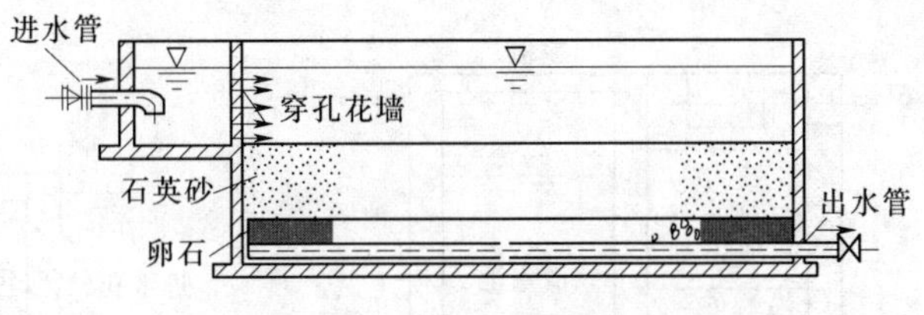

图 5-26　慢滤池

表 5-7　慢滤池承托层组成

粒　径/mm	厚　度/mm	粒　径/mm	厚　度/mm
1～2	50	8～16	100
2～4	100	16～32	100
4～8	100		

慢滤池的效率很低，过滤速度一般仅为 0.1～0.3m/h，即每平方米慢滤池每昼夜仅能处理 5～7m³ 原水。为使慢滤池能够正常运转，通常要求慢滤池进水的浑浊度低于 60 度，否则需采取预沉淀等措施降低原水的浑浊度。

设计慢滤池时，所需面积可按下式计算：

$$F=\frac{qN}{24v} \tag{5-4}$$

式中　F——慢滤池面积，m²；

q——设计用水量标准，m³/(d·人)；

N——用水人数；

v——设计滤速，m/h。

慢滤池必须认真进行管理，定期清理滤料，严格控制原水浑浊度，具体注意事项如下：当慢滤池的滤速明显降低时，即停止进水，待砂层露出水面后，用铁铲刮去表层5cm厚的一层，然后便可放水继续过滤。经数次刮砂后，砂层减薄到一定程度，就需将砂子全部取出，用清水冲洗洁净后重新铺好，再投入使用。

慢滤池由于滤速低，出水量少，占地面积大，刮砂、洗砂工作繁重，在我国城市中早已被淘汰。但慢滤池具有构造简单，便于就地取材，截留细菌能力强，对去除水中细菌与水中嗅味、色度等均具有较好的效果，出水水质好等优点，因此在小型的农村自来水厂建设中仍有一定作用。

慢滤池按过滤方向的不同可分为直滤式、横滤式和直横滤结合3种。直滤式是上部进水，底部出水，水流自上而下通过滤层（图5-27）；横滤式是由滤池一侧进水，另一侧出水，水流以水平方向通过砂滤层（图5-28）。直横滤结合是以上两种方式的结合。

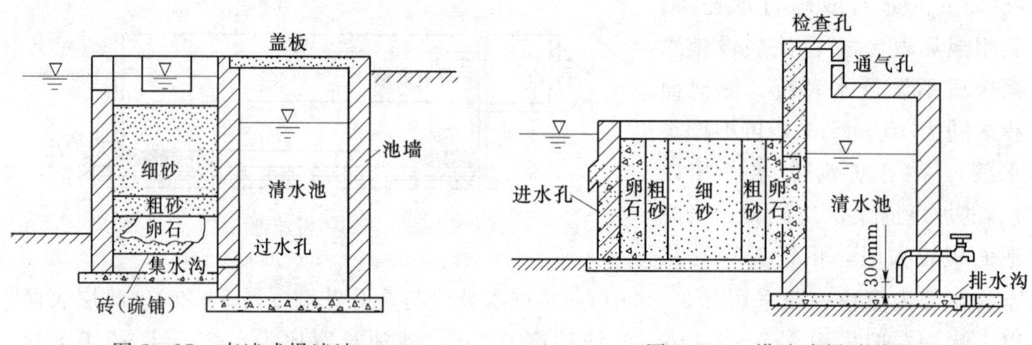

图5-27　直滤式慢滤池　　　图5-28　横滤式慢滤池

北京市政设计院编制的《农村给水工程重复使用图集》编有慢滤池设计，规模有$5m^3/h$、$10m^3/h$、$15m^3/h$、$20m^3/h$、$30m^3/h$ 5种（表5-8），要求进水浑浊度不大于50度，最高不大于100度，出水浑浊度可低于5度，每日工作24h。滤料为石英砂，承托层采用卵石或碎石，排水系统采用多孔集水管，管内流速为0.3～0.5m/s。池身为砖、石砌体，呈长方形，分为2～3格，其中一格备用。清砂方式为人工清砂。

表5-8　　慢滤池选用表

单格尺寸/(m^3/h×m)		5×4	7×5	10×5	7×5	10×5
格数		2	2	2	3	3
过滤面积/m^2		20	35	50	70	100
对应净化能力/(m^3/h)	滤速0.2m/h	5	10	15	20	30
	滤速0.3m/h	10	15	20	30	—

当原水浑浊度超过60度、采用慢滤池处理原水时，需在慢滤池前增加粗滤池。

粗滤池构筑物型式分为平流和竖流（上向流或下向流）两种，选择时应根据地理位置通过技术经济比较后确定。

竖流粗滤池宜采用二级粗滤串联，平流粗滤池通常由3个相连通的砾石室组成一体，并均与慢滤池串联。适用于处理长期浑浊度低于500度，瞬时浑浊度不超过1000度的地表水。

竖流粗滤池的滤料宜选用砾石或卵石，按三层铺设，其粒径及厚度应符合表5-9的规定。

平流粗滤池的滤料宜选用砾石或卵石，其粒径与池长应符合表5-10的规定。

表5-9　竖流粗滤池滤料组成

粒径/mm	厚度/m
4～8	0.20～0.30
8～16	0.30～0.40
16～32	0.45～0.50

注　顺水流方向，粒径由大到小。

表5-10　平流粗滤池的组成与池长

砾（卵）石室	粒径/mm	池长/m
Ⅰ	10～33	2
Ⅱ	8～16	1
Ⅲ	4～8	1

注　顺水流方向，粒径由大到小。

粗滤池的滤速宜采用0.3～1.0m/h，原水浊度高时取低值。竖流粗滤池滤料表面以上水深为0.2～0.3m，保护高0.2m。上向流竖流粗滤池底部应设配水室、排水管和集水槽，阀门宜采用快开蝶阀。

（三）快滤池

快滤池与慢滤池比较，其主要特点是：滤速高，一般为慢滤池的50倍左右，故产水量大，占地少。冲洗滤料多采用水力反冲洗装置，自动化程度高。因此，用水量较大的城镇和农村水厂均采用快滤池。但其设备较复杂，阀门较多，需有冲洗设备，造价较高，需要特别加强技术管理。

资源5-30

快滤池的类型很多，目前农村供水中采用较多的有普通快滤池、接触滤池、无阀滤池、虹吸滤池和移动罩滤池等。它们的构造、水力条件和操作运行虽有不同，但过滤原理完全一样，都是从普通快滤池逐步发展而来。

资源5-31

快滤池过滤，主要依靠接触凝聚作用。已经过混凝而未能在沉淀池或澄清池中被截留的微小胶体颗粒，它们之间的电性斥力已得到降低或消失，进入滤池后，随水流经过滤料层中弯弯曲曲的孔道时，由于速度的差异，在水力作用下使絮粒旋转，离开流线向沙砾表面运动，并与砂粒碰撞接触，又由于分子引力的作用，而被吸附在砂粒表面或砂粒表面的絮粒上，从而使水变清。滤料颗粒在这一作用过程中是一种广泛的接触介质。此外，快滤池净水过程中，具有孔隙的滤料层的机械过筛截留作用和沉淀作用也起一定的辅助作用。

五、消毒

在生活饮用水的处理过程中，杀灭水中绝大部分细菌，使水的微生物质量满足人类健康要求的技术，称为消毒。在给水工程中，一般水体经过混凝沉淀（或澄清）及过滤，可将大部分细菌及其他有害微生物从水中分离出来，而消毒也并不是把细菌全部消灭，只要求消灭致病微生物。我国生活饮用水水质标准规定，在37℃培养24h的水样中，细菌总数不超过100个/mL，大肠菌群不超过3个/L。因此，水的消毒必须满足以下两个条件：第一，在水进入配水管网前，必须消除水中的病原体；第二，

从水进入管网起到用水点以前，必须维持水中消毒剂的持续杀菌作用，以防止可能出现的病原体危害或细菌再度繁殖。

水的消毒方法很多，基本上可分为两类：①化学药剂，主要是氯化法、碘化法和臭氧法等；②物理法，有加热煮沸法、紫外线法、超声波法等。其中，氯化法（液氯、漂白粉、漂粉精、氯胺和次氯酸钠等药剂）消毒效果较好，易购而价廉，所需设备简单；氯在常压下为气体，有很强的氧化能力，加入水中能保持一定量的残余浓度（余氯），具有持续消毒作用，可防止水被再次污染和繁殖细菌，且检测方便。因此，氯化法适用最广泛。

（一）消毒原理

水的消毒是利用消毒剂来完成的。用于农村水厂的消毒剂主要是液氯及氯的化合物。

1. 氯化反应

向水中加氯的处理方法称为氯化。氯与水反应时，一般要发生“氯化反应”，即其中一个氯原子被氧化成为 Cl^+，另一个氯原子则被还原成 Cl^-，反应方程式为

$$Cl_2 + H_2O \longrightarrow HClO + H^+ + Cl^-$$

次氯酸是一种很弱的酸，它进一步电离为

$$HClO \longrightarrow H^+ + ClO^-$$

若

$$K_1 = \frac{[H^+] \cdot [ClO^-]}{[HClO]}$$

则

$$\frac{[ClO^-]}{[HClO]} = \frac{K_1}{[H^+]}$$

当 $T=20℃$ 时，$K_1 = 3.3 \times 10^{-8}$。

2. 氯的消毒作用

次氯酸的 HClO 与次氯酸根 ClO^- 的相对比例取决于温度和 pH 值。当 $pH=7.5$、温度为 25℃ 时，HClO 与 ClO^- 在水中的数量大体相等；当 $pH<7.5$ 时，次氯酸 HClO 占优；当 $pH>7.5$ 时，次氯酸根 ClO^- 占优。

实际上，次氯酸比次氯酸根的消毒能力大得多，例如次氯酸杀死大肠埃希氏菌的能力比次氯酸根大 80～100 倍，因为次氯酸是很小的中性分子，它能扩散到带有负电荷的细菌表面，并穿透细胞壁到细菌体内；而次氯酸根带有负电荷，它难于接近带负电荷的细菌表面，所以杀菌能力比次氯酸差很多。

当水源中有机物的含量主要是氨和氮等化合物时，采用折点加氯的原理，可降低水的色度，除去水的恶臭，消除水中的酚、铁、锰等物质。

在地表水的处理过程中，混凝沉淀（澄清）及过滤两步虽然都去除了一部分细菌，但只有加上消毒，才能达到饮用水的细菌质量标准，所以消毒在水处理过程中起了防止病原体危害的最后屏障作用。

（二）氯消毒方法

1. 消毒方法

我国农村水厂普遍采用氯消毒，即向水中投加液氯、漂白粉、漂粉精或次氯酸钠

溶液，也可采用二氧化氯、臭氧等消毒剂和氯胺消毒法。常用氯消毒方法的优缺点和适用条件见表 5－11。

表 5－11　　常用氯消毒方法的优缺点和适用条件

方法	分子式	优 缺 点	适 用 条 件
液氯	Cl_2	优点： (1) 具有余氯的持续消毒作用； (2) 成本较低； (3) 操作简单，投量准确； (4) 不需要庞大的设备。 缺点： (1) 原水有机物含量较高时会产生有机氯化物有害物质； (2) 氯气有毒，使用时需注意安全，防止漏氯	液氯供应方便的地区
漂白粉	$Ca(ClO)_2$	优点： (1) 具有液氯的持续消毒作用； (2) 投加设备简单； (3) 价格低廉； (4) 漂白粉仅含有效氯 20%～30%； (5) 漂粉精含有效氯 60%～70%。 缺点： (1) 同液氯，会产生有机氯化物； (2) 易受光、热、潮气作用而分解失效，应注意储存； (3) 漂白粉的溶解及调制不便； (4) 漂白粉含氯量只有 20%～30%，因而用量大，设备容积大	漂白粉只适用于小型水厂； 漂粉精使用方便，一般在水质突然变坏时临时投加
漂粉精	$Ca(ClO)_2$		
次氯酸钠	NaClO	优点： (1) 具有余氯的持续消毒作用； (2) 操作简单，比投加液氯安全、方便； (3) 成本虽较液氯高，但比漂白粉低。 缺点： (1) 不能储存，一般需现场制取使用； (2) 设备小，产氯量少，使用受限制； (3) 需耗用一定电能和食盐	适用于小型水厂

2. 加氯点位置

加氯点位置应根据原水水质与净水工艺要求确定。加氯点位置及作用列于表 5－12。

表 5－12　　加 氯 点 位 置 及 作 用

工艺要求	具体位置	适 用 条 件	主 要 作 用
滤前加氯	沉淀池前或取水泵的吸水井内	适宜于水中有机物较多、色度较高、有藻类滋生的水源	(1) 充分杀菌； (2) 提高凝聚沉淀效果； (3) 防止沉淀池底部污泥腐化发臭或构筑物池壁长青苔

续表

工艺要求	具体位置	适用条件	主要作用
滤后加氯	在过滤后流入清水池前的管道中间或清水池入口处	适宜于一般水质的水源； 晚上停水的水厂如余氯消失，应补充加氯	（1）杀灭残存细菌； （2）保证出厂水的剩余氯
二次加氯	在沉淀池前和滤池后方加氯	当原水水质污染较严重时，宜选此法	既有滤前加氯作用，又有滤后加氯的作用，同时可改善滤池工况
补充加氯	一般选在管网中途	适宜于管网末梢余氯难以保证时	确保管网末梢的剩余氯不低于0.05mg/L

3. 影响消毒效果的因素

（1）pH值。氯消毒的有效性随pH值而变化，pH值低时消毒效率高，反之效率低。在同样的水质条件下，欲取得相同的消毒效果，pH值越高，需氯量越大。

（2）水温。夏季水温高时，余氯损耗量大，应适当提高清水池的余氯量。当采用氯胺消毒法时，水温越高，消毒效果越好。

（3）水源水质。对于一般的水源水，加氯量用于两部分：一部分用于杀灭水中的细菌和氧化有机物质，这和原水水质有关；另一部分是为了满足《生活饮用水卫生标准》（GB 5749—2022）中规定的出厂水和管网末梢水余氯要求而投加的氯量。当水源污染比较严重、水中存在氨和氮等有机物时，若采用折点加氯法，其加氯量应增加。

（4）余氯。余氯可分为游离性余氯和化合性余氯。游离性余氯又称为自由氯、活性氯，一般指水中的氯分子Cl_2、次氯酸HClO与次氯酸根ClO^-，其特性是杀菌能力强，但消失也快。化合性余氯是指氯与水中游离氨或有机氨化合后生成的化合物，如一氯胺NH_2Cl、二氯胺$NHCl_2$、三氯胺NCl_3等，其特性是杀菌能力差，但持续时间长。

（5）加氯量的确定：加氯量指消毒时所需的剂量，包括维持规定的余氯量在内。

加氯量可按下式计算：

$$Q=0.001aQ_1$$

式中　Q——加氯量，kg/h；

a——最大投氯量，mg/L；

Q_1——需消毒的水量，m^3/h。

同样条件下，增加投氯量会提高消毒效果，但余氯也不宜过大，否则不仅浪费氯，而且使水呈明显氯味。农村水厂的余氯量及投氯量可参考表5-13。

表5-13　余氯量及投氯量

水质或管网特征	出厂水余氯量/(mg/L)	相应加氯量/(mg/L)
一般水源	0.3～0.6	0.5～1.0
微污染或管网较长	0.5～1.0	1.0～2.0
个别污染严重水源	按折点加氯法确定	

液氯消毒、漂白粉消毒、次氯酸钠消毒及其他消毒剂见资源5-32。

资源5-32

六、特殊水质处理

我国地下水源丰富，其中有不少地下水源含有过量的铁、锰或氟。建设农村给水工程时，有时就会遇到地下水中含有铁、锰或氟的化合物，有时还会遇到地表水遭受微污染问题。这些问题需要采取有别于常规水质处理的方法予以解决，除铁工艺、除锰工艺、除氟工艺、微污染水源水净化工艺及活性炭吸附技术详见资源5-33。

资源5-33

第六章 供水工程运行管理

第一节 概 述

一、农村供水工程运行管理的任务

农村供水工程是村、乡建设公用设施的重要组成部分，其中，农村水厂是服务性的生产企业。水厂的管理水平直接影响人民生活和农村生产。为了保证安全供水，必须加强农村给水的管理，充分发挥给水设施的作用并经常保持给水设施的完好，满足农村居民和村、乡建设用水的需要。农村供水管理的根本任务是利用科学方法确保供水水质、水量，努力提高经济效益，全心全意为社会服务。

1. 实现科学管理

（1）必须具有责任心强并懂得生产技术的管理人员。

（2）具有一整套确保供水质、水量的有效措施。

（3）有正确反映生产过程的计量设备、原始记录和统计分析。

（4）有正确的工作标准、操作规程、安全规范和岗位责任制等规章制度，建立良好的工作秩序。

2. 确保供水水质、水量

保证供水水质、水量就要做到有良好的水质、充足的水量和水压、准确的计量和周到的服务。

（1）良好的水质。良好的水质是指供水水质必须符合国家《生活饮用水卫生标准》(GB 5749—2022)。水质关系广大人民的身体健康和产品质量，因此要定时进行水质监测。

（2）充足的水量和水压。管网的压力和流量是管网技术管理的重要任务之一，要定时进行监测，达到经济调度的目的。在供水范围内为用户供水时，在所有用水点都需要的情况下，要保证各水龙头均能正常供水。

（3）准确的计量。准确的计量是指抄表按时无误，并按用水量准确计收水费。水表是测定水量的计量工具，安装水表，按时查表，及时更换故障表，有利于正确计量用水量，有利于准确核算水费，也有利于节约用水。

（4）周到的服务。水厂应制定服务公约、服务标准和服务规章制度，并付诸实施，使工作人员树立全心全意为用户服务的思想。对用户要热情诚恳，耐心周到，简化各种手续，提高办事效率，出现故障要及时维修，大的故障要立即组织抢修，保证安全用水。

3. 提高经济效益

经济效益是水厂维持和扩大再生产的根本保证。水厂要在保证供水水质、水量的

前提下，加强经济核算，努力降低成本，节约开支，拓宽服务面，实现最大的经济效益。

（1）降低动力消耗。水厂的动力消耗主要是电耗。如果用柴油机作动力，按每公斤柴油耗电 4.6kW·h 折算。要核算单位耗电量，按下式进行：

$$\text{单位耗电量}(\mathrm{kW \cdot h/km^3}) = \frac{\text{总耗电量}(\mathrm{kW \cdot h})}{\text{总制水量}(\mathrm{km^3})}$$

如果单位耗电量大于一定范围，就要查明原因并采取有效措施加以处理。

（2）节约原材料。水厂的原材料包括混凝剂和消毒剂。在进行原水净化中，如果对药剂的品种及用量使用不当，将会影响净化效果并造成浪费。因此，要根据水质特征相应的净化工艺类型正确选用原材料。通过比较和计算确定最佳用量，作出消耗指标，并将具体计划落实到每道工序上。

（3）减少漏失水量和自用水量。水厂的总制水量包括售水量、漏失水量和自用水量。显然，漏失水量和自用水量增加，售水量相应减少，成本就会提高。因此，要控制管网漏失水量，加强厂自用水量的管理。一般管网漏失率不能大于 8%，自用水量不超过 6.5%。

（4）合理使用专项资金，增加营业外收入。对水厂提取的折旧和大修理等专项资金，要严格财务管理制度，有计划地合理使用，做到专款专用，不应挪作他用。水厂要实行产、供、销，服务一条龙管理，除水费收入外，要尽可能积极主动地提供接管、安装、修理等服务项目，增加水厂收入。

二、农村供水工程运行管理内容

（1）制定生产计划。

（2）进行水质监测，确保水质良好。

（3）组织设备保养、维修，提高供水保证率。

（4）做好原材料和零配件储备。

（5）掌握水源状况，做好水源卫生防护。

（6）测定管网水压、流量，查漏、堵漏。

（7）查表、收费，审批用户用水申请。

（8）掌握收支情况，进行成本分析，提高经济效益。

（9）调查用水发展状况，制定发展规划。

三、农村供水工程运行管理有关规章制度

1. 岗位责任制度

把责任分解落实到每个岗位上，使每个岗位上的工作人员都有明确的职责，按照工作标准、操作规程和技术规范完成各项任务。

2. 水质检验制度

水质检验制度包括原水水质检验制度、净化构筑物水质检验制度、出厂水水质检验制度、管网和用户水质检验制度。一般乡镇供水厂至少要对出厂水和管网水进行水质检验。检验项目一般指色度、浊度、嗅和味、肉眼可见物、pH 值、总铁、细菌总数、大肠菌、余氯、总硬度等。地面水每日一次，地下水除余氯、细菌总数、大肠菌

三项指标每日一次外其余可每月一次。每半年按国家《生活饮用水卫生标准》（GB 5749—2022）各项指标进行一次全面分析。

3. 设备维修保养制度

建立设备维修保养制度，规定各种设备的维修周期、技术要求和质量标准，按规定时间和标准对设备进行大修、中修和小修，并进行性能测定，对电气设备和安全保护装置进行检查，保证安全供水。

4. 技术档案管理制度

实现水厂的科学管理必须建立技术档案，对设计、施工、竣工验收、运行中的文件资料应当整理归档，并妥善保管。如设计任务书、设计图纸、概预算、施工记录、验收报告及图表；统计报表、大事记载、设备明细表、维修记录、水质检验记录，制水量、售水量、耗电量、药剂耗量，制水成本、效益情况等。

5. 财务管理制度

水厂要根据国家有关财务政策、法令，对本单位的财务活动进行组织、指挥、监督、经营，实现资金的筹集、使用、收回和分配。如编制财务计划，处理财务关系，开展财务分析，检查财经纪律，固定资金、流动资金、成本费用、销售收入和盈利管理等。

6. 人员培训制度

按照先培训后上岗的方针，从水厂的服务要求和生产特点出发，考虑人员现有水平、师资力量、办学条件、社会条件等，制定切实可行的全员培训计划，分别举办管理人员和工人的培训班，以提高管理人员的技术素质和工人的运行操作能力。

第二节　水　源　管　理

水源管理与维护的重点是水源的水量、水质和设施的管理、维护，这是保证农业用水的关键。因此，对水厂水源必须按照国家相关卫生标准的规定，进行严格的卫生防护，防止污染，确保水质安全；维持自来水厂正常生产、保证供水质量、降低制水成本都有着重要的意义。确保水量充沛，防止水质恶化，做到在任何情况下能使水源正常生产是水源管理与维护的主要目的。

一、水源的水量管理

农村给水系统的水源有相当一部分水量保证率较低，为了提高水量保证率，应对取水的水源以及所供水量的变化情况进行长期监测，积累资料，以此提高水量管理水平。

1. 地表水

（1）江河水。记录取水口附近的丰水、枯水、洪水、冰冻、解冻等不同时期的水文资料，包括流量、水位、取水量、色度、浊度、水温等。了解上游单位取水量变化情况，注意取水口附近河道施工作业对水源水量的影响；详细逐日记录给水系统的取水量。了解和掌握取水口附近的气象资料，包括气温、降水量、河运洪水特征、改汛情况、河流结冰情况等。观测河水含沙量的变化，应特别注意记录洪水季节河水泥沙

的最大含量及其持续的时间。

(2) 水库水。记录历年水库的入库水量、水位、取水量、放流量和库存量。了解库区范围内的气象变化、中长期天气通报和上游的洪水情况。观察水库不同深度的水温变化，注意水的色度与生物的变化。

2. 地下水

记录给水系统逐日的取水量。掌握区域内水文地质情况及附近地区地下水位变化情况、取水情况、取水量及减压漏斗的变化情况。同时掌握与地下水井有关的河水水文资料，包括河水流量与水位的变化、地下水的补给情况等。

二、水源的水质管理

1. 地表水

地表水容易受到周围环境的影响而被污染。对取水河流所在的取水点及其上游河段以及水库所在取水点和进库口设立长期水质监测点，定期对地表水进行水质分析，掌握年际间和年内所用的地表水水质变化规律。对取用的地表水上游地区的可能污染源进行调查了解，明确各污染源可能产生的污染物质，一旦发生水体污染，可迅速判断污染源，采取有效措施，保证安全供水。

2. 地下水

对取水点的水质进行定期化验，在取水点地下水补给上游地区，有条件的地方应设立监测点，定期取水做水质化验，及时发现污染迹象，采取措施，保护水源。

3. 水质污染

(1) 生活污水污染。生活污水对水源的污染较常见。特别是在干旱季节，一些自净能力较低的河流污染更为严重。生活污水中含有大量的氨氮、氯化物、有机物质和病原微生物。

(2) 工业废水污染。随着农村经济的发展、乡镇工业企业的兴建，其废水量也随之增加，对水源的污染应引起足够的重视。如氮肥厂与磷肥厂的废水中含有酚、氰、硫及氟等有害物质。生产有机磷农药的废水中含有高浓度的氰、酚、氟等毒物。

(3) 农田排水污染。农村供水工程的水源多接近农田。农田施加农药后，含有农药的水或渗入地下，或流入水体，容易造成水源污染。

有机氯类农药，如六六六、滴滴涕、毒杀芬等，虽然毒性较低，但化学性能稳定，不易分解，在自然界能存留 5～10 年之久，并能蓄积于人体的肝、脾及脂肪中，对神经、心血管及内脏有损害。因此，在水源附近严禁使用。1605、1059 的毒性很高，属于剧毒农药，在水源附近禁止使用。有机砷农药在水源附近也禁止使用。

(4) 矿藏污染。流经矿区的水往往含有矿物质。如流经铅锌矿的水含有铅、锌、镉等金属；流经萤石矿的水含有大量的氟；流经石煤层的水含有硫与矾。这些物质都有可能造成对水源的污染。

三、水源的卫生防护

1. 地下水源卫生防护

地下水源的卫生防护范围主要取决于水文地质条件、取水构筑物的形成类型和附近地区的卫生状况。井的防护范围与含水层的水文地质条件及抽取水量的大小有关，一般情况下，粉、细砂含水层为25～30m；砾砂含水层为400～500m；分散式水源井，含水层一般为20～30m。

地下水源位置在防护范围内，不得使用工业废水或生活污水灌溉农田，不得施用有持久性或剧毒的农药；不得修建渗水厕所、渗水坑；不得堆放垃圾、皮渣或铺设污水管道和化粪池；不得从事破坏深层土层的活动。分散式水泥井，还应建立必要的卫生制度，如规定不得在井台上洗菜、洗物、饮牲畜，严禁向井内扔东西；井台要加高、封闭，避免雨水流入，设置专用提水桶，定期掏挖淤泥，加强消毒等。

2. 地表水源卫生防护

地表水源的卫生防护范围：水库和湖泊取水点周围半径不小于100m，河流取水点上游1000m至下游100m。供生活饮用水的专用水库或湖泊，应视具体情况将整个水库、湖泊及其沿岸范围作为水泥防护范围，设立明显的范围标志。

地表水源在防护范围内不得停靠船只、游泳、捕捞和从事一切可能污染水源的活动；不得排入工业废水和生活污水。沿岸防护范围内不得堆放废渣、垃圾，不得设置有害化学品的仓库或堆栈，不得设立装卸垃圾、粪便和有害物品的码头，农田不得使用工业废水和生活污水灌溉，不得施用持久性和有毒的农药，也不得从事放牧。在河流取水点上游应严格控制向河流排放污染物，并实行总量控制。

第三节　取水系统运行与管理

一、地下水取水构筑物的维护与管理

1. 管井的维护管理

管井的维护管理直接关系管井使用的合理性、使用年限的长短以及能否发挥其最大经济效益。目前，很多管井由于使用不当，出现了水量衰减、堵塞、漏砂、淤砂、涌砂、咸水浸入，甚至导致报废。因此，要发挥管井的最大经济效益，增长管井的寿命，必须加强管井的日常维护管理。

（1）管井的维护与保养。管井建成后，应及时修建井室，保护机井。机房四周要填高夯实，防止雨季地表积水向机房内倒灌。井室内要修建排水池和排水管道，及时排走积水。井口要高出地面0.3～0.5m，周围用黏土或水泥封闭，严防污水进入井中。每年定期量测管井的深度，若井深变小，说明井底可能淤砂，应使用抽沙筒或空压机进行清理。

要依据机井的出水量和丰、枯季节水位变化情况，选择合适的抽水设备。抽水设备的出水量应小于管井的出水能力，应使管井过滤器表面进水流速小于允许进水速度，以防止出水含沙量的增加，保证滤料层和含水层的稳定性。季节性供水的管井，因长期不用，更易淤塞，使出水量减少，故应经常抽水，可十天或半个月抽一次，每次进行时间不少于一天。

对于季节性供水的管井或备用井，在停泵期间，应隔一定时间进行一次维护性的抽水，防止过滤器发生锈结，以保持井内清洁，延长管井使用寿命，并同时检查机、电、泵等设备的完好情况。对机泵易损易磨零件，要有足够的备用件，以供发生故障

时及时更换，将供水损失减少到最低限度。

管井周围应按卫生防护规范要求，设置供水水泥卫生防护带。

（2）管井的故障排除。严格执行管井、机泵的操作规程和维持制度。井泵在工作期间，机泵操作和管理人员必须坚守岗位，严格监视电器仪表，出现异常情况，及时检查，查明原因，或停止运行进行检查。机泵必须定期检修，保证机泵始终处于完好状态下运行。

如管井出现出水量减少、井水含沙量增大等情况，应请专家和工程技术人员进行仔细检查，找出原因，并请专业维修队进行修理，尽快恢复管井的出水能力。管井在使用过程中，会出现水位变化和出水量减少等故障，其原因可参见表6-1。

表6-1　　管井故障分析表

静水位	动水位	水位下降1m出水量	原　因
不变	比前次低	不变	水泵故障
比前次低	比前次高	不变	区域性水位下降
有时比前次低	有时比前次低	不变	受邻井抽水影响
不变	比前次低	减少	过滤器堵塞
比前次低	不变	不变	动水位以上井管损坏处漏水
比前次低	比前次低	减少	动水位以下井管损坏处漏水

（3）管井的技术档案。对每口管井应建立技术档案，包括使用档案和运行记录。运行过程中要详细记录出水量、水位、水温、水质及含沙量的变化情况，绘制长期变化曲线。要确切记录抽水起始时间、静水位、动水位、出水量、出水压力以及水质（主要是含盐量及含砂量）的变化情况。详细记录电机的电位、电压、耗电量、温度等和润滑油料的消耗以及水泵的运转情况等，若发现有异常，如水位明显变化、出水量减少等情况，应及时查明原因进行处理，以确保正常运行。为此，管井应安装水表及观测水位的装置。

2.大口井的维护管理

因大口井适用于地下水位埋藏较浅、含水层较薄的情况，所以在使用的过程中应严格控制出水量，否则将使过滤设施破坏，井内大量涌砂，以至造成大口井报废。浅层地下水，丰水期和枯水期的水量变化很大，在枯水期要特别控制大口井的出水量。还需特别注意的是，要防止周围地表水的侵入；要在地下水影响半径范围内，注意污染观测，严格按照水源卫生防护的规定制定卫生管理制度；注意井内卫生，井内要保持良好的卫生环境，经常换气并防止井壁微生物的生长。

大口井取水井壁和井底易于堵塞，应每月测定井内外水位一次，及时发现堵塞，及时进行清淤。很多大口井建造在河漫滩、河流阶地及低洼地区，需考虑不受洪水冲刷和被洪水淹没。大口井要设置密封井盖，井盖上应设密封人孔（检修孔），井应高出地面0.5～0.8m；井盖上还应设置通风管，管顶应高出地面或最高洪水位2.0m以上。

对大口井的水泵应按照水泵的要求制定各项工作标准、操作规程、检修制度，大口井的运行卡片每天需要详细记录水位、出水量、水温，定期分析水质。

3. 渗渠的维护管理

渗渠在运行中常存在不同程度的出水量衰减问题。渗渠出水量衰减有渗渠本身和地下水源及渗渠设计诸方面的原因。属于渗渠本身的原因，主要是渗渠反滤层和周围含水层受地表水中泥沙杂质淤塞的结果。尤其是以集取河流渗透水为主的渗渠，这种淤塞现象普遍存在，有的还比较严重。防止渗渠淤塞一般可从如下几方面考虑：①选择河水含泥沙杂质少的河段，合理布置渗渠，避免将渗渠埋设在排水沟附近，以防止堵塞和冲刷；②控制取水量，降低水流渗透速度；③保证反滤层的施工质量。如果发生区域性地下水位下降，河流流量减少；或河床变迁，主流偏移等水文地质条件的变化，渗渠出水量必然降低。为减少渗渠淤塞，延长渗渠使用寿命，发挥其应有的效益，尤其在枯水期，渗渠的取水量可小于渗渠的设计出水量。有条件和必要时，可采取某些河道整治措施，改善河段的水流状况，稳定河床的水量。

渗渠出水量受季节影响很大，所以渗渠铺设时，一定要严格控制滤层的颗粒级配和施工质量。在运行中要随时观察河床的变迁，防止因河床变迁引起淤塞而影响渗渠的进水，不允许渗渠与地表水进水管合建在一起，这样会影响渗渠的进水。检查井要保持完好状态，检查后应将井盖盖好。

渗渠在运行时应注意地下水位的变化，地下水枯水期时，避免过量开采，以免造成涌砂或水位下降，使渗渠不能正常运行。

渗渠长期运行，滤料可能淤塞，应安排计划抓紧时间翻修和清洗滤料层。回填时，应严格掌握人工滤层的滤料级配并回填均匀。

二、地表水取水构筑物的维护与管理

1. 水源设施的管理

取水口是河床式取水构筑物的进水部分，取水口竣工后，应检查施工围堰是否拆除干净，残留围堰会形成水下丁坝，造成河流主流改向，影响取水，或导致取水构筑物淤塞报废。取水头部的格栅应经常检查及时清污，以防格栅堵塞导致进水不畅。对山区河流，为防止洪水期泥沙淤积影响取水，取水头部应设置可靠的除沙设备。水库常因生物繁殖影响取水，应采取措施及时消除水生物，以保证取水。

2. 进水管

进水管类型有有压管、进水暗渠和虹吸管3种形式。管内如能经常保持一定的流速，一般不会淤积，若达不到设计流量，管内流速较小，可能发生淤积。有压管长期停用，也会造成管内淤积，水中的漂浮物也可能堵塞取水头部。根据集水井的水位可判别进水管的工作好坏，若水泵正常工作，集水井与河流的水位差比正常增大，则表明进水管发生淤塞，这时应该采取冲洗措施。对进水管冲洗有顺冲法和反冲法两种。

(1) 顺冲法：一种方法是关闭一部分进水管，同时加大另一条进水管的过水能力，造成管内流速快速增加，实现冲淤。另一种方法是在水源高水位时，先关闭进水管的阀门，将该集水井抽到最低水位，然后迅速打开进水管阀门，利用水源与集水井较大的水位差实现对水管的冲洗。此法简单，不必另设冲洗管道，但因管壁上附着的

泥沙不易冲洗掉，所以冲淤效果较差。

(2) 反冲法：将出水管与进水管连接，利用水泵的压力水进行反冲洗。此法效果较好，但管路复杂，运行管理费用较高。

3. 集水井

集水井要定期清洗和检修，洪水期间还应经常观测河中最高水位，采取相应的防洪措施，以防泵站进水，影响生产。

4. 阀门

阀门每 3 个月维修保养一次，6 个月检修一次。阀门螺纹外露部分，螺杆和螺母的结合部分，应润滑良好，保持清洁。机械传动的阀门，传动部分应涂抹润滑油脂，使开关灵活。阀门停止运行时，要将阀门内的水放光，以防止结冰冻坏。

闸门的管理维护方法如下。

(1) 要有严格的启、闭制度：进水孔、引水管上的闸门，不能随便启、闭。操作人员必须在得到有权决定闸门启、闭人员的指示后方可启、闭。启、闭要规定时间、开（关）度。

(2) 要做好启闭前的检查：启闭前要检查闸门的开启度是否在原来记录的位置上，检查周围有无漂浮物卡阻，门体有无歪阻、门槽是否堵塞，如有问题应处理好之后，再进行操作。

(3) 操作运行应该注意的事项：操作时要用力均匀，慢开慢闭。当开启度接近最大开度或关闭闸门接近闸门底时，应注意指示标志，掌握力度，防止产生撞击底坎现象。

(4) 操作后应认真将操作人员、启闭依据、时间、开（关）度详细记录在值班日记上。

5. 地表水取水构筑物的定期维护

每季度应对格栅、阀门和其附属设备检查一次；长期开和长期关的阀门每季度都应开关活动一次，并进行保养，金属部件补刷油漆。对取水口的设施、设备，应每年检修一次，清除垃圾，修补钢筋混凝土构筑物，油漆金属件，修缮房屋等。对进水口处河、库的深度，应每年测量一次，并做好记录，发现变浅，应及时对河床进行必要的疏挖。对输水管线及其附属设施，每季度维修一次，保持完好。对输水明渠要定期检查，及时清除积泥和污物、藻类，保证水量和水质。

6. 缆车式取水构筑物的运行与管理

缆车式取水构筑物在运行时应特别注意以下问题。

(1) 应随时了解河流的水位涨落及河水中的泥沙状况，为了保证取水工作的顺利进行，及时调节缆车的取水位置。

(2) 在洪水到来时，应采取有效措施保证车道、缆车及其他设备的安全。

(3) 应注意缆车运行时的人身与设备的安全，管理人员进入缆车前，每次调节缆车位置后，应检查缆车是否处于制动状态，确保缆车运行时处于安全状态。

(4) 应定期检查卷扬机与制动装置等安全设备，以免发生不必要的安全事故。

缆车式取水构筑物运行时，其他注意事项与一般泵站基本相同。

三、调节构筑物的维护与管理

1. 清水池（高位水池）的维护与管理

清水池（高位水池）在运行管理过程应注意以下几个方面。

(1) 清水池（高位水池）必须装设水位计，并应连续检测，也可每小时观测一次。

(2) 清水池（高位水池）严禁超越上限水位或下限水位运行，每个给水系统都应根据本系统的具体情况，制定清水池（高位水池）的上限和下限允许水位，超上限易发生溢流浪费水资源的事故，超下限可能吸出池底沉泥，污染出厂水质，甚至抽空水池而使系统断水。

(3) 清水池（高位水池）顶上不得堆放可能污染水质的物品和杂物，也不得堆放重物。

(4) 清水池（高位水池）顶上种植植物时，严禁施用各种肥料和农药。

(5) 清水池（高位水池）的检查孔、通气孔、溢流管都应有卫生防护措施，以防杂物进入池内污染水质。

(6) 清水池（高位水池）应定期排空清洗，清洗完毕经消毒合格后方可再蓄水运行。

(7) 清水池（高位水池）的排空管、溢流管道严禁直接与下水道连通。

(8) 汛期应保持清水池（高位水池）四周排水（洪）通畅，防止污水污染。

(9) 清水池尤其是高位水池应高于池周围地面，至少溢流口不会受到池外水流入的威胁。

(10) 厂外清水池或高位水池的排水要妥善安排，不得给周围村庄造成影响。

清水池（高位水池）平时要进行维护保养，包括日常保养、定期维护和大修理。

日常保养主要是定时对水位计进行检查，滑轮上油，保证水位计的灵活、准确；定时清理溢流口、排水口，保持清水池（高位水池）的环境整洁。

定期维护每1～3年进行一次清刷，清刷前池内下限水位以上可以继续供入管网，至下限水位时应停止向管网供水，下限水位以下的水应从排空阀排出池外。在清刷水池后，应进行消毒处理，合格后方可蓄水运行。清水池处地下水位较高时，如地下清水池设计中未考虑排空抗浮，在放空水池前必须采取降低清水池四周地下水位的措施，防止清水池在清刷过程中浮动移位，造成清水池损坏。清水池（高位水池）顶和周围的草地、绿化应定期修剪，保持整洁。电传水位计应根据其规定的检定周期进行检定，机械传动水位计宜每年校对和检修一次。1～3年对水池内壁、池底、池顶、通气孔、水位计、水池伸缩缝检查修理一次，阀门解体修理一次，金属件油漆一次。

大修理应每5年将闸阀阀体解体，更换易损部件，对池底、池顶、池壁、伸缩缝进行全面检查整修，各种管件经检查，有损坏应及时更换。清水池（高位水池）大修后，必须进行清水池（高位水池）满水渗漏试验，渗水量应按设计上限水位（满水水位）以下湿润的池壁和池底的总面积计算，钢筋混凝土清水池（高位水池）渗漏水量每平方米每天不得超过2L，砖石砌体水池不得超过3L。在满水试验时，应对水池地上部分进行外观检查，发现漏水、渗水时，必须修补。

2. 水塔的维护与管理

水塔运行管理时应注意以下几个方面。

（1）水塔水箱必须装设水位计。水位计可与水泵组成自动上水、停启水泵系统，自动运行；机械式水位计应随时观察水位；及时开停水泵，保持水箱的一定水位防止放空，防止出水管道进气。

（2）严禁超上限和下限水位运行。

（3）水箱应定期检查、排空、清刷，及时清除沉淀物，避免沉淀物从出水管进入供水系统，以确保水质良好。

（4）经常检查水塔进出水管、溢流管、排水管有无渗漏。定期检修水塔内的所有阀门和管道接头，保证阀门的灵敏性和接头的密封性，以保证水塔的正常运行。

（5）保持水塔周围环境整洁。水塔周围严禁开挖取土并防止雨水冲刷，使水塔基础不受侵害。

（6）避雷设施要定期检修，保证它处于良好状态。在冬季到来之前应对保温、采暖设施进行全面检修，确保安全过冬。

水塔应进行日常保养和定期维修。日常保养主要是定时对水位计进行检查，保持环境洁净。定期维护每1～2年清刷水箱一次。消刷水箱后恢复运行前，应对水箱进行消毒。每月对水塔各种闸阀检查一次、操作一次，检查一次水位计。每年雨季前检查一次避雷和接地装置，检测接地电阻一次，接地电阻值不得超过30Ω。大雨过后检查水塔基础有否被雨水冲刷，严重时应及时采取补救措施。保持水塔内各种管道不渗漏，管道法兰盘螺栓齐全。每年定时检查水塔建筑、照明系统、栏杆、爬梯，发现问题及时修理，金属件每年油漆一次。

3. 压力罐的维护与管理

压力罐在使用过程中应及时进行维护保养和检修。压力罐通常与水泵安装在一起，当对水泵进行保养维护时，应同时对压力罐进行保养与维护。使用的压力罐必须具有压力罐制造合格证书，须由有资格的生产厂家生产。定时检查、定期检修或更换压力罐的所有附属设备和配件。如补气装置、排气装置、隔膜装置、液位计、压力表、安全阀、放气阀、泄水阀、止气阀、止水阀等，以经常保持设备完好，正常运行。严格按产品使用维护说明书要求，对设备进行维护。

压力罐应按照《固定式压力容器安全技术监察规程》（TSG 21—2022）中有关规定的要求使用与管理。操作人员应经培训，考试合格后上岗，应严格遵守安全操作规程和岗位责任制，并应经常保持附件安全、灵敏、可靠，发现不正常情况应及时处理。为消除事故隐患，对压力罐应定期进行检验，检验工作应由劳动部门授权的单位进行。一般情况下，使用期达15年的容器，每两年至少进行一次内外部检验；使用期达20年的容器，每年至少进行一次内外部检验。出于结构原因，确认无法进行内部检验的容器每3年至少进行一次耐压试验。

第四节　供水水处理构筑物运行与管理

一、水质管理

水质管理是对给水系统的产品——水的质量管理和质量控制。给水系统的水质管理，就是给水企业为达到国家对水的质量要求，在企业内部采取的质量保证措施。水质管理是给水系统生产运行的灵魂，它渗透在生产运行的每个工序和环节，每一个运行管理人员都应把保证生产出合格的水作为天职。

水质管理的主要内容如下。

(1) 建立和健全规章制度：①建立各项净水设备操作规程，制定各工序的质量控制要求；②健全水源卫生防护、净化水质管理、管网水质管理、水质检验频率、水质化验的有关规定等以工作标准为中心的各项规章制度。

(2) 加强卫生防护：①制定水源防护条例，对破坏水源卫生防护的行为提出有力的制止措施；②对水源防护地带设置明显的防护标志；③对污染源进行调查和检测，对消除重大污染源提出有效措施。

(3) 确保净化过程中的水质控制：①确定投药点，及时调整投药量；②监督生产班组对生产过程中的水质检验，确保沉淀水、过滤水、出厂水的余氯、浊度、pH值（地下水只有余氯）等，无论何时都要达到规定的要求点；③提出净化消毒设备及其附属设施的维修意见，对清水池、蓄水池、配水池定期清刷，保持水源、净化构筑物的整洁，严禁从事影响供水水质的活动。

(4) 进行管网水质管理：①确定管网水采样点；②对每个采样点进行采水分析，确保管网水质达到要求；③对新铺设管道坚持消毒制度。

水质管理主要有3个环节，即水源水质管理、净水厂水质管理和管道水质管理。

(一) 水源水质管理

具体内容参照本章的第一节。

(二) 净水厂水质管理

净水厂水质管理注意以下几个方面。

(1) 各构筑物运行中，要根据进水量或水质变化及时调整投药量。

(2) 及时排泥和冲洗。

(3) 投产前的各构筑物内要保持无杂物，并宜每年对构筑物进行一次彻底冲洗与清理。

(4) 在进行机泵大修和更换水表时，应防止污染水质。

(5) 新投产的井，在使用前必须抽水洗井、检测水质各项指标合格后再投产使用。停用3个月以上的井，在恢复使用之前仍需水洗井，待水质合格后使用。

(6) 遇有突然停电、造成停泵不停氯的情况，再开泵时，应先放水、检查余氯正常后再开闸送水。

(7) 凝聚剂投加量一般应根据原水水质变化加以调整。实际操作中，可观察沉淀池絮体的形成情况或澄清池内悬浮泥渣的沉降比来确定药剂投加量。

(8) 做好生产运行中规定的水质检测项目的检测工作。沉淀水、过滤水和管网末梢水的余氯应达到有关规定的指标。出厂水应符合《生活饮用水卫生标准》（GB 5749—2022）规定的各项指标。

(三) 管道水质管理

管道水质管理注意以下几个方面。

（1）新建或改建管道的末端应设置闸门，以便及时排放管网末梢的“死水”；新建管道投产前，冲洗流速应不小于正常供水中的最大流速，一般应大于1m/s。如水量不足应考虑加压缩空气冲洗，以保证足够的冲洗强度。

（2）新建管道与原有管道连接处尽可能安装闸门，防止放水时污染原管道水质，下管前要消除管道内以及管件内的泥土和杂物；施工间隙，管道内不能存放工具杂物，并应将管道两端用木塞堵严。

（3）遇有过河管时，应在出水侧安装永久性放水口和排水井，其口径一般不应小于管径的1/3，对于具有排泥条件的应在过河管最低处一侧安装吐泥三通和排泥井。

（4）管道接口应优先采用橡胶圈，使用清洁的油麻；管道试压充水应使用清洁的自来水，试压合格后要立即进行管道放水冲洗，同时把沿途的预留放水口和消火栓放水冲洗5min。

（5）自备水源单位欲与村镇给水系统联网，需经主管部门同意批准，并应负责进户管逆止阀的检查、维修与更换，防止自备水源水进入村镇给水系统。

（四）水厂水质管理的机构设置

设有科室管理的中小水厂应设立水质管理科，二级管理的小型水厂也应有专门负责水质管理的人员。水质管理和水质化验密切相关，水质化验室是水质的监测部门，有条件的水厂都应设立水质化验室；无条件的水厂也应配备化验人员，进行简单项目的水质化验并要挂靠附近较大的设有水质化验机构的自来水厂或卫生部门，定期完成应该进行的各项水质的化验工作。

水质管理机构或专职人员的主要职责如下。

（1）负责贯彻执行国家、省、市、县有关水质的各项政策、法令、标准、规程和制度。

（2）负责水质净化工艺管理和水质化验、分析、监督、管理或委托工作。

（3）配合各级卫生防疫部门，对水源卫生防护状况进行监督，对重大水质事故进行调查处理。

（4）负责水源污染状况的卫生学调查。

（5）参与水厂和管网施工过程的卫生监督及竣工验收工作。

（6）对危及供水安全的水质事故，有权采取紧急措施，直至通知有关部门停止供水，事后逐级报告。

（7）掌握水质变化动态，分析变化规律，提出水质阶段分析报告及水质升级规划。

（五）水质的检验

水质检验工作是个科学技术性很强的工作。为了保证正常工作以及检验数据的可靠性必须建立健全各项规章制度，设专人管理。利用水质检验手段，可以定量地了解水中存在的各种物质；通过对诸多物质项目的检验，就可以反映水的各方面的性状、强度和数量，对该水质进行恰当的评价。

水质检验是从水样的采集、保存，到检验出数据结果和进行评价的全过程，力求水质检验结果的可靠性、准确性和有代表性。

农村水厂检验水质的目的是：①检查自己给水系统供应的产品水执行国家规定的合格程度；②作为净化过程质量控制的手段，以保证供出合格水；③了解和掌握原水的变化趋势和问题，调整净化过程，并向有关上级反映情况；④选择新水源。

1. 化验室的管理

（1）化验室仪器设备管理。在化验室里，凡仪器设备都要设专人负责保管和维修，使其经常处在完好的工作状态。对于精密的稍大型的仪器设备，如精密天平、气相色谱、原子吸收分光光度计等，都要设专门房间，要防震、防晒、防潮、防腐蚀、防灰尘。在使用仪器设备时应按说明书进行操作，无关人员不得随意乱动。要建立使用登记制度，以加强责任制。对于各种玻璃仪器，每次用后必须洗刷干净，放在仪器架（橱）中，保持洁净和干燥，以备再用。还要建立仪器领取、使用、破损登记制度。

（2）化验室化学药品的储存和管理。化验室的化学药品，必须专人保管，特别是有毒、易燃、易爆药品。保存不当，容易发生事故或变质失效。因此，保管药品的人员，必须具有专业知识和高度责任心。药品的储藏和试剂的保存，要避免阳光照射，室内要干燥、通风，室温在15～20℃，严防明火。要建立药品试剂发放、领取、使用制度。

（3）化验室的卫生管理。

1）保持化验室的公共卫生。化验室是进行水质检验、获得科学数据的地方。因此，必须保证有一个卫生整洁的环境。室内要设置废液缸和废物篓，不准乱倒废液乱扔废物。强酸、强碱性废液必须先稀释后倒入下水道，再放水冲走。室内对暂时不用或用完的物品、仪器，一定要及时整齐地放回原处。地面保持清洁，应定期刷洗或冲洗。

2）讲究个人卫生。工作人员在化验室内，要穿白色工作服，戴白色工作帽，切忌穿杂色的工作服。工作前要洗手，防止检验工作中的交叉污染。工作台面和仪器要保持洁净。工作后或饭前要洗手，防止工作中药品污染，造成危害。

（4）化验室的安全要求。

1）所用药品、标样、溶液、试剂等都要有标签；留标明名称、数量、浓度等主要项目；瓶签与内容物必须相符。

2）凡剧毒药品或溶液、试剂要设专人专柜严加保管。

3）使用易挥发性溶液、试剂，一定要在通风橱中或通风地方进行操作。

4）严禁在明火处使用易燃有机溶剂。

5）稀释硫酸时，应仔细缓慢地将硫酸加入水中，绝不可将水加到硫酸中。

6）在使用吸管吸取酸碱和有毒的溶液时，不可用嘴直接吸取，必须用橡皮球吸取。

7）化验室要建立安全制度，下班时注意检查水、电、煤气和门窗是否关闭。

8）做每项水质检验时，操作前一定要很好熟悉本项检验的原理、试剂、操作步骤、注意事项。要仔细检查仪器是否完好，安装是否妥当。操作中，一定按要求、步骤谨慎地进行。检验结束后，应进行逐个检查，一切电、水和热源是否关闭。

2. 我国生活饮用水的卫生标准

生活饮用水是人类生存不可缺少的要素，与人们的日常生活密切相关。生活在城市里的居民，其生活饮用水是自来水公司集中供给的。一般而言，水质的好坏决定于集中供水的水质质量，个人是无法选择的。因此，为了能确保向居民供给安全和卫生的饮用水，我国国家卫生健康委员会颁布了《生活饮用水卫生标准》（GB 5749—2022)，它是关于生活饮用水安全和卫生的技术法规，在保障我国集中式供水水质方面起着重要作用。

生活饮用水是指人类饮用和日常生活用水，包括个人卫生用水，但不包括水生物用水以及特殊用途的水。制定《生活饮用水卫生标准》（GB 5749—2022）是根据人们用水的安全来考虑的，它主要基于3个方面来保障饮用水的安全和卫生，即确保饮用水感官性状良好、防止介水传染病的暴发、防止急性和慢性中毒以及其他健康危害。控制饮用水卫生与安全的指标包括4大类。

（1）微生物学指标。水是传播疾病的重要媒介。饮用水中的病原体包括细菌、病毒以及寄生型原生动物和蠕虫，其污染来源主要是人畜粪便。在不发达国家，饮用水造成传染病的流行是很常见的。这可能是由于水源受病原体污染后，未经充分的消毒，也可能是饮用水在输配水储存过程中受到二次污染所造成的。

理想的饮用水不应含有已知的致病微生物，也不应有人畜排泄物污染的指示菌。为了保障饮用水能达到要求，定期抽样检查水中粪便污染的指示菌是很重要的。为此，我国《生活饮用水卫生标准》（GB 5749—2022）中规定的指示菌是总大肠菌群，另外，还规定了游离余氯的指标。我国自来水厂普遍采用加氯消毒的方法，当饮用水中游离余氯达到一定浓度后，接触一段时间就可以杀灭水中细菌和病毒。因此，饮用水中余氯的测定是一项评价饮用水微生物学安全性的快速而重要的指标。

（2）水的感官性状和一般化学指标。饮用水的感官性状是很重要的。感官性状不良的水，会使人产生厌恶感和不安全感。我国的饮用水标准规定，饮用水的色度不应超过15度，也就是说，一般饮用者不应察觉水有颜色，而且也应无异常的气味和味道，水呈透明状，不浑浊，也无用肉眼可以看到的异物。如果发现饮用水出现浑浊，有颜色或异常味道，那就表示水被污染，应立即通知自来水公司和卫生防疫站进行调查和处理。

其他和饮用水感官性状有关的化学指标包括总硬度、铁、锰、铜、锌、挥发酚类、阴离子合成洗涤剂、硫酸盐、氯化物和溶解性总固体。这些指标都能影响水的外观、色、臭和味，因此规定了最高允许限值。例如饮用水中硫酸盐过高，易使锅炉和热水器内结垢并引起不良的水味，故规定其在饮用水中的限值不应超过250mg/L。

（3）毒理学指标。随着工业和科学技术的发展，化学物质对饮用水的污染越来越引起人们的关注。根据国外的调查，在饮用水中已鉴定出数百种化学物质，其中绝大多数为有机化合物。饮用水中有毒化学物质污染带给人们的健康危害与微生物污染不同。一般而言，微生物污染可造成传染病的暴发，而化学物质引起健康问题往往是由于长期接触所致的有害作用，特别是蓄积性毒物和致癌物质的危害。只有在极特殊的

情况下，才会发生大量化学物质污染而引起急性中毒。

为保障饮用水的安全，确定化学物质在饮用水中的最大允许限值，也就是最大允许浓度是十分必要的，这是自来水公司向公众提供安全饮用水的重要依据。但是，在饮用水中存在众多的化学物质，究竟应该选择哪些化学物质作为需要确定限值的指标呢？这主要是依据化学物质的毒性、在饮用水中含有的浓度和检出频率以及是否具有充分依据来确定限值等条件确定的。在我国《生活饮用水卫生标准》（GB 5749—2022）中，共选择 15 项化学物质指标，包括氟化物、氰化物、砷、锶、汞、镉、铬（六价）、铅、银、硝酸盐、氯仿、四氯化碳、苯并（a）芘、滴滴涕、六六六。这些物质的限位都是依据毒理学研究和群流行病学调查所获得的资料而制定的。

（4）放射性指标。人类某些实践活动可能使环境中的天然辐射强度有所增高，特别是随着核能的发展和同位素新技术的应用，很可能产生放射性物质对环境的污染问题。因此，有必要对饮用水中的放射性指标进行常规监测和评价。在饮用水卫生标准中规定了总 α 放射性和总 β 放射性的参考值，当这些指标超过参考值时，需进行全面的核素分析以确定饮用水的安全性。

3. 水质检验项目

选择农村水厂检验项目要根据当地的情况和自己水厂的实际需要来确定，一般可以从以下几方面来考虑选择。

（1）与人民健康关系密切，而且变化很快的，也是系统运行、保证水质的控制指标，作为必检项目。有浑浊度、余氯、大肠菌群、细菌总数等 4 项。

（2）感官性状指标能使用户直接感到水质问题，也应该经常测定。除浑浊度外，尚有色度、臭和味、肉眼可见物等项。

（3）对与水厂净化处理有密切关系的指标，应根据净化处理要求进行检测。除浑浊度、余氯之外，还有 pH 值和水温。

（4）一些有卫生学意义的指标，有明显的地区性，例如氟化物在高氟地区是一项重要指标，但一般地区就可以不经常测定。这类指标有铁、锰、砷、硝酸盐、硫酸盐、氯化物等。

（5）当水源受污染时，受生活污水污染要检测氨氮和耗氧量、磷等指标，受工业污染要检测代表工业污染内容的有关指标。

（6）在选择新水源时要对原水源进行全面检验。

二、净水构筑物的运行与管理

管理与维护净水构筑物总的要求是：①建立健全以各种工作标准为中心的各项规章制度；②保证水质管理工作的标准化、制度化、经常化；管好、用好、维护好净水处理设备；③确保在任何情况下运行正常、安全可靠、经济合理，并且使出厂水质始终能达到国家生活饮用水规定的标准。

1. 絮凝池的维护与管理

絮凝池管理维护分经常性维护和定期技术测定。

（1）经常性维护：按混凝要求，注意池内矾花形成情况及时调整加药量；定期清扫池壁，防止藻类滋生；及时排泥。

（2）定期技术测定：在运行的不同季节应对反应池进行技术测定。

2. 澄清池的运行管理

对澄清池运行管理的基本要求是：勤检测、勤观察、勤调节，并且特别要抓住投药适当、排泥及时这两个环节：①投药适当，就是凝聚剂的投加量应根据进水量和水质的变化随时调整，不得疏忽，以保证出水合乎要求；②排泥及时，就是在生产实践基础上掌握好排泥周期和排泥时间，既防止泥渣浊度过高，又要避免出现活性泥渣大量被带出池外，降低出水水质。只要抓好以上两个环节并按规定的时间和内容对澄清池进行检测、调节，做好管理和维护的各项工作，澄清池的净水效果就可以得到基本保证了。

（1）起始运行。为加快泥渣浓度的形成，可使进水量为设计流量的1/2～1/3，混凝剂（包括助凝剂）投放量可为正常用量的两倍左右。若原水浑浊度较低，除投放适量黄泥外，还应考虑进水量和凝聚剂的投加量。所投黄泥颗粒要均匀，质重而杂质少，投放可干投或湿投。干投是将黄泥块粉碎，筛去石块和杂质后，放入水力循环澄清池第一反应室或加速反应池的第二反应室。湿投是把除去杂质的泥块加水搅成泥浆，并和适量的混凝剂调配，然后放入进水管或反应室。

澄清池出水后，仔细观察出水水质及泥渣形成情况。若出水夹带泥渣较多与反应室内水质相似，说明加药量不足，需增加投药量。还要考虑加泥量不足增投泥量问题。

水力循环澄清池的喉管与喷嘴间的距离若可以调节，则应调节其间距，观察泥渣回流情况，以确定喉管最佳位置。

培植泥渣的过程中，要经常取样测定池内各部位的沉降比。如第二反应室泥渣沉降比逐步提高，说明活性泥渣在形成。一般2～3h后泥渣即可形成。运行趋于正常后，可逐步减少药的投放量至正常用量。进水量亦逐渐增加到设计进水量，进入正常运行阶段。

泥渣沉降比的测定是：取100mL水样，放入100mL的量筒内，静放5min，读出泥水分界的刻度，其刻度显示了泥渣沉降部分所占总体积的百分比，即5min泥渣沉降比。

（2）正常运行。每隔2～4h测定一次进出水的浑浊度，各部沉降比及投药量，并做好记录。应根据进水量和水质的变化，调整投药量，不应中断。

控制净水效果的重要指标之一是加速澄清池第二反应室、水力循环澄清池反应筒、脉冲澄清池和悬浮澄清池悬浮层的5min泥沉降比，一般宜控制在10%～20%，超过20%～25%，应进行排泥。排泥时间不能过长，避免活性泥渣排除过量，影响澄清池的正常运行。

（3）停用后再运行。各澄清池应连续运行，均匀进水。如果停用最好不要超过24h，不然活性泥渣会压缩，引起老化腐败。加速澄清池间歇运行时，搅拌机不要停顿，以免絮粒压实，堵塞回流缝。在恢复运行前20min开始投药，以增加絮粒活性。

停止运行8h以上再运行时，要排除部分老化泥渣，适当加大投药量和使进水量较大，促使底部泥渣松动活化。而后调整进水量在正常水量的65%左右运行，等出水水质稳定后，逐步减少药的投放量，并使进水量达到正常。

（4）运行中的问题和处理。若清水区有细小絮粒上浮，水质变得浑浊，第一反应池絮粒细小，泥渣层浓度越来越低，说明药的投放量不足，应增加投药量。当清水区大粒絮粒上浮，水色透明，说明投药量过大，应加强排泥并减少投药量。当反应室泥渣浓度过高，沉降比在25%以上，排出的泥渣浓度其沉降比在80%以上，清水区泥渣层逐渐上升，出水水质变坏时，说明排泥不够。应缩短排泥周期，增加排泥时间。若清水区泥渣絮粒大量上浮，甚至出现翻池情况，说明进水温度高于清水池水温，进水量过大、投药中断或排泥不及时。应降低取水口位置，覆盖进水管路，避免阳光照射，检查进水量和排泥情况。

（5）提高澄清效果的措施。若水源污染较重，有机物或藻类较多时，可预先加氯，以降低色度，除去臭味和破坏水中胶体，以防池内繁殖藻类和青苔类生物。为了提高冬季的混凝效果，可加助凝剂。

对浑浊度低的水源，可定期投放适量泥土，增加泥渣量和提高出水水质，延长排泥周期。

（6）澄清池的检修。澄清池每半年应放空一次，以便清洗和检修，同时根据运行中所发现的问题，检查各部位和泥渣情况，为技术改造积累资料。进行检修的主要内容有：彻底清洗池底与池壁积泥；维护各种闸阀及其他附属设备；检查各取样管是否堵塞。

3. 滤池的运行管理

（1）普通快滤池。翻换过滤料的滤池，其滤料面应铺高10cm左右。冲洗数次后的水的浑浊度在50度左右时，应放干滤料，将滤料层表面细粒滤料和杂物清除，然后放入用漂白粉或液氯配制成的50mg/L的含氯水，浸泡24h，再冲洗一次，方可投入运行。

滤池在过滤和反冲洗时，应注意阀门开启次序，以防滤干或溢水。滤池滤干后反冲洗或倒压清水，排除滤料中的空气后才能运行。进水时滤料层上面应有一定的水深，防止破坏滤层。滤池冲洗时，滤料上面应有一定的水深（10～15cm），反冲洗时阀门应慢慢开启，注意反冲洗强度，以防冲乱滤料层和承托层。滤池冲洗后，要观察滤料层表面是否严整。水的浑浊度应小于50度，否则应考虑重新冲洗。

（2）重力式无阀滤池。翻换滤料时，因滤料浸水后密实度增加，试冲会带走部分细粒滤料，滤料面应加高70mm左右。滤层冲洗消毒与普通滤池要求一样。滤池开始运行时，为排除集水区和滤料中的空气，要将水注入冲洗水箱，通过集水区，自下而上地通过滤料。滤池初次冲洗时，要将冲洗强度调节器调整到约为虹吸管下降管径的1/4，然后慢慢增大开启度到预定的冲洗强度。滤池试运行时，要对冲洗时间（从冲洗水箱水位降低起到虹吸破坏止）、虹吸形成时间（从排水井堰顶溢流起到冲洗水位下降止）、滤池冲洗周围状况等进行测定，并调整到正常状态。滤池运行后，要定期检查滤料是否平整，有无泥球及裂缝等情况。

（3）接触双层滤池。为提高净水效果，应采用铁盐混凝剂。运行过程中应注意进出水水质的变化，随时调整进水量和混凝剂的投放量。不允许水量突然变化和间歇运

行。滤池内水中的絮粒，以芝麻大小为宜。滤池冲洗后，进水量应适当减小，混凝剂投放量适当增加。

(4) 滤池的保养与检修制度。滤池是净化设备中最主要的设备之一，一般的保养和检修制度是：①一级保养为日常保养，每天要进行一次，由操作值班人员负责；②二级保养为定期检修，一般每半年或每年进行一次，由操作值班人员配合检修人员进行；③大修理，为设备恢复性修理，包括滤池的翻砂和阀门的解体大修或调换，由厂部安排检修人员进行。

4. 净水器的运行管理

(1) 压力式综合净水器。装滤料时，应先将排泥桶和污泥浓缩室充满水后，再倒注滤料，以防滤料进入浓缩室。水泵运行后，原水进入净水器，应将排气阀引开，直到出水为止。进水量不应超过净水器的制水能力，以保证净水效果稳定。运行时应严格控制加矾量，注意随时调整，不允许中断投药。滤层反冲洗周期，视原水水质而定，反冲洗时，要先停进水泵，再开排泥阀门，排除污泥和一部分水，使净水器中滤料面降至观察窗中间，然后开冲洗阀门进行冲洗，一般冲洗 2～3min 即可。

(2) JS 型和 JCL 型净水器。

1) 投入运行后，应先形成活性泥渣，形成方法和工作程序，见本节的“澄清池的运行管理”。

2) 压力式 JS 型一体化净水器的反冲洗，依靠水泵或高位水箱实现。反冲洗时，先关进水阀门，同时开启两个排泥阀门，使高位水箱的水经滤池底部集水系统进入滤层，进行对滤料的反冲洗。冲洗废水经排水阀排出，待排出水的浑浊度降到 50～100mg/L[①]，或达到预定的冲洗时间后，关闭排泥阀。静置几分钟，逐渐开启进水阀门，开始下一周期运行。重力式 JS 型净水器，因采用无阀滤池过滤形式，所以反冲洗自动进行，亦可人工操作。

3) JCL 型净水器反冲洗时，先关闭进水和清水阀门，打开初滤水和中间排水阀门，以降低净水器内水位。或打开排泥阀，既排积泥又降低净水器水位。若滤料层下降至中视镜中间时，可关闭排泥阀或中间排水阀，然后启动冲洗水泵，打开冲洗管阀门，同时将冲洗水压调到 $34.3\sim39.2N/cm^2$。冲洗水由旋转管支管上的喷嘴排出，带动旋转管转动，实现对滤料层的搅动冲洗。冲洗继续进行，桶内水位逐步上升，带动滤料层升高，直到滤料层底面高出上视镜上部时，关闭冲洗水泵和冲洗管阀门，反冲洗结束（大约 2min)。静止 5min 后，可开启进水阀，初滤水应排放，约 5min，若测得水样水浑浊度小于 5mg/L，则打开清水阀门，关闭初滤水阀门，进入正常运行。

5. 沉淀池的运行管理

沉淀池维护管理的基本要求是保证出水浊度达到规定的指标（一般在 10 度以下)；保证各项设备安全完好，池内池外清洁卫生；具有完整的原始数据记录和技术资料。

对于平流式沉淀池在管理与维护中要着重做好以下几点。

---

① 表示水中悬浮物浓度时，浑浊度单位为 mg/L，其余为度。

(1) 掌握原水水质和处理水量的变化。

(2) 观察絮凝效果，及时调整加药量。

(3) 及时排泥。

(4) 防止藻类滋生，保持池体清洁卫生。

平流式沉淀池主要运行控制指标包括以下几个方面。

(1) 沉淀时间是平流式沉淀池中的一项主要指标，它不仅影响造价，而且对出水水质和投药量也有较大关系，根据我国各地水厂的运行经验，沉淀时间大多低于3h，出水水质均能符合滤池的进水要求，鉴于村镇供水规模小，为提高可靠度，因此规定平流式沉淀池沉淀时间一般宜为2～4h。

(2) 虽然池内水平流速低有利于固液分离，但是往往会降低水池的容积利用率与水流的稳定性，加大温差、异重流以及风力等对水流的影响，因此应在不造成底泥冲刷的前提下，适当加快沉淀池的水平流速，对提高沉淀效率有好处。但水平流速过高，会增加水的紊动，影响颗粒沉降，还易造成底泥冲刷。设计大型平流式沉淀池时，为满足长宽比的要求，水平流速可用高值。

(3) 根据沉淀池浅层沉淀原理，在相同沉淀时间的条件下，池子越深截留悬浮物的效率越低，工程费用增加，池子过浅易使池内沉泥带起，根据各地水厂实际运行经验，平流式沉淀池池深一般可采用2.5～3.5m。平流式沉淀池宜布置成狭长的型式，以改善池内水流条件。

(4) 平流式沉淀池进水与出水的均匀与否直接影响沉淀效果，为使进水能达到在整个水流断面上配水均匀，宜采用穿孔墙，但应避免絮体在通过穿孔墙处的破碎。平流式沉淀池出水一般采用溢流堰，为不致因堰负荷的溢流率过高而使已沉降的絮体被出水水流带出，故规定了溢流率不宜大于$20m^3/(m \cdot h)$。

三、投药、消毒操作

投药、消毒操作是一项细致的工作，同时要注意人身安全及供水安全。

1. 溶药操作

(1) 进行溶药操作前，必须戴好防护用具，因大部分净水药剂都有腐蚀性。对易挥发的药剂，如漂白粉，必须戴好口罩、风镜、胶质手套，人站于上风向。对腐蚀较强的药剂，如三氯化铁、硫酸（活化水玻璃用）、石灰等，应戴好胶质手套和防护眼镜。

(2) 溶药浓度必须符合规定，不允许忽高忽低。

(3) 溶解漂白粉液时，用多少取多少。剩下的漂白粉必须封好，储存于阴凉干燥处。溶好的漂白粉液不要放置时间过长，谨防逸氯。漂白粉液如已澄清，其余残渣应用清水冲洗一两次，以达到充分利用的目的。

(4) 调换药剂种类时，要注意不同药剂的性能，同时应将药剂储液池冲洗干净，防止两种药剂发生作用。如硫酸铝与氯化铝混合，会发生化学作用，损坏储液池。

2. 投药操作

(1) 工作人员应熟悉水泵性能变化情况，了解送水管和投药管路情况和净水设备的容量和性能。

(2) 从潮汐河流取水的水厂，工作人员应掌握潮汐变化对水质的影响，以便随时

调整投药量。

(3) 投药操作人员应掌握天气变化与投药量的关系。如遇久旱初雨，水质将突然恶化，投药量应随之增加。风大时，平流池水面将起浪花，影响沉淀。阴雨或雪天，池面水也与正常天气不一样。气温升高后，进水温度上升，可能造成异重流，影响净水效果。

(4) 药剂的投放应与取水泵的开停紧密配合。特别是泵前投药，要在开泵前数分钟投放药剂，停泵时也在停泵前数分钟停止投药，既可保证水质又能减少水泵束的腐蚀。

(5) 数种药同时投放时，投药点的位置和次序应依据取水的水质、药剂性能和设备情况，经试验确定。如硫酸铝与漂白粉加入水中时，投放次序与效果关系密切，两者不允许混合后一起投放。而硫酸亚铁与氯气则必须在混合反应后才能投放到水中，否则水的含铁量增加，浑浊度增高。

(6) 硫酸亚铁加氯气作混凝剂时，要严格投放比例，并按照沉淀水余氯和浑浊度进行调整，可控制余氯在 0.5～1.0mg/L 之间和沉淀水的浑浊度在 5～10 度之间。

(7) 更换药剂品种时，应先进行搅拌试验。生产上正式使用时，开始可适当加大药剂的投放量，而后调剂加药量至正常需要。

(8) 投放硫酸铝要适量，不许过分增多，以防原水碱度不足而造成浑浊水。

(9) 用压力滤池作为接触过滤净水时，混凝剂投放是否适当，除观察滤后水质外，也可在投药点后取水样，在水样瓶中摇动 1min。使水样在瓶中旋转，然后静止观察凝聚情况，供投放药量调节用。

(10) 工作人员要注意投药室声音变化，勤跑、勤看，发现情况及时处理，以防浑浊度过高或余氯过低。

(11) 沉淀池发生浑水事故时，应迅速增加药剂投放量，视浑浊度高低采取补救措施。若浑浊度尚好，可降低滤池滤速，保证清水水质。若浑浊度过高，只能排入下水道。若余氯过低，应在前道工序追加。万不得已时也可在后道工序追加。

3. 用氯安全操作

(1) 氯瓶移动前瓶帽要拧紧，移动时瓶盖不受压，以防漏气。移动后要安放平稳，卧式氯瓶要用三角木楔固定，立式氯瓶用架子固定。氯瓶及加氯机安放处禁止阳光或其他热源直接晒烘。

(2) 使用液氯应有防毒面具，防毒面具应放置在固定且取拿方便的地方。

(3) 若氯瓶阀芯太紧难开时，不允许用工具敲击，亦不许用 300mm 以上的扳手硬旋。

(4) 拧紧压盖或旋松较紧的阀芯时，要使用扳手在反方向卡住阀身，以防扭断阀颈。

(5) 氯瓶阀冻结后，不允许用开水冲浇。

(6) 卧式氯瓶使用时，两个出口连续并垂直地面，并应使用上面一个出氯口。立式氯瓶不允许卧置使用。

(7) 发现氯瓶有如下问题时，应联系有关部门共同研究处理，或退回厂家处理。氯瓶阀有砂眼，强度不可靠；氯瓶阀太紧，不能开启；氯瓶口正确接好后，液态氯不断喷出。

（8）若加氯机进氯导管阻塞，可用钢丝疏通或用气筒吹压，不允许用氯压硬行冲开。

（9）加氯机温度不允许低于进氯导管温度，氯导管温度不允许低于氯瓶温度。以防气化后的氯气再度液化，影响加氯正常进行。

（10）开启氯瓶时要慢慢进行，人应站在上风处。

（11）检查是否漏气要用氨水，不允许用鼻嗅闻。

（12）氯气接机使用后，要挂上“正在使用”的标牌。氯瓶用完后要挂上“空瓶”标牌，避免混杂。

（13）真空加氯机上方不允许悬挂物品。

（14）真空加氯机在使用前，要先开有压水阀门，等玻璃罩内水位上升，放气阀正常后，方能开启氯瓶出气阀。停止使用时，先关闭氯瓶出气阀，等玻璃罩内空气不断进入而变为无色后，关有压水阀门。进入水盘的补给水量，用阀门调节大小，使有一定的水量自盘内溢水管流出。

（15）转子加氯机使用时，要先升压力水阀门，使水射器工作，等中转玻璃罩有气泡翻腾后，开平衡水箱进水阀门，使水箱有少量水由溢水管流出，再开氯瓶出氯阀和控制阀。停止使用时，先关氯瓶出氯阀，等转子落到零位后，关氯瓶控制阀，再关平衡水箱进水阀，等中转玻璃罩翻泡无色后，再关有压水阀门。

（16）为防止氯气退出，调换转子加氯机所接氯瓶至弹簧薄膜之间接头时，必须使氯气阀和平衡水箱进水阀门关闭，射水器仍在工作的状态，使用专用工具拉伸弹簧薄膜拉杆，抽去加氯机进氯导管和旋风分离器中残余氯气，等中转玻璃罩和转子流量计玻璃管透明无色后，再关有压水进水阀门，方可拆卸加氯管。

（17）运行中的加氯机，若有压水突然中断或突然降压，要立即关闭氯瓶阀，以防逸氯。

（18）若室内发现漏气现象，要立即打开门窗，戴好防护面具，用氨全面检查漏气位置，若漏气不在瓶身时，即关闭氯瓶阀，然后进行处理。

4. 液氯使用中的紧急情况处理

氯瓶瓶身有砂眼，发生少量漏气时，要迅速打开门窗，用白漆堵塞，然后运至室外，将瓶中余量转入其他氯瓶。若遇氯瓶阀颈断裂并大量喷氯时，应立即戴好防毒面具，用木楔迅速嵌灭；迅速求援，并将氯瓶移至近水地方；漏气地方要打开门窗使空气畅通。

四、水泵的运行与管理

（一）水泵的运行

1. 开泵与停泵

（1）离心泵。

1）启动前的检查。工作人员在水泵启动前，应先对水泵进行全面检查：各部件是否正常，机组转动是否灵活，泵内有无声响，轴承润滑是否清洁，油位是否符合标准，填料密封冷水水阀是否打开，压盖松紧是否合适，进水水位是否到位，出水管阀门是否关闭，电源、开关、仪表等是否正常。

2）水泵充水（灌水或启动真空泵）。水泵灌水时应同时打开水泵顶部排气阀。若用真空泵，抽真空时亦应先打开顶部抽气阀，关闭真空箱放水阀。真空泵启动后，注意真空泵真空度是否上升，同时注意抽气管，若抽气管中水位上升，说明水泵已充满水。

3）启动电动机。水泵启动后应立即关闭排气阀，注意真空表和压力表读数是否上升，轴承、填料函是否运转正常，通常填料处呈滴水漏水，若不滴水，则表明填料压盖过紧，应将压盖放松，若漏水多且进气，应将压盖压紧一些。

4）打开出水阀。水泵运行后，打开出水阀，压力表指针缓慢下降，直到出水管压力正常为止，电流表逐渐达到额定数值，表明水泵正常运行。再查、看、听机组运行及各种仪表等，填写运行记录。而后按规定进行巡回检查，监视机组运行情况，以确保供水。

5）停泵。停泵前要慢慢关闭出水管上的阀门，使电动机最后达到空载状态，阀门完全关闭后，切断电源，电动机停止运行。

（2）深井泵。

1）深井泵启动时必须降压启动，以防传动轴扭伤。降压启动设备一般用自耦变压器或补偿器。

2）启动前均应加水润滑。直接向压力管路送水的深井泵，启动前要将出水阀门打开。

3）启动后或每运行 24h 后，应将填料黄油杯旋入一圈润滑填料，油杯内应随时将油填满备用。

4）电动机润滑油增加时，油杯的油面线以停机时为准。一般开机后油面下降，若在电机运行时加至油面线，则停机后油会溢出，再开机时飞溅到机组上，弄脏线圈，影响绝缘。

5）深井泵关机后不允许立即再启动，因出水管中满管水水位正在下降，若立即启动会增加传动轴上的扭力，使轴损坏，必须等管中水全部下降后才能再启动，一般 10min 左右。为快速再启动，可在预润水管上加设通气阀，打开通气阀，空气进入，可使管中水迅速下降。当没有空气进入时，关闭阀门可再启动水泵。

（3）潜水泵。

1）用 500V 兆欧表量测电机绕组对地绝缘电阻值，应不低于 5MΩ。

2）启动前应检查各控制仪表的接线是否正确可靠。

3）使用自耦降压器降压启动。

4）停机后再启动，必须间隔 3min 以上。

2. 水泵运行中的注意事项

（1）声音与振动。水泵在运行中机组平稳，声音正常而不间断，如有不正常的声音和振动发生，是水泵发生故障的前奏，应立即停泵检查。

（2）温度与油量。水泵运行时对轴承的温度和油量应经常巡检，用温度表量测轴承温度，滑动轴承最高温度为 85℃，波动轴承最高温度为 90℃。工作中可以用手触轴承座，若烫手不能停留时，说明温度过高，应停泵检查。轴承中的润滑油要适中，

用机油润滑的轴承要经常检查，及时补足油量。同时动力机温度也不能过高，填料密封应正常，若发现异常现象，必须停机检查。

（3）仪表变化。水泵启动后，要注意各种仪表指针位置，在正常运行情况下，指针位置应稳定在一个位置上基本不变，若指针发生剧烈变化，要立即查明原因。

1）离心泵。若真空表指针突然上升或过高，可能是进水水管被堵塞或进水池水位过低，应停机检查。若压力表指针突然下降到零，要立即关闭出水阀，停泵进行检查。若水泵与出水压力同时下降，表明用水大增或水管破裂大量漏水，也可能是供电线路发生问题、电机转速下降造成水泵扬程下降等，当然也可能是压力表损坏。电流表指数上升，指针摇摆不止，电动机绕阻可能发生问题，要及时切断电源停泵检查，以免电机被烧坏。电流表读数超过电动机额定电流，不一定立即停泵，要查明原因，使其在允许范围之内。电流表读数下降，可能是由于出水阀或底阀没有完全打开或水泵进气等原因造成。

2）深井泵。若电流表读数突然下降并接近零，且不再回升，而电动机仍在运行，水泵不出水，则表明传动轴已断裂，应立即停泵。若电流表读数突然上升，以至达到上限，则可能是扬水管脱焊、扬水管脱扣或水泵体故障所致，要立即停泵，以免造成更大的事故。此类事故发生之前可能出现机组振动增大，出水量减少，在机组旁可以听到较有规律且低沉的撞击井壁声等。电流表指针有规律地上下波动，正常值维持几分钟后又回落，几分钟或数十秒后又上升，循环不停，造成的原因是动水位降落过低，使水泵间歇工作，此时应立即停泵，增加叶轮轴向间隙，以减少出水量，彻底解决办法是清洗深井提高水位。

（4）水位变化。机组运行时，要注意进水池和水井的水位变化。若水位过低（低于最低水位），应停泵，以免发生气蚀。深井泵要经常量测井中水位的变化，防止水位下降过大而影响水泵正常工作。在运行过程中，若发现井水中含有大量泥沙，应把水抽清，以免停泵后泥沙沉积于水泵或井底中，影响水泵下次启动或井水水质。当发生大量涌砂而长时间抽不清时，应停泵进行分析。

（5）工作记录。值班工作人员，在机组运行中应认真做好记录。水泵发生异常时应增加记录次数，分析原因，及时进行处理。交班时应把值班时发现的问题和异常现象交代清楚，提醒下一班工作人员注意。

（二）水泵的保养与维修

1. 保养内容

（1）一级保养。保持水泵整洁，监视水泵油位，掌握水泵运行情况，做好运行记录；检查各部螺丝是否松动，监测真空表和压力表的波动情况。

（2）二级保养。除完成一级保养的全部内容外，应对真空表、压力表导管进行清理，确保真空表、压力表指示准确、可靠。对冷却和密封水管进行清理，以保证水泵运行的冷却和密封。

（3）小修。在完成上述二级保养的基础上，打开泵盖、卸下转子，轴承盖解体，清理、换油、调整间隙，同时对各部件进行检查，小的缺陷要修理，大的缺陷要更换，紧固各部件螺丝，调整联轴器的同心度，并确定下次大修时间。

(4) 大修。将水泵解体，清洗和检查所有零件。更换和修理所有损坏和有缺陷的害件，检修或更换压力表，更换润滑油，量测并调整泵体的水平度。

2. 保养周期

一级保养由值班人员承担，每天进行。二级保养由值班人员承担，每运行 720h 进行一次。小修由检修人员承担，值班工作人员参加，每运行 1800h 进行一次。大修根据小修的工作情况确定大修时间。

3. 检修质量标准

(1) 主轴。主轴走向是否有伤痕，各部位尺寸是否在主轴技术要求的公差范围内。表面粗糙度小于 3.20mm（光洁度应达到▽6 以上）。轴颈的度与椭圆度不得大于轴径的 1/2000，且不得超过 0.05mm。泵轴允许弯曲度为 0.06～0.1mm，如超过该值可用机械或加热法调直。键与键槽应紧密结合，不允许加垫片。不合格的主轴要及时更换。

(2) 转子部件。转子的晃动度见表 6-2。

表 6-2　　转子的晃动度

部　位	径向晃动/mm			轴向晃动/mm	
	轴颈	轴套	口环	叶轮	平衡盘
晃动值	＜0.04	＜0.07	0.10～0.14	＜0.27	＜0.05

泵轴与轴套不允许使用同种材料，以免咬死；泵轴与轴套接触面的表面粗糙度不应大于 6.30mm；轴套端面的轴线不垂直度不大于 0.03mm；轴套不允许有明显的磨损伤痕。叶轮不允许有砂眼、穿孔、裂纹或因冲刷、气蚀而使壁厚严重减薄的现象；叶轮应用去重法平衡，但切去的厚度不得大于壁厚的 1/3；新装的叶轮必须进行静平衡，检测允许差值见表 6-3；叶轮与轴配合时，键顶应有 0.1～0.4mm 的间隙；转子与定子总装后，应测定转子总轴的串量，转于定中心时应取总串量的一半。

表 6-3　　叶轮静平衡允许差值

叶轮外径/mm	叶轮最大直径静平衡允许差值/g	叶轮外径/mm	叶轮最大直径静平衡允许差值/g
≤200	6	401～500	20
201～300	10	501～700	30
301～400	15	701～900	40

滑动轴承轴瓦的下瓦背与底座应接触均匀，接触面积应大于 60%，瓦背不许加垫。轴瓦顶部间隙要符合表 6-4 的规定。乌金层与瓦壳应结合良好，不允许有裂纹、砂眼、脱皮、夹渣等缺隙。

表 6-4　　轴瓦顶部间隙

轴径/mm	间隙/mm	轴径/mm	间隙/mm
10～30	0.05～0.10	51～80	0.08～0.15
31～50	0.06～0.13	81～120	0.12～0.20

（3）密封。压盖与轴套的径向间隙一般为0.75～1.00mm；机械密封的压盖与垫片接触的平面对轴中心线不垂直度不大于0.02mm；压盖与填料箱内壁的径向间隙通常为0.15～0.20mm；机械密封与填料箱间的垫片厚度应在1～3mm之间；水封环与轴套的径向间隙一般为1.0～1.5mm；与填料箱径向间隙为0.15～0.20mm。

（4）联轴器。联轴器两端面轴向间隙一般为2～6mm。安装弹性联轴器时，橡胶圈与圆柱锁应为过盈配合并有一定的紧力，橡胶圈与联轴器孔的径向间隙为1.0～1.5mm。联轴器找同心度时，电动机下边的垫片每组不能超过4块。

4. 水泵机组的完好标准

（1）机组运行正常，配件齐全，其磨损、腐蚀程度在允许范围内。

（2）真空表、压力表、电流表、电压表等仪表指示器灵敏，各种开关齐全，各冷却、润滑系统正常。

（3）机组设备良好，扬程、流量能满足正常需要。机组清洁、油漆完整、铭牌完好。

（4）开关柜及附属设备良好，继电保护装置可靠，各种阀门完好，启动、关闭自如。

（5）机组不允许漏电、漏油、漏水。

（6）机组运行时，声音正常，电机与泵的振动量与传动量应在标准范围以内。

（7）基础与底座完整坚固，地脚螺栓完整、紧固。

（8）技术资料完整，应有设备卡片、检修及验收记录、电器试验记录、运行记录及设备更换部件图纸等。

（三）水泵常见故障及排除

水泵结构虽然简单，操作也不复杂，运行较可靠，但发生故障也在所难免，若不能及时排除，会影响正常工作。其故障通常是选型不当或水泵质量问题、操作维护欠佳或零部件损坏等引起的。一旦发生故障，首先要分析故障发生的原因，然后排除。

1. 水泵启动后不出水

（1）水泵启动前抽真空不足或充水不够，造成水还没有淹没叶轮就启动。此时应重新灌水，使叶轮淹没后再启动。重新抽真空，一定要等到真空泵的排气管有大量的水排出后再启动。若真空度始终不能升高，则应检查出水管上的阀门是否关紧，看是否进水管路漏气或填料压盖不紧而漏气。

（2）水泵转速太低。如用电动机驱动，则可能是电动机转速用错，如4极电机错用成6极电机。若电压过低也会使电机转速降低。若用柴油机驱动，可能柴油机油门未开足，使转速降低。同时若传动比计算有误，也能使水泵转速降低。

（3）实际扬程远远超过水泵的总扬程。原因是选型不当，只有更换水泵或再用一台与该水泵性能近似的水泵串联使用才能解决。

（4）若进水滤网被杂物堵塞，也会使水泵不出水，应进行清理。

（5）深井泵由于传动轴断裂，或装配时锥形套紧固不够，造成叶轮打滑，或在调节轴间隙时过大造成叶轮松脱，均会使水泵不出水或出水量减少。

（6）潜水泵送电后不出水，又有声，则表明电缆线、开关接线或电动机定子绕组

有一相不通。也可能叶轮被杂物卡住，必须立即停电检查，若送电后既不出水也无声，表明电动机电路不通。若是电动机绕组烧坏，应送厂修理。若电动机转动而不出水，可能存在导流壳、叶轮流道或出水管路堵塞，要停机提泵，检查清理。

2. 水泵流量不足

(1) 进水管路漏气，对水泵的流量影响很大。充水启动的水泵充满水后，应检查管路有无漏水处（此时漏水处开启后即为漏气处）。抽真空启动的水泵，在抽真空时，用点燃的蜡烛靠近进水管可能发生漏气的部位，若火焰被吸向管了，说明该处漏气，应进行修理。

(2) 填料密封处漏气。若填料函水封环与水封管不通，有压水进不到填料进行水封，外面的空气会从填料函进入泵内，穿过叶轮平衡孔进入叶轮进口处，破坏了叶轮进口处真空度造成流量不足。当发现填料函没有水流出时，若调整填料压盖后仍没有水流出，则可能是填料函漏气，必须停机重新安装填料和水封环。

(3) 进水管或水泵的淹没深度不足，结果进水池中产生漩涡，使空气进入水泵，造成流量减少。

(4) 水泵转速不够。可能是电压不足。对皮带传动的机组，可能皮带过松或皮带上的油污造成皮带打滑，必须调紧皮带或清除油污。

(5) 口环磨损，造成叶轮与口环的间隙增大，使泵壳内的高压水回流到进水侧，使流量减少。

(6) 水泵滤网被杂物堵塞，叶轮被硬物打坏。主要以预防为主，清除进水池中的杂物。

(7) 进水水位变化幅度过大或选型不当，使泵的实际工作扬程超过泵的设计扬程，造成流量减少。

(8) 水泵进水管路安装不良。

(9) 半调节轴流泵，若叶片安装角调小了，或在使用过程中因叶片紧固螺母不紧使叶片安装角减小，造成水泵流量减少。必须重新调整叶片安装角，拧紧叶片紧固螺母。

(10) 对深井泵，除转速不足的原因外，还可能是：叶轮轴向间隙过大，水井淤积使滤网、进水管被泥沙堵塞或出水管漏水等。

3. 水泵功率过大

(1) 水泵转速过高。间接传动时转速比计算有误，使转速增高。必须重新核算选用合适的转速比。

(2) 叶轮与泵壳间的间隙太小，填料压得太紧，泵轴直，轴承润滑不良或损坏等，都会使水泵功率增大。所以在启动前应用手转动联轴器或皮带轮，转动应灵活，没有机械摩擦声，方能启动；否则，应进行检查修理，才可启动。

(3) 深井泵若传动轴弯曲或出水管安装不直，造成传动轴与轴承支架的橡胶摩擦加剧，也会造成功率增加。

4. 水泵运行时噪声和振动过大

(1) 地脚螺丝松动或垫片未垫牢，造成振动，发生此种情况，要停泵拧紧螺丝，

垫牢垫片。

（2）泵轴弯曲，使叶轮失去平衡，产生附加离心力，造成水泵振动。应调直泵轴，修补叶轮或对叶轮进行静平衡。

（3）进水条件不好或安装高程过大，使空气进入水泵或产生气蚀，产生噪声和振动。应改善进水流态和降低水泵安装高程。

（4）轴承损坏或滑动轴承间隙过大，应修理或更换轴承。

（5）叶轮口环间隙小，应进行调整。

（6）深井泵。当橡胶轴承磨损过度或传动轴弯曲，应更换轴承或检查传动轴。

5. 轴承发热

（1）润滑不良或润滑油不洁，油内混有硬颗粒，或轴承内浸入水分而生锈，都会使轴承发热。

（2）间接传动时，若皮带过紧，造成轴承受力过大而发热。

（3）轴承安装不当，使用时间过长，滚珠破损等也会使轴承发热。

（4）叶轮平衡孔堵塞，使轴向推力增大。

6. 填料函发热或漏水过大

（1）主要因填料压得过紧，使压力水不能进入填料，对泵轴进行水封和润滑冷却。这时，应调松压盖，使水能连续滴出，以每分钟60滴左右为宜。

（2）填料装置不当，造成水封管开口没有对准水封环，同样造成压力水不能进入填料，不能对泵轴进行水封和润滑冷却。

（3）填料磨损，应进行更换。

7. 潜水泵电动机定子绕组烧坏

（1）长期超载运行。

（2）两相运行。

（3）电压过低，电流增大。

（4）电缆破损或接头不良，使水浸入电缆或定子绕组，造成短路，烧坏电动机。

（5）开、关次数过多，因启动电流大，使电机长期处于过热状态。

（6）电动散热不良。

（7）电动机离水运行时间超过规定值。

（四）水泵工作安全技术规定

（1）水泵运行必须按规定的送水时间和操作程序进行，特殊情况须经上级值班人员批准，才能进行。

（2）开机前必须进行全面检查，机电设备周围无人，才能送电。

（3）送电前必须检查绝缘用具是否齐全、完好。按照电器安全技术规定操作。

（4）电动机进风口、电缆头等应设防护罩。

（5）清扫运行中的设备时，应采取可靠的安全措施，绝对禁止擦抹转动部件和用水冲洗电缆头带电部分。

（6）值班工作人员应使轴承润滑良好，冷却和密封水畅通。定时检查电压、电流、水压等仪表变化情况，发现问题应立即处理并做好记录。

(7) 下进水井检查时，严禁一人单独进行。工作者应采取必要的安全措施。

(8) 高压设备和线路附近禁止存放和晾晒物品，不许在电动机上烘烤东西。严禁光脚工作。

(9) 值班工作人员要做好防火、防洪、防止人身触电工作。非工作人员未经许可，不得擅自进入泵房。

第五节　供水管网运行与管理

输配水管网是给水系统的重要组成部分，它是给水系统中把符合标准的水输送分配给用水户的工具，它必须具备保证配水畅通、水质不受污染，确保用户对水量、水压的要求得到满足。在给水工程系统中，管网的投资一般都占工程系统投资的一半以上，平时输配水还要消耗给水系统中绝大部分能源。因此，用好、管好管网，充分发挥管网的作用，是给水系统提高社会经济效益的重要手段。

管网管理是水厂的一项重要工作，其主要内容有：

(1) 建立完善的管线图档资料。

(2) 定期进行管网的测流、测压。

(3) 对管线经常进行巡查、查漏、堵漏工作。

(4) 经常维护管道、清洗和防腐。

(5) 闸阀、消火栓、水表、流量计以及检查井的正常维护和检修。

(6) 管道的小修、大修、抢修和公共水栓的防冻及事故处理。

(7) 用户接管的审查与安装。

(8) 分析管网运行状况，提出改造计划等。

一、管网的运行

管网在运行过程中，一定要加强巡查与检漏，加强各管道及配件的技术管理。

(一) 管道巡查与检漏

1. 管道巡查工作

管理人员应掌握管网现状和长期运行情况，如各种管道的位置、埋深、口径、工作压力、地下水位及管道周围的土壤类型；管道的维修情况、使用年限等。沿输水管道检查管道、阀门、消火栓、排水阀、排气阀、检查井等有无被埋压、损坏等情况。检查套管内的管道是否完好，用户水表是否正常等。

2. 漏水特征及原因

在管网沿线地面发现有湿印或积水，或管网供水正常但末端出水不足，或供水量与收费水量相差较大等现象，均可能是管网发生了漏水。主要原因是管道及管件加工工艺及施工质量不良，接口密封材料质量不好或插件柔性接头的几何尺寸不合格，造成密封性较差等。对于塑料管如使用时间长，形成老化，或埋设时用石块等硬质东西围塞将管道挤坏也会发生漏水。此外，金属管道或因温度变化引起胀缩，或因管道及配件锈蚀，造成管道刚性接口的松动等，也易发生漏水。

3. 管道检漏方法

应设专职人员进行检漏，查漏的顺序是表前、表后、干管。查暗漏是检查地面迹象及细听；查明漏可直接观察，可采用溶解气体法，在水中加 N_2O，用红外线探测漏气位置。

4. 阀门的管理

(1) 阀门井的安全要求。阀门井是地下建筑物，处于长期封闭状态，空气不能流通，造成氧气不足，同时一些井内的物质又易产生有毒气体，所以井盖打开后，维修人员不可立即下井工作，以免发生窒息或中毒事故。阀门井设施要保持清洁、完好。

(2) 阀门的启闭。阀门应处于良好状态，为防止水锤的发生，启闭时要缓慢进行。管网中的一般阀门仅作启闭用，为减少损失，应全部打开，关要关严。在管网中同时开启多处阀门时，其开启程序是：先开口径较小、压力较低的阀门，后开口径大、压力高的阀门。关闭阀门时，应先关高压端的大阀门，后关低压端的小阀门。启闭程度要有标志显示。

(3) 阀门故障的主要原因及处理。

1) 阀杆端部和启闭钥匙间打滑。主要原因是规格不吻合或阀杆端部四边形棱边损坏，要立即修复。

2) 阀杆折断，原因是操作时搞错了旋转方向，而且用力过大，要更换杆件。

3) 阀杆上部漏水，主要是由于填料原因造成，漏水轻时拧紧密封填料压盖可以解决，漏水严重时，应检查填料，必要时进行更换。

4) 阀门关不严，造成的原因是在阀体底部有杂物沉积，可在来水方向装设沉渣槽，从法兰入孔处清除杂物。

5) 因阀杆长期处于水中，造成严重锈蚀，以至无法转动。解决该问题的最佳办法是：阀杆用不锈钢，阀门丝母用铜合金制品。因钢制杆件易锈蚀，为避免锈蚀卡死，应经常活动阀门，每季度一次为宜，活动时应开足、关严数次。对锈蚀不能旋转的阀门，应大修或更换。

6) 造成闸板与阀杆脱节的原因是丝扣挂销或箍销锈蚀损坏，要拆开阀门修整。

7) 因密闭圈脱落、变形及接合面变形等，导致阀门关闭不严或无法关闭。除制造上的问题外，在使用的过程中，水中的杂质对密闭圈的磨损、开启过量、关闭时闸板偏斜卡坏密封圈等都是原因，应更换阀门进行大修。

8) 自动排气阀漏水或不排气，是因排气阀浮球变形或锈蚀卡死，或因排气阀本身有问题造成的，要定期检查、清洗，更换变形的浮球。

(4) 阀门的技术管理。要求建立阀门（包括排气阀、消火栓、排水阀等）现状档案。此档案资料必须由维修人员掌握使用，并补充和纠正。图纸应长期保存，其位置和登记卡必须一致。每年要对图、物、卡检查一次，三者必须相符，这也是水厂管理工作的一项重要指标。工作人员要在图、卡上标明阀门所在位置、控制范围、启闭转数、启闭所用的工具等。对阀门应按规定的巡视计划周期进行巡视，每次巡视时，对阀门的维护、部件的更换、油漆等均应做好记录。启闭阀门要由专人负责，其他人员不得启闭阀门。管网上的阀门控制，应在夜间进行，以防影响用户供水。对管道末

端，水量较少的管段，要定期排水冲洗，以确保管道内水质良好。要经常检查通气阀的运行状况，以免产生负压和水锤现象。

(5) 阀门管理要求。阀门启闭完好率应为100%。每季度应巡回检查一次所有的阀门，主要的输水管道上阀门每季度应检修、启闭一次。配水下管上的阀门每年应检修、启闭一次。

(二) 管网运行技术档案

供水管道一般埋设于地下，属于隐蔽工程项目。建立管网技术档案，可以掌握设计、施工验收的完整图纸和技术资料，为整个供水系统的运行和日常管理、维修工作提供依据，可以更好地满足居民的生活用水和企事业生产用水的需要，使供水系统充分地发挥作用。

管网技术档案的内容包括以下几部分。

1. 设计资料

设计资料是施工标准又是验收的依据，竣工后则是查询的依据。内容有设计任务书、输配水总体规划、管道设计图、管网水力计算图、建筑物大样图等。

2. 竣工资料

竣工资料应包括管网的开工报告、竣工报告。管道纵断面上标明管顶竣工高程，管道平面图上标明节点竣工坐标及大样，节点与附近其他设施的距离。竣工报告中情况说明包括：开工、完工日期，施工单位及负责人，材料规格、型号、数量及来源，槽沟土质及地下水情况，同其他管沟、建筑物交叉时的局部处理情况，工程事故处理说明及存在隐患的说明。各管段水压试验记录，隐蔽工程验收记录，全部管线竣工验收记录，工程预算、决算说明书以及设计图纸修改凭证等。

3. 管网现状图

管网现状图是说明管网实际情况的图纸。反映了随时间的推移管道的填增变化，是竣工修改后的管网图。

(1) 管网现状图的内容。

1) 总图。包括输水管道的所有管线，管道材质，管径及位置，阀门、节点位置及主要用户接管位置。总图用来了解管网总体情况并作为运行和维修的依据。其比例一般是1：2000～1：10000。

2) 方块现状图。应详细地标明支管与干管的管径、材质、坡度、方位，节点坐标、位置及控制尺寸、埋设时间，水表位置及口径。其比例是1：500，它是现状资料的详图。

3) 用户进水管卡片。卡片上应有附图，标明进水管位置、管径、水表现状、检修记录等。要有统一编号，专职统一管理，经常检查，及时增补。

4) 阀门和消火栓卡片。要对所有的消火栓和阀门进行编号，分别建立卡片，卡片上应记录地理位置、安装时间、型号、口径及检修记录等。

5) 竣工图和竣工记录。

6) 管道越过河流、铁路等的结构详图。

(2) 管网现状图的整理。要完全掌握管网的现状，必须将随时间推移所发生的变

化、增减及时标明到综合现状图上。现状图使用目的不同，其精度要求也不一样。方块图是现状详图，比例是 1∶500。现状图主要标明管材材质、直径、位置、安装日期和主要用水户支管的直径、方位的现状图，图的比例是 1∶2000，供管道规划设计用。标注管材材质，直径、位置的现状图用 1∶10000 以上的比例，可供规划、行政主管部门参考。

在建立符合现状的技术档案的同时，还要建立节点及用户进水管情况卡片，并附详图。资料专职人员每月要对用户卡片进行校对修改，进而修改 1∶500 的现状图。对事故情况和分析记录，管道变化和阀门、消火栓的增减等，均应整理存档。

二、管网的维修与养护

（一）管道及附件的维修

1. 管材伤损的修补

（1）通常修理方法。由于运输和装卸的失误，造成钢管端口不圆是经常发生的。可用千斤顶、大锤及手拉葫芦校正。在校正的过程中要不断旋转对口可以较快地完成接口。

若铸铁管插口有纵向裂纹，应当切除。配件有裂纹应当更换。若管子上有裂纹、砂眼、夹砂等局部毛病可采取：①孔洞、砂眼等，可钻孔攻丝，装塞头堵塞；②在损伤部位加橡胶板，用卡箍固定；③用环氧树脂填补故障部位。

对于钢筋混凝土压力管，常见的损伤有麻面蜂窝、保护层脱皮、承口不圆、缺角掉边等，可用水泥砂浆修补。

（2）环氧树脂砂浆法。修补时先将预修部位朝上。若是水泥压力管，要先清除保护层和混凝土的疏松部分，使钢筋外露；若是金属材料，应先将缺陷部位凿成燕尾形槽口，在比裂痕长 100～200mm 的范围内，消除油污，除锈，并使表面粗糙、干燥。修补后在常温下经 4h 固化，过 12～24h 方可通水。

刷环氧树脂底胶。使用时，将环氧树脂和增塑剂按比例调匀，若气温较低，可将环氧树脂加温，再按比例加入固化剂，与胶液调匀，涂刷在待修补的管面上。刷底胶时速度要快，涂刷要薄而均匀，以保证密实和粘牢。底胶固化后再填充环氧树脂砂浆。按比例将水泥（不允许有结块）、沙子（用 1.2mm×1.2mm 网筛淘洗过筛、晒干）搅拌均匀，放入调好的环氧树脂胶液内。工作时的温度应保持在 15℃以上，填充料的加入量与温度有关，气温高时加入量要多，以防发生流淌，气温低时加入要少，以便于搅拌和压实。

还可用环氧树脂腻子填补。在环氧树脂胶液中加入一定量的纯水泥。使用时，先用干净的刷子将未加填料的环氧树脂胶液在待修的部位涂刷一遍，而后涂环氧树脂腻子填补层，再抹压密实。

（3）玻璃钢（玻璃纤维增强塑料）修补法。玻璃纤维增强塑料是用环氧树脂为黏结料、用无捻方格玻璃纤维布为增强材料制作而成。修补方法为：同环氧树脂砂浆法一样，先对待修表面进行处理，再涂刷环氧树脂底胶，底胶固化后，再均匀地涂刷一次环氧树脂胶液，把准备好的玻璃纤维布沿着涂刷处铺开，立即用毛刷从中间向两边刷，使布贴实，不允许有气泡皱褶。再在布上涂一层胶，使玻璃纤维被胶料浸透，再

贴第二层，以此类推，粘贴的层数视管道的直径、压力和渗漏程度而定，一般为1～6层。每两层要间隔一定的时间，要等初步固化后，再贴后面各层。每层搭缝要错开，搭头长约15cm，直径较小时可绕成一条玻璃钢环带。

玻璃钢强度是逐渐增加的，一般在常温下养护。若温度高于15℃，养护时间应大于72h；温度低于15℃，养护时间应大于168h。

2. 管道渗漏的修补

因管道材质欠佳，管材被腐蚀，不均匀沉陷和安装不合标准等可能造成渗漏。渗漏的表现形式有接口渗水、窜水、砂眼喷水、管壁破裂等。

（1）铸铁管渗漏。管道在输水过程中发生渗水，若接口是灰接口，应将填料清除，重新填料封口。如果是铝接口，可用钢钻捻打几遍，使填料密实堵漏。若发现砂眼漏水，一般可钻孔攻丝加塞头处理。由于腐蚀、生锈造成孔洞不规则而孔洞较大时，可用U形螺栓管堵水。若管身出现有规则的纵向裂，可在裂纹两端加刚性填料管箍，若管本身破裂，则应更换水管。

（2）镀锌钢管渗漏。若接口螺纹有滴漏，可加麻丝、油漆重新拧好。如果管道因锈蚀引起渗漏，应更换新管，也可用金属卡胶垫嵌固堵漏。

（3）钢管嵌钢管的渗漏。对于局部锈蚀或开裂的管段，可在外壁焊上一块弧形钢板堵漏。焊接时要排除管内积水。如锈蚀严重，应切除更换新管。

（4）钢筋混凝土压力管渗漏。管身蜂窝造成漏水时，可用环氧树脂腻子修补。管身裂缝时，可用玻璃钢或环氧树脂腻子处理。柔性接口漏水时，可将插口挡胶圈凸台清除，将胶圈送至适当深度，把接口改成石棉水泥刚性接口。

承插部位漏水、纵向部位严重窜水等，可在承插口外焊接钢套圈，修补方法是：如有裂缝，应将裂缝部分凿开2～3cm的沟槽将钢筋露出，用环氧树脂胶打底，用环氧树脂腻子补平抹实。将接口全部改为水泥石棉接口。用两个半圆钢板箍，焊成一个套圈，铜板套圈外用水泥砂浆做防腐处理。

在进行修补工作时，应将管内水降至无压，使用防水胶浆止水。防水胶浆制作原料是：60份水，400份水玻璃，硫酸亚铁、硫酸铜、重铬酸钾和明矾各一份。制作方法是：把水加热至沸点，把硫酸亚铁等4种物品放入水中溶化，搅拌均匀，降到50℃左右，将其倒入水玻璃中拌匀即成。

3. 管道的切割

塑料管、钢管可用锯割。钢筋混凝土管、铸铁管等可用錾割，切割前者时，应选好部位錾去水泥后，锯断钢筋，切断后对断口要进行修理。对后者，应先在管子錾切部位下和两侧垫上木板，用錾子对准切割线，錾出沟痕，而后沿沟用力敲打，即可将管子切断。钢管、铸铁管也可用刀割，通常使用旋转切割器、滚刀切割器、手动液压铸铁管剪切机、卡盘式电动切管机等。对钢管还可用氧气乙炔切割。

4. 管道结冰的处理

在严冬来临之前，应对管路进行全面的防寒处理，以免冬季结冰，给供水带来困难。一旦发生冰冻可针对不同情况，采取相应的方法进行处理。

（1）如果钢管内结冰，要打开下游侧的阀门，把积水放空，用喷灯或气焊枪或电

热器沿管线烧烤烘，直到恢复正常为止。

(2) 如果给水栓被冻结，可从水的出口开始，用热水逐步浇烫，或将浸油的布从下至上缠绕到管子上，然后点火由下往上燃烧。

5. 管件的整修

(1) 水龙头常见的毛病是关不严、关不住等。这是由于在长期的使用过程中，阀杆与填料互相摩擦产生了间隙所造成的。可将螺盖打开，清除旧填料，换上新填料后拧紧。而关不严多数是因皮垫磨损，也可能芯子损坏或阀座损伤所致，要更换皮垫和芯子。整修后仍关不严，就是阀有损伤，应当更换水龙头。

(2) 阀门常见故障是开不动、关不严、盖母漏水等。由于阀长期关闭而锈死，造成阀门开不动。开启阀门时，可先敲打阀门。使阀杆与盖母间产生微小间隙，同时增加润材油，可借用扳手、管钳转动手轮。若开启后仍不通水，感觉上开不到顶或关不到底，可能是阀杆滑扣而不能带动闸板，则需要更换阀杆或阀门。

因皮垫损伤而关不严阀门，只要更换皮垫就可解决问题。经常开启的阀门，偶尔发生关不严，可能是阀杆、螺扣生锈，只要反复开关几次，同时敲打阀体底部就会解决问题。

盖母漏水，其原因是开关频繁，填料被磨损，只要更换填料就可解决。而不常开关的阀门，使用时往往会发生盖母漏水，造成的原因是填料老化变硬，与阀杆间间隙增大，可先将盖母松动再拧紧。若仍不见效，说明填料已无弹性，应予更换。

(二) 管道维修施工安全技术

1. 土方开挖及回填

(1) 维修施工前必须对施工人员进行安全技术教育，带领施工班组长进行实地勘察交底，对地面建筑物做出具体的安全保护措施，方能放线开工。

(2) 开挖前应依据管道的直径、土壤情况确定开挖的坡度，开挖中应根据实际土壤情况进行修改，经常进行检查。

(3) 人工开挖时，人与人间的距离不得小于 2.5m，挖出的土必须堆积于沟边 0.5m 以外。

(4) 靠近建筑开挖时，要先采取加固措施后开挖，以免危及原有建筑物。

(5) 在开挖过程中若发现电缆、煤气管，下水管道或其他物体，均应妥善保护，并报告施工负责人采取安全措施，以防发生其他事故。

(6) 沟深达 3m 以上时，应按阶梯形开挖，开挖后要采取必要的安全措施，以免塌方造成人身伤害事故。

(7) 在穿越道路处开挖施工时，必须设置护栏及标志灯。

2. 管道铺设

(1) 施工现场管材堆放要整齐、平稳，并设置明显注意或危险等警告标志。

(2) 放管时用的绳子必须仔细检查，绑好后慢慢放入沟内，沟内不准有人，禁止扔管。

(3) 切割管道之前要仔细检查使用的工具是否安全可靠，铺设时工作人员精力要高度集中，以免发生跑锤、飞剁造成人身伤害事故。

（4）溶化青铅要由专人进行，场地周围不得有易燃、易爆物品，上空应无电线，工作人员要带好防护用品。向铅锅内添加的青铅不得带有泥水，运铅的道路事先应进行清理，不得有障碍物。灌铅前将铅口擦净，使其不含泥水，先将围脖扎好，黄泥拌好后才能灌铅，头闪开铅口，一次灌入不得中断，直到铅高出灌入口时止。

3. 管路试压

试压时，沟内不得有人，工作人员要离开管路正面，以防发生人身伤害事故。要依据管道的材质标准和实际工作压力，由低到高逐步进行。如有损伤，要将压力降低后才能进行检修。试压位置不允许在电气线路下面。

4. 顶管

（1）工作前应详细了解穿过建筑物的情况，如铁路、道路的交通情况，建筑物的埋设深度，使用年限、土质等。并与有关单位共同研究可能发生的问题和解决办法，确保工作顺利进行。

（2）工作坑底宽要大于或等于顶管直径加 2m，坑长应大于或等于每节顶管长加顶镐长再加 0.5m，其坡度要大于管沟开挖坡度，障碍一侧保证不塌方，必要时需进行加固。

（3）管内挖土不得越过管头，随顶随挖，严防管外塌方。

（4）工作坑、管内照明，均应分别设置保险装置，照明设备电压不大于 36V。所有电线都要使用安全防水胶线。

（5）要保证顶管机械设备完好。

5. 机械设备使用

（1）所有机械设备均应设专人维护、检查、测试。试验合格后才能使用。

（2）所有设备的电气部分，都应按电气工作操作规程进行。

（3）所用机械设备应精心操作，出现问题及时请专人检查、修理。

（4）水中作业使用的潜水泵，必须捆绑完好，移动时应先切断电源，严禁带电移动和用于直接移动。

参 考 文 献

[1] 刘自放，张廉均，邵丕红．水资源与取水工程［M］．北京：中国建筑工业出版社，2000.
[2] 杨钦，严照世．给水工程（上、下册）［M］．北京：中国建筑工业出版社，1987.
[3] 董辅祥．给水水源及取水工程［M］．北京：中国建筑工业出版社，1998.
[4] 张志中．农村供水知识问答［M］．兰州：兰州大学出版社，2006.
[5] 张淑英．河流取水工程［M］．郑州：河南科学技术出版社，1994.
[6] 中央爱国卫生运动委员会办公室．中国农村给水工程运行管理手册［M］．北京：农村读物出版社，1988.
[7] 吴正淮．渗渠取水［M］．北京：中国建筑工业出版社，1981.
[8] 颜振元，李琪，马树升．乡镇供水［M］．北京：水利电力出版社，1995.
[9] 周金全．地表水取水工程［M］．北京：化学工业出版社，2005.
[10] 全达人．地下水利用［M］．3版．北京：水利电力出版社，2003.
[11] 水利部农村水利司．供水工程规划［M］．北京：中国水利水电出版社，1995.
[12] 马树升．乡镇供排水［M］．北京：中国水利水电出版社，1999.
[13] 王晓玲．加强水源管理 提高饮水卫生质量［J］．铁道劳动安全卫生与环保，1999（2）：90-91.
[14] 张朝升，石明岩．小城镇水资源利用与保护［M］．北京：中国建筑工业出版社，2008.
[15] 魏永曜，林性粹．农业供水工程［M］．北京：水利电力出版社，1992.
[16] 张启海，原玉英．城市与村镇给水工程［M］．北京：中国水利水电出版社，2005.
[17] 胡晓东，周鸿．小城镇给水排水工程规划［M］．北京：中国建筑工业出版社，2008.
[18] 孙士权．村镇供水工程［M］．郑州：黄河水利出版社，2009.
[19] 全国爱国卫生运动委员会办公室．中国农村给水工程规划设计手册［M］．北京：化学工业出版社，1998.
[20] 牛文臣．徐建新，何勇前．山丘区农村人畜饮水工程［M］．西安：陕西科学技术出版社，2001.
[21] 严煦世，范瑾初．给水工程［M］．4版．北京：中国建筑工业出版社，1999.
[22] 白丹．给水输配水管网系统优化设计研究［D］．西安：西安理工大学，2003.
[23] 韩会玲，程伍群，刘苏英，等．小城镇给排水［M］．北京：科学出版社，2001.
[24] 曾永年．农村供水卫生基础知识：技术培训教程［M］．贵阳：贵州人民出版社，2007.
[25] 杨振刚．农村供水与凿井［M］．北京：中国农业出版社，1995.
[26] 张朝升，方茜．小城镇给水排水管网设计与计算［M］．北京：中国建筑工业出版社，2008.
[27] 陈维杰．集雨节灌技术［M］．郑州：黄河水利出版社，2003.
[28] 鲁刚．新编农村供水工程规划设计手册［M］．北京：中国水利水电出版社，2006.
[29] 李健，高沛峻．供水技术［M］．北京：中国建筑工业出版社，2005.
[30] 水利部农村水利司．供水工程施工与设备安装［M］．北京：水利电力出版社，1995.
[31] 李振东．城镇供水排水工程建设与施工［M］．北京：中国建筑工业出版社，2009.

[32] 中华人民共和国住房和城乡建设部. GB 50013—2018 室外给水设计标准 [S]. 北京：中国计划出版社，2018.

[33] 中华人民共和国水利部. SL 310—2019 村镇供水工程技术规范 [S]. 北京：中国水利水电出版社，2019.

[34] 中华人民共和国住房和城乡建设部. GB/T 50596—2010 雨水集蓄利用工程技术规范 [S]. 北京：中国计划出版社，2011.

[35] 陈晨. 农村水利建设再提速 [N]. 光明日报，2022-08-11 (011).

[36] 张东荣. 论乡村振兴背景下农村供水工程建设与保障 [J]. 农村开发与装备，2023 (4)：16-17.

[37] 魏轩. 我国农村供水工程建设管理模式分析 [J]. 水利技术监督，2023 (1)：77-79，92.